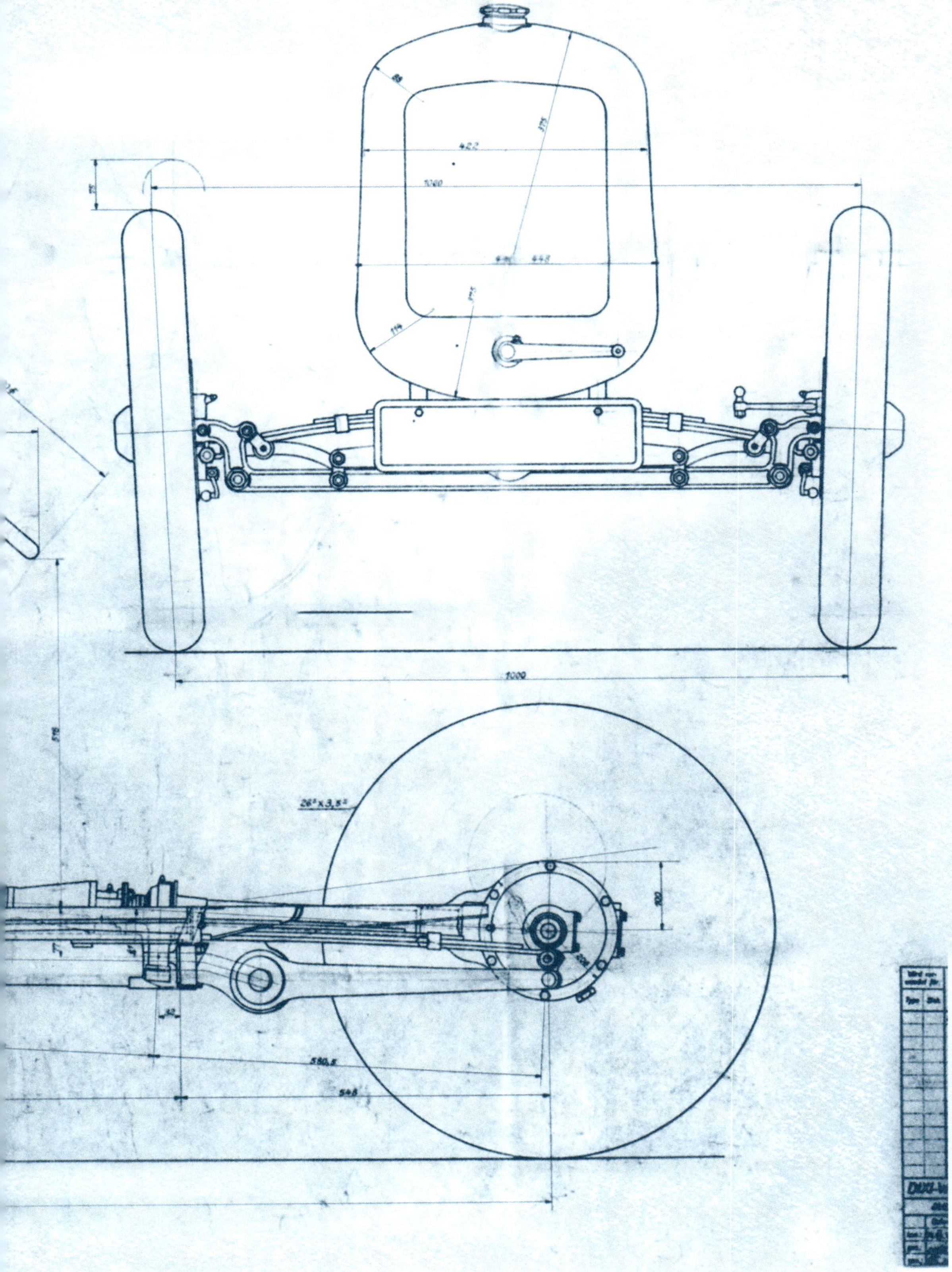

AF546243

BMW 1929 bis 1945

BMW

1929 bis 1945

Vom Kleinwagen
zum Traumwagen

Hagen Nyncke
Rainer Simons
Walter Zeichner

Inhalt

2 Künstlerische Gestaltung

3 Mit Leichtigkeit zum Sieg

4 The British Connection

5 BMW Automobile für Reichswehr, Wehrmacht und Polizei

Epilog

Liebe Leserinnen und Leser,

als 1929 die ersten BMW Automobile die Werkshallen verließen, war der Automobilmarkt im Wandel. Die Fließbandfertigung hatte die Manufakturfertigung abgelöst und Automobile waren plötzlich für neue Kundengruppen erschwinglich. Der Markt wuchs und das Automobil prägte den Alltag der Menschen in einem Maße, wie es Anfang des Jahrhunderts noch unvorstellbar war.
Mit BMW trat Ende des Jahrzehnts kein Unbekannter in diesen wachsenden Markt ein. 1917 als Flugmotorenhersteller gegründet, hatte das Unternehmen 1923 die Motorradproduktion aufgenommen. Zum Ende des Jahrzehnts hatte man sich als Hersteller qualitativ hochwertiger Zweiräder einen Namen gemacht. Den sportlichen Anspruch dokumentierten zahlreiche deutsche Meisterschaften, die Erringung des absoluten Weltrekords auf zwei Rädern mit 216 km/h machte die Marke BMW auch international bekannt.
Dies waren die Umstände, als BMW 1929 mit der Lizenzproduktion eines englischen Kleinwagens den Schritt in die Automobilproduktion wagte. Es war allen Beteiligten und Beobachtern klar, dass die Bayerischen Motoren Werke mit ihrem innovativen und dynamischen Anspruch es nicht bei einem Kleinwagen oder einer Fremdkonstruktion belassen, sondern einen eigenen Weg gehen würden.
Schon bald wurden die ersten Eigenentwicklungen vorgestellt und mit dem BMW 303 erschien 1933 im Rückblick der erste »richtige« BMW. Sein Sechszylinder-Motor sorgte für dynamischen Antrieb und sein Kühlergrill in der charakteristischen Form der Doppelniere gab den BMW Automobilen ein Gesicht, das sie bis heute aus der Masse heraushebt. Bald folgten weitere Meilensteine der Automobilgeschichte, an prominentester Stelle wäre der BMW 328 aus dem Jahr 1936 zu nennen, der erfolgreichste Sportwagen seiner Zeit. BMW hatte es in nur sieben Jahren geschafft, eine eigenständige Position auf dem Automobilmarkt zu etablieren: als Hersteller hochwertiger sportlicher Automobile für den Selbstfahrer.

Bereits in einem früheren Band nutzten die Autoren die Chance, die eine detaillierte Monographie gegenüber einer umfassenden, aber naturgemäß knapp gehaltenen, Unternehmens-Chronik bietet. Im chronologisch anschließenden vorliegenden Band führen die Autoren nun ebenso akribisch und fachkundig in die Zeit, in der die Bayerischen Motoren Werke ihre Rolle auf dem Automobilmarkt fanden. Walter Zeichner und Rainer Simons erzählen gemeinsam mit Hagen Nyncke nicht nur eine spannende Geschichte herausragender Technologien. Sie beschreiben, wie BMW von Anfang an auch als Unternehmen und Marke einen eigenen Weg beschritten hat. Ein Weg, der neben technischen Meisterleistungen und handwerklichem Können auch ein großes Maß an unternehmerischem Mut erforderte.
Bis heute ist dieser unternehmerische Mut unser Antrieb. Wir wollen die Mobilitätsgeschichte nicht nur begleiten, sondern wollen sie gestalten. Wie in unseren Anfangsjahren steht die Automobilbranche auch heute vor großen Veränderungen: Vernetzung, autonomes Fahren und elektrifizierte Antriebe sind längst nicht mehr nur Schlagworte einer fernen Zukunftsvision, sie sind elementarer Bestandteil unserer Strategie und der Transformation unseres Unternehmens. Deshalb können Sie auch in Zukunft faszinierende Produkte von uns erwarten. Denn unser Markenversprechen nehmen wir ernst:
Aus Freude am Fahren!

Ihr

Pieter Nota
Mitglied des Vorstands der BMW AG,
Kunde, Marken und Vertrieb

M BT 328H

HORCH
TATRA
NSU
Buick
OPEL
DKW
Ford
BMW
Wenn ich
nur wüßte ...

Prolog

Das Automobil in den 1930er-Jahren

Nachdem sich der Automobilbau in Europa nach dem Ersten Weltkrieg langsam erholt hatte, schossen Anfang der 1920er-Jahre Dutzende neuer Automobilmarken mit zumeist primitiven Kleinwagen im Angebot aus dem Boden und verschwanden meist ebenso schnell wieder von der Bildfläche. An der Schwelle zu den 1930er-Jahren verursachte die weltweite Wirtschaftskrise erneut einen massiven Einbruch.

In Deutschland schrumpfte die Autoproduktion zwischen 1928 und 1932 um rund 60 Prozent. Weite Teile der Bevölkerung waren verarmt, die politische Situation verworren und unsicher.

Mit der Machtübernahme der Nationalsozialisten 1933 änderte sich die wirtschaftliche und politische Situation rasch und gravierend – Veränderungen, die schließlich zum Desaster führen sollten. Doch zunächst schöpften die Menschen eine trügerische Hoffnung. Arbeitsplätze wurden geschaffen und die Wirtschaft angekurbelt. Unter anderem profitierte die Automobilindustrie von diesen Maßnahmen, ein »Volkswagen« für die Massen ging in Planung und steuerliche Erleichterungen sowie sicherere Einkommen ließen den Wunsch nach einem eigenen Auto für mehr und mehr Menschen in den Bereich des Möglichen rücken.

Ab dem Ende der 1920er-Jahre entwickelte sich das Automobil in den westlichen Industrieländern unaufhaltsam zum Massenverkehrsmittel. In den USA war der eigene Wagen durch die Einführung des billigen, am Fließband in Millionen produzierten Ford-T-Modells, längst nicht mehr nur den Reichen vorbehalten. Schon Anfang der 1920er-Jahre hatte der Bestand an Automobilen in den USA die Zehn-Millionen-Grenze deutlich überschritten. Durch dieses leicht erschwingliche, aber trotzdem qualitätsvolle und vielfältig nutzbare »Volksautomobil«, waren den Automobilisten in den USA in den 1920er-Jahren die teilweise originellen, aber oft auch unsäglich primitiven Experimente mit billigen Cyclecars erspart geblieben, wie sie in Europa zu Hunderten aufgetaucht waren und schnell wieder verschwanden.

Völlig anders dagegen die Situation im automobilen Entwicklungsland Deutschland. Mitte der 1930er-Jahre besaß noch nicht einmal jeder 50. ein Auto, in den USA jeder 4. Auch England und Frankreich waren Deutschland, was die Verbreitung des Automobils betraf, noch weit voraus.

Die wirtschaftlichen Folgen des Ersten Weltkriegs und der Börsencrash Ende der 1920er-Jahre hatten Deutschland sehr schwere Zeiten beschert. Anfang der 1930er-Jahre waren rund sechs Millionen Menschen arbeitslos, und wer Arbeit hatte, verdiente in der Regel so wenig, dass der Wunsch nach einem eigenen Auto kaum entstehen konnte. Ein Facharbeiter in der Autoindustrie verdiente im günstigen Fall 150 RM im Monat, ein Ingenieur nur wenig mehr als das Doppelte.

Die geringe Nachfrage nach Automobilen im Inland bewirkte, dass die immer noch zahlreichen Autohersteller mit wenigen Ausnahmen für heutige Verhältnisse lächerlich kleine Stückzahlen produzierten, wenig erwirtschafteten und in der Folge wenig in moderne Technik und Produktionsmethoden investieren konnten. Allein der damalige Marktführer Opel, der in den 1930er-Jahren rund ein Drittel aller deutschen Autos produzierte, verfügte über wirklich moderne Produktionsanlagen mit Fließbändern, vergleichbar jenen, wie sie in den USA längst Standard waren.

1936 baute BMW in Eisenach weniger als 7.000 Autos, DKW immerhin 40.000, aber andere heute legendäre Marken wie Stoewer in Stettin (1.024), Wanderer (8.086), Horch (2.014) oder Maybach (151) bauten in handwerklicher Manier solide, aber technisch wie stilistisch rückständige Automobile in kaum rentabler Zahl. Selbst Mercedes-Benz, damals drittgrößter Autohersteller in Deutschland, baute weniger als 20.000 Autos. Doch diese Zahlen stellten schon einen bedeutenden Fortschritt dar. Noch 1932 war die Gesamtproduktion an Personenkraftwagen in Deutschland gegenüber dem Vorjahr um mehr als 25 Prozent auf 41.118 Exemplare gesunken!

Armut, Unzufriedenheit und Hoffnungslosigkeit wurden zu einem für Deutschland verhängnisvollen, idealen Nährboden für politisch Radikale. 1933 wurde die NSDAP unter der Führung von Adolf Hitler zur stärksten politischen Kraft in Deutschland und setzte diese Macht mit aller Konsequenz ein. Um rasch Arbeitsplätze zu schaffen und die Masse des Volkes zu begeistern, wurden eine Reihe wirtschaftlicher Unternehmen und Großprojekte gefördert, darunter die Automobilindustrie und der Straßenbau. Zur Eröffnung der Internationalen Automobilausstellung in Berlin 1933 betonte der »Führer« deren Wichtigkeit mit Nachdruck. Nicht lange danach erging der Befehl, einen Volkswagen, erschwinglich für jedermann, zu entwickeln; und ein Jahr später begann der Bau der Reichsautobahnen, Schnellstraßen, die in ein paar Jahren ganz Deutschland durchziehen sollten. Schon Ende 1937 konnte man von Nürnberg bis nach Dresden auf der noch kaum befahrenen Autobahn fahren. Die Autohersteller mussten reagieren, um ihre Produkte für die bisher unmögliche Dauerbelastung durch hohe Geschwindigkeiten technisch anzupassen. Manches Getriebe wurde mit einem »Schnellgang« ausgestattet, der die Motordrehzahlen um bis zu 20% reduzierte.

Doch zum stilistisch prägendsten und für die Weiterentwicklung des Automobils wichtigsten Faktor in den 1930er-Jahren wurde die Aerodynamikforschung. Inspiriert vom Flugzeugbau hatte es schon in den 1920er-Jahren Versuche mit »Stromlinienkarosserien« gegeben, doch entstanden daraus meist nur Prototypen oder Rennwagen. Erst 1934 wurde in Europa mit dem tschechischen Tatra Typ 77 ein Wagen in Serie produziert, der konsequent strömungsgünstig geformt war und sich radikal von den immer noch eckigen und kastenförmigen Konturen zeitgenössischer Automobile distanzierte. Die Formgestalter hatten sich konsequent auf Forschungsergebnisse des österreichischen Ingenieurs Paul Jaray gestützt, der neben dem Deutschen Edmund Rumpler als Vater der Aerodynamik gilt. Letzterer hatte bereits Anfang der 1920er-Jahre mit seinen skurrilen »Tropfenwagen« für erhebliche Aufmerksamkeit gesorgt, doch die ungewöhnlichen Formen konnten sich damals auf dem Automobilmarkt nicht durchsetzen.

Auch die großen und teuren Tatra-Stromlinienwagen wirkten wie aus einer anderen Welt und nur wenige begüterte Automobilisten fanden den Mut, solch ein futuristisches Fahrzeug zu bewegen.

In den USA hatte man den neuen Trend ebenfalls aufgegriffen und 1934 ein Modell auf den Markt gebracht, das den Gesetzen der Aerodynamik einigermaßen Rechnung trug. Der neue Chrysler »Airflow« hatte seine rundliche Karosserie unter anderem Versuchen zu verdanken, die mit Unterstützung des Flugpioniers Orville Wright im Windkanal durchgeführt worden waren. Doch auch dieses Modell, das in zahlreichen Varianten angeboten wurde, war stilistisch seiner Zeit noch zu weit voraus, um auch kommerziell ein Erfolg zu werden. Immer noch galten mächtige, geschwungene Kotflügel und möglichst lange Motorhauben als das Nonplusultra in der Gestaltung exklusiver Karosserien.

Doch ab Mitte der 1930er-Jahre wurde der Einfluss der Aerodynamikforschung immer deutlicher. Selbst im Bau von Kleinwagen gab es hier und da erstaunlich Progressives, wie den von Josef Ganz beeinflussten Standard Superior, einen stilistischen Vorläufer des KdF- oder Volkswagens, oder gar den skurrilen Framo »Stromer«, der zwar ungemein aerodynamisch aussah, aber mit einer maximalen Geschwindigkeit von 60 km/h diese Qualität kaum zu nutzen vermochte.

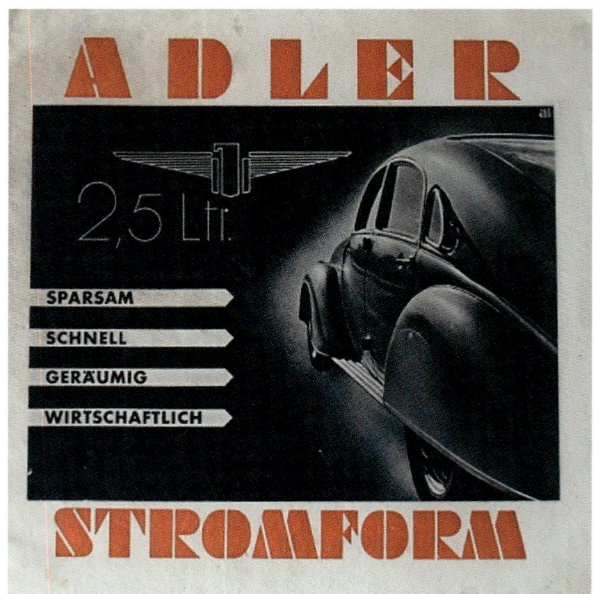

In Deutschland schuf ab 1930 das »Forschungsinstitut für Kraftfahrwesen und Fahrzeugmotoren Stuttgart«, kurz FKFS, unter der wissenschaftlichen Leitung ihres Gründers Professor Wunibald Kamm Grundlagen für die aerodynamische Weiterentwicklung von Automobilkarosserien. Das heute noch aktive FKFS verfügte schon damals über einen Windkanal und entwickelte zahlreiche Prototypen auf Basis von BMW und Mercedes-Benz-Automobilen. Ende der 1930er-Jahre waren auf den deutschen Reichsautobahnen auch schon einige Autotypen unterwegs, deren Karosserien dem Wind deutlich weniger Angriffsfläche boten. Es gab den Adler »Autobahn«, den Opel »Admiral« und den Mercedes-Benz 540 K »Autobahnkurier«, der allerdings nur als eindrucksvolles Einzelstück durch die Presse ging. Doch auch die Karosserien weiterhin eher konservativ gestalteter Wagen zeigten nun gerundete Kanten, schräg stehende Windschutzscheiben und niedrigere Karosserien.

Mitte der 1930er-Jahre hatte der potenzielle Autokäufer je nach Brieftasche eine große Auswahl deutscher Fabrikate vom Kleinwagen bis zur Luxuslimousine. Wer jedoch zum Beispiel als Facharbeiter in der Autoindustrie ein Auto kaufen wollte, musste mindestens zehn Monatsgehälter ansparen, um einen Kleinwagen mit 6-PS-Zweitaktmotor wie den Framo »Piccolo« aus Sachsen für 1.295 RM zu erwerben. Der kleine Zweisitzer mit Rollverdeck schaffte nicht einmal 60 km/h, beförderte seine Insassen jedoch wettergeschützt und bequemer als auf dem Motorrad. Wer um die 2.000 RM ausgeben konnte, dem standen unter anderem zahlreiche vollwertige Viersitzer von DKW und Opel zur Wahl, Großserienprodukte mit einfacher Technik und einem Minimum an Komfort. Darüber rangierten Wagen von Audi, Adler, Hanomag, Stoewer, Wanderer und viele andere mehr, oft schon mit Sechszylindermotoren, ansprechenderen Formen und gehobener Ausstattung. Die Spitze bildeten große Luxuslimousinen, prachtvolle Kabrioletts und mächtige Sportwagen von Mercedes-Benz, Horch und Maybach mit Preisen weit jenseits der 20.000 oder sogar 30.000 Reichsmark, wie z. B. das Horch-951-A-Kabriolett für 20.850 RM, die Maybach Zeppelin Pullmann-Limousine mit 8-Liter-V12-Motor für 34.000 RM, oder der Mercedes-Benz 540 K Roadster mit 180 PS Kompressormotor für 22.000 RM. Der billigste Mercedes, das Modell 170 V, kostete 1936 immerhin 3.750 RM als zweitürige Limousine, und Mercedes bot auch das teuerste Serienmodell in Deutschland an, den Typ 770 »Großer Mercedes« für 44.000 RM.

BMW, ab 1933 in der Mittelklasse vertreten, galt als überdurchschnittlich teuer, dabei jedoch hochwertig mit einem Schuss Sportlichkeit, denn schon früh hatten selbst die ersten Kleinwagen aus Eisenach ihre Fähigkeiten bei den verschiedensten Rennveranstaltungen unter Beweis gestellt. 1935 kostete der billigste BMW, eine Vierzylinder-Limousine mit 22 PS, stolze 3.200 RM. Ein Opel Olympia mit 2 PS mehr war 700 RM billiger, die Adler-Trumpf-Junior-Limousine mit 25 PS kostete 250 RM weniger, und eine viersitzige DKW Meisterklasse, allerdings mit 20-PS-Zweitaktmotor, war schon für 2.350 RM zu haben. So galten die BMW Wagen fast von Anfang an als etwas Besonderes, Autos, die nicht jeder fuhr und die eine gewisse Exklusivität und Kennerschaft ausstrahlten, Attribute, die bis heute ihre Gültigkeit bewahren konnten.

Nach der Machtergreifung der Nationalsozialisten stieg die Produktion von Personenwagen in Deutschland sprunghaft an. War 1932 der Tiefpunkt mit wenig mehr als 40.000 Pkw erreicht worden, so hatte sich diese Zahl bis Ende 1933 bereits mehr als

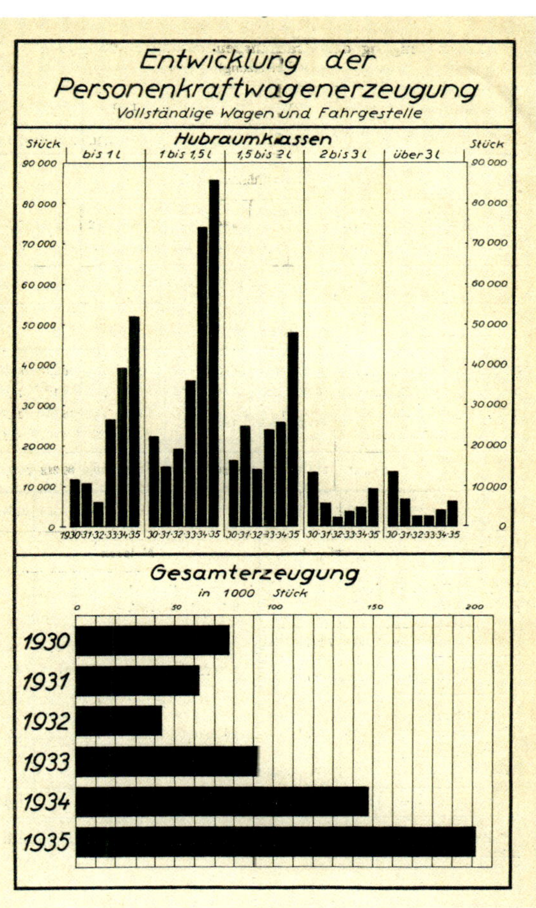

verdoppelt und stieg jährlich weiter an, bis 1938 mit einer Zahl von 276.804 das Maximum erreicht wurde. Ende 1939, nach dem Überfall auf Polen und damit dem Beginn des Zweiten Weltkriegs, kam die Produktion von Personenwagen zugunsten der Massenherstellung von Kriegsmaterial zum Erliegen.

Doch unter dem Blech hatte sich Ende der 1930er-Jahre im Vergleich zum Beginn dieses Jahrzehnts zumindest in Deutschland noch nichts wirklich Wesentliches verändert. Fast alle Serienmotoren waren seitengesteuert, Frontantrieb wurde als bahnbrechende Innovation verkauft und viele Blechkarosserien wurden noch auf hölzernen Rahmen befestigt. Wer das nötige Kleingeld hatte und höchste Ansprüche an die Motorleistung stellte, konnte einen Mercedes mit Kompressormotor erwerben, Vorläufer der heutigen Turbo-Technik.

Wenig bekannt ist, dass bis Mitte der 1930er-Jahre mehrere ausländische Firmen in Deutschland Autos aus importierten Teilen montierten, um so hohe Einfuhrzölle zu umgehen. Hierzu gehörten General Motors mit den Marken Chevrolet und Buick, am Fließband produziert in Berlin-Borsigwalde bis Ende 1931, Ford mit Montagefabrik am Berliner Westhafen, wo zwischen 1926 und 1934 über 25.000 Autos entstanden, FIAT in Heilbronn baute bis 1941 über 4.000 NSU/Fiat-Modelle, darunter den »Topolino«, und Citroën fertigte von 1927 bis 1935 immerhin fast 20.000 Automobile in Köln-Proll, zuletzt die revolutionären Modelle 7 und 11 »Traction Avant« mit Frontantrieb, selbsttragender Karosserie und Einzelradaufhängung. Nicht alle Teile für diese Modelle wurden dabei aus den Ursprungsländern importiert, zahlreiche deutsche Zulieferer waren stets beteiligt, von der Zündkerze bis zur kompletten Karosserie. Und auch viele deutsche Automodelle konnte der Kunde noch als Fahrgestell ordern und von Karosseriebauern wie Autenrieth in

Darmstadt, Drauz in Heilbronn, Gläser in Dresden, Reutter in Stuttgart, Weinberger in München, oder vielen anderen nach individuellen Wünschen »einkleiden« lassen.

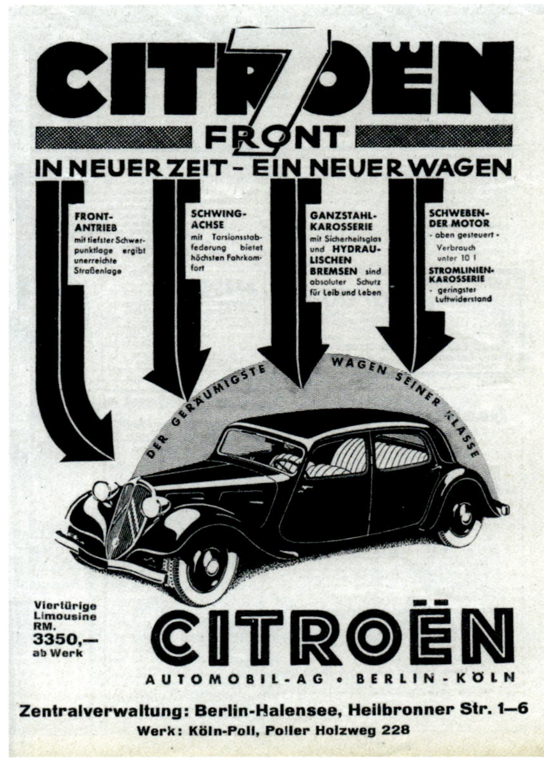

Aufgrund dieser gerade im oberen Segment noch vorherrschenden Handwerkskunst entstanden in den 1930er-Jahren zweifellos viele der heute begehrenswertesten Klassiker der Automobilgeschichte. Firmen wie Bugatti in Frankreich, Rolls-Royce in England, Austro-Daimler in Österreich, Cadillac in den USA oder natürlich Mercedes-Benz in Deutschland schufen in jener Dekade Luxuswagen von einer Ausstrahlung und Detailverliebtheit, die in späteren Jahren kaum mehr erreicht wurde.

Ausländische Fabrikate wurden in den 1930er-Jahren nur sehr selten nach Deutschland importiert, da kaum Servicenetze existierten, um Exoten wie Bugatti, Alfa Romeo oder Bentley zu warten. Zudem war die Einfuhr solcher Wagen stets mit sehr hohen Zoll- und Transportkosten verbunden. Allein aus der Tschechoslowakei und dem 1938 von den Nazis annektierten Österreich fanden einige Wagen der Marken Tatra und Steyr auch in Deutschland Käufer.

Vorreiter der Mobilität war damals mit weitem Abstand Nordamerika mit seiner Massenproduktion von Automobilen von der unteren Mittelklasse bis zur höchsten Luxuskategorie. Die Spanne reichte vom kleinen Crosley mit Vierzylindermotor bis zum monumentalen Cadillac V-16. Die Preise waren relativ niedrig, das Service- und Straßennetz längst flächendeckend. Ende der 1930er-Jahre gab es dort bereits Wagen mit automatischem Getriebe oder mit Klimaanlage, große Sechs- und Achtzylindermotoren waren die Regel.

In Frankreich wurde ab Mitte des Jahrzehnts das Thema Aerodynamik besonders sichtbar. Peugeot, Renault und Panhard brachten sehr modern karossierte Modelle auf den Markt, Citroën gelang mit den 7 und 11 CV Traction-Avant-Modellen eine ähnliche technische und gestalterische Sensation wie in den 1950er-Jahren mit den DS- und ID-Modellen.

Englische Wagen gaben sich hier in der Regel noch weit konservativer, doch es gab hier schon eine Reihe echter »Volkswagen« wie die Austin Seven und Eight, die kleinen Morris oder Ford. Besonders glänzte die weit gefächerte englische Autoindustrie jedoch mit sportlichen Modellen aller Klassen und Luxuslimousinen.

Italien wurde von Fiat dominiert, andere, wie Lancia, Alfa Romeo oder Isotta Fraschini entstanden in exklusiven kleinen Stückzahlen, die Autodichte war noch deutlich geringer als in Deutschland. Im Rest der Welt spielte das Automobil eine geringe Rolle. In Japan fristeten einige wenige einheimische Autohersteller wie Datsun, Ohta oder Toyota ein außerhalb des Landes fast völlig unbeachtetes Schattendasein, da die großen amerikanischen Hersteller wie Ford, GM und Chrysler dort seit Mitte der 1920er-Jahre Montagebetriebe unterhielten, die insgesamt über 200.000 Autos fertigten und den Bedarf somit weitgehend abdeckten. Noch in den 1950er-Jahren wurde das Straßenbild Tokios von amerikanischen Wagen dominiert, niemand ahnte, dass Nippon dereinst zum Autogiganten aufsteigen würde.

GRAHAM-PAIGE

mit Schnellgang

Der Wagen der guten Gesellschaft

Preisgekrönt bei allen Wettbewerben

Sechs- und Acht-Zylinder-Wagen

Pferdestärken:
12/65 PS
14/80 PS
19/95 PS
21/125 PS

Preise
von
RM. 6425,–
bis
RM. 22000,–

Graham-Paige-Automobil G. m. b. H. · Berlin-Johannisthal

Wirklich vornehme Automobile können Sie an den Fingern einer Hand abzählen. Selbst unter diesen wenigen Marken nimmt der Lincoln eine Sonderstellung ein. Seine gediegene Eleganz, sein beruhigender Lauf, die unbedingte Sicherheit auch bei höchsten Geschwindigkeiten sind die Gründe für seine Beliebtheit bei Automobilkennern, für die nur ein vollkommener Wagen in Frage kommt.

FORD MOTOR COMPAGNY A.-G. BERLIN-WESTHAFEN

DER BERUHMTE LANGSTRECKENREKORD-WAGEN

CHRYSLER '65' SEDAN

Bequem

Schnell

Sicher

Zuverlässig

der auf der Avus, Berlin in ununterbrochener Non-stop-Fahrt seit dem 25. September 1929 eine Strecke zurücklegte, die dem mehrfachen Weltumfang entspricht und hierdurch einen einzig dastehenden Nonstop-Rekord aufstellte.

Der Motor lief Monate *ohne Unterbrechung – ohne die geringste Störung*. Das entspricht unter normalen Verhältnissen einer Leistung von 3 bis 4 Jahren. Gibt es einen besseren Beweis für die bereits sprichwörtliche Chrysler-Zuverlässigkeit? Sie können das gleiche Modell bei jedem Chrysler-Vertreter kaufen. Es gibt keinen besseren Wagen für einen derart billigen Preis!

Mit Continental-Reifen, Gargoyle-Mobilöl und deutschem, synthetischem Benzin (I. G.).

CHRYSLER '65'

CHRYSLER COMPANY (M B H), BERLIN-JOHANNISTHAL, STURMVOGELSTRASSE 3

Von Berlin bis Tokio –

in der ganzen Welt wählen die meisten führenden Männer den BUICK

Ausstellung der 1928er Modelle

Über hundert erfolgreiche, führende Fabrikbesitzer aus fünf wahllos herausgegriffenen deutschen Städten fahren Buick-Wagen: in Magdeburg 16, in Nürnberg 20, in Dresden 21, in Aachen 23, in Köln 24

Wohin Sie auch reisen mögen: auf allen Straßen begegnen Sie Buick-Automobilen. Und zumeist gehören diese Führern auf allen Gebieten. Denn Buick ist in der ganzen Welt der meistgekaufte gute Wagen.

Warum wird der Buick so auffallend bevorzugt?

Weil sein Motor eine so gewaltige, kaum zu erschöpfende Kraft hat, daß er den Wagen steile Gebirgsstraßen mit Leichtigkeit erklimmen, ihn tiefsandige Wege bewältigen läßt.

Weil vielbeschäftigte, führende Männer größten Wert auf Schnelligkeit legen. 90 und 100 Kilometer die Stunde zu fahren ist schon nicht jedermanns Sache. Der Buick kann Sie aber, wenn Sie wollen, mit Leichtigkeit 110, 120, ja selbst 125 Kilometer die Stunde dahintragen.

Weil schließlich auch in jedem kleinsten Teilchen des ganzen Wagens ein Überschuß an Festigkeit und Widerstandskraft enthalten ist.

Eine Probefahrt wird Ihnen zeigen, wie angenehm es sich im Buick fährt. Der Händler an Ihrem Orte wird gern mit Ihnen fahren.

Buick Touring, 5 Sitzer M	8070
Buick Coach, 5 Sitzer .	8250
Buick Sedan, 5 Sitzer .	8730
Buick Limousine, 7 Sitzer	12350

Fahrbereit ab Berlin einschließlich Zoll und fünffacher Bereifung

BUICK

GENERAL MOTORS G. M. B. H., BERLIN-BORSIGWALDE

BAYERISCHE MOTOREN WERKE

FABRIK: MÜNCHEN 46
FERNSPRECHER: 33627/28/29, 33896/97, 33691
TELEGRAMM-ADRESSE: „BAYERNMOTOR"
POSTSCHECK-KONTO MÜNCHEN NR. 5267
REICHSBANK-GIRO-KONTO MÜNCHEN
CODES: WESTERN UNION
ENGINEERING-CODE

LEITER DER VERKAUFS-ABT. FÜR
MOTORPFLÜGE U. LANDWIRTSCHFTL. MASCH.
CARL FREIHERR VON WANGENHEIM
BERLIN W 8
UNTER DEN LINDEN 5-6 / HOTEL BRISTOL
TELEGRAMM-ADRESSE: „BAYERNMOTOR"
FERNSPRECHER: CENTRUM 8127

MOTORPFLÜGE / LANDWIRTSCHAFTSMOTOREN / AUTOMOBILE
MOTOR-BOOTE
FLUGMOTOREN

Karwa-Motorpflug System B. M. W.

(Schlepp- und Seilpflug) / 30 P. S. / Drei- und fünfscharig

Pflugleistung: 10 bis 20 Morgen pro Tag, je nach Bodenart und Tiefe
Druschleistung: 30 P.S. motorische Kraft für Maschinenantrieb
Ernteleistung: Bis zu 50 Morgen pro Tag
Zugleistung: Bis 150 Zentner Gewicht.

Karwa-Motorpflug System B. M. W.
(Jeder der 12 Greifer wird durch **einen** Handgriff in Arbeitsstellung gebracht).

1 Vom Kleinwagen zum Traumwagen

1.1 DIXI und BMW 3/15 PS, DA 1–DA 4

Erste Pläne für den Bau von Automobilen gab es bei BMW bereits 1918, lange bevor fünf Jahre später das erste BMW Motorrad das Werk in München verließ. Doch zunächst konzentrierte man sich auf die Entwicklung von Einbaumotoren für Schlepper, Lastkraftwagen, Boote und Zweiräder. Ab 1925 entstanden dann technisch hochinteressante Wagen-Prototypen mit ungewöhnlichen Details wie Schwingachsen und Frontantrieb.

Einbaumotoren und erste Auto-Pläne

Im Ersten Weltkrieg war der junge Flugmotorenhersteller BMW durch die leistungsfähigen und zuverlässigen Motoren der Typen IIIa und IV zu einem erfolgreichen Unternehmen geworden. Am 11. November 1918, dem Tag der Unterzeichnung des Waffenstillstandsabkommens zwischen dem Deutschen Kaiserreich und den westlichen Alliierten im Wald von Compiègne bei Paris, wurde der Münchner Firma jedoch die Geschäftsgrundlage entzogen. Deutschland durfte nach dem Versailler Vertrag von 1919 auf unabsehbare Zeit keinerlei Kriegsgerät – und dazu gehörten natürlich Kampfflugzeuge und deren Motoren – produzieren. Um BMW zu retten, musste sich der damalige Generaldirektor Franz Josef Popp etwas einfallen lassen.

Bayern Motor M 4 A 1 mit 60 PS Höchstleistung aus 8143 ccm Hubraum. Der von Max Friz mit obenliegender Nockenwelle, Kurbelgehäuse aus Aluminium und doppelter Magnetzündung ungewöhnlich aufwendig konzipierte Einbaumotor erinnerte stark an die BMW Flugmotoren.

Werbeblatt vom April 1918 für den Karwa Motorpflug, System BMW mit BMW M 4 A 1 Einbaumotor, in dem bereits neben Flugmotoren die Herstellung von Automobilen angekündigt wurde.

Schon im letzten Kriegsjahr hatte Popp die Firma in weiser Voraussicht an einer Schuhfabrik beteiligt und die Lizenz zum Bau eines Motorpflugs erworben. Der geniale Motorenkonstrukteur Max Friz (er war Anfang 1917 von Daimler gekommen), Chefkonstrukteur für Flugmotoren bei der BMW Vorgängerfirma »Rapp Motoren Werke« und später bei BMW, entwickelte bereits 1918 einen vielseitigen Einbaumotor, den »Bayern-Motor 45/60 PS«. Dieser trieb schon im selben Jahr den von der Hannoverschen

◄◄ Auch die Firmen J. P. Goossens, Lochner & Co. in Brand bei Aachen 1923–28, die Oeconom Großflächenwagen AG in Berlin 1926–28 und die Reichspostverwaltung für das »Bayerische Gebirge« verwendeten BMW Einbaumotoren für ihre Nutzfahrzeuge.

◄ Anzeige für den Bayern-Motor in Gustav Braunbecks Zeitschrift »Der Motor« von 1921.

Waggon Fabrik AG in Lizenz gebauten »Karwa-Tractor« an, der das erste vierrädrige Fahrzeug der Geschichte mit BMW Motor ist. Der mächtige Vierzylinder-Reihenmotor mit 8.143 ccm Hubraum verfügte über eine oben liegende Nockenwelle, ein Kurbelgehäuse aus Aluminium sowie eine doppelte Magnetzündung und zeigte so deutliche Verwandtschaft zum ebenfalls von Friz stammenden Flugmotor IIIa. Mit einer maximalen Leistung von 60 PS machte der BMW Motor den rund drei Tonnen schweren Traktor bis zu 10 km/h schnell und geeignet als Zugmaschine für schwere Lasten.

Daneben kamen dieser Motor und dessen Weiterentwicklungen in zahlreichen Lastkraftwagen wie z. B. denen der Firma J. P. Goossens, Lochner & Co. bei Aachen, aber auch in Reisebussen und Booten bis Ende der 1920er-Jahre zum Einsatz.

Einen »Bayern-Kleinmotor«, ein Zweizylinder-Boxermotor mit 494 ccm Hubraum und einer Leistung von 6,5 PS, entwickelte Friz um 1920 und dieser fand zunächst Verwendung in Motorrädern fremder Hersteller und mancher kurzlebigen Kleinwagenkonstruktion. Mitte der 1920er-Jahre – BMW durfte wieder Flugmotoren bauen und war mit den seit 1923 gebauten, schweren Motorrädern erfolgreich – wurde von Generaldirektor Popp die Idee eines eigenen Automobils wieder aufgegriffen. Deutschland wurde ab Ende 1925 –nach Aufhebung der Einfuhrsperre für ausländische Pkw – von einer großen Zahl stattlicher und relativ preiswerter Wagen amerikanischer Hersteller überschwemmt, die im Vergleich zu den in kleinen Stückzahlen produzierten und mit konservativer Technik ausgestatteten Wagen heimischer Marken modern und attraktiv erschienen. Genau da wollte Popp mit der Entwicklung eines solchen Fahrzeugs der gehobenen Klasse ansetzen.

Als erste Zeichnungen für solch einen Wagen Ende 1925 entstanden, prägten drei Männer die Entwicklungsabteilung im Norden Münchens: Max Friz, Rudolf Schleicher und der erst im Oktober hinzugekommene Gotthilf Dürrwächter. Friz hatte zu jener Zeit alle Hände voll zu tun mit der Entwicklung neuer Flugmotoren, Rudolf Schleicher war seit November 1922 als frisch gebackener Diplom-Ingenieur dazugekommen. Dürrwächter stammte wie Friz, der ihn empfohlen hatte, von Daimler, wo er mittlerweile zum Konstruktionsleiter des Fahrgestellbaus in Untertürkheim aufgestiegen war. Diesen lukrativen und interessanten Posten gab er erstaunlicherweise auf, um fortan in München an der Entwicklung völlig neuer Automobile mit ungewisser Zukunft mitzuwirken.

Dürrwächter machte sich in München sofort an die Arbeit und entwarf unter der Entwicklungsnummer »F 50« (Fahrgestell, Projekt Nr. 50) ein mächtiges Chassis, nicht unähnlich Porsches Entwurf des Mercedes Typ 400. Es handelte sich um einen ca. 50 PS starken 6-sitzigen Phaeton mit 3,08-Liter-Achtzylinder-Reihenmotor, der aber deutlich weniger wiegen sollte als vergleichbare Konkurrenzmodelle. Angepeilt wurde ein Gesamtgewicht von unter 1.500 kg, für die damalige Zeit ein ungewöhnlich niedriger Wert. Zwei Radstände von knapp über und knapp unter drei Metern wurden in Erwägung gezogen, wobei man für den längeren Wagen in einer späteren Variante sogar Frontantrieb und einen V8-Motor vorsah. Mit großer Wahrscheinlichkeit wurden

PIONIERE DER BMW MOTOREN- UND FAHRZEUGENTWICKLUNG

Max Friz (1883–1966)

Nach einer Mechaniker-Lehre im Dampfmaschinenbau studierte Max Friz an der Königlichen Baugewerkschule in Stuttgart-Esslingen. Ab 1906 arbeitete er als Konstrukteur bei der Daimler-Motoren-Gesellschaft in Stuttgart-Untertürkheim. Unter Chefkonstrukteur Paul Daimler war er maßgeblich an der Entwicklung von Flug- und Rennmotoren beteiligt. Am 2. Januar 1917 wechselte er zu den Rapp-Motoren-Werken in München, aus denen dann die Bayerischen Motoren-Werke wurden. Hier entwickelte er die legendären BMW Flugmotoren IIIa und IV. Nach dem Ersten Weltkrieg folgten hochwertige Einbaumotoren für Lastwagen und Boote. Zusammen mit Rudolf Schleicher konstruierte er 1923 das erste BMW Motorrad, die legendäre R 32. Es folgten neue Flugmotoren für die zunehmende Verkehrsfliegerei in Deutschland und zusammen mit Gotthilf Dürrwächter die ersten Konstruktionen eines eigenen BMW Automobils. 1934 wurde Friz als Technischer Direktor zum Geschäftsführer der BMW Flugmotorenbau GmbH in München ernannt und übernahm von 1936 bis 1944 in gleicher Funktion die Flugmotorenfabrik Eisenach. 1945 ging Max Friz in den Ruhestand.

Rudolf Schleicher (1897–1989)

Als Sohn deutscher Eltern in Basel geboren, begann Schleicher nach seinem Kriegseinsatz ab 1918 ein Studium an der Technischen Hochschule München, das er als Diplomingenieur abschloss. 1922 startete er durch Vermittlung von Max Friz seine Laufbahn als Motorenentwickler bei BMW mit der Realisierung des ersten BMW Motorradmotors für die R 32. In Folge war Schleicher – auch als Rennfahrer – maßgeblich an der Entwicklung und Erprobung neuer Motorräder beteiligt. 1927 wechselte er als Leiter des Motorenversuchs zu Horch in Zwickau und arbeitete zusammen mit Fritz Fiedler an 8-Zylinder-Motoren. 1931, zurück bei BMW, arbeitete Schleicher als Versuchsleiter für Wagen und Motorräder und wurde 1932 Konstruktionschef für Krafträder. Zu dieser Zeit entwickelte Schleicher auch den ersten BMW Sechszylindermotor für das Modell 303. 1945, nach der weitgehenden Zerstörung des BMW Werks München, machte sich Rudolf Schleicher mit der Gründung der Firma Schleicher GmbH selbsständig im Bereich Autoreparatur und Ersatzteilherstellung. Ab 1956 war Schleicher als Berater für die BMW Entwicklungs- und Versuchsabteilung tätig.

Gotthilf Dürrwächter (1877–1930)

Der Württemberger Gotthilf Dürrwächter fand nach einer Ausbildung zum Mechaniker und dem Studium der Maschinentechnik eine erste Anstellung bei der Daimle-Motoren-Gesellschaft, wo er bis zum Abteilungschef des Konstruktionsbüros für Personenwagen aufstieg und sich insbesondere mit der Fahrgestellentwicklung beschäftigte. Gut befreundet mit Max Friz, wechselte er 1925 zu BMW und begann mit der Entwicklung der ersten Automobil-Prototypen, wobei zahlreiche Entwürfe für Klein-, Mittel- und Großwagen entstanden, die es teilweise bis zum Prototypenstadium schafften. Mit der Übernahme der Dixi-Werke Eisenach durch BMW übernahm Dürrwächter die fertigungsgerechte Modifikation der Dixi-Kleinwagen zum ersten BMW Automobil und organisierte und leitete schließlich die erste Serienfertigung im BMW Montagewerk Berlin-Johannisthal. 1930 übernahm er die Leitung der Fahrzeugkonstruktion in Eisenach, wo er am 26. Dezember an den Folgen eines Verkehrsunfalls verstarb.

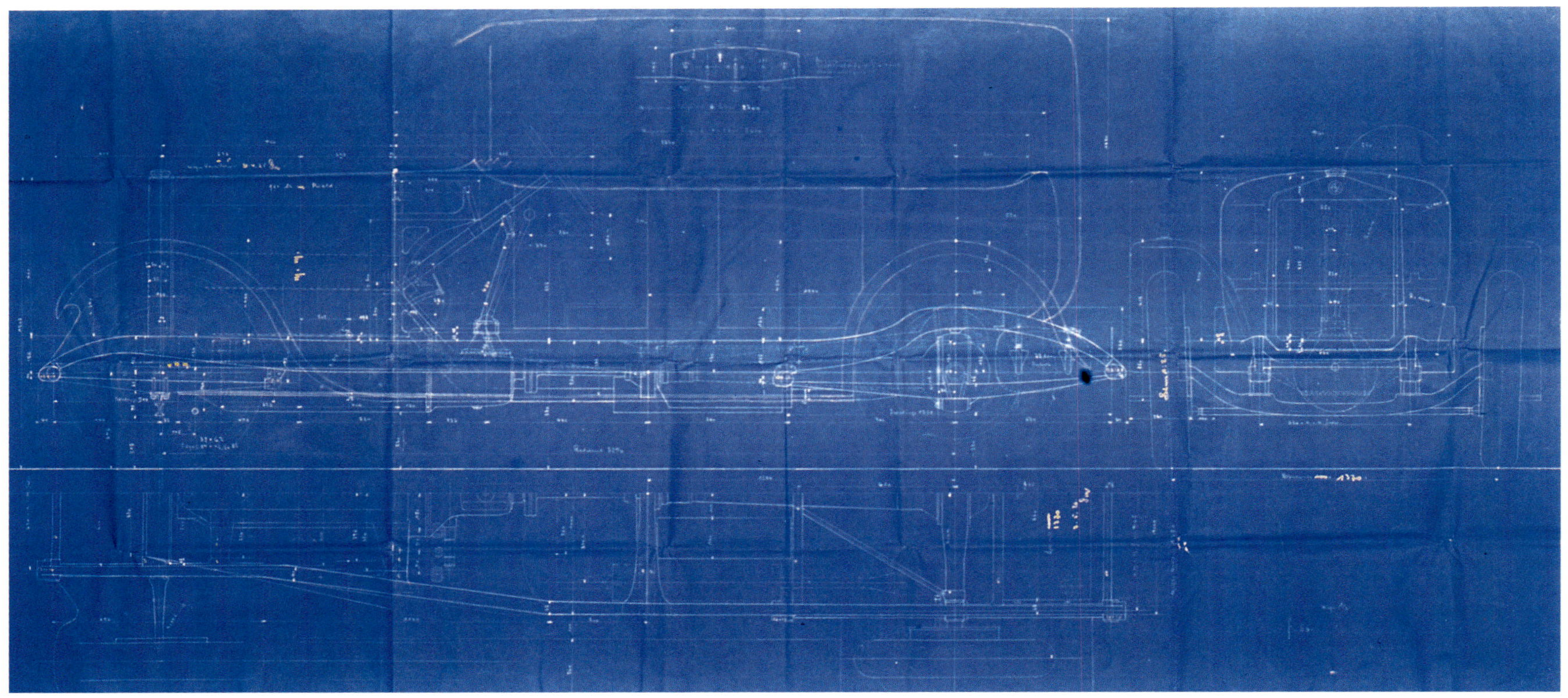

▲ Gotthilf Dürrwächters erster Entwurf für einen BMW Personenwagen mit der internen Bezeichnung F 50 vom 15.3.1926. Als Antrieb war ein Achtzylinder-Reihenmotor mit 3.080 ccm Hubraum und ca. 50 PS vorgesehen.

▼ Typzulassungszeichnung für den BMW F 55-Kleinwagen mit Vierzylinder-Quermotor und Frontantrieb vom 14. November 1927. Entwicklungsbeginn im März 1926, ursprünglich mit 848 ccm Zweitaktmotor.

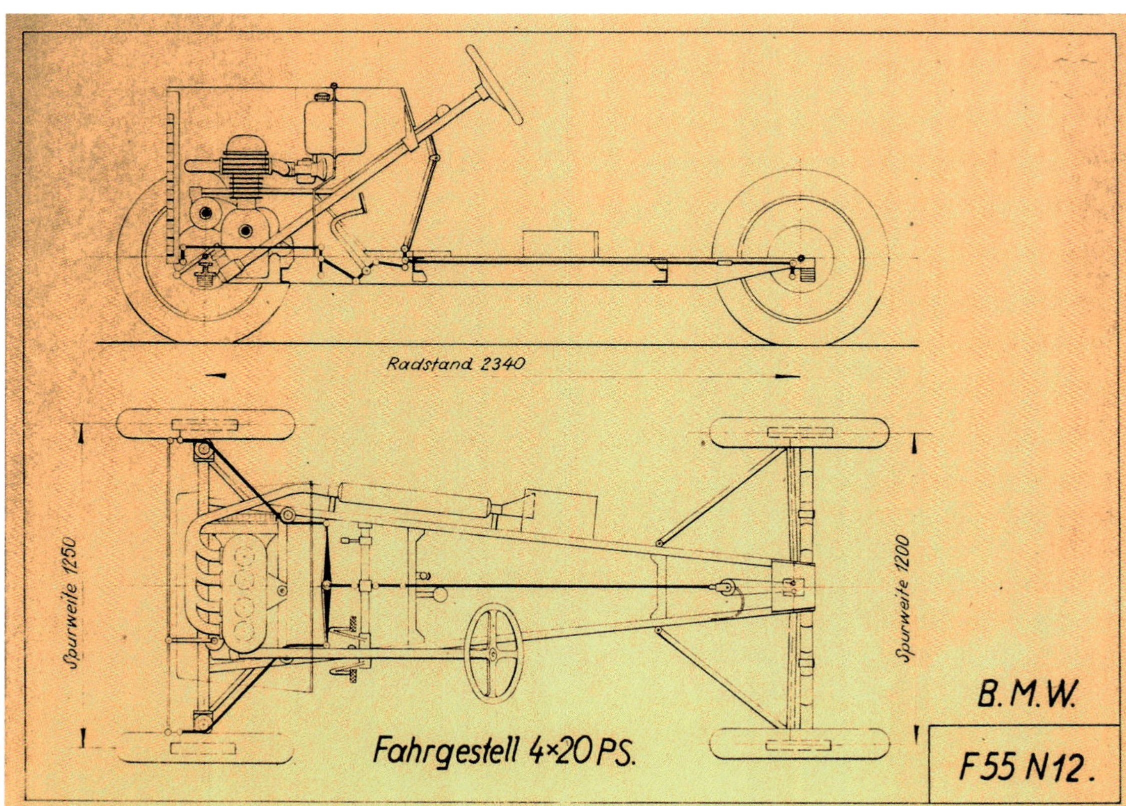

jedoch beide Varianten nie realisiert. Daneben beschäftigte sich Dürrwächter mit einer interessanten Kleinwagenkonstruktion unter der Projektbezeichnung F 55. Mittlerweile hatte sich das Investitionsklima durch die Ernennung von Dr. Emil Georg von Stauß zum Aufsichtsratsvorsitzenden der Bayerischen Motoren Werke, der gleichzeitig Direktor der Deutschen Bank war, deutlich verbessert. Generaldirektor Popp hatte die Entwicklung eines solchen Fahrzeugs angeregt, das eine einfachere und höhere Serienproduktion versprach als der große Achtzylinder-Wagen.

Erste Prototypen

Dürrwächter entwarf ein Auto, dessen technisches Konzept dem damaligen Kleinwagenbau weit vorauseilte und erstaunlicherweise deutliche Gemeinsamkeiten mit dem ab 1959 gebauten Welterfolg Austin Seven bzw. Mini aufwies. Denn auf dem leichten, filigranen Chassis zeichnete Dürrwächter 1927 einen vorne quer liegenden, luftgekühlten Vierzylindermotor mit 1-Liter-Hubraum und 20 PS ein, der die Vorderräder

Gotthilf Dürrwächter auf Probefahrt mit dem Prototyp F 55, der auch bei eisigen Straßenverhältnissen eine sehr gute Straßenlage aufwies, in der Nähe von Bad Tölz im Winter 1927/28. Im Hintergrund die Kalvarienberg-Kirche.

über schwingende Halbachsen und ein modifiziertes Motorradgetriebe antreiben sollte. Das Konzept gedieh bis zu einem fahrfähigen Versuchswagen ohne Karosserie, der von Dürrwächter eingehend erprobt wurde.

Doch zu einer serienreifen Entwicklung des F 55 kam es nicht. Nach einer Studienreise in die USA wandte sich Popp von den Kleinwagenplänen zunächst wieder ab und ließ Dürrwächter unter der Entwicklungsnummer F 65 einen Wagen der Mittelklasse konstruieren. Zwar setzte man auch hier auf Frontantrieb, doch mit einem konventionellen Leiterrahmen und einem wassergekühlten 1,3-Liter-Sechszylindermotor, der längs eingebaut war, geriet der im Laufe des Jahres 1928 komplett realisierte F 65 wesentlich konventioneller als der F 55. Daneben entstand unter der Bezeichnung F 70 ein weiterer Prototyp mit 750 ccm Motorradmotor und konventionellem Heckantrieb.

Trotz teilweise durchaus erfolgversprechender Erprobungen dieser ersten BMW Automobile eigener Konstruktion, entschied sich der BMW Vorstand im Laufe des Jahres 1928 schließlich gegen eine Serienproduktion. Es ist zu vermuten, dass Kostenkalkulationen zu diesem Beschluss führten, da die hierfür nötigen Investitionen wahrscheinlich die finanziellen Möglichkeiten des Unternehmens überschritten hätten. Noch während Oberingenieur Gotthilf Dürrwächter mit den Prototypen unterwegs war und umfangreiche Berechnungen im Vergleich zu Fahrzeugen der Konkurrenz anstellte, zog man auf der Entscheidungsebene den Ankauf einer bestehenden Autofabrik vor. In Erwägung gezogen wurde die Übernahme der Adlerwerke in Frankfurt oder der Erwerb der Fahrzeugfabrik Eisenach, einer Zweigniederlassung der Gothaer Waggonfabrik. Am Ende fiel die Wahl auf das Eisenacher Unternehmen, und Gotthilf Dürrwächter, Konstrukteur vielversprechender, moderner Wagen für BMW, musste sich kurzfristig mit einem Kleinwagen beschäftigen, den er nicht einmal als vollwertiges Auto betrachtete, dem Dixi 3/15 PS.

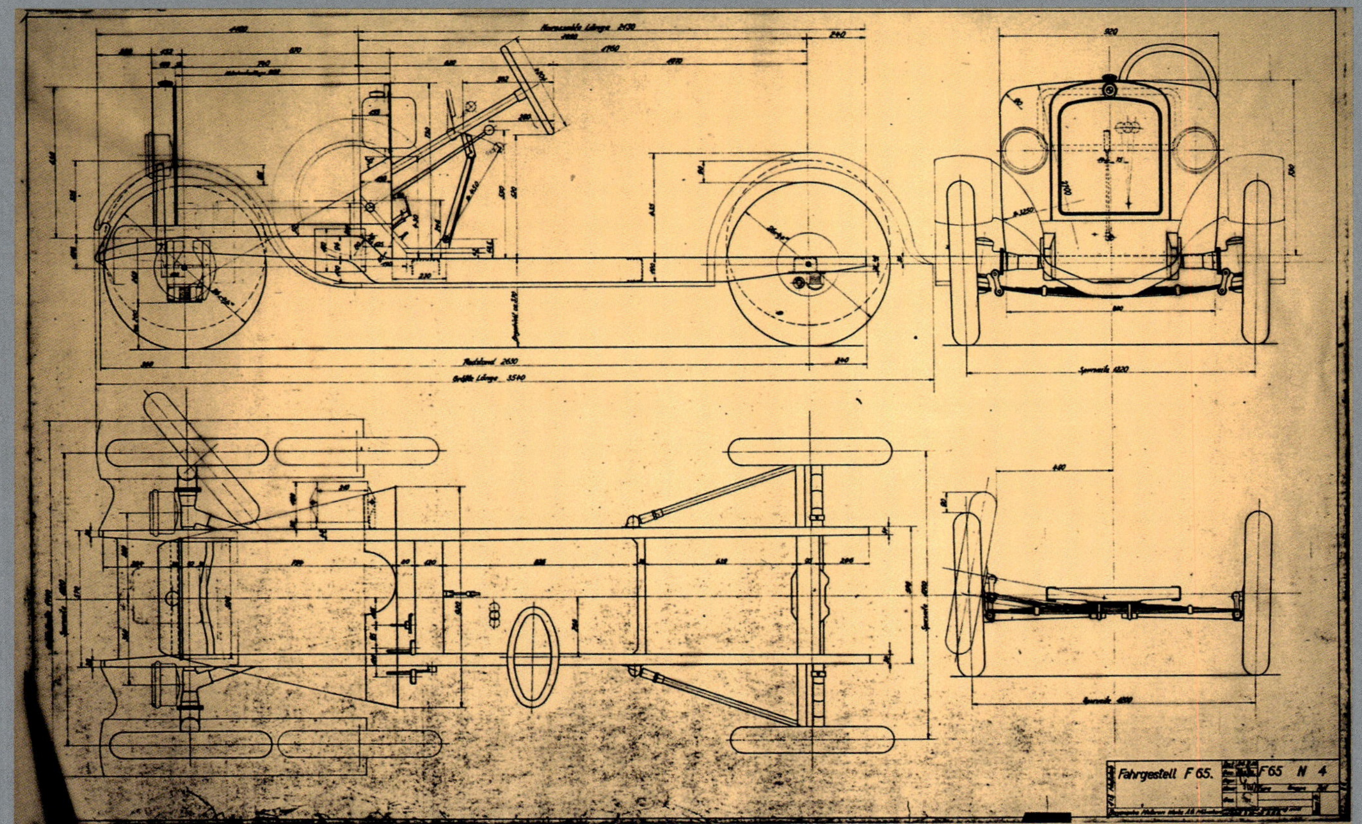

Ein Mittelklassewagen von BMW, der Typ F 65, entwickelt ab Winter 1927, mit 1.320 ccm Sechszylinder-Reihenmotor mit 25 PS, Frontantrieb und Schwingachs-Fahrgestell.

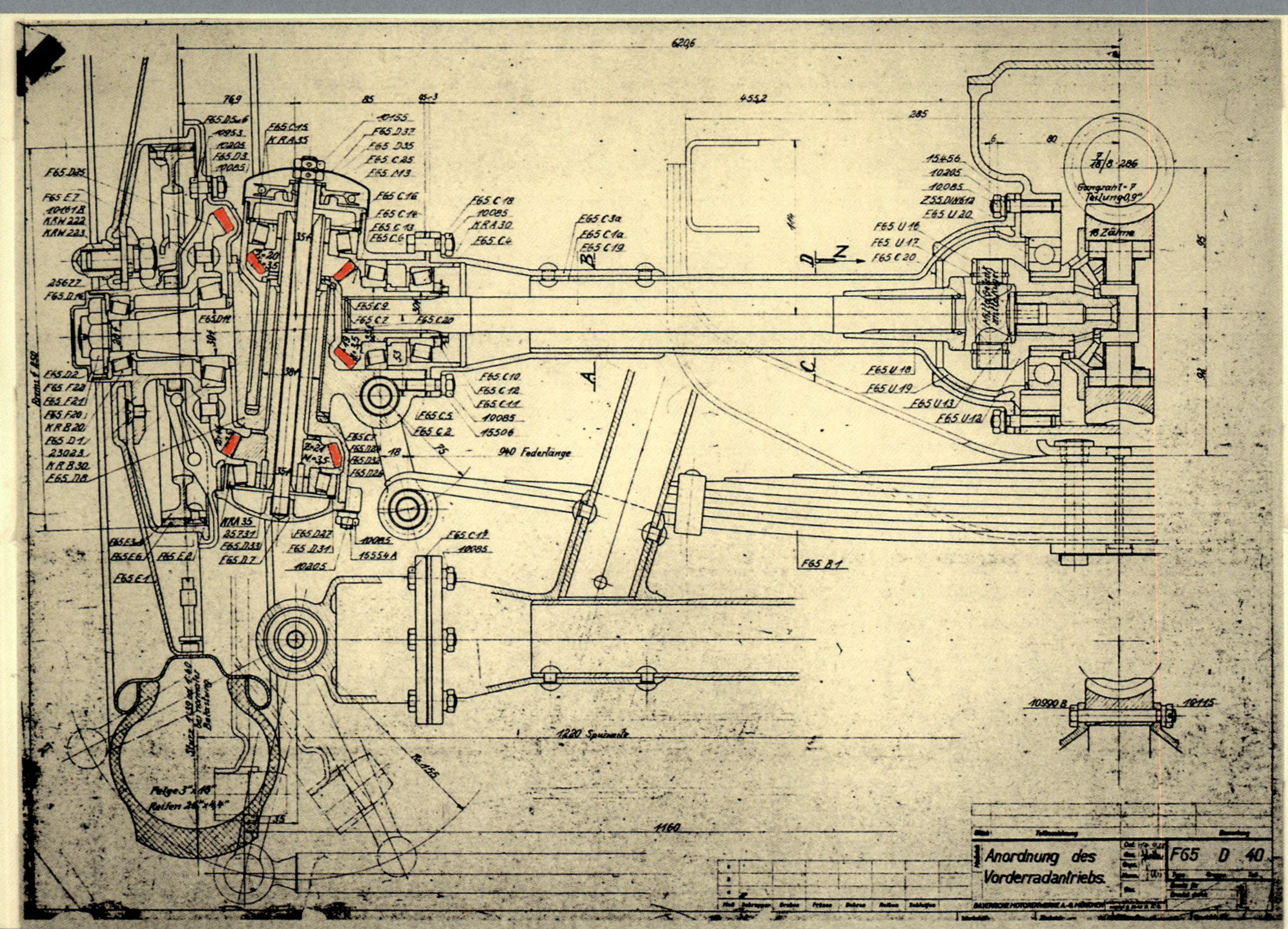

Die geniale Detailkonstruktion Dürrwächters für den Frontantrieb des BMW Versuchswagens F 65. Mangels homokinetischer Gelenke erfolgte die Kraftübertragung über schwingende Halbachsen und Kegelräder, wie beim F 55, exzentrisch auf die Radnaben.

Karosserieentwurf für den BMW F 65 von der Karosseriebaufirma Rupflin in München.

Der BMW F 65-Versuchswagen vor Dürrwächters Villa in der Münchener Riesenfeldstraße im Frühjahr 1928.

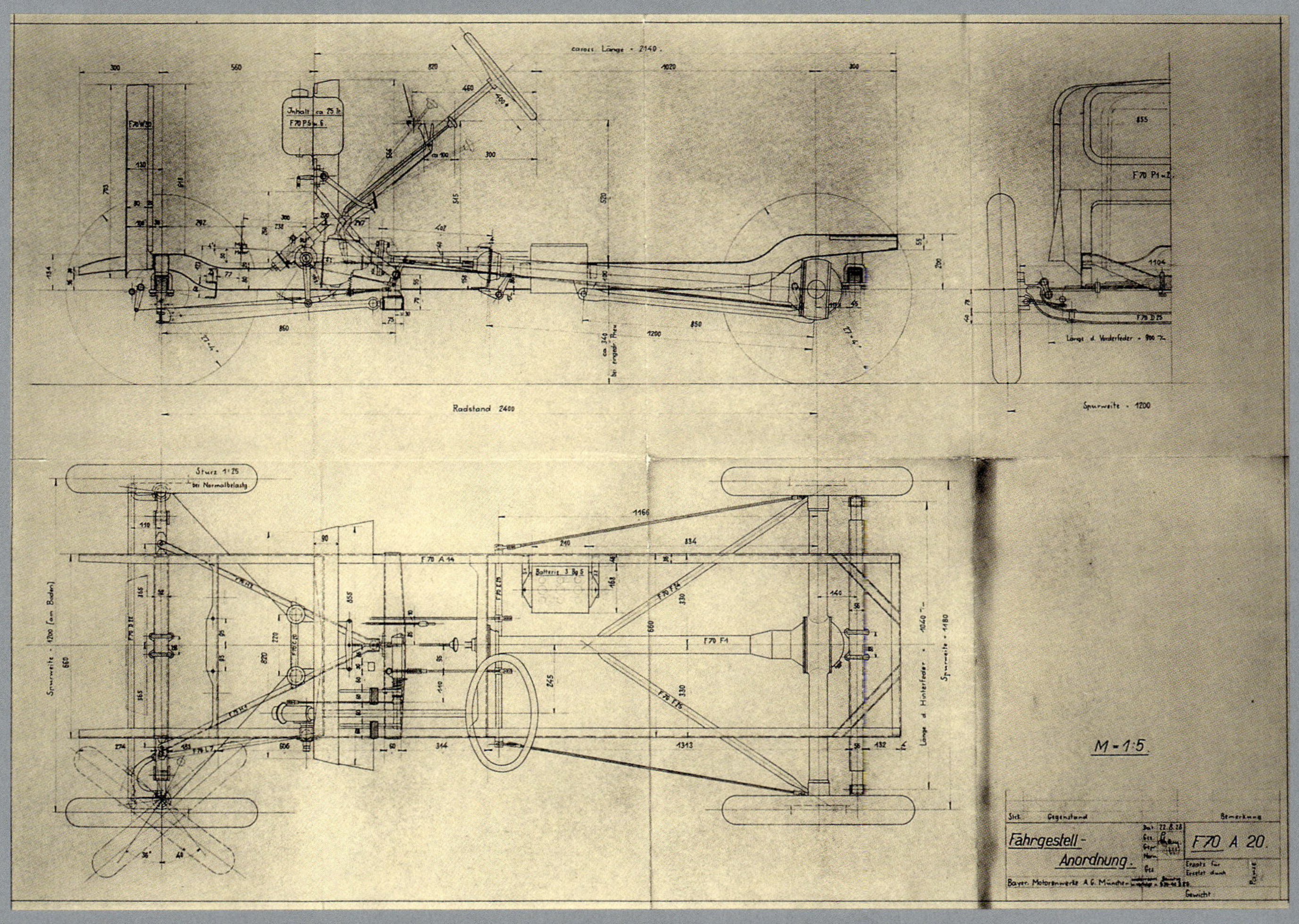

Ein letzter Chassisentwurf für einen eher konventionellen, mit Starrachsen und Heckantrieb ausgestatten BMW F 70, gezeichnet am 22. August 1928 von Gotthilf Dürrwächter. Als Antrieb waren verschiedene Motorrad-Boxermotoren mit 750 und 850 ccm vorgesehen.

Bereits im November 1928 hatte BMW die Fahrzeugfabrik Eisenach mit ihrer Lizenzfertigung des Kleinwagens Austin 7 übernommen. Eilig wurden Logo und Name des neuen Besitzers am Verwaltungsgebäude an der »Rennbahn« in Eisenach angebracht.

Vom Austin zum BMW

Dieser Kleinwagen, der seit 1927 in Eisenach in großer Stückzahl gefertigt wurde, hatte das vom Ingenieur und Unternehmer Heinrich Ehrhardt 1896 gegründete Werk in Eisenach vorübergehend gerettet. Zunächst mit der Herstellung von Heeresgerät und Fahrrädern erfolgreich, war man dort 1898 mit dem »Wartburg Motorwagen«, einem Lizenzbau der französischen Decauville Voiturette, ins Geschäft mit Automobilen eingetreten. Schnell wurde dort eine enorme Bandbreite an Personen- und Lastkraftwagen entwickelt, die durchaus als qualitätsvoll galten, aber jeweils nur geringe Stückzahlen erreichten und das Unternehmen finanziell in Bedrängnis brachten, vor allem, als das Geschäft mit Militärgerät ab 1918 einbrach.

Bis zum Jahr 1921 hatte sich die Lage des Unternehmens so verschlechtert, dass eine Fusion mit einem starken Partner angestrebt werden musste. Einen solchen fand man in Gestalt der Gothaer Waggonfabrik, Lieferant der Reichsbahn. Von nun an firmierte die Fahrzeugfabrik Eisenach als Zweigniederlassung der Gothaer Waggonfabrik AG. Doch die Absatzlage für Pkw verschlechterte sich weiter. Ab 1925 drängten mehr und mehr ausländische Wagen, oft preiswerter und zugleich fortschrittlicher, auf den Markt; zwischen 1925 und 1927 musste die Belegschaft um deutlich mehr als die Hälfte reduziert werden. Am Ende zahlte die Firma bei jedem verkauften Automobil rund 2.000 RM drauf; so ging es nicht weiter.

Um das Werk zu erhalten, musste man sich schleunigst nach einem leicht zu produzierenden, kleinen Wagen umsehen, der sich bereits bewährt hatte, wenig kostete und genug Platz für eine kleine Familie bot. Zahlreiche Hersteller hatten sich bereits bemüht, ein solches »Volksautomobil« zu entwickeln und erfolgreich zu vermarkten, allen voran Henry Ford in den USA, der mit seinem millionenfach verkauften Modell T bereits eine Revolution im Automobilbau ausgelöst hatte. Doch auch in Europa konnte man fündig werden. 1922 hatte die englische Firma Austin mit ihrem winzigen Modell »Seven« einen Volltreffer gelandet.

Der niedliche Kleinwagen mit verschiedenen Karosserien hatte die Herzen der Autofahrer mit bescheideneren Mitteln erobert. Fast 30.000 Austin Seven, alle angetrieben von einem 750 ccm Vierzylindermotor, der 12 PS leistete, hatten bis Ende 1926 Käufer gefunden und ein Ende des Erfolgs war nicht abzusehen. Immer wieder erschienen neue, verbesserte Varianten, offene, geschlossene und sogar sportlich ambitionierte.

Auf Vermittlung des Börsenspekulanten Jakob Schapiro setzte sich noch im Dezember 1926 die Geschäftsleitung der Fahrzeugfabrik Eisenach, die ihre Autos seit 1904 unter dem Markennamen »Dixi« verkaufte, mit Sir Herbert Austin, dem Chef der in Longbridge ansässigen Firma, in Verbindung, in der Hoffnung, einen Lizenzvertrag zu erhalten. Nach kurzen Verhandlungen wurde am 31. Januar 1927 der Vertrag für eine Serien-Lizenzproduktion des kleinen Erfolgsmodells unterzeichnet. Nun wurde in Windeseile die Lizenzproduktion in Eisenach vorbereitet. Im ersten Quartal 1927 trafen 100 Austin Seven in Eisenach ein, um die Mitarbeiter mit dem neuen Produkt vertraut zu machen, und Hubert Johnson, ein Vertrauter Austins und erfahrener Spezialist für die Einrichtung von Fließbandproduktionen, nahm seine Arbeit auf. Zudem blieb wenig Zeit, um den Wagen für die Erfordernisse auf dem Kontinent umzurüsten. Alle Konstruktionszeichnungen mussten auf das metrische System umgestellt werden und die Lenkung des nun »Dixi 3/15 PS« getauften Winzlings wanderte auf die linke Seite, sonst blieb die gesamte Konstruktion, bis auf den spiegelbildlich angeordneten Motor, unverändert. Unter großen Anstrengungen wurde schon am 15. November 1927 der erste Wagen für den Verkauf fertiggestellt, bis Jahresende folgten weitere 31, alles offene Tourenwagen, die preiswerteste und einfachste Variante dieses Kleinwagens.

Nachdem zunächst nur der offene Tourenwagen lieferbar war, gab es ab Juni 1928 auch einen hübschen Sportzweisitzer mit rundlichem Heck und Allwetterverdeck und als bis Ende August rund 4.000 Dixi 3/15 PS verkauft waren, konnte der Kunde auch

▲ Auch in Deutschland erfreute sich der kleine Austin großer Beliebtheit, wie ein Werbeprospekt für den Typ AD von 1926 beweist, der tatsächlich als »Fünfsitzer« angeboten wurde.

◄ Einer der 100 Original-Austin 7, die im Laufe des Jahres 1927 in Eisenach eintrafen und durch Badge-Engineering in Dixis verwandelt wurden. Deutlich erkennbar der Umbau auf Linkslenkung, eine Dixi-Kühlerfigur und der »Garnrollen-Antrieb« für den Tacho auf der Kardanwelle. Aus Platzgründen wurde der Motor im späteren Dixi 3/15 PS spiegelbildlich umkonstruiert.

Mr Hubert Johnson, Austins Mann in Eisenach zur Vorbereitung der Fließband-Produktion, anläßlich einer Probefahrt auf dem winterlichen Inselsberg im Thüringer Wald am 13. November 1927.

▼ Werbefoto aus der Zeitschrift »Dixi Magazin« vom Oktober 1928 mit der Wartburg im Hintergrund.

▼▼ Titelbild für den Verkaufskatalog des neuen Dixi 3/15 PS von 1927, entworfen von dem bekannten Werbegrafiker Bernd Reuters.

zwei geschlossene Modelle bekommen. Mitte September erschien ein zweisitziges Coupé und einen Monat später die Limousine.

Leider erwies sich jedoch mittlerweile die Zugehörigkeit der Fahrzeugfabrik Eisenach zur Gothaer Waggonfabrik als fatale Konstellation. Letztere bekam keine Aufträge der Reichsbahn mehr und selbst die guten Verkaufszahlen des kleinen Dixi konnten diese Verluste nicht kompensieren. Als Konsequenz beschlossen Vorstand und Aufsichtsrat des Unternehmens auf Druck von Schapiro den Verkauf der Fahrzeugfabrik Eisenach.

Nun trat BMW auf den Plan und es begannen die Verhandlungen zur Übernahme der Fahrzeugfabrik Eisenach durch die Bayerischen Motoren Werke. Generaldirektor Popp strebte dabei an, nur den Automobilbau nach München auszugliedern und die beiden anderen Produktionszweige, Heeresgeräte und Fahrräder, in Eisenach zu belassen, doch der Aufsichtsrat stimmte dem nicht zu. Am 14. November 1928 wurde von einem Eisenacher Notar ein Vertrag zur Übernahme aufgesetzt; BMW war dabei, sich in ein finanzielles Abenteuer von noch unabsehbarem Ausmaß zu stürzen.

Zwischen

der Gothaer Waggonfabrik Aktiengesellschaft
nachstehend " Gotha " genannt

und

der Bayerischen Motoren-Werke Aktiengesellschaft,
nachstehend " BMW " genannt
wird über die Veräusserung des Werkes Eisenach der
" Gotha " folgender Vertrag abgesch-lossen :

§ 1.

Die BMW kauft von Gotha und diese verkauft an die
BMW die ihr gehörige Fahrzeugfabrik in Eisenach mit allen
Aktiven und Passiven auf Grund der beiliegenden Zwischen-
bilanz vom 30. September 1928. Mitverkauft werden auch
alle dem Werke Eisenach gehörigen Aktiven, welche in der
beiliegenden Bilanz entweder gar nicht enthalten sind
oder nur zum Teil bewertet sind.

Ferner überlässt Gotha der BMW das
legene Grundstück Salzufer 5 und das der
Ges. m. b. H. i. Liqu. Stuttgart, gehörige Grun
frei von allen Lasten. Schliesslich über
gesamten Anteile der Tiergarten G. m. b. H.
Grundstücke und die Tiergarten G. m. b. H.
den Betrieb des Eisenacher Werkes benutz

Gotha haftet BMW dafür, dass die S
garten G. m. b. H. nicht mehr als Rm 60 000
und ca. Rm 25 000 an verschiedene Liefera
BMW übernimmt diese genannten Verpflicht
mit der Massgabe, dass Gotha Rm 30 000 a
hat. Sollten jedoch obengenannte zwei Sc

(Rm 60 000 und Rm 25 000) höher sein, so hat Gotha diesen
Differenzbetrag ebenfalls an BMW zu vergüten.

§ 2.

Die Fahrzeugfabrik Eisenach gilt ab 1. Oktober 1928
als auf Rechnung der BMW geführt.

Gotha übernimmt die Gewähr dafür, dass hinsichtlich
aller in der beiliegenden Bilanz aufgeführten und von der
BMW gekauften mobilen und immobilen Werte Ansprüche Dritter
nur insofern bestehen, als diese in der Bilanz zum Ausdruck
kommen. Den Vertragsparteien ist bekannt, dass der Eisenacher
Grundbesitz mit Sicherungshypotheken zu Gunsten der Direktion der Disconto-Gesellschaft belastet ist und dass ein
Sicherungsübereignungsvertrag wegen des Maschinen-parks ,
der Lastkraftwagen und Verträge über Abtretung von Forderungen
zu Sicherungszwecken bestehen.

Die Gotha steht dafür ein, dass der Sicherungsübereignungsvertrag wegen des Maschinenparks, der Lastkraftwagen
und die Forderungsabtretungen seitens der Banken aufgehoben
werden. Wegen der Hypotheken zu Gunsten des Bankenkonsortiums
wird eine Verständigung zwischen dem Bankenkonsortium und der
BMW erfolgen.

Ausschnitt aus dem Vertrag zwischen der Gothaer Waggonfabrik und den Bayerischen Motoren Werken. Damit wurde BMW ab dem 1. Oktober 1928 zum Automobilhersteller.

BMW war Ende 1928 mit Unterzeichnung des Vertrags nicht nur Eigentümer eines über fünf Hektar großen Werksgeländes mit vier großen Fabrikgebäuden, Direktionsgebäude mit Wohnhaus, Kantine, Motorprobierstation, Pumpenhaus und einem 16 Quadratmeter großen Schweinestall geworden, sondern dazu gehörten des Weiteren 14 Wohnhäuser in Eisenach, ein Garten mit Teich, Lagerschuppen und Autohalle. BMW war ziemlich unvermittelt Automobilhersteller geworden.

Nach der Übernahme der Eisenacher Fabrik beschloss der BMW Vorstand, das alte Modell unter der Bezeichnung Dixi 3/15 PS zunächst weiterzubauen, da noch Bestellungen und Verträge zu erfüllen waren. Gleichzeitig musste jedoch schnellstens die Weiterentwicklung des von BMW Ingenieur Dürrwächter schon im Sommer geprüften und als unzureichend eingestuften Kleinwagens forciert werden. Ziel war es, Mitte 1929 eine wesentlich modernisierte und verbesserte Version als BMW Kleinwagen zu präsentieren.

Der erste BMW Kleinwagen geht in Serie

Ein Hauptentwicklungsziel bestand dabei darin, die neue Limousine – Zielgruppe war jetzt die moderne, selbst fahrende Frau – mit einer geräumigeren und moderneren Ganzstahlkarosserie nach dem Muster der in Frankreich bei Rosengart gebauten Austin-Seven-Lizenz auszustatten. Die seit dem Pariser Autosalon im Oktober 1928 geführten Verhandlungen mit Rosengart verliefen positiv und noch im Oktober trafen vier Musterwagen vom Typ LR 2 in München ein. Bei Rosengart hatte man dem Austin Seven nicht nur eine neue Karosserie angepasst, sondern auch dem Fahrgestell Verbesserungen wie Vierradbremsen angedeihen lassen. Am Ende sollte BMW pauschal 200.000 Goldmark an die Franzosen zahlen, um sich langwierige, eigene Entwicklungen zu ersparen. Doch da BMW nun auch Lizenzgebühren von voraussichtlich über 70.000 Goldmark pro Vierteljahr an Austin zu entrichten hatte, einigte man sich wenig später darauf, zunächst 100.000 Goldmark zu überweisen und die zweite Rate in Form einer Art Provision pro gebautem BMW Kleinwagen zu entrichten.

Die Produktion der neuen BMW Limousinen-Karosserien mit einer Formgebung nach Art der Rosengart-Wagen sollte, da entsprechende Fertigungsmöglichkeiten in Eisenach fehlten, die Firma AMBI-Budd in Berlin-Johannisthal übernehmen, allerdings in einer modernen Ganzstahl-Bauweise. Entsprechende Vereinbarungen zwischen BMW und AMBI-Budd waren noch vor der Jahreswende 1928/29 getroffen worden, da man in Eisenach nicht die Möglichkeit hatte, die Karosseriefertigung den neuen Anforderungen entsprechend schnell genug umzustellen. Darüber hinaus verfügte man nicht über das Kapital, die gewaltigen und teuren Presswerkzeuge zur Herstellung von Ganzstahl-Karosserieteilen zu finanzieren.

Ein Leistungsgewicht von weniger als 30 kg/PS machte den kleinen Rosengart 5 CV zu einem guten Bergsteiger: Deckblatt des Prospekts von 1928.

▲ Rosengart 5 CV »Conduite Intérieure«, mit für die damalige Zeit moderner Linienführung, war Vorbild für die Gestaltung des ersten BMW Automobils.

BMW verpflichtete sich, neben dem Abnahmepreis für die Karosserien AMBI-Budd Zahlungen in Höhe von 75.000 Mark zu leisten: als Preis für die vom Berliner Karosseriewerk entwickelten »Vorrichtungen, Spezialwerkzeuge und Gesenke«. Die Verrechnung dieses Betrags wurde nach und nach als Zuschlag zum Abnahmepreis der neuen Ganzstahlkarosserien vereinbart.

Zur Jahreswende begann zudem Hubert Johnson, der bereits im Auftrag von Sir Austin die Produktion des Dixi in Eisenach vorbereitet hatte, damit, am Standort Berlin auch die Serienproduktion des neuen BMW Kleinwagens in die Wege zu leiten. Bis September 1929 erledigte er diese Aufgabe zur vollen Zufriedenheit.

Das BMW Montagewerk in Berlin

Während die Tourer oder Phaeton genannten, offenen Drei- bis Viersitzer weiterhin in Eisenach entstehen sollten, verlagerte man die Montage der BMW Limousinen mit geschlossener Karosserie nach Berlin. Schnellstens wurden die von Rosengart übersandten Musterwagen nach Berlin überstellt, wo sie AMBI-Budd als Vorlage für die Gestaltung der neuen Ganzstahlkarosserie dienten. Da all dies in größter Eile zu geschehen hatte, nimmt es nicht Wunder, dass später die ersten gelieferten Karosserien keineswegs den Erwartungen entsprachen.

Doch nicht nur optisch sollte der erste BMW Wagen verändert werden, auch unter der Karosserie wurde modernisiert. Wichtigste Neuerung war hier der Einbau einer

▼ Das Chassis des BMW DA 2 von 1929 wurde weitgehend vom kleinen Dixi übernommen – jetzt allerdings mit Vierradbremsen.

Vierrad-Fußbremse nach Art der Rosengart-Lizenz-Wagen. Neu war auch die Betätigung des Benzinhahns mit Reservestellung auf bequemere Art von innen. Hauptverantwortlich für diese Verbesserungen und den gesamten Montageablauf war Gotthilf Dürrwächter, der zu diesem Zweck seinen Wohnsitz für die Dauer des Serienanlaufs von München nach Berlin verlegte.

Zur Jahreswende 1928/29 zog BMW in die Sturmvogelstraße (heute Segelfliegerdamm), im nordwestlichen Bereich des Flugplatzes Berlin-Johannisthal, sozusagen in Rufweite des AMBI-Budd-Karosseriewerks, in eine mittelgroße Montagehalle ein, die zum Besitz des AMBI-Budd-Direktors Arthur Müller gehörte. Diese Halle 20 lag gegenüber dem Tor 1, zwischen den großen, von den amerikanischen Autofirmen Graham-Paige und Chrysler zur Montage und Lagerung angemieteten Hallen. Nachdem BMW die Halle zunächst zur Hälfte als Lager für noch produzierte 3/15-PS-Dixi-Wagen nutzte, wurde die andere Hälfte nun eiligst für die Montage der ersten Limousinen vom Typ BMW 3/15 PS hergerichtet.

Als Dürrwächter am 8. Februar in Berlin eintraf, erwarteten ihn nicht nur bittere Kälte, sondern auch enorme Schwierigkeiten bei der Erfüllung seiner Aufgabe. Aufgrund der nur unzureichend heizbaren Montagehalle gingen die Arbeiten nur mühsam voran. AMBI-Budd lieferte zunächst mangelhafte Karosserien und die Kollegen in

Blick in die BMW Montagehalle in Berlin-Johannisthal. Im Vordergrund zwei fertig montierte DA 2 Limousinen mit AMBI-Budd Karosserien.

Eisenach trugen wenig dazu bei, die Situation zu verbessern. In Eisenach hatte man seit 1898 Automobile gebaut und betrachtete die Münchener, die sich nun plötzlich anmaßten, die Leitung zu übernehmen und Neuerungen einzuführen, nicht unbedingt mit Sympathie. Deutlich aufgebracht beschwerte sich Dürrwächter in erhaltenen Briefen an seine Frau über die mangelnde Zusammenarbeit und Borniertheit seiner Partner in Thüringen und manchmal zweifelte er wohl am Erfolg.

PRESSWERK AMBI-BUDD BERLIN

Bis zur Mitte der 1920er-Jahre war der Karosseriebau für Automobile in Deutschland noch immer eng mit dem Kutschenbau verwandt. Auf ein tragendes Fahrgestell mit den Antriebsaggregaten wurde eine Karosserie aufgesetzt, die üblicherweise aus einem Holzgerippe mit Blechbeplankung oder Kunstlederbespannung bestand.

In den USA war man zu dieser Zeit im Automobilbau allerdings schon erheblich moderner. Seit 1912 baute die Firma G. Budd Manufacturing Co. in Philadelphia bereits Karosserien ganz aus Stahl für diverse Automobilhersteller, die nicht nur leichter, sondern auch deutlich stabiler und sicherer waren als ihre konventionell hergestellten Konkurrenten.

Von 1923 bis 1925 unternahm der Berliner Großunternehmer Arthur Müller mit seinen beiden Söhnen eine ausgedehnte Amerika-Reise, um neue Geschäftsbeziehungen zu knüpfen. Müller war Manager des ersten deutschen Flughafens in Berlin-Johannisthal gewesen, hatte vor dem ersten Weltkrieg selbst Flugzeuge gebaut und später unter dem Firmennahmen AMBI (Arthur Müller Berlin Industrieanlagen) ein Imperium im Bereich des industriellen Bauwesens, des Waggonbaus und zahlreicher anderer Branchen im In- und Ausland aufgebaut.

In Philadelphia lernte Müller Edward G. Budd und dessen hochmodernes Unternehmen kennen und beschloss, ein derartiges Pressstahlwerk in Deutschland zu errichten. Heimgekehrt, gründete er am 12. Februar 1926 in Berlin die AMBI-Budd Presswerk GmbH, Berlin-Johannisthal, um nach Budd-Lizenzen Ganzstahlkarosserien für die deutsche Automobilindustrie zu fertigen. Im Nordwestbereich des Flughafens Berlin-Johannisthal, wo er ohnehin schon über ausgedehnte Fabrikationsanlagen verfügte, erwarb er zunächst nochmals 21 Werkshallen und richtete dort das modernste Presswerk Europas mit einem gigantischen Maschinenpark ein. Schon im Oktober 1926 begann die Fabrikation mit rund 800 Beschäftigten. Erster Großkunde waren die Frankfurter Adlerwerke, die bereits im gleichen Monat auf der Berliner Automobil-Ausstellung mit dem Adler Standard 6 den ersten deutschen Pkw mit Ganzstahlkarosserie präsentieren konnten. Arthur Müller hatte in weiser Voraussicht 27 % der Aktien dieses renommierten deutschen Automobilherstellers erworben.

Rasch vergrößerte sich die Belegschaft auf ca. 2.500, nachdem weitere Großkunden wie Hanomag, Ford und BMW gewonnen werden konnten. Mitte der 1930er-Jahre wurde schließlich mit einer Fabrikationsfläche von 78.000 m², etwa 4.000 Mitarbeitern und insgesamt 111 gigantischen Doppelaktionspressen ein absoluter Höchststand erreicht.

Am 19. Januar 1935 verstarb Arthur Müller nach einem tragischen Unfall und sein Lebenswerk wurde nach und nach zerschlagen. Müller war Jude, seine Frau und Söhne wanderten Ende der 1930er-Jahre in die USA aus, um der Judenverfolgung zu entgehen. 1942 wurde das Unternehmen endgültig von den Nationalsozialisten enteignet.

Nach Kriegsende 1945 wurden fast alle noch verwertbaren Maschinen von den sowjetischen Besatzern in die Sowjetunion abtransportiert und die spätere DDR nutzte einige der ehemaligen AMBI-Budd-Hallen für verschiedene Produktionszweige. Noch heute steht ein Teil der leer geräumten Fabrikationsgebäude.

Beginn einer Erfolgsgeschichte: Am 22. März 1929 rollt die erste BMW Limousine in die helle Frühlingssonne. Links Hubert Johnson, jetzt in Diensten von BMW Eisenach.

Händlerrundschreiben zur Vorstellung des neuen BMW am 9. Juli 1929 – »Trotz Wertsteigerung werden die bisherigen Dixi-Preise beibehalten.«

BMW Automobil-Verkaufsgesellschaft m. b. H.
Eisenach

DRAHTANSCHRIFT: BAYERNAUTO EISENACH
FERNSPRECH-ANSCHLUSS: NR. 275 – 279,
1700-04, POSTSCHECKKONTO: ERFURT 27501

BMW

BANKKONTO: DIREKTION DER DISCONTO-GESELLSCHAFT, ZWEIGSTELLE EISENACH
POSTSCHLIESSFACH: 227

An unsere

Herren V e r t r e t e r.

W i c h t i g !

IHRE ZEICHEN — IHRE NACHRICHT VOM — UNSER ZEICHEN Dir.Kdt./R. — Tag 29. Juni 1929.

BETREFF: Neuer BMW-Wagen.
Rundschreiben Nr. 64

Am 9. Juli wollen wir den langersehnten neuen BMW-Wagen der Öffentlichkeit übergeben.

Wir haben uns entschlossen, trotz der Wertsteigerung die bisherigen Preise beizubehalten und zwar kosten

die 3 – 4 sitzige Limousine RM. 2.500.— ab Liefer-
der 3 – 4 sitzige Tourenwagen „ 2.200.— werk.

In diesen beiden Ausführungen ist der Wagen zunächst lieferbar, während Coupé, Zweisitzer und Cabriolet noch in Vorbereitung sind und voraussichtlich im August fertiggestellt sein dürften.

Wir würden gerne sehen, wenn am 9. Juli bei unseren Herren Vertretern die Fahrzeuge in verschiedenen Farbenausführungen gezeigt werden könnten, zumal wir am selben Tage durch Zeitungsinserate und durch die Eröffnung der neuen Filiale in Berlin mit einer generellen Einladung an die Presse und hochstehende Persönlichkeiten dieses Fahrzeug entsprechend propagieren wollen.

Leider wird es aber nicht möglich sein, alle Wünsche unserer Herren Vertreter zu berücksichtigen, insbesondere auf Farbzusammenstellungen und Stückzahl, sodaß wir Sie bitten müssen, uns bei Ihren uns jetzt zugehenden Aufträgen zunächst freie Hand zu lassen.

Wir bitten Sie, bei Erhalt dieses Schreibens uns umgehend Ihre Aufträge auf den vorgeschriebenen Auftragsformularen bekannt zu geben, damit wir die Versanddispositionen so rechtzeitig treffen können, um Sie am 9. Juli in den Besitz dieses Fahrzeuges zu bringen.

Blatt 2.

Im März waren die Arbeiten an der BMW Montagehalle weitgehend abgeschlossen. Der Lagerraum stand bereit, um die erste Lieferung von Fahrgestellen aus Eisenach aufnehmen zu können, und im Nebenraum hatte man Montageböcke angebracht. Einem großen Zufall ist es zu verdanken, dass der Nachlass von Gotthilf Dürrwächter in Bezug auf seine Zeit bei BMW erhalten geblieben ist. Durch Fotografien und Briefe ist dokumentiert, dass schließlich am 22. März 1929 der erste Serienwagen der Bayerischen Motoren Werke die Montagehalle verließ, noch ohne BMW Logo, aber mit einer großen »1« am Kühlergrill. Einen Tag später besuchten die BMW Direktoren aus München und Eisenach, Popp und Dr. Neubroch, die Montagehalle, um sich über die Fortschritte bei der Montage zu informieren. Weiterhin waren an den von AMBI-Budd gelieferten Karosserien umfangreiche Nachbesserungen notwendig, und Dürrwächter persönlich musste den neuen Wagen auf ausgedehnten Testfahrten erst einmal erproben.

Inzwischen hatte die BMW Geschäftsleitung zu entscheiden, wo in Zukunft die Automobilfertigung stattfinden sollte, denn momentan gab es zwei Entwicklungsabteilungen in München und Eisenach. Schließlich fiel die Wahl auf Eisenach, und Gotthilf Dürrwächter erhielt in Folge einen Vertrag als Leiter der Wagenentwicklung in Eisenach, sobald das Montagewerk in Berlin-Johannisthal nicht mehr betrieben werden musste.

Fahrgestelle und komplette BMW Wagen auf dem Weg zur Verladung in Eisenach.

▼ Schon am 3. Mai 1929 rollt der tausendste BMW aus der Berliner Montagehalle.

P H A E T H O N

Weymann – ~~Stahl~~karosserie mit wetterfestem Lederbezug, in schöner Farbenharmonie gehalten, mit breiter, farbig abgesetzter Querlinie. Leicht abklappbares, gut schließendes Allwetterverdeck mit Rückblickscheibe, großen seitlichen Scheiben, mit den Türen aufgehend, geteilter, verstellbarer Windschutzscheibe, Sitze für drei Personen bzw. zwei Personen und zwei bis drei Kinder. — Die sehr bequemen Vordersitze, verstellbar und zum Aufklappen eingerichtet, um Zugang zu den Rücksitzen zu ermöglichen. Sämtliche Sitze sind gut und weich gepolstert und in einem Raum untergebracht, so daß bei schlechter Witterung durch hochgeschlagenes Verdeck sämtliche Mitfahrenden geschützt sind. Zwei große Türen gestatten bequemes Einsteigen auch zu den Hintersitzen.
Unter dem rechten Vordersitz befindet sich die Batterie. Dieselbe kann durch Umlegen des Sitzes leicht kontrolliert werden. Unter dem linken Sitz und Rücksitz ist genügend Raum für Werkzeug und sonstige kleine Teile vorgesehen.
Reserverad an der Rückwand des Wagens.

Die Premiere

Als Termin für die Präsentation der neuen BMW Kleinwagen legte man alsbald den 9. Juli fest. Eine Delegation der künftigen BMW Wagenhändler besichtigte die neuen Limousinen in Berlin und erstes Werbematerial wurde in Auftrag gegeben. Am 3. Mai rollte die 1.000. BMW Limousine aus der Halle und wurde auf Lager gelegt. Mittlerweile hatte am 23. März die Produktion des Dixi 3/15 PS in Eisenach geendet, alles konzentrierte sich nun auf die neuen Wagen mit dem BMW Emblem.

Denn nicht nur in Berlin wurde an den ersten BMW Automobilen gearbeitet. Neben der Ganzstahllimousine sollte ein Tourer, auch »Phaeton« genannt, von Anfang an angeboten werden. Die Karosserien für dieses etwas preisgünstigere Modell wurden im BMW Werk Eisenach hergestellt. Dieser drei- bis viersitzige, offene Wagen hatte im Gegensatz zum bisherigen Dixi-Kleinwagen mit seiner Alukarosserie eine einfache, mit Stahl beplankte Karosserie auf einem Holzgerüst, die mit wetterbeständigem Kunstleder bespannt war. Nur Motorhaube und Kotflügel waren Pressteile aus Stahlblech, identisch mit denen für die Limousine. Diese »Gemischtbauweise« ähnlich dem sogenannten Weymann-System war damals durchaus üblich, verband sie doch geringes Gewicht mit kostengünstig handwerklichem Produktionsverfahren. Ein erster Musterwagen dieser Art entstand schon im März 1929, doch die Serienproduktion dieses Modells kam erst im Juni in Gang, nachdem in Berlin schon über 1.000 Limousinen die Montagehalle verlassen hatten.

Der BMW Händlerschaft, bisher nur mit dem Verkauf von Motorrädern befasst, wurde offiziell erst am 29. Juni per Rundschreiben »an unsere Herren Vertreter« bekannt gegeben, dass die Premiere der neuen BMW Wagen am 9. Juli stattfinden sollte. Die Limousine sollte 2.500 Reichsmark ab Werk Berlin kosten, der Tourer ab Werk Eisenach 2.300. Die neu gegründete BMW Automobil-Verkaufsgesellschaft hatte repräsentative Ausstellungsräume nahe der Berliner Gedächtniskirche in der Harden-

◄▲ Beschreibung des BMW 3/15 PS Phaeton aus dem ersten, noch bescheidenen, Werbeprospekt.

▲▲ Blick in den vornehm gestalteten und blumengeschmückten Verkaufsraum für BMW Automobile in einer Passage an der Berliner Hardenbergstraße gegenüber der Gedächtniskirche.

bergstraße 29 a-e bezogen und vornehm dekoriert, weitere Repräsentanzen, darunter auch ein Ausstellungsraum im Werk Eisenach, warteten auf die neuen Wagen. Inzwischen waren in Berlin 200 Limousinen für den Versand fertiggemacht worden und einige Tourer in Eisenach. Die eiligst gedruckten Faltprospekte lagen in den Verkaufsräumen bereit und zur Vorstellung überall in Deutschland war die lokale Prominenz eingeladen.

Die Resonanz des Publikums auf den kleinen BMW Wagen war so gut wie erwartet und erhofft, und Gotthilf Dürrwächter hatte mit seiner kleinen Mannschaft im Montagewerk Berlin-Johannisthal alle Hände voll zu tun, um den ersten Ansturm der Kunden befriedigen zu können. Anfang September entstanden dort im Durchschnitt schon 38 bis 40 Wagen pro Tag, 1.400 BMW 3/15 PS Limousinen waren bereits an die deutschen Händler ausgeliefert worden und auch die Produktion der Tourer in Eisenach erhöhte sich kontinuierlich. Erst als gegen Ende des Jahres 1929 die Bestellungen zurückgingen, wurde der Fertigungsbetrieb in der Berliner Montagehalle zurückgefahren und Anfang November vorübergehend vollständig eingestellt. Gotthilf Dürrwächter, in Zukunft Leiter der Wagenentwicklung in der BMW Autofabrik Eisenach, zog mit seiner Familie in eine Villa in Eisenach. Nach kurzer Winterpause wurden in Berlin-Johannisthal mit kleinerer Mannschaft und ohne Dürrwächter noch bis Ende 1930 einige hundert Limousinen montiert. Dann verlegte man deren Montage komplett nach Eisenach und AMBI-Budd lieferte die Karosserien, fertig lackiert und gepolstert, fortan nur noch dorthin.

BMW hatte das unter den damaligen wirtschaftlichen Umständen durchaus als Abenteuer zu bezeichnende Thema Automobilbau zwar mit großem Risiko und hohem Einsatz, aber letztlich erfolgreich gestartet. Dem »Geburtshelfer« dieser ersten Automobile mit dem blau-weißen Markenzeichen, Oberingenieur Gotthilf Dürrwächter, sollte es jedoch auf tragische Weise nicht vergönnt sein, diese Geschichte mit all ihren weiteren Produkten und Erfolgen mitzugestalten und mitzuerleben. An den Folgen eines Verkehrsunfalls verstarb er 53-jährig am 26. Dezember 1930 in Eisenach. Sein Nachlass in Form von Dokumenten zu seiner Tätigkeit bei BMW in München, Berlin und Eisenach wurde von seiner Witwe sorgsam aufbewahrt, geriet in Vergessenheit und wurde erst über 60 Jahre später bei Umzugsarbeiten wiederentdeckt.

Der bekannte Werbegrafiker und Künstler Bernd Reuters war auch für die Gestaltung des Luxuskatalogs des BMW 3/15 PS engagiert worden.

Der Wagen für die Dame – »innen größer als außen«

Die ersten Kunden, die ihren neuen BMW schon im Juli 1929 in Empfang nehmen konnten, erhielten ein kleines Automobil, wie man es damals in Deutschland nur bei BMW finden konnte. Bei einer Gesamtlänge von nur 3,25 Metern, etwa vergleichbar mit den Dimensionen eines klassischen Mini Coopers der 1960er-Jahre, bot der BMW 3/15 PS als Limousine erstaunlich viel Platz für zwei Erwachsene und zwei bis drei Kinder. Im Innenraum kam nicht das Gefühl

22 MOTOR UND SPORT 1929

Der neue BMW Wagen

Vorderansicht mit dem neuen Kühler ohne Verschraubung und der neuen Schutzmarke

Der neue BMW.-Wagen ist kein neues Fahrzeug auf dem deutschen Markte, sondern der „kleine Dixi“ in neuem Gewande, nachdem die Dixi-Werke von den Bayrischen Motorenwerken aufgekauft worden sind. Der BMW.-Wagen ist also immer noch die lizenzweise, deutsche Ausführung des außerordentlich bewährten englischen „Austin-Seven“, und wird nach wie vor, in den ehemaligen Dixi-Produktionsstätten in Eisenach hergestellt. Die Leistungsfähigkeit der Konstruktion ist also ebenso gegeben wie die bei BMW. und in Eisenach traditionelle Präzisionsarbeit sowie die Verwendung erstklassigen Materials.

Lediglich eine wichtige Neuerung ist zu verzeichnen, und das ist die Umgestaltung der Fußbremse in eine Vierradbremse, während früher mit dem Pedal nur die Hinterräder und mit dem Handhebel nur die Vorderräder gebremst werden konnten. Jetzt wirkt die Handbremse als Standbremse, auch nur auf die Vorderräder.

Neu ist hauptsächlich die äußere Gestaltung, also die Ganzstahlkarosserie von Ambi-Budd, in Form eines viersitzigen Phaethons bzw. einer ebensolchen Limousine, wobei die hinteren Sitze natürlich nur für Kinder in Frage kommen. Kühler und Kühlerzeichen sind ebenfalls neu, auch Verblendscheiben, die allerdings an den beibehaltenen Drahtspeichenrädern nur außen angebracht sind, werden gegen besonderen Aufpreis geliefert. Ebenso sind die Kotflügel schöner und breiter geworden.

Der BMW. erinnert an den Rosengaard (die französische Austin-Seven-Lizenz). Dieses vorzügliche Fahrgestell bequem und schön zu karossieren, ist ungemein schwer. BMW. hat die Aufgabe mit Ambi-Budd zusammen gelöst, so gut es eben überhaupt nur möglich ist.

Nebenstehend: Blick in das Innere der kleinen BMW.-Limousine

Unten: Rückansicht mit angebautem Kofferbehälter

◀ Vorstellung des neuen BMW Kleinwagens in der populären Fachzeitschrift »Motor und Sport« 1929.

auf, in einem Kleinwagen zu sitzen. Erst später prägte dann die neu gegründete BMW Werbeabteilung für dieses Modell den Slogan »Innen größer als außen«, der von vielen etwas belächelt wurde. Doch selbst wer heute die Gelegenheit zur Sitzprobe im kleinen BMW wahrnehmen kann, wird nachempfinden, dass durchaus ein Quäntchen Wahrheit in dieser mutigen Aussage enthalten ist.

Der BMW Kleinwagenkäufer bekam mit der Limousine vom Typ 3/15 PS (das Kürzel DA 2 für »Deutsche Ausführung 2. Serie« wurde erst später verwendet) ein vollwertiges und für damalige Verhältnisse gut ausgestattetes Auto und schon bald gab es als Verbesserung elektrische Winker. Sieben Farbkombinationen standen für Limousine und Tourer zur Wahl. Wer wollte, konnte schon von Anfang an nur ein komplettes Fahrgestell ordern und es, wie damals in höheren Fahrzeugklassen nicht unüblich, von unabhängigen Karosseriebauern nach Wunsch »einkleiden lassen«, doch von dieser Option wurde schon aus Kostengründen nur sehr selten Gebrauch gemacht.

▲ BMW Werbefoto für das in Eisenach gebaute neue Modell Sport-Zweisitzer.

▲▲ Der BMW Sport-Zweisitzer meistert sogar den steilen Anstieg zur Wartburg.

Die BMW Kleinwagen-Familie wächst

Neben den beiden ersten Ausführungen des BMW Serienwagens als Limousine und Tourer, wurden schon frühzeitig weitere Varianten entwickelt. Aufgrund der Wichtigkeit sportlicher Veranstaltungen, bei denen damals Leistung und Zuverlässigkeit sehr werbewirksam einem breiten Publikum vorgeführt werden konnten, entschloss man sich schon kurz nach Beginn der Serienproduktion für den Bau von drei Sportzweisitzern auf der Basis des leichten Touren-Modells aus Eisenach. Schon im Juni waren drei solche Wagen fertiggestellt und nach kurzer Erprobung gelang BMW damit ein Sieg bei der »Internationalen Alpenfahrt 1929«, der härtesten Zuverlässigkeitsprüfung dieser Art in Mitteleuropa. Vom Tourer unterschied sich der Sportzweisitzer im Wesentlichen durch den Wegfall der hinteren Sitzbank und das dadurch rundliche Heck. Mit Hilfe des leichten Verdecks und seitlicher Zellonscheiben konnte der Wagen wetterfest gemacht werden und mit einem Gewicht von deutlich unter 500 kg reichten die 15 PS des normalen Serienmotors für 80 km/h, damals ein sehr guter Wert für einen Kleinwagen. Ab August floss diese Variante schon in die Eisenacher Serienproduktion ein, der Kunde konnte unter fünf Farbkombinationen wählen und erhielt seinen BMW 3/15 PS Sportzweisitzer für 2.200 RM, also zum gleichen Preis wie für den Tourer.

BMW-Kabriolett.

Alle Welt fährt BMW. – Auch Sie haben sicher schon vor der Überlegung gestanden, sich einen BMW anzuschaffen. Es sollte aber ein Kabriolett sein. Zu Ihrer Freude, und der Freude aller BMW-Freunde sei's gesagt: „Das BMW-Kabriolett ist da". – Nichts wird Sie künftig hindern, es denen gleich zu tun, die seit Jahren BMW fahren. – Das in modernster Linienführung ausgebildete BMW-Kabriolett ist drei- bis viersitzig. Es vereint die Vorzüge der bekannt schönen und geräumigen BMW-Limousine mit den Annehmlichkeiten, die der offene Wagen bietet. Das BMW-Kabriolett ist der Wagen für jede Witterung. Er vermittelt Ihnen reinste Freude an der Natur ebenso vollkommen, wie er Sie gegen jegliche Witterungsunbilden schützt.

Einzelheiten.

Motor und Fahrgestell
in gleicher Ausführung wie bei allen anderen BMW-Modellen.

Karosserie.
Das BMW-Kabriolett ist zweitürig. Jede Tür ist mit einer Tasche ausgestattet. Die linke Tür ist mit Innensicherung, die rechte mit Sicherheitsschloß versehen. Beide Fenster sind Kurbelfenster. Der rechte Vordersitz ist klappbar eingerichtet, sodaß man bequem zu den Hintersitzen gelangen kann. Die Hintersitze und Rückenlehnen sind herausnehmbar, um bei Bedarf einen genügend großen Gepäckraum zu schaffen. Zur Polsterung ist dauerhaftes Kunstleder verwandt, welches in der Farbe der Außenlackierung angepaßt ist. Die Windschutzscheibe ist herausstellbar und mit Scheibenwischern ausgerüstet. In der Mitte der Windschutzscheibe ist ein Rückblickspiegel angebracht. – Das Verdeck ist in wenigen Sekunden zu öffnen und zu schließen.

Abmessungen.

Ganze Länge des Wagens		3250	mm
„ Breite „	„	1250	„
Gesamte Höhe „	„	1600	„

Preis.
Derselbe beträgt

RM 2750,–

ab Werk. Aufpreis für Winker, die stets mitgeliefert werden RM 25,–.

Auf Wunsch werden die Räder mit Verblendscheiben ausgerüstet. Mehrpreis RM 50,–.

BMW Automobil-Verkaufsgesellschaft m.b.H.
Eisenach

Einseitiges Prospektblatt für das BMW Kabriolett mit AMBI-Budd Karosserie, Modell 1930.

Gleichzeitig arbeitete man zusammen mit AMBI-Budd an einer Kabriolett-Version der Ganzstahl-Limousine. Schon im Mai 1929 entstand ein Musterwagen in Berlin und ab Ende Oktober 1929 ging der fast schon luxuriöse Kleinwagen zum Preis von 2.825 RM in Serie. Im Gegensatz zur eher spartanischen Sportlichkeit von Tourer und Sportzweisitzer lag beim Kabriolett die Betonung auf Komfort. Bei diesem Modell waren das Dach und die hintere Partie der Ganzstahlkarosserie als gefüttertes, stabiles Faltverdeck ausgeführt, das sich mit zwei Sturmstangen rechts und links wesentlich leichter öffnen und verstauen ließ, als das leichte Verdeck des Phaetons. Die beiden Türen des Kabrioletts hatten wie die Limousine einen festen Rahmen mit Kurbelscheiben und boten somit auch bei geöffnetem Verdeck Schutz gegen Wind und leichten Regen. Der kleine Kofferraum am Heck war nur von innen zugänglich, die Sitze waren mit robustem Kunstleder bezogen. In der Werbung wurde das neue Kabriolett vor allem der Dame ans Herz gelegt, wie sich überhaupt ein Großteil der Broschüren und Anzeigen an die weibliche Kundschaft unter den Automobilisten wandte. Damals, als Frauen am Steuer noch eher die Ausnahme waren, eine bemerkenswerte Strategie.

Licht und Schatten und neue Modelle

Von der Fachpresse wurden die BMW Kleinwagen fast durchweg wohlwollend beurteilt, doch es gab auch berechtigte Kritik, wie zum Beispiel vom renommierten Fachblatt

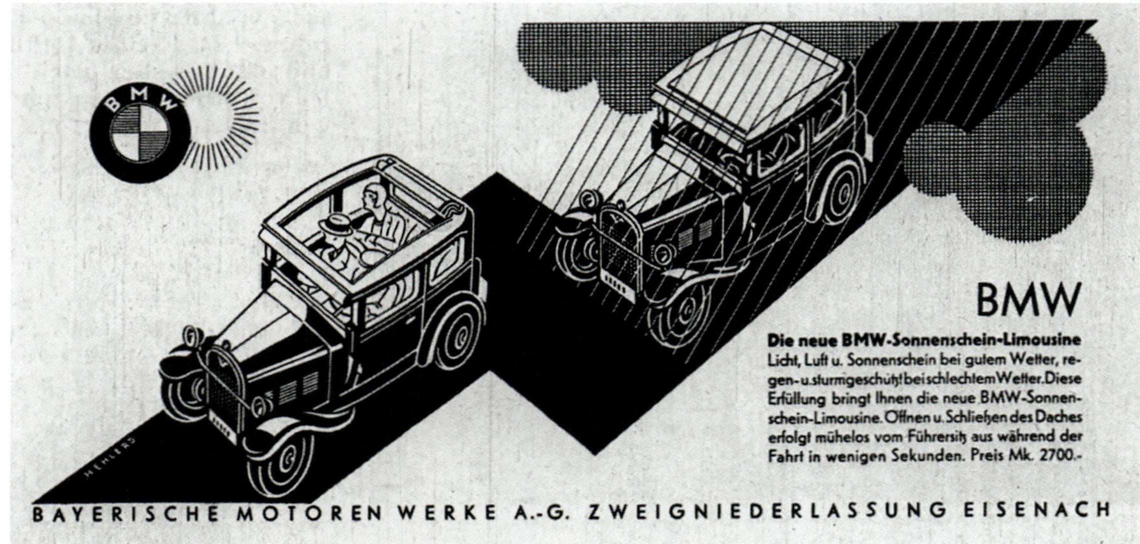

Zeitungsinserat vom März 1930 für die neue Variante BMW Sonnenschein-Limousine aus der Allgemeinen Automobil Zeitung (AAZ).

»Motor-Kritik«: »Seit BMW bei Dixi regiert, wird dort gemurkst. So wurde vergessen, die Betätigungsseile der Vorderradbremsen im Achsschenkel-Drehmittelpunkt angreifen zu lassen. Folge: Blockieren der Räder. Kotschutz durchaus unzureichend. Daher Entstehung von Mistecken, von wo Zerfressen der Stahlkarosserie einsetzt. Türen der Limousine klappern und klemmen. Armer Dixi, was haben sie aus dir gemacht.« Notizen dieser Art in viel gelesenen Fachpublikationen waren natürlich Gift für den Verkauf des BMW 3/15 PS und fieberhaft mussten derartige Mängel beseitigt und Reklamationen sehr kulant behandelt werden.

Anfang Dezember 1929 erschien mit der BMW »Sonnenschein-Limousine« eine weitere Variante des Themas BMW 3/15 PS. Anstelle des Dachmittelteils, das bei der Limousine aus einem festen Einsatz aus Holz und Kunstleder bestand, hatte die Sonnenschein-Limousine ein großes Stofffaltdach zu bieten. Für 2.650 RM konnte man stolzer Besitzer eines solchen Modells werden, doch die Nachfrage bewegte sich eher in engen Grenzen.

Seit Ende 1929 war eine weitere Variante der inzwischen intern mit »DA 2« bezeichneten Modellreihe verfügbar, der BMW Eil-Lieferwagen. In Eisenach war bereits im Oktober ein Musterwagen für das Reichsfinanzministerium gebaut worden, der gut gelang und die Aufnahme einer Serienproduktion rentabel erscheinen ließ. Staatliche Stellen wie die Reichspost oder Wehrmacht, waren Zielgruppen solcher Fahrzeuge, doch auch kleinere Gewerbetreibende wurden als Kunden anvisiert.

Auf das Fahrgestell des normalen 3/15-PS-Wagens hatten die im Aufbau von Holz-Blechkarosserien sehr erfahrenen Eisenacher Karosseriebauer einen Kastenwagenaufbau gesetzt, der optisch ansprechend Fahrer, Beifahrer und Ware schützte und schnell und repräsentativ beförderte. Mit Ausnahme des Vorderwagens und der Kotflügel aus Blechpressteilen, bestand der Aufbau des BMW Eil-Lieferwagens aus einem kräftigen Gerippe aus Hartholz, das außen mit passend zugeschnittenem Karosserieblech verkleidet wurde. In den Seitentüren versahen nur Schiebefenster ihren Dienst und der 0,75 Kubikmeter große Laderaum war über fensterlose, verschließbare Flügeltüren zugänglich. Mit 285 cm Länge war der Eil-Lieferwagen das kürzeste Modell der Baureihe und mit einem Preis von 2.400 RM um 75 RM billiger als die Limousine. In zwei Serien, wobei die zweite über Trittbretter und eine Dachreling verfügte, fand dieser praktische Wagen bei Reichspost, Kundendienst, Handel und Handwerk gute Resonanz.

Der erste BMW Sportwagen

Anfang Mai 1930 erreichten BMW Händler und -Kundschaft besonders interessante Neuigkeiten aus Eisenach. Auf Wunsch vieler sportlicher »Herrenfahrer« hatte man dort einen richtigen kleinen Sportwagen, heute würde man Roadster sagen, entwickelt, den Typ »Wartburg«. Die anstatt mit Türen mit tiefen seitlichen Einschnitten gestaltete, aus Leichtmetall geformte Karosserie, bildete en miniature den damals letzten Schrei der Sportwagenmode à la Bugatti nach. Lange Motorhaube, umlegbare Frontscheibe, ein durch eine andere Federanordnung und gekröpfte Vorderachse tieferer Schwerpunkt, sowie ein spitz zulaufendes »Bootsheck« machten den kleinen BMW Sportwagen zu einem begehrenswerten Spezialtyp – in Deutschland gab es damals kaum Vergleichbares.

Der kleine Vierzylindermotor mit 750 ccm Hubraum leistete in diesem Modell dank kupfernem Ansaugrohr, doppelter Auspuffleitung, größerer Vergaserdüse und einer höheren Verdichtung stolze 18 PS, die den nur 400 kg wiegenden BMW Wartburg auf fast 100 km/h beschleunigen konnten, ein Wert, der 1930 höchst respekteinflößend

BMW-Eillieferwagen in jeder Geschäfts-Branche

BMW Eil-Lieferwagen mit vielfältigen Werbebeschriftungen auf der Rückseite eines Prospekts für diese Modellvariante.

Werbeannonce für das erste BMW Nutzfahrzeug, den Eil-Lieferwagen.

Deckblatt des Faltprospekts für den ersten BMW Sportwagen »Typ Wartburg« von 1930, zum Preis von 3.100 RM.

war. Im Sommer 1930 wurde eine erste Serie von 100 Wagen produziert, kurz darauf folgten noch einmal 50 Einheiten in einer zweiten, minimal veränderten Auflage. Sie bildeten eine ideale Basis für zahllose Sporteinsätze. Mit einem Preis von 3.100 RM war der »Typ Wartburg«, trotz (bei der 1. Serie) serienmäßig auf der Lenkradnabe montierter Uhr, kein Schnäppchen und 1930 waren wenige bereit, für ein kleines Sportfahrzeug ohne großen Nutzwert viel Geld auszugeben. Nur mit Mühe konnten die letzten der kleinen Flitzer, intern »DA 3« genannt, an den Mann gebracht werden.

Stagnation und Rückgang

Ab der Jahresmitte 1930 gingen die Verkaufszahlen der BMW Kleinwagen deutlich zurück. Die erste Euphorie über die neuen Autos war vorüber und die Weltwirtschaftskrise tat ein Übriges dazu, die Kauflaune der Automobilisten zu dämpfen. Zudem hatte sich erwiesen, dass die Karosserie der Limousine vielen Kunden nicht geräumig genug war. Hatte man auf den Vordersitzen großzügig Platz, reichte das Platzangebot im Fond eigentlich nur für Kinder, Erwachsene saßen hier allzu beengt. Im Juni wandte sich deshalb Sir Herbert Austin an BMW und bot die Lizenz für ein größeres Austin-Modell an, doch nach eingehender Prüfung lehnte man in München dankend ab. Zu groß erschien mittlerweile die Konkurrenz heimischer Hersteller und finanziell konnte man sich erneute hohe Ausgaben für Lizenzen nicht leisten.

Gegen Ende 1930 war die Lage auf dem deutschen Automobilmarkt so schlecht geworden, dass sogar die für November geplante Automobil- und Motorradausstellung in Berlin abgesagt wurde. Aufgrund von Gesetzesänderungen strömten zudem immer mehr ausländische Fabrikate in die Verkaufssalons, die die deutschen Hersteller mit fortschrittlicher Technik und günstigen Preisen stark unter Druck setzten.

◀ Foto aus einer Werbestrecke in den BMW Blättern, Heft Nr. 8 vom Juni 1931, der damaligen Hauszeitschrift der Bayerischen Motoren Werke.

▲ Paul Greifzu, BMW Händler aus Suhl, auf Demonstrationsfahrt im BMW Wartburg mit Berta Gebhart, einer potenziellen Kundin.

▶ Ausführlicher Test über den BMW Wartburg aus der Zeitschrift »Motor und Sport« vom 15. November 1931.

Trotz dieser Entwicklung wagte BMW ab Mitte September eine erneute Erweiterung des Wagenprogramms. Als letztes neues Modell der ersten Baureihe DA 2 erschien das 2-sitzige Kabriolett mit Ganzstahlkarosserie von AMBI-Budd. Es vereinte das sportliche Flair des Zweisitzers mit den Qualitäten der modernen Karosserie und des hochwertigen Verdecks und wurde der modernen Damenwelt zum Preis von 2.575 RM ans Herz gelegt. Zudem herrschte in der BMW Werbeabteilung Hochbetrieb, denn aufgrund der schlechten Wirtschaftslage waren Maßnahmen jeglicher Art notwendig. In Werbeanzeigen und -anschreiben wurden nicht nur die Dame und der Herrenfahrer angesprochen, auch für Ärzte und Jäger gab es Aussendungen mit persönlicher Ansprache der jeweiligen Berufsgruppe, und die

18 MOTOR UND SPORT 1931

MOTOR UND SPORT TEST

BMW.-Typ Wartburg

Ein kleiner Sportwagen hoher Leistung

Zu den wenigen Sportwagen, die sich in Deutschland trotz der seit Jahren anhaltenden wirtschaftlichen Depression auf dem Markte halten konnten, zählt der kleine BMW. Wartburg. Dies hat naturgemäß seine besondere Bewandtnis.

Sportwagen sind in der Regel sehr teuer, und der hohe Preis bietet häufig noch keinerlei Gewähr für eine Rentabilität. Im Gebrauch erweisen sich daher ausgesprochene Sportfahrzeuge meist als eine luxuriöse Betätigung, die an die Finanzkraft des einzelnen erhebliche Anforderungen stellt.

Der BMW.-Typ Wartburg ist vielleicht der kleinste Sportwagen des Weltmarktes. Aus dem Serienfahrzeug entwickelt, war es durch eine verhältnismäßig geringe Nacharbeit möglich, die Leistung des Motors, die Gewichtsverhältnisse des Wagens und schließlich die Straßenlage so zu beeinflussen, daß ein regelrechtes Sportfahrzeug entstand, ohne daß die Fehler, die dieser Kategorie meistens anhaften, in diesem Falle eingetreten wären. Gewiß, der kleine BMW. Wartburg erreicht keine schwindelerregenden Geschwindigkeiten. Bei 90 km liegt seine natürliche Grenze, zumindest sofern mit aufgestelltem Windschutz gefahren wird. Aber auch schon diese Leistung ist so respektabel, besonders, wenn man die geringen Dimensionen der zur Verfügung stehenden Kraftquelle berücksichtigt, daß die Nachfrage nach diesem Wagentyp in jeder Beziehung verständlich erscheint.

Wir haben den BMW.-Sportwagen einer Erprobung unterzogen, und zwar zunächst mit dem üblichen Vergaser, dann durch nachträglichen Einbau des in letzter Zeit bekannt gewordenen *Atmos-Vergasers.*

Auf die Einzelheiten dieses neuen Vergasers kommen wir in *„Motor und Sport"* demnächst zurück. Wir begnügen uns, bei dieser Gelegenheit festzustellen, daß unsere Versuche zugunsten dieses Vergasers ausgefallen sind, und wenn auch die phantastischen Zahlen, die durch die Tagespresse verbreitet wurden, wie jeder Fachmann erwarten mußte, keineswegs der Wirklichkeit entsprechen, so konnten wir, um eine Zahl herauszugreifen, bei 70 km einen Leistungszuwachs von 1,5 PS ermitteln. Die genauen Zahlen bei dieser Motordrehzahl betragen für den normalen Vergaser 17,4 PS, für den Atmos-Vergaser 18,8 PS. Am Berg und im Beschleunigungsvermögen erwies sich ebenfalls der Atmos-Vergaser als überlegen. Wir haben daher die mit diesem Apparat gemachten Messungen als Grundlage für die nebenstehende Aufstellung gewählt.

Aus der sachlichen Prüfung der Meßwerte geht jedoch nicht hervor, welch faszinierende Auswirkung von dieser kleinen Maschine ausgeht. Im Gegensatz zu den normalen Karosserieausführungen sind alle Abmessungen wohl proportioniert. Die Karosserie ist schmal gehalten und fügt sich daher organisch in die schmale Spur hinein. An dem ganzen Fahrzeug ist nichts anderes auszusetzen, als daß es für ausgesprochen groß gewachsene Menschen ungenügende Raumverhältnisse bietet. Innerhalb dieser durch die Verhältnisse gebotenen Grenzen aber gestattet der BMW. Wartburg, dank einer sehr guten Straßenhaftung und hierdurch bedingten Kurvenfestigkeit außerordentlich hohe Durchschnitte zu erzielen. Der BMW.-Sport ist für jugendliche Automobilisten, die auf ein temperamentvolles Fahrzeug Wert legen, deren finanzielle Mittel indessen beschränkt sind, das gegebene Fahrzeug.

Dipl.-Ing. Friedlaender

Dauerbergsteigfähigkeit im 3. Gang	6 %
Bremsweg bei 30 km	8,5 m
Von 10 auf 60 km in	26 sek
Beschleunigung von 10 auf 20 km	6 sek
Höchstgeschwindigkeit	90 km
Leistung 19 PS bei	70 km

Technische Daten:

Zylinderzahl	4	Verdichtungsverhältn.	1:7
Zylinderinhalt	743 ccm	Bodenfreiheit	17 cm
Radstand	1900 mm	Drehkreis	10,5 m
Radspur	1030 mm	Gewicht	400 kg

Der Atmos-Vergaser wird eingebaut

Wuchtig, wie ein großer!

Prospekt gedruckt anläßlich der Präsentation des neuen Modells DA 4 auf der IAMA 1931.

Die neue, vordere Schwingachse sollte sich leider als technischer Fehlgriff erweisen.

rund 400 Händler in Deutschland wurden dringend aufgefordert, den Verkauf der Wagen durch eigene Veranstaltungen anzukurbeln.

Das neue Modell

Doch die Tage der ersten BMW Automodelle waren bereits gezählt, denn seit Mitte 1930 wurde in Eisenach und bei AMBI-Budd in Berlin an einem verbesserten Nachfolgemodell gearbeitet. Wichtigster Kritikpunkt an der BMW Limousine DA 2 waren die beschränkten Platzverhältnisse im Fond und die relativ unkomfortable Vorderradaufhängung gewesen. Anstatt der bisherigen Starrachse entwickelte man nun in Eisenach eine Schwingachse, bestehend aus einer querliegenden Blattfeder, die gleichzeitig als Achse diente und an deren Enden die Vorderräder ohne Stoßdämpfer aufgehängt waren. Vorteilhaft waren das weichere Abfedern des Vorderwagens und eine größere Wartungsfreundlichkeit, da weniger Schmiernippel zu versorgen waren. Wesentlich negativer gestaltete sich hingegen die Stabilität und Spurtreue der gesamten Vorderachse, die jetzt viel unpräziser aufgehängt war und von allen Fahrbahnunregelmäßigkeiten deutlich stärker beeinflusst wurde, vom Fahrer deshalb mehr Lenkkorrekturen und Aufmerksamkeit forderte.

Größere und weit teurere Maßnahmen verlangte dagegen die Weiterentwicklung der Ganzstahlkarosserie. Um den nutzbaren Innenraum vor allem zugunsten der Passagiere im Fond zu verlängern, waren zwei Änderungen der Blechteile nötig. Zum einen kürzte man den Windlauf, das ist der Bereich zwischen Motorhaube und A-Säule, um 11 cm und zum anderen verzichtete man beim neuen, DA 4 bezeichneten Modell auf den hinteren Kofferraum, wodurch das ganze Passagierabteil nach hinten rückte und man die beiden Türen verlängern konnte. Chassis und Radstand blieben unverändert, Trittbretter, elektrische Winker und Scheibenwischer waren jetzt serienmäßig. Neben der Limousine entwickelte man zudem ein hübsches Coupé auf der Basis des zweisitzigen Kabrioletts.
Ab 17. Dezember 1930 flossen die neuen Modelle schon in die Produktion ein und am 10. Februar 1931 wurden die ersten neuen Wagen der Baureihe DA 4 an die Händler geliefert. Nachdem die neuen BMW Kleinwagen auf der Berliner Automobilausstellung im Februar präsentiert worden waren und die Fachpresse Gelegenheit zur Prüfung erhalten hatte, hagelte es von Seiten des Fachblatts »Motor-Kritik« üble Beurteilungen zur neuen Schwingachse. Der Streit wurde ausführlich in der Öffentlichkeit ausgetragen und schließlich beigelegt, doch das Ansehen der neuen Modelle hatte dadurch Schaden genommen.

Flucht nach vorne

Doch nicht nur mit der Presse gab es Ärger. BMW Direktor Popp, ohnehin skeptisch gegenüber dem »Auto-Abenteuer«, hatte sich im Frühling an Sir Herbert Austin gewandt, mit der Bitte, die Lizenzgebühren aufgrund der schlechten Verkäufe zu senken, doch eine schroffe Abfuhr erhalten. Daraufhin bat Popp in einem Brief an den BMW Aufsichtsrat, die Produktion von Automobilen zum Ende 1931 einzustellen, da sich dieser Geschäftszweig als unrentabel erwiesen hatte. Hinzu kamen interne Querelen in Eisenach und Rechtsstreitigkeiten wegen angeblicher Patentverletzungen von Seiten

Die neue, deutlich steifere Ganzstahl-Karosserie des Typs DA 4 mit um 20 cm verlängertem Innenraum.

Das zweisitzige Cabriolet mit AMBI-Budd-Karosserie des Modelljahrs 1930 mit festem Türrahmen und besserem Verdeck.

Eindrucksvolle Beweise der hohen Karosseriesteifigkeit des Typs DA 4, ein typischer Werbegag von Dr. Hirschhorn, dem Leiter und einzigen Mitarbeiter der BMW »Werbezentrale« in München.

BMW, die allerdings zu Gunsten von BMW endeten. Nach knapp zwei Jahren stand es schlecht um ein Überleben der BMW Autoproduktion. Die Bayerischen Motoren Werke hatten für ihr »Abenteuer« einen denkbar schlechten Zeitpunkt gewählt. In Deutschland herrschte weithin Not und Arbeitslosigkeit, die Weltwirtschaft war in der Krise und viele Autohersteller verschwanden oder bangten um ihr Überleben.

Doch es sollte anders kommen. Anfang August 1931 beschloss der BMW Aufsichtsrat, das Werk Eisenach nicht zu schließen, sondern sogar durch Erweiterung auf weitere Produkte wieder in die Rentabilität zu führen. Anstatt aufzugeben, wagte man die Flucht nach vorn. Eilig wurden dem neuen Kleinwagen DA 4 Verbesserungen zur Stabilisierung der Vorderachse zuteil, um die Fachpresse zufriedenzustellen, und es begannen Verhandlungen, den Vertrag mit Austin, der bis Ende 1932 lief, um zumindest ein Jahr zu verkürzen.

Was die Öffentlichkeit noch nicht wusste, war die Tatsache, dass die Tage des ersten BMW Kleinwagens ohnehin gezählt waren. Schon Anfang des Jahres 1931 hatten die Entwicklungsabteilungen in München und Eisenach in weiser Voraussicht mit der Konstruktion eines in vielen Bereichen neuen 4-Zylinder-Modells begonnen. Und das war noch nicht alles, denn noch im selben Jahr begannen Entwicklungsarbeiten zu einem völlig neuen, kompakten Sechszylindermotor, gedacht für einen größeren Wagen in naher Zukunft.

Im Februar 1932 schließlich gelangte BMW an einen Wendepunkt, der die Zukunft der Autoproduktion hoffnungsvoller erscheinen ließ. Unter Einschaltung eines Schiedsgerichts wurde der Vertrag mit Austin zum Ende des Monats aufgehoben und rückwirkend ab 1. April 1931 waren nur noch 50% der Lizenzgebühren zu entrichten, was Einsparungen von mehreren hunderttausend Reichsmark zur Folge hatte. Zudem sollten die Probleme mit der Zulieferung mangel-

In nur 210 Exemplaren von AMBI-Budd gebaut: das zweisitzige Coupé vom Typ BMW 3/15 PS DA 4, dargestellt in einem Werbeprospekt vom Februar 1931.

hafter Ganzstahlkarosserien durch AMBI-Budd nun bald ein Ende haben. Mittlerweile war Dr. h. c. Emil Georg von Stauß nicht nur Aufsichtsratsvorsitzender bei BMW, sondern auch bei Daimler-Benz, und so kam es zu der Vereinbarung, dass die Karosserien des geplanten 3/20-PS-Wagens vom Daimler-Benz Karosseriewerk Sindelfingen zugeliefert werden sollten.

Am 3. Februar 1932 verließ in Eisenach die letzte BMW 3/15 PS-Limousine die Fertigungshalle und das Lager mit abholbereiten Wagen war noch gut gefüllt, selbst DA 2-Modelle mit Starrachse waren noch neu lieferbar. In diesem Jahr wurden in Deutschland insgesamt weniger als 42.000 Personenkraftwagen verkauft, vier Jahre zuvor waren es noch über 100.000 gewesen. Zahllose Kleinhersteller waren der Krise zum Opfer gefallen, doch BMW hatte diese Zeiten mit dem richtigen Automobil, wenn auch knapp, überlebt und die Zeichen für bessere Zeiten standen nicht schlecht: Hinter Opel, DKW, Daimler-Benz und Adler lag BMW 1932 immerhin an fünfter Stelle der Produktionsstatistik.

Mit einem geliehenen Produkt waren die Bayerischen Motoren Werke in den Kreis der Automobilhersteller getreten. War es Mut gewesen oder Naivität, gar Verzweiflung? Der gewählte Zeitpunkt hätte nicht ungünstiger sein können. Neben Lob und Anerkennung hatte es durchaus auch Spott und Kritik für den kleinen BMW alias Dixi alias Austin gegeben, dieses »eingelaufene Ford T-Modell«, wie mancher abfällig meinte. Doch die kleinen Wagen waren kein primitiver Notbehelf gewesen, wie so viele andere in dieser Zeit. Die insgesamt ausgereifte und zuverlässige Konstruktion und die Sicherheit eines für seine Qualität bekannten Unternehmens hatten das »Abenteuer Auto« trotz widrigster Umstände nicht scheitern lassen. Und BMW hatte sich für die Zukunft viel vorgenommen.

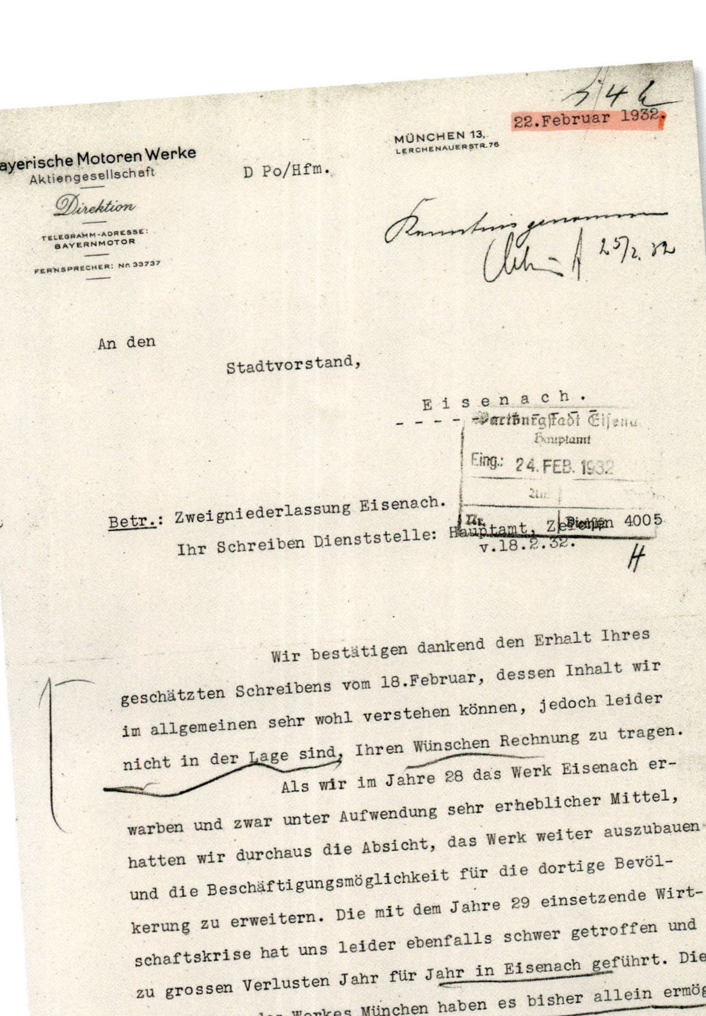

Bayerische Motoren Werke
Aktiengesellschaft
Direktion
Telegramm-Adresse: Bayernmotor
Fernsprecher: Nr. 33737

D Po/Hfm.

München 13, Lerchenauerstr. 76

22. Februar 1932.

An den
Stadtvorstand,
E i s e n a c h .

Wartburgstadt Eisenach
Hauptamt
Eing.: 24. FEB. 1932
Dienstzeichen 4005

Betr.: Zweigniederlassung Eisenach.
Ihr Schreiben Dienststelle: Hauptamt, Zeichen
v. 18.2.32.

Wir bestätigen dankend den Erhalt Ihres
geschätzten Schreibens vom 18. Februar, dessen Inhalt wir
im allgemeinen sehr wohl verstehen können, jedoch leider
nicht in der Lage sind, Ihren Wünschen Rechnung zu tragen.
Als wir im Jahre 28 das Werk Eisenach er-
warben und zwar unter Aufwendung sehr erheblicher Mittel,
hatten wir durchaus die Absicht, das Werk weiter auszubauen
und die Beschäftigungsmöglichkeit für die dortige Bevölkerung zu erweitern. Die mit dem Jahre 29 einsetzende Wirtschaftskrise hat uns leider ebenfalls schwer getroffen und
zu grossen Verlusten Jahr für Jahr in Eisenach geführt. Die
Erträgnisse des Werkes München haben es bisher allein ermög-
./.

BLATT 2

zu Brief an den Stadtvorstand, Eisenach / 22.2.32.

licht, das Werk in Eisenach aufrechtzuerhalten, das sonst
bereits jenes Ende gefunden hätte, wie viele deutsche Auto-
mobilfabriken.
Die durch die katastrophale Wirtschaftslage
geschaffene Situation ermöglicht es dem Werk München nicht
mehr, in Zukunft die grossen Verluste von Eisenach zu tragen. Um daher das Werk Eisenach überhaupt erhalten zu können,
sind die äussersten Bemühungen zur Einsparung von Verwal-
tungskosten eine unabweisbare Voraussetzung.
Wir glauben daher, dass unsere Massnahmen
auf Grund dieser Aufklärung nicht nur Ihre Billigung, sondern auch Ihre Unterstützung finden müssen, da sie dem
Zwecke dienen, einer möglichst grossen Anzahl von Arbei-
tern die Beschäftigung zu erhalten.
Wir bedauerh mit Ihnen, dass diese Verhält-
nisse uns dazu zwingen, einen Teil unseres Personals entlas-
sen zu müssen, aber wir glauben, dass die langjährigen Opfer,
die wir gebracht haben, und unsere Absichten, das Werk
Eisenach durch diese schwere Zeit zu bringen, uns leider
keinen anderen Ausweg lassen.

Hochachtungsvoll

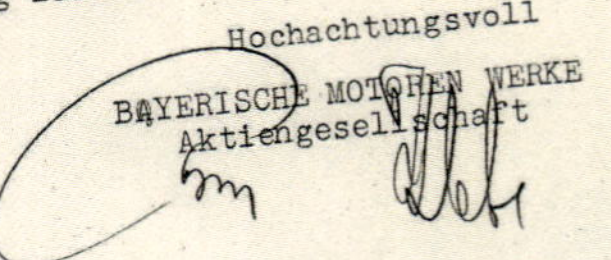

BAYERISCHE MOTOREN WERKE
Aktiengesellschaft

BMW Werbepostkarten mit originellen Motiven und Kommentaren des BMW Werbechefs Dr. Hirschhorn, der ab 1930 tätig war.

◄ Brief von BMW Generaldirektor Franz Josef Popp an den Stadtvorstand von Eisenach vom 18. Februar 1932 zur Begründung der umfangreichen Sparmaßnahmen im BMW Werk Eisenach.

SONDERKAROSSERIEN

Werkskarosserien für diese Fahrzeuggruppe stammten von **AMBI-Budd** (siehe Kasten AMBI-Budd, Seite 28), wo alle Ganzstahlkarosserien gefertigt wurden. Das **BMW Werk Eisenach** konzentrierte sich dagegen auf die Produktion von Tourenwagen und Sport-Zweisitzern.

Einzelstücke in Form von zweisitzigen Sportwagen entstanden in der **Eisenacher Werkstatt** von Ernst und Karl Aßmann sowie bei der Firma **Weidenhausen** in Frankfurt am Main; **Buhne** in Berlin entwarf und baute ein Kabriolett und bei der Firma **Großklaus** in Mühlhausen entstanden einige wenige Kastenwagen.

Einen Sonderfall stellt in diesem Zusammenhang die Firma **IHLE** in Bruchsal dar, denn hier wurden nach Ende der Produktion der BMW 3/15 PS-Modelle zahlreiche dieser Wagen nach Kundenwunsch mit sportlich aussehenden Zweisitzer-Karosserien ausgestattet.

Die Gebrüder Rudolf und Fritz Ihle hatten sich 1930 selbstständig gemacht und boten danach Sonderaufbauten für gebrauchte, kleine Wagen vor allem der Marken BMW und DKW an. Erste Sportzweisitzer auf Basis Dixi und BMW 3/15 PS entstanden nicht vor 1934, was nicht zuletzt das Gerücht widerlegt, dass IHLE Erfinder der »BMW Niere« gewesen sei. Dieses markante Stilmittel führte BMW 1933 mit dem Typ 303 ein.

Später entstanden bei IHLE auch in geringerem Umfang Karosserien für größere Wagen von Ford und Opel, jedoch wenig erfolgreich, und so konzentrierte man sich ab den 1940er-Jahren vermehrt auf die Herstellung von Karussellfahrzeugen wie Autoscootern, eine Branche, in der IHLE bis 2000 aktiv war.

Assmann-Karosserie, Eisenach 1935

Buhne-Karosserien auf der IAMA 1931

Sportwagenkarosserie von C. H. Weidenhausen, Frankfurt a. M.

Ihle 600 von 1935 auf einem Werksfoto

Vorführwagen der Gebrüder Ihle vom Typ 800 von 1936, aufgebaut auf gebrauchten Dixi- oder BMW 3/15 PS-Fahrgestellen. Die oftmals Ihle zugeschriebene, typische »BMW Niere«, entstand allerdings bereits 1933 in Eisenach für den Typ 303.

Er ist da . . . !

Der Sportwagen von Ihle

Gebr. Ihle
SPORT-KAROSSERIE-BAU
Verkaufsabteilung Bruchsal/B. 200

Typ „Ihle 800"

RM. 1450.–
ab Werk Bruchsal

Ausrüstung: *Allwetterverdeck, 5fach bereift, Reserverad (ohne Chromreif) auf dem flachen Heck, großer Kofferraum, geteilter und schräggestellter Windschutz, eine Tür, Drahtspeichenräder mit Zierkappen, Polsterung rot, Lackierung signalrot.*

Technische Daten:
(Änderungen sind dem Werk vorbehalten

Typ „Ihle 600"	Typ „Ihle 800"
Motor:	Motor:
der bekannte Vierzylinder-743-ccm-BMW.-Dixi, 3/15 PS., generalüberholt, ausgeschliffen, mit Leichtmetallkolben	der bekannte Vierzylinder-743-ccm-BMW.-Dixi, 3/15 PS, generalüberholt, ausgeschliffen, mit Leichtmetallkolben
Batteriezündung	Batteriezündung
Elektrisches Licht und Anlasseranlage	Elektrisches Licht und Anlasseranlage
Trockene Einscheibenkupplung	Trockene Einscheibenkupplung
Zahnschubgetriebe	Zahnschubgetriebe
3 Vorwärtsgänge, 1 Rückwärtsgang	3 Vorwärtsgänge, 1 Rückwärtsgang
Lenkung links	Lenkung links
Länge des Wagens: 3050 mm	Länge des Wagens: 3250 mm
Breite des Wagens: 1200 mm	Breite des Wagens: 1300 mm
Höhe mit Windschutz (ohne Verdeck): 1150 mm	Höhe mit Windschutz (ohne Verdeck): 1150 mm
Radstand: 1970 mm	Radstand: 1970 mm
Spurweite: 1030 mm	Spurweite: 1030
Gewicht des Wagens: 400 kg	Gewicht des Wagens: 450 kg
Verbrauch: ca. 6 Liter per 100 km	Verbrauch: ca. 6 Liter per 100 km
Aufbau: Ihle-Spezial-Ganzstahl-Sportkarosserie	Aufbau: Ihle-Spezial-Ganzstahl-Sportkarosserie
Geschwindigkeit ca. 90 km	Geschwindigkeit ca. 90 km

Typ „Ihle 800"

RM. 1600.–
ab Werk Bruchsal

Luxusausführung: *Neue Armaturen mit Zeituhr, Reserverad mit Chromreif, Stoßstangen, Lackierung signalrot, elfenbein, bayrischblau, silbergrau oder seegrün.*

Typ „Ihle 600"

RM. 1050.–
ab Werk Bruchsal

Ausrüstung: *Allwetterverdeck, 5fach bereift, Reserverad im Kofferraum, Drahtspeichenräder ohne Zierkappen, elektrisches Horn, Tachometer und Oeldruckanzeiger, Polsterung rot, Lackierung signalrot.*

Prospekt der Gebrüder Ihle in Bruchsal, ca. 1936

XII. JAHRGANG NR. 7
ANFANG APRIL 1932
MOTOR-KRITIK
VERLAG FRANKFURT A. M., BLÜCHERSTRASSE 20/22. EINZELHEFT RM 0.60

Der BMW

VOLL-Schwingachs-Wagen

1.2 BMW 3/20 PS AM 1 – AM 4 / Lastendreiräder F 76 und F 79 / Dreirad-Kleinwagen Prototyp.

BMW stand Mitte 1931 als junger Autohersteller kurz vor dem Ende. Doch Anfang August beschloss der Aufsichtsrat unter der Führung von Dr. Emil Georg von Stauß überraschenderweise die Flucht nach vorn. BMW sollte sich auf sein Potenzial und seinen guten Ruf verlassen und durch neue Produkte das Werk Eisenach retten.

Ankündigung des neuen BMW 3/20 PS Voll-Schwingachs-Wagens in der für ihre kritische Berichterstattung bekannten Fachzeitschrift »Motor-Kritik« vom April 1932.

Der neue Wagen

Schon Anfang 1931 erging an den Konstrukteur Martin Duckstein in Eisenach der Auftrag, ein neues Automobil zu entwickeln, den ersten BMW völlig eigener Konstruktion. In seiner Gesamtkonzeption sollte der neue Wagen etwas größer ausgelegt sein als der bisherige, unter Austin-Lizenz gefertigte 3/15 PS. Seine Präsentation war bereits für das Frühjahr 1932 vorgesehen.

Aus Kapazitätsgründen kümmerte sich Duckstein in Eisenach um die Konstruktion eines modernen Zentralkastenprofil-Fahrgestells mit Schwingachsen, während die Entwicklung eines neuen Motors in den bewährten Händen von Max Friz und seinem Mitarbeiter Karl Rech in München lag.

Aufgrund der Tatsache, dass das Werk Eisenach nur über eine einzige Tiefziehpresse zur Herstellung von Karosserieteilen verfügte und die leidvollen Erfahrungen mit Qualität und Zuverlässigkeit des AMBI-Budd-Karosseriewerks nicht zu einer Weiterführung der Geschäftsbeziehungen ermunterten, mussten in diesem Bereich neue Wege beschritten werden. Seit mehreren Jahren bestand eine Übereinkunft mit dem Hause Daimler-Benz, dass man sich in der Modellpolitik beider Häuser keine Überschneidungen oder gar Konkurrenz leistete. Auf der Ebene der Aufsichtsräte war beschlossen worden, dass Daimler die Mittel- und Oberklasse bediente, während BMW sich auf die Produktion kleiner und leichter Wagen beschränken musste. Diese Vereinbarung wurde zunächst durchaus akzeptiert. Bereits 1926 hatten Daimler und die BMW AG einen sogenannten Freundschaftsvertrag geschlossen. Dem vorausgegangen waren enge, freundschaftliche Kontakte zwischen dem BMW Generaldirektor Popp, Dr. von Stauß und vor allem Dr. Kissel, letztere einflussreiche Mitglieder des Daimler-Benz-Aufsichtsrates. Bei häufigen Treffen dieser Persönlichkeiten wurde stets die Zukunft des Automobils in Deutschland eingehend diskutiert, Popp war damals schon fest entschlossen, den Flugmotoren- und Motorradhersteller BMW zum Autoproduzenten werden zu lassen. Stets hatte man dabei Synergieeffekte im Auge, die durch einen Zusammenschluss beider Unternehmen eintreten würden. So kam es am 15. April 1926 zu einer vor allem von Dr. von Stauß geförderten Interessengemeinschaft beider Firmen mit dem Endziel einer Fusion. Als wenig später Daimler und Benz am 29. Juni 1926 zur Daimler-Benz AG fusionierten, wurde Popp anlässlich der Generalversammlung in

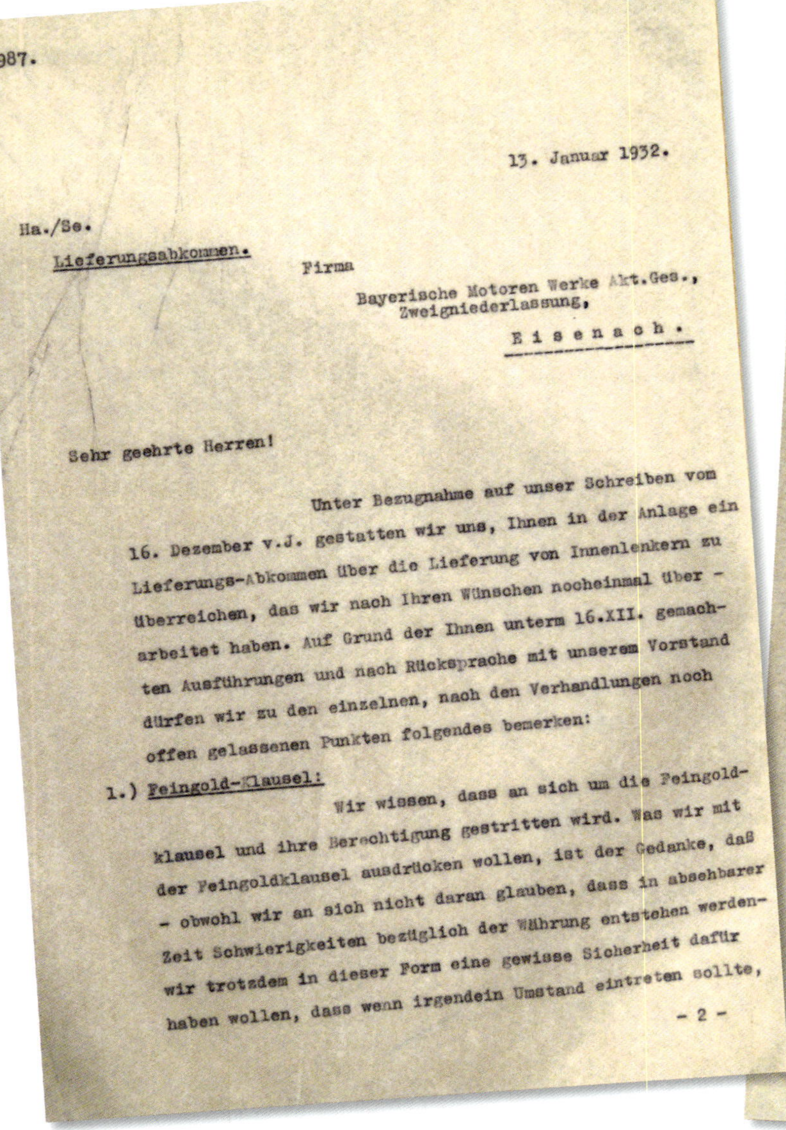

987.

13. Januar 1932.

Ha./Se.

Lieferungsabkommen.

Firma

Bayerische Motoren Werke Akt.Ges.,
Zweigniederlassung,

E i s e n a c h .

Sehr geehrte Herren!

Unter Bezugnahme auf unser Schreiben vom 16. Dezember v.J. gestatten wir uns, Ihnen in der Anlage ein Lieferungs-Abkommen über die Lieferung von Innenlenkern zu überreichen, das wir nach Ihren Wünschen nocheinmal überarbeitet haben. Auf Grund der Ihnen unterm 16.XII. gemachten Ausführungen und nach Rücksprache mit unserem Vorstand dürfen wir zu den einzelnen, nach den Verhandlungen noch offen gelassenen Punkten folgendes bemerken:

1.) Feingold-Klausel:

Wir wissen, dass an sich um die Feingoldklausel und ihre Berechtigung gestritten wird. Was wir mit der Feingoldklausel ausdrücken wollen, ist der Gedanke, daß – obwohl wir an sich nicht daran glauben, dass in absehbarer Zeit Schwierigkeiten bezüglich der Währung entstehen werden – wir trotzdem in dieser Form eine gewisse Sicherheit dafür haben wollen, dass wenn irgendein Umstand eintreten sollte,

- 2 -

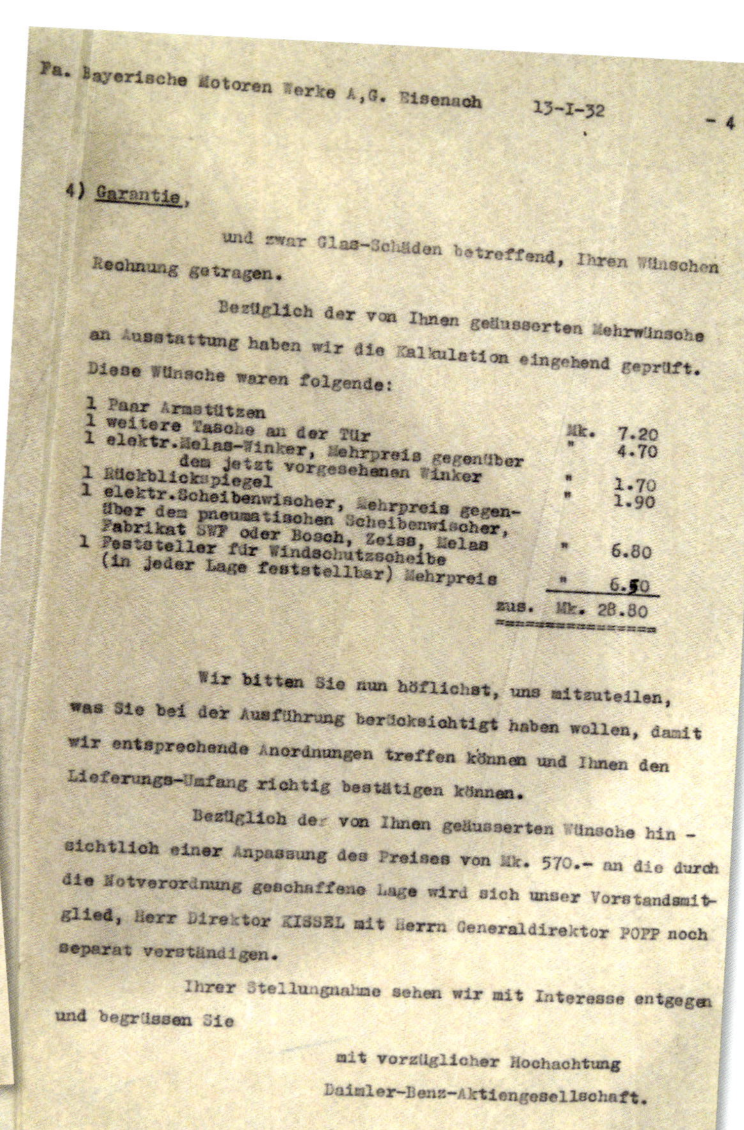

Fa. Bayerische Motoren Werke A,G. Eisenach 13-I-32 - 4 -

4) Garantie,

und zwar Glas-Schäden betreffend, Ihren Wünschen Rechnung getragen.

Bezüglich der von Ihnen geäusserten Mehrwünsche an Ausstattung haben wir die Kalkulation eingehend geprüft. Diese Wünsche waren folgende:

1 Paar Armstützen		
1 weitere Tasche an der Tür	Mk.	7.20
1 elektr.Melas-Winker, Mehrpreis gegenüber dem jetzt vorgesehenen Winker	"	4.70
1 Rückblickspiegel	"	1.70
1 elektr.Scheibenwischer, Mehrpreis gegenüber dem pneumatischen Scheibenwischer, Fabrikat SWF oder Bosch, Zeiss, Melas	"	1.90
1 Feststeller für Windschutzscheibe (in jeder Lage feststellbar) Mehrpreis	"	6.80
	"	6.50
zus.	Mk.	28.80

Wir bitten Sie nun höflichst, uns mitzuteilen, was Sie bei der Ausführung berücksichtigt haben wollen, damit wir entsprechende Anordnungen treffen können und Ihnen den Lieferungs-Umfang richtig bestätigen können.

Bezüglich der von Ihnen geäusserten Wünsche hinsichtlich einer Anpassung des Preises von Mk. 570.– an die durch die Notverordnung geschaffene Lage wird sich unser Vorstandsmitglied, Herr Direktor KISSEL mit Herrn Generaldirektor POPP noch separat verständigen.

Ihrer Stellungnahme sehen wir mit Interesse entgegen und begrüssen Sie

mit vorzüglicher Hochachtung

Daimler-Benz-Aktiengesellschaft.

Angebot des Karosseriewerks Sindelfingen an BMW Eisenach vom 13. Januar 1932 mit einer detaillierten Kostenaufstellung der von BMW gewünschten Sonderausstattungen, bei einem Gesamtpreis von 570 RM.

den Daimler-Benz-Aufsichtsrat gewählt und wenig später wurden im Gegenzug Dr. von Stauß und Dr. Kissel Mitglieder des BMW Aufsichtsrates.

Aus der heutigen Konkurrenzsituation beider Unternehmen heraus erscheint diese enge Verknüpfung ungewöhnlich, doch war die Situation damals eine völlig andere. Daimler-Benz konzentrierte sich fortan auf den Bau von wassergekühlten Flugmotoren und Automobilen ab der Mittelklasse und BMW produzierte luftgekühlte Flugmotoren, Motorräder und Kleinwagen. Ein Zusammenschluss von Daimler-Benz und BMW wäre auch im Hinblick auf die damaligen Konkurrenten wie Opel, DKW oder die spätere Auto Union ein nachvollziehbarer Schritt gewesen.

Somit war es aus damaliger Sicht wenig verwunderlich, dass sich der BMW Vorstand im Sommer 1931 mit der Anfrage an Daimler-Benz wandte, ob man Karosserien für das neue Modell aus dem Werk Sindelfingen beziehen könne. Zwar hatte man dort nicht die Möglichkeit, moderne Ganzstahlkarosserien zu fertigen, wie AMBI-Budd dies in Berlin konnte, doch war das Werk für seine hochqualitativen »Sindelfingen-Karosserien« in traditioneller Holz-Stahl-Bauweise bekannt und bot beste Voraussetzungen für qualitätsvolle und verlässliche Produkte. Die Geschäftsverbindung kam schließlich zustande, unter der Bedingung, dass der erste Prototyp des neuen BMW Kleinwagens von den Stuttgartern geprüft und sozusagen freigegeben würde. Hier wollte man vermeiden, dass ein minderwertiges Produkt mit einer Daimler-Benz-Karosserie auf den Markt kam. In enger Zusammenarbeit mit den Eisenacher Konstrukteuren entstanden in Sindelfingen bald Zeichnungen für einen neuen, kleinen BMW. Zudem wurde sogar in Erwägung gezogen, die neuen BMW Kleinwagen auch über das Daimler-Benz-Händlernetz zu vertreiben.

Um gleichzeitig mit diesem Vorhaben das Werk Eisenach rentabler zu gestalten, wurden in München Pläne zur Verlagerung von Verwaltungsangestellten von dort nach München und weitere durchgreifende Rationalisierungsmaßnahmen zur Steigerung der Rentabilität in größerem Umfang erarbeitet. Schließlich bekam der damalige Bürgermeister von Eisenach, Dr. Janson, Kenntnis von diesen Vorgängen und befürchtete, dass BMW eventuell den Standort ganz aufgeben wolle. Mitte Februar 1932 legte er seine Befürchtungen dem Aufsichtsratsvorsitzenden von BMW, Dr. von Stauß, in einem persönlichen Brief vor und verwies auf die Bedeutung der Fabrik für die Eisenacher Bevölkerung.

Wenig später antwortete Dr. von Stauß, dass man bei BMW ohnehin bisher größtes Entgegenkommen angesichts der mangelhaften Rentabilität des Werks Eisenach gezeigt hätte und verwies auf den Entschluss, es noch einmal mit einem neuen Modell zu versuchen, das in wenigen Wochen erscheinen sollte. Trotzdem würde dem Unternehmen »... nichts anderes übrig bleiben ..., als zum mindesten einen Teil der kaufmännischen Verwaltung nach München zu überführen.« Dies als kleiner Vorgeschmack auf die spätere Verlagerung der gesamten Wagenentwicklung nach München.

Zuvor hatte sich Generaldirektor Popp nochmals mit dem dringenden Ersuchen an Herbert Austin gewandt, den Lizenzvertrag angesichts der für das Frühjahr geplanten Einführung des neuen Modells zu verkürzen. Widerstrebend lenkte Austin schließlich ein und das Vertragsverhältnis wurde zum 31. März 1932 aufgehoben, der Weg war jetzt frei für einen Neustart.

Konstruktion BMW

Um die Jahreswende 1931/32 nahm der neue BMW Kleinwagen Gestalt an. Unter der Leitung von Max Friz entwickelte der Konstrukteur Karl Rech einen neuen Vierzylinder-Reihenmotor mit 782 ccm Hubraum und hängenden Ventilen (ohv), der schließlich eine Leistung von 20 PS entwickelte, aber weiterhin in der 3-PS-Steuerklasse rangierte wie das Vorgängermodell 3/15 PS. Wohlgemerkt, es handelte sich nicht um eine bloße Weiterentwicklung des Austin-Aggregats. Zwar behielt man das Prinzip von separatem Kurbelgehäuse und Zylinderblock bei, doch konstruktiv hatten die zwei Motoren kaum Gemeinsamkeiten. Der kleine und leichtgewichtige Motor verfügte lediglich über zwei Kurbelwellenhauptlager und im Gegensatz zum Austin-Motor mit seiner unzulänglichen »spit-and-hope« Schmierung, sorgte jetzt eine Druckumlaufschmierung mittels Zahnradölpumpe dafür, dass das Öl auch stets zuverlässig dort ankam, wo es benötigt wurde. Eine Wasserpumpe sorgte für bessere Kühlung, und so galt dieser Motor von Anfang an als robust.

Währenddessen arbeitete Martin Duckstein an einem Fahrgestell für den später BMW 3/20 PS genannten Wagen. Wichtigste Vorgabe war hier die Leichtigkeit und Torsionssteifigkeit der Konstruktion, um als tragendes Element der relativ geringen Motorleistung möglichst wenig Gewicht entgegenzusetzen. Die Arbeiten resultierten in einem Zentral-Kastenprofilrahmen, der vorn in einer Gabel den Motor-Getriebeblock und an einer Abschluss-Traverse die vordere Schwingachse trug. Hinten war der Rahmen hochgezogen, trug die zwei quer liegenden Blattfederelemente der hinteren Schwingachse und endete fast vertikal in einer Befestigungsmöglichkeit für das Reserverad. Trotz der vorherigen Querelen um die Schwingachse beim Vorgängermodell DA4 hielt Duckstein an dieser Konstruktion fest und erweiterte sie sogar für die Hinterachse. Sie sparte ebenfalls Gewicht und war mittlerweile durch konstruktiven Feinschliff deutlich verbessert worden.

Im Herbst 1931 wurden schließlich die ersten beiden Prototypen fertig. Es folgte eine Dauererprobung über rund 100.000 km, gleichzeitig wurde eine Vorserie von fünfzehn Wagen gebaut, die teilweise schon mit Sindelfinger Karosserien ausgerüstet werden konnten.

Denn gleichzeitig kam auch die Produktion der serienmäßigen Karosserien in Gang. Das Daimler-Benz-Werk Sindelfingen war 1915 im Ersten Weltkrieg gegründet worden, um den großen Bedarf an Flugzeugen und Flugmotoren der Militärs decken zu können. Mit Kriegsende fiel dieser Produktionszweig weg und man musste sich zunächst mit der Fertigung von Möbeln über Wasser halten, doch mit der Belebung des Autogeschäfts richtete Daimler dort zentral seine Karosseriefertigung ein. Schließlich bauten Anfang der 1930er-Jahre über 2.000 Arbeiter und Angestellte in Sindelfingen Karosserien für die Mercedes-Modelle in traditioneller Holz-Stahl-Bauweise; auch Lastwagen- und Omnibusaufbauten gehörten zum Fertigungsprogramm. Dennoch war die Fabrik nicht ausgelastet und so kam der Auftrag von BMW wie gerufen. BMW musste nicht einmal für die Entwurfsarbeiten bezahlen, falls es zur Produktion in Sindelfingen käme. Nur für den Fall, dass BMW dann doch in Eisenach auch die Karosserien bauen würde, wäre eine einmalige Zahlung zu leisten gewesen, doch dazu kam es nicht. Nach längerem Hin und Her einigte man sich auf einen Stückpreis der komplett ausgestatteten und fertig lackierten Karosserien von 570 RM, wobei Daimler-Benz betonte, dass es sich dabei um den Selbstkostenpreis handle ...

Kurze Zeit gab es sogar Überlegungen, die Zusammenarbeit noch weiter zu intensivieren und zum Beispiel Fahrgestelle für kleinere Mercedes-Typen in Eisenach zu produzieren, doch von dieser Idee kam man bald wieder ab. Nach den konstruktiven Vorgaben von BMW wurde in Sindelfingen unter der Leitung von Karosseriekonstrukteur Hermann Ahrens, zuständig für Sonderaufbauten, eine klassische kleine

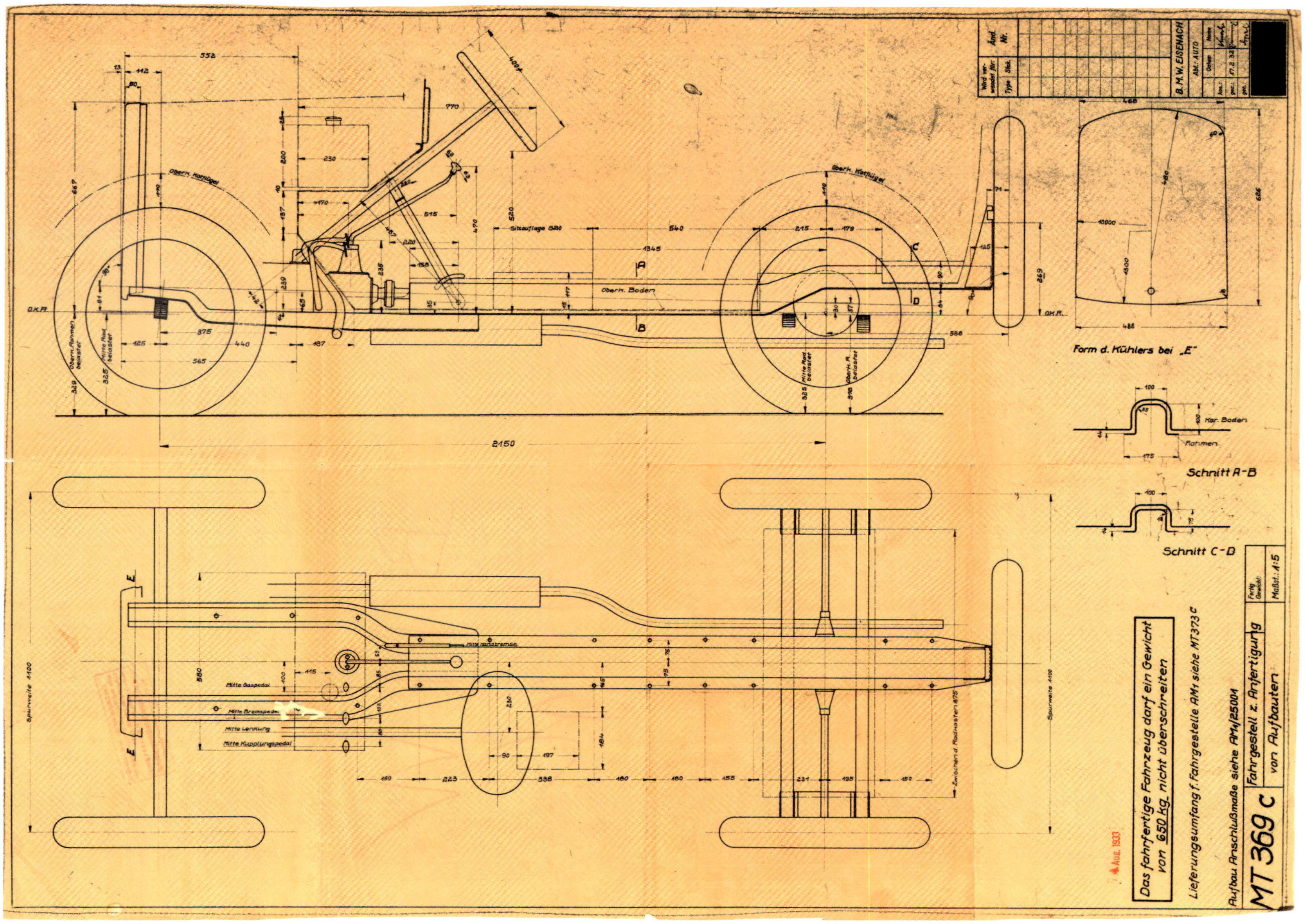

Form d. Kühlers bei „E"

Schnitt A-B

Schnitt C-D

Das fahrfertige Fahrzeug darf ein Gewicht von 650 kg. nicht überschreiten

Lieferungsumfang f. Fahrgestelle AM1 siehe MT373c

Aufbau Anschlußmaße siehe AM4/25004

Fahrgestell z. Anfertigung von Aufbauten

MT 369 c

B.M.W. EISENACH

▲ Fahrgestellzeichnung des neuen BMW 3/20 PS vom 17. Februar 1932 mit zentralem Kastenprofil und Voll-Schwingachsen.

◀ BMW 3/20 PS-Vorserienmotor M 68 A 1 B von 1931. Der kompakte Vierzylinder-ohv-Motor mit Aluminium-Kurbelgehäuse leistete jetzt 20 PS bei 3500 U/min aus 782 ccm.

Fahrgestell des BMW 3/20 PS mit seinem charakteristischen zentralen Kastenprofil mit weitgehend rechteckigem Querschnitt.

BMW 3/20 PS- Vorserien-Limousine vom Winter 1931/32, noch mit 18"-Speichenrädern und verchromter Kühlermaske, die später nicht in die Serie übernommen wurden.

Limousine konzipiert, die deutlich geräumiger als der Vorgänger war und Platz für vier Erwachsene bot. Es entwickelte sich ein reger Abstimmungsprozess, der aufgrund vielfältiger Änderungswünsche von Seiten BMW zeitweise zu deutlichen Verstimmungen führte, wie aus der zeitgenössischen Korrespondenz ersichtlich ist. Schließlich lieferte Daimler-Benz Sindelfingen komplett mit Verkleidungen und Sitzen ausgestattete und nach Wunsch lackierte Karosserien an BMW Eisenach und die ersten Versuchswagen konnten komplettiert werden.

Umfangreiche Erprobungsfahrten im winterlichen Thüringen zeigten, dass der neue BMW 3/20 PS AM 1, wobei das »AM« zum Verdruss der Eisenacher »Auto München« bedeutete, eine gelungene und zeitgemäße Weiterentwicklung war. Selbstverständlich bedurfte es noch zahlreicher kleiner Änderungen und Nachbesserungen. Als der Wagen am 3. Juli 1932 anlässlich des Baden-Badener Automobilturniers von Eva Popp, der Tochter des BMW Generaldirektors, vorgestellt wurde und einen ersten Preis erhielt, konnte man auf das Erreichte stolz sein. Erste Prüfberichte waren voll des Lobes für den Typ 3/20 PS und selbst der gefürchtet kritische Dipl. Ing. Josef Ganz konnte in seinem Frankfurter Fachblatt »Motor-Kritik« fast nichts an dem von ihm persönlich geprüften kleinen BMW aussetzen, im Gegenteil. Auf seine unnachahmlich humorvolle, aber auch unerbittlich strafende Art analysierte er einen 3/20 PS der Vorserie nach einer ausführlichen »Osterspazierfahrt« von Frankfurt über Thüringen nach München und zurück.

Eine positivere Resonanz konnte sich BMW nicht wünschen. Die kleine BMW Werbeabteilung unter der Leitung von Dr. Hirschhorn hatte inzwischen umfangreiches Werbe- und Prospektmaterial entworfen und produzieren lassen. Die BMW Händler waren bereits durch Rundschreiben auf das neue Modell vorbereitet worden und konnten sich Vorführwagen reservieren lassen. Im März 1932 war die Produktion der Serienwagen, zunächst nur der Limousinen des neuen Typs BMW 3/20 PS, langsam angelaufen.

Der Wagen wirkte im Vergleich zum Vormodell wesentlich »erwachsener«, obwohl er lediglich 10 cm länger und knapp 15 cm breiter war. Der Radstand war allerdings um 20 cm gewachsen, was sich im Innenraum deutlich bemerkbar machte. Vier Erwachsene konnten tatsächlich menschenwürdig untergebracht werden. Die Qualität der Sindelfinger Karosserie war tadellos und im Zusammenspiel mit der BMW Technik war Vertrauen in den Wagen gerechtfertigt. Schnell häuften sich die Bestellungen, so dass bereits Ende Juli 1932 948 Wagen ausgeliefert waren.

Karosserien für den BMW 3/20 PS Tourenwagen und Sport-Zweisitzer, fertig lackiert und ausgestattet vom Karosseriewerk Sindelfingen der Daimler Benz AG, geliefert an BMW Eisenach.

KAROSSERIEWERK SINDELFINGEN DER DAIMLER-BENZ AG

Das Daimler-Benz-Werk Sindelfingen wurde 1915 durch die Daimler-Motoren-Gesellschaft gegründet. In den Anfangszeiten wurden hauptsächlich Flugzeuge und Flugmotoren hergestellt, weshalb das Werk damals auch über eine Landebahn verfügte. Die Fertigung von Kampfflugzeugen für den Ersten Weltkrieg startete im Frühjahr 1917 nach Lizenzen, aber auch nach eigenen Konstruktionen. Zwischen Anfang 1917 und Ende 1918 stieg die Zahl der Beschäftigten von gut 200 auf rund 5.600, mehr als Sindelfingen damals Einwohner hatte. Bis Kriegsende entstanden dort ca. 300 Flugzeuge.

1919, nach einer Notproduktion von Möbeln, wurden schließlich die ersten Karosserien für Personenkraftwagen gefertigt. Nach der Fusion der Daimler-Motoren-Gesellschaft mit der von Carl Benz mitgegründeten Benz & Cie. im Jahre 1926 wurde der gesamte Karosseriebau des neuen Konzerns Daimler-Benz AG ins Werk Sindelfingen verlagert, die Belegschaft bestand nun aus rund 2.000 Mitarbeitern und Mitarbeiterinnen. Ein Jahr später wurden die Karosserien zum ersten Mal mittels Montagebändern, einer Vorform der in den USA entwickelten Fließbandfertigung montiert. Zudem wurde 1929 das erste Presswerk installiert.

Das Jahr 1932 brachte entscheidende Änderungen: Hermann Ahrens übernahm den Bereich »Sonderwagenbau« und sein Freund und Kollege Walter Häcker war fortan für die Serienfahrzeuge zuständig. Beide Ingenieure waren von der Auto Union in Chemnitz nach Sindelfingen gekommen.

Bald entstanden in Sindelfingen hochwertige Autokarosserien nicht nur für Mercedes-Modelle, sondern auch für fremde Hersteller wie BMW in Eisenach. Der Begriff »Sindelfinger Karosserie« wurde in der darauffolgenden Zeit zum Qualitätsbegriff. Mit der Zeit wurden mit steigendem Absatz auch mehr Arbeitskräfte benötigt, so beschäftigte das Werk 1938 schon ca. 6.500 Mitarbeiter und Mitarbeiterinnen.

Im Zweiten Weltkrieg entwickelte sich Daimler-Benz zu einem der größten Produzenten von Rüstungsgütern in Deutschland. In Folge wurden die Stadt und das Werk Sindelfingen im Krieg sehr stark zerstört. Ab 1945 begann der Wiederaufbau, und die Produktion des Typs Mercedes 170 V wurde als einzige weitergeführt. Im Jahr 1955 wurden bereits 80.500 PKW gefertigt. 1972 entstand dort mit dem Mercedes-Benz W 116 die erste Mercedes S-Klasse, deren Nachfolgemodelle noch heute im Werk Sindelfingen gebaut werden.

Anlässlich des 12. Baden-Badener Automobil-Turniers am 3./4. Juli 1932 posiert Eva Popp, Tochter von BMW Generaldirektor Franz-Josef Popp, neben der neuen BMW Limousine vom Typ AM 1 (Ausführung München). Man gewinnt den ersten Preis.

▼ Anders als noch beim Vorgängermodell vom Typ BMW 3/15 PS DA 4 zeigte sich Josef Ganz, Herausgeber der Zeitschrift »Motor-Kritik« rundum angetan von den Qualitäten des neuen, größeren Wagens, trotz Voll-Schwingachsen!

MOTOR-KRITIK

VERLAG FRANKFURT A. M., BLUCHERSTRASSE 20/22. EINZELHEFT RM 0.60

Th 4467

BMW-Test

Seite 172 — MOTOR-KRITIK — Nr. 8

Der allererste Eindruck vom neuen BMW mußte die Annahme gerechtfertigt erscheinen lassen, daß die sturzverändernde Leitachse entgegen allen Bedenken einwandfrei ist. Das ist nun anscheinend doch nicht
ganz der Fall. Es treten immerhin Schwingungen und Schüttelerschei-
nungen auf, die sich auf die Steuerorgane übertragen. Allerdings geschieht das erst bei ziemlich hohem Tempo. Die Lenkung bleibt immer
etwas rauh. Um zu erklären, was ich damit meine: Zieht man z. B. den
Mercedes 170 mit parallelschwingenden Leiträdern in eine Kurve mit
Schlaglöchern, so gibt das ein Gefühl, als schnitte man mit einem haar-
scharfen Messer in Käse. Beim BMW sägt man ihn durch. Die Lenkung
geht — ist sie erst eingespielt, was bei meiner nach etwa 2000 Kilometer
der Fall war — bemerkenswert leicht, trotzdem sie (gottseidank)
ziemlich direkt übersetzt ist, und gut zurückdreht. Aber sie neigt auch
zum Rütteln, was allerdings nicht weiter unangenehm ist, weil man das
Lenkrad eigentlich nur fest anzusehen braucht, um den Wagen dorthin
zu dirigieren, wo man ihn hinhaben will. Trotzdem: hier ist noch Ver-
besserungsarbeit zu leisten.

Eine Angelegenheit für sich ist der Motor. Wie der durchhält, ist
unglaublich. Ein richtiger Dauer-Vollgas-Läufer. Nicht kaputt zu kriegen!
Ich habe ihn geschunden nach Strich und Faden, er war nicht zu er-
ledigen. Schließlich habe ich den Mordversuch als vergeblich aufgegeben.
Dabei dürfte noch nicht das Letzte aus der Maschine herausgeholt sein.
Die Explosionen sind noch hart, nicht rund, was bestimmt durch ge-
ringfügige Aenderung der Vergasung zu beseitigen geht. Brennstoffver-
brauch 7,5 Liter. Auch die Auspuffanlage stimmt noch nicht ganz. Der
Topf hat Resonanz mit dem Karosserieboden. Das und ihre Undichtigkeit
wegzubekommen ist ja aber auch kein Kunststück. Karte genügt. Boysen
kommt sofort. Die Motorerschütterungen bleiben weit unter den zuläs-
sigen Grenzen. Der Motor läßt sich bis auf Fußgängertempo herunter-
drosseln. Die Spitzengeschwindigkeit der Limousine liegt in der Ebene
bei 80 km. Hinterachse 1:5,3 übersetzt, hat etwas zu viel Zahnluft. Das
wird jedoch m. W. bei der Serie schon geändert. An die kurzen Schalt-
wege muß man sich erst gewöhnen. Das Kupplungspedal geht verhältnismäßig schwer. Die Bremsen sind einfach und gut. Der Belag scheint mir
jedoch noch nicht besonders glücklich ausgewählt. Er „schmiert" etwas.
Die Verriegelung des Handbremshebels klapperte, bis wir daraufkamen,
daß man den Hebel bis zur ersten Raste anziehen muß. Dann habe ich
noch etwas sehr wichtiges auszusetzen: Die Abblendung vom Armaturenbrett aus. Einer hats angefangen, und dieses schlechte Beispiel hat die
Sitten verdorben. Dagegen alarmiere ich das Ueberfallkommando. Bis
man in dem Wald von Hebeln im Dunklen den richtigen erwischt, kann
man schon einen Radfahrer als Kühlerfigur haben. Bei unserem heutigen
Verkehr muß der Abblendhebel unmittelbar zur Hand sein. Wenns gar
nicht anders geht: Armiertes Dreierkabel zu einem an Lenkradspeiche
befestigten kleinen Umschalter führen. Bei dem geringen Lenkradein-
schlag ist das ohne weiteres möglich. Das Licht ist übrigens ausgezeichnet. Eine Kleinigkeit: Innenbeleuchtung nicht ans Hauptnetz anschließen,
die muß brennen, auch wenn die Außenlampen ausgeschaltet sind.

Ich habe die festgestellten Mängel dem Werk mitgeteilt. Sie werden
voraussichtlich schon an den ersten Wagen der Serie — wenigstens teilweise — abgestellt sein. Ihr Fehlen am marktgängigen Wagen ist also
kein Beweis dafür, daß ich hier welche dazugedichtet habe.

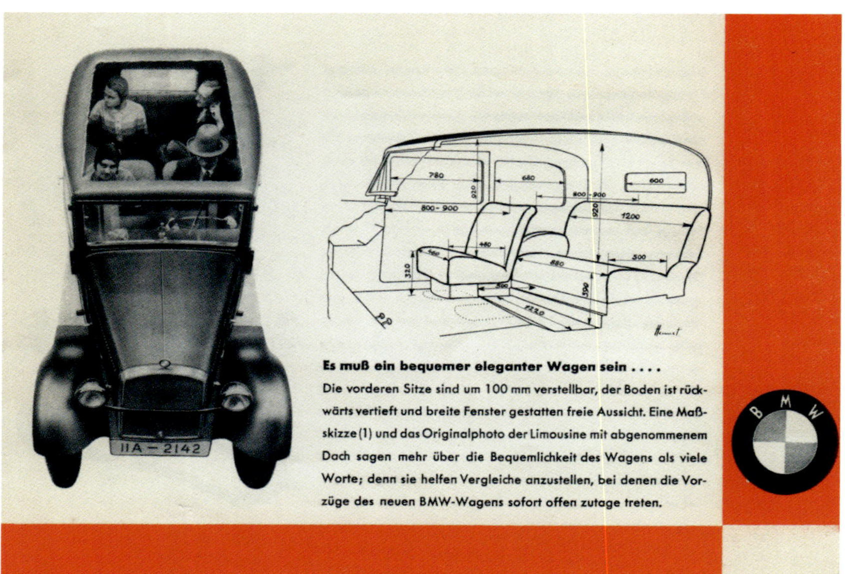

Auszüge aus einem frühen Werbeprospekt für die neuen BMW 3/20 PS-Modelle. Bei den offenen Modellen handelt es sich um Entwurfszeichnungen von Daimler-Benz. Betont werden die deutlich großzügigeren Innenmaße der Limousine.

Mit einem Preis von 2.825 RM rangierte der BMW 3/20 PS zwar deutlich über vergleichbaren Modellen z.B. von DKW (Meisterklasse), übertraf diese jedoch deutlich an Motorleistung und Qualität. Der Kunde konnte bei der Limousine zwischen den Farben Grau, Rotbraun und Blau wählen, wobei die Kotflügel stets in Schwarz lackiert wurden. Das erleichterte die Logistik ungemein, da man bei der Montage keine Rücksicht auf die Farbe der angelieferten Karosserien nehmen musste. Anstatt der Stahlscheibenräder waren zunächst gegen 50 RM Aufpreis auch sportlich wirkende Drahtspeichenräder erhältlich, doch passten diese eher weniger zum Erscheinungsbild des Wagens und wurden nur selten geordert und bald wieder aus dem Angebot gestrichen. Zum Auto bot BMW damals sogar eine einfache Wellblechgarage für 195 RM an.

Die kleine Limousine bot den Insassen das typische Fahrgefühl der 1930er-Jahre. Man saß recht kommod auf Tuchfühlung zusammen, der Motor schnurrte angenehm vor sich hin und verhalf zu Durchschnittsgeschwindigkeiten von 50 bis 60 km/h auf der Landstraße. Zur besseren Belüftung konnte man die Frontscheibe nach vorne ausstellen und die Schwingachsen sorgten dafür, dass die Insassen relativ schonend über Unebenheiten hinwegglitten. Für heutige Verhältnisse wirken Lenkung und Spurhaltung dagegen erschreckend instabil und man ist ständig damit beschäftigt, das Fahrzeug auf Kurs zu halten, doch damals wurden die Fahreigenschaften besonders lobend erwähnt. Das Getriebe verfügte über drei unsynchronisierte Gangstufen und musste, wie damals üblich, mit Bedacht und Feingefühl bedient werden, um unliebsame Geräusche zu vermeiden. Aufgrund der relativ geringen Motorleistung wünschte sich mancher ein etwas enger abgestuftes Vierganggetriebe, um die Drehzahlen besser ausnutzen zu können. Dieser Wunsch sollte nicht lange ungehört verhallen.

Die Palette wird erweitert

Ab dem Sommer 1932 kamen nun auch weitere Karosserievarianten zur Auslieferung, zudem hatte man dem Wunsch vieler Kunden Rechnung getragen und eine »Sonnenschein-Limousine« mit großem Rolldach ins Verkaufsprogramm genommen. Dadurch konnte man nun fast das gesamte Dach öffnen und Sonne und Frischluft ungehinderten Zugang gewähren. Die 135 RM Mehr-

1) Im Garten des Schlosses von Neubeuern (phot. Dr. Hirschhorn).

2) Abseits der Landstraße (phot. Dr. Hirschhorn).

3) Die Rückansicht des neuen 0,8 Ltr/20 PS BMW-Wagens läßt die Breite des Wagens erkennen, der 4 erwachsenen Personen bequem Platz bietet.

4) Eine junge Freundschaft hat sich angebahnt (phot. Dr. Hirschhorn).

Der neue 3/20 PS BMW-Wagen, der wirtschaftliche, leistungsfähige und repräsentative Wagen.

4. Der BMW 1932 ist stärker und geräumiger und bietet vier Personen bequem Platz.

Werbepostkarten von BMW Werbechef Dr. Hirschhorn.

▶ Der auf das Wesentliche beschränkte Arbeitsplatz des BMW 3/20 PS-Fahrers.

▼ Viersitziges BMW 3/20 PS-Werks-Cabriolet mit Sindelfingen-Karosserie.

▲ BMW 3/20 PS-Tourenwagen, die spartanische Alternative zum Cabriolet.

◀ BMW 3/20 PS-Zweisitzer mit Gastsitzen, im Volksmund auch »Schwiegermuttersitz« genannt.

preis waren in jedem Fall gut angelegt und rund ein Sechstel aller Käufer sollte sich am Ende für diese Variante entscheiden.

Ab August 1932 kamen jetzt auch das viersitzige Cabriolet, der offene Zweisitzer und der Tourenwagen zur Auslieferung.

Als besonders schick galt das viersitzige Cabriolet mit seinen Ledersitzen. Es war in mehreren, attraktiven Farbkombinationen erhältlich und zeigte seine besondere Exklusivität durch auffällige Chromornamente an den Türen. Das gefütterte Faltdach war von hoher Qualität und dichtete den Wagen bei feuchter Witterung zuverlässig ab. Bei geschlossenem Verdeck saßen die Fondpassagiere allerdings weitgehend im Dunkeln, da Licht nur noch durch die Türfenster und einen schmalen Sehschlitz am Heck nach hinten drang. Das Cabriolet war für strenge Rechner auch mit Cord-Polsterung lieferbar, so konnte man 85 RM einsparen.

Ebenso teuer wie die Limousine war das sportlichste Serienmodell des BMW 3/20 PS, der Zweisitzer oder auch Roadster genannt, »offen, mit Gastsitzen und Allwetterverdeck«, wie er in der Preisliste vom September 1932 beschrieben wurde. Bei den Gastsitzen handelte es sich um Notsitze, eigentlich nur für Kinder, besser bekannt als »Schwiegermuttersitze«. In den 1920er- und frühen 1930er-Jahren war diese Form der eher ungemütlichen Notunterbringung sehr verbreitet. Die Mitfahrer auf diesen Plätzen saßen direkt über der Hinterachse und waren auch bei geschlossenem Verdeck den Unbilden der Witterung völlig ungeschützt ausgesetzt. Doch diese Karosserieform galt als besonders sportlich. Vorne saß man durchaus bequem, doch die Türen hatten keine Kurbelfenster, zur Not konnte man Steckscheiben aus »Zellon« einsetzen, das Verdeck war ungefüttert. Trotz dieser Komfortmängel entschlossen sich bis zum Produktionsende dieses Modells im März 1934 immerhin 405 Käufer für diese Variante.

Als letzte Variante des 3/20 PS wurde der Tourenwagen ausgeliefert. Dieser Viersitzer hatte wie der Roadster nur ein leichtes Verdeck und Steckscheiben, war also wesentlich unkomfortabler als die Limousine, kostete jedoch mit 2825 RM den gleichen Betrag. Zudem war diese Karosserieform in jener Zeit schon veraltet und höchstens als billigeres Einstiegsmodell sinnvoll. So nimmt es nicht Wunder, dass sich diese Variante keiner besonderen Beliebtheit erfreute und bis November 1933 nur 252 Tourenwagen ausgeliefert wurden.

Ab Anfang 1933 wurden alle Varianten des BMW 3/20 mit einem Vierganggetriebe aus-

Preis-Liste

Nr. 11 vom 6. September 1932

für 0,8 Ltr./20 PS BMW Klein-Wagen

Die Preise verstehen sich für Barzahlung ab Werk Eisenach gemäß unseren jeder Lieferung zugrundeliegenden Verkaufsbedingungen (11)

Fahrgestell, regulär ohne Boden	RM.	1995.-
Fahrgestell, mit Boden	RM.	2225.-
Zweisitzer, offen mit Gastsitzen und Allwetterverdeck	RM.	2825.-
Tourenwagen, 4-sitzig, mit Koffer und Allwetterverdeck	RM.	2825.-
Limousine, 4-sitzig	RM.	2825.-
Rolldach Limousine, 4-sitzig	RM.	2960.-
Cabriolet, 4-sitzig, mit Cordpolsterung	RM.	3350.-
Cabriolet, 4-sitzig mit Lederpolsterung	RM.	3435.-
Cabriolet, 2-sitzig, mit Lederpolsterung u. Gepäckkoffer	RM.	3460.-
Drahtspeichenräder, Aufpreis	RM.	50.-
Garage aus Wellblech	RM.	195.-

Bayerische Motoren Werke
Aktiengesellschaft
München und Eisenach

BMW Wagen-Preisliste Nummer 11 vom 6. September 1932, inklusive Wellblechgarage für 195 RM.

Prospekt des BMW 3/20 PS, jetzt als Baumuster AM 4 mit Vierganggetriebe ab Frühjahr 1933

Werbeprospekt und Werksfoto der Lieferwagenvariante des BMW 3/20 PS. Die Gesamttragfähigkeit einschließlich Fahrer betrug 6 Zentner.

gerüstet und die Wagen erhielten die interne Bezeichnung AM 4.

Letztes neues Modell der Baureihe wurde im März 1933 der Schnell-Lieferwagen, erstmals präsentiert auf der IAMA in Berlin. Der fensterlose Kasten hinter den Fahrersitzen fasste etwas mehr als einen Kubikmeter Ladegut und war über eine Doppeltür im Heck zugänglich. Serienmäßig war ein mit Holzlatten belegtes Dach mit umlaufender Reling zur weiteren Gepäckunterbringung. Aufgrund seines hohen Preises hatte dieses hübsche Nutzfahrzeug jedoch keine Chancen gegen ein Heer von billigen Dreiradlieferwagen, wie sie in den 1930er-Jahren unter anderem von Herstellern wie Tempo und Goliath in einer Vielzahl von Varianten angeboten wurden. Diese konnten es zwar mit dem BMW nicht an Schnelligkeit aufnehmen, boten jedoch wesentlich mehr Stauraum und kosteten bis zu 1.000 RM weniger. So wurden vom BMW 3/20 PS-Schnell-Lieferwagen bis Ende 1933 nur 53 Exemplare verkauft.

Zudem bot BMW auch in der Baureihe 3/20 PS dem Kunden die Möglichkeit, nur ein motorisiertes Fahrgestell zu ordern und sich dafür von einem unabhängigen Karosseriebaubetrieb eine individuelle Karosserie bauen zu lassen. Dieses Verfahren war vor 1945 gerade bei höherwertigen Wagen durchaus üblich, erst mit der Einführung selbsttragender Karosserien endete diese Option weitgehend.

Nur wenige Kunden entschieden sich für diesen Weg und ließen ihren kleinen BMW individuell einkleiden. Dabei gab es Einzelstücke und kleine Serien von folgenden Herstellern: Karosseriefabrik Christian Auer GmbH in Cannstadt-Stuttgart, Musigk & Haas in Berlin, Reutter in Stuttgart, Rupflin in München, Ludwig Weinberger in München und Karosserie Weinsberg.

Der überwiegende Teil der Fahrgestelle wurde an die Reichswehr geliefert.

Nachdem im März 1934 noch eine Limousine und fünf Sonnenschein-Limousinen gefertigt worden waren, endete die Produktion des ersten BMW Automobils eigener Konstruktion nach immerhin 7.215 Exemplaren. Schon im Frühjahr des Jahres 1933 war ein attraktiver, größerer BMW mit Sechszylindermotor erschienen und ab Februar 1934 ersetzte dessen Schwestermodell mit einem auf 0,9 Liter vergrößerten Vierzylindermotor den Typ 3/20 PS.

Gerade in dieser ungewöhnlichen Stellung deutlich sichtbar: Die Auswirkungen der umstrittenen Schwingachsen.

Der BMW Dreirad-Lieferwagen

Völlig unabhängig vom Automobilbau in Eisenach befasste man sich im BMW Stammwerk München seit Mitte des Jahres 1932 mit der Konstruktion eines für BMW außerordentlich ungewöhnlichen Fahrzeugs. Dort, wo bisher ausschließlich mächtige Flugmotoren und hochwertige Motorräder gebaut wurden, entstand auf dem Zeichenbrett von Alfred Böning, einem jungen Ingenieur, den Max Friz Ende 1931 von NSU geholt hatte, ein Dreiradfahrzeug zum Lastentransport. Um die Kapazitäten des Werks Eisenach auszunutzen und einem Trend zum Lastendreirad zu folgen, ging man diesen ungewöhnlichen Weg.

Kleine, dreirädrige Lieferfahrzeuge, im Volksmund gern »Vorderlader« genannt, erfreuten sich seit den 1920er-Jahren einer wachsenden Beliebtheit. Sie waren preiswert, konnten von jedermann ab 16 Jahren ohne Führerschein gefahren werden und kosteten nicht einmal Steuern. Die Tempo-Werke in Hamburg und Borgward in Bremen boten unter anderen solche Dreiräder mit Erfolg an, warum sollte sich ein ähnliches Fahrzeug mit dem BMW Markenzeichen nicht gut verkaufen lassen?

Üblicherweise waren solche einfachen Lieferdreiräder mit einem mittigen Motorradsattel über dem einzelnen Hinterrad für den Fahrer ausgerüstet, der seine Arbeit ohne Wetterschutz verrichtete. Bei BMW ging man hier jedoch einen Schritt weiter, nachdem ein erster Prototyp mit dem Antriebsstrang des Motorrads R 2 in Erprobung gewesen war. Ziel war es, sich beim Serienmodell dem Sitz- und Bedienkomfort eines Automobils anzunähern. Zu diesem Zweck ersetzte man den Motorradsattel durch eine durchgehende Sitzbank für zwei Personen, die im hinteren Bereich durch ein Blech ihren Abschluss fand. Auf der Fahrerseite ragten Kupplungs-, Brems- und Gaspedal wie im normalen Auto aus dem Bodenblech, das Autolenkrad stand senkrecht vor dem Fahrer und das Dreiganggetriebe mit Rückwärtsgang wurde über einen kurzen Mittelschalthebel mit Kulisse bedient. Der acht Liter fassende Benzintank war vor dem Beifahrer am »Armaturenbrett« befestigt.

Serienmäßig wurde der intern als F 76 bezeichnete BMW Dreirad-Lieferwagen in Basisausführung ab Januar 1933 völlig offen zu einem Preis von 1.290 RM angeboten. Gegen Aufpreis waren verschiedene, auch geschlossene Varianten der Ladefläche erhältlich und mittels zusätzlich einzeln erhältlicher Komponenten aus wasserdichtem Segeltuch konnte man ein komplettes, wettergeschütztes Führerhaus bestellen. Leicht kletterte der Preis dann in die Gegend von 1.500 RM.

Technisch war der BMW Dreirad-Lieferwagen ähnlichen kleinen Nutzfahrzeugen überlegen. Der 6 PS starke Viertaktmotor übertrug seine Kraft über eine Hinterachsschwinge mit gekapselter Kardanwelle an das Hinterrad und nicht über eine anfällige Kette. Es ist allerdings nicht ganz klar, ob es sich hierbei nicht um die »Adaption« einer

Die kompakte Antriebseinheit des BMW Dreirad-Lieferwagens F 76 mit 200 ccm Motorradmotor und 6 PS Leistung.

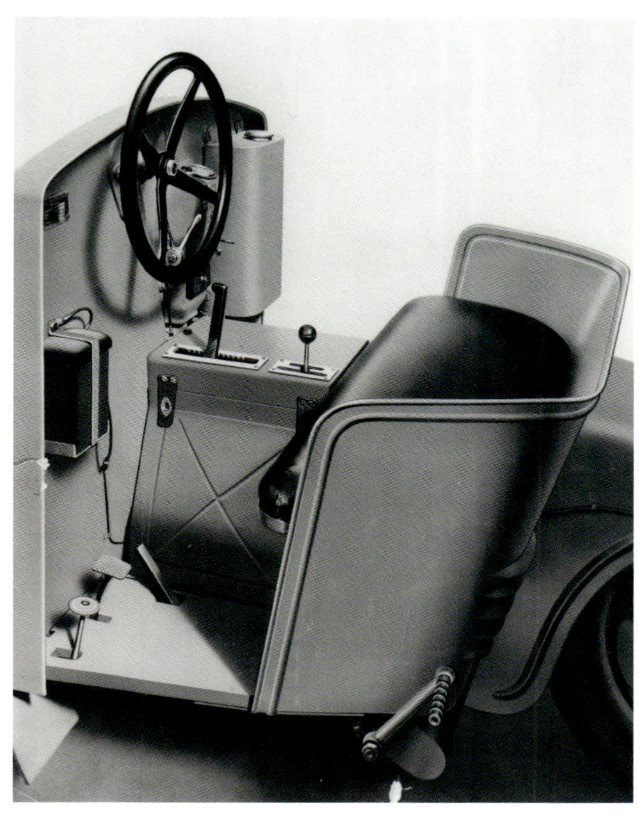

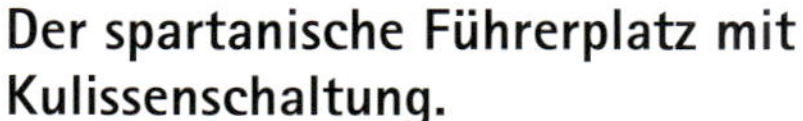

Der spartanische Führerplatz mit Kulissenschaltung.

Für die Eilzustellung gab es das BMW Lastendreirad auch als Typ F 79 mit 400 ccm Motor und 14 PS, gegen Aufpreis mit komplettem Wetterschutz.

Noch heute bei BMW Motorrädern aktuell: der gekapselte Kardanantrieb. Die Antriebsschwinge zeigte Ähnlichkeit mit einem Konkurrenzmodell von Tatra.

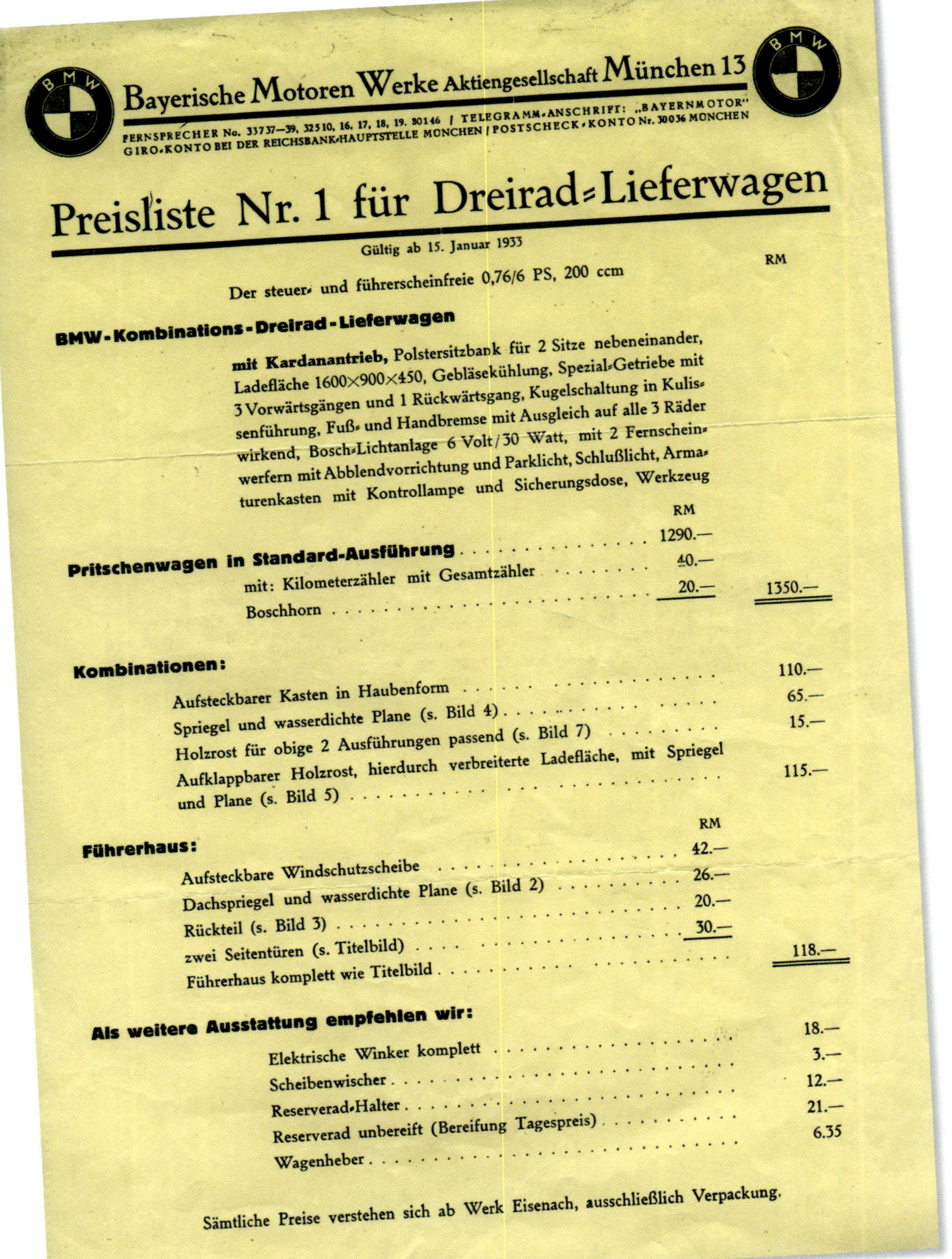

Bayerische Motoren Werke Aktiengesellschaft München 13

FERNSPRECHER No. 33737—39, 32510, 16, 17, 18, 19, 30146 / TELEGRAMM-ANSCHRIFT: „BAYERNMOTOR“
GIRO-KONTO BEI DER REICHSBANK-HAUPTSTELLE MÜNCHEN / POSTSCHECK-KONTO Nr. 30036 MÜNCHEN

Preisliste Nr. 1 für Dreirad-Lieferwagen

Gültig ab 15. Januar 1933

Der steuer- und führerscheinfreie 0,76/6 PS, 200 ccm

BMW-Kombinations-Dreirad-Lieferwagen

mit Kardanantrieb, Polstersitzbank für 2 Sitze nebeneinander, Ladefläche 1600×900×450, Gebläsekühlung, Spezial-Getriebe mit 3 Vorwärtsgängen und 1 Rückwärtsgang, Kugelschaltung in Kulissenführung, Fuß- und Handbremse mit Ausgleich auf alle 3 Räder wirkend, Bosch-Lichtanlage 6 Volt/30 Watt, mit 2 Fernscheinwerfern mit Abblendvorrichtung und Parklicht, Schlußlicht, Armaturenkasten mit Kontrollampe und Sicherungsdose, Werkzeug

	RM	RM
Pritschenwagen in Standard-Ausführung	1290.—	
mit: Kilometerzähler mit Gesamtzähler	40.—	
Boschhorn	20.—	1350.—

Kombinationen:

	RM
Aufsteckbarer Kasten in Haubenform	110.—
Spriegel und wasserdichte Plane (s. Bild 4)	65.—
Holzrost für obige 2 Ausführungen passend (s. Bild 7)	15.—
Aufklappbarer Holzrost, hierdurch verbreiterte Ladefläche, mit Spriegel und Plane (s. Bild 5)	115.—

Führerhaus:

	RM	
Aufsteckbare Windschutzscheibe	42.—	
Dachspriegel und wasserdichte Plane (s. Bild 2)	26.—	
Rückteil (s. Bild 3)	20.—	
zwei Seitentüren (s. Titelbild)	30.—	
Führerhaus komplett wie Titelbild		118.—

Als weitere Ausstattung empfehlen wir:

Elektrische Winker komplett	18.—
Scheibenwischer	3.—
Reserverad-Halter	12.—
Reserverad unbereift (Bereifung Tagespreis)	21.—
Wagenheber	6.35

Sämtliche Preise verstehen sich ab Werk Eisenach, ausschließlich Verpackung.

Preisliste für die steuer- und führerscheinfreie Variante mit 200 ccm

entsprechenden Tatra-Konstruktion von 1929 handelt!

Diese Ausführung ist heute noch typisches Konstruktionsmerkmal der meisten BMW Motorräder. Die Basis bildete ein stabiler Trapez-Rohrrahmen, und alle drei Räder waren gefedert aufgehängt. Ohne Führerhaus wog der F 76 nur 340 kg, konnte jedoch 650 kg inkl. Personen, befördern, die Höchstgeschwindigkeit lag bei 50 km/h.

Noch im Dezember 1932 begann die Serienfertigung in Eisenach und ab Januar wurden die ersten Dreiräder ausgeliefert. Doch der erwartete Erfolg blieb aus. In dieser Fahrzeugklasse ging es vor allem um die Kosten, die Kundschaft der Kleingewerbetreibenden achtete in erster Linie auf die Wirtschaftlichkeit und weniger auf hochwertige Technik und hier waren die bereits längst etablierten Konkurrenten aus Norddeutschland deutlich im Vorteil. Die Nachfrage blieb schleppend und so wurden bis August 1933 nur 250 F 76 gebaut. Auch eine 400 ccm Variante, ab Juli 1933 angeboten als F 79 mit dem luftgekühlten 14-PS-Motor aus dem Motorrad R 4 für 1.500 RM Grundpreis blieb hinter den Erwartungen zurück: Hier endete die Produktion im März 1934 nach 350 Exemplaren. Längst gab es bequemere und größere Lastendreiräder mit serienmäßig geschlossenen Führerhäusern und einer weit größeren Ladefläche dahinter, wie z. B. das Tempo Dreirad A 400 zum ähnlichen Preis.

Ein weiteres BMW Dreirad Münchener Konstruktion schaffte es in dieser Zeit nur bis zum fahrfähigen Prototyp mit der Bezeichnung F 77. Der zweisitzige, offene Wagen mit Notverdeck hatte das über Kardanwelle angetriebene Einzelrad im Heck, der leichte Parallel-Rohrrahmen ging ebenfalls auf eine Konstruktion von Rudolf Schleicher zurück. Angetrieben wurde das Versuchsfahrzeug von einem luftgekühlten Einzylinder-Viertaktmotor mit 200 ccm Hubvolumen und einer Leistung von rund 10 PS, die vordere Schwingachse mit Querblattfeder stammte vermutlich aus dem BMW 3/15 PS DA 4. Doch schließlich schreckte man vor einer Serienproduktion zurück. Kleinwagen solch simpler Machart verkauften sich gegen Mitte der 1930er-Jahre nur noch schleppend, BMW konzentrierte sich fortan auf höhere Wagenklassen – eine gute Entscheidung.

▲ Varianten als offener Pritschenwagen und Verkaufswagen für Kleingewerbetreibende.

Eine weitere Dreiradkonstruktion von Rudolf Schleichers Zeichenbrett mit 200-ccm-Frontmotor und langer Kardanwelle zum Hinterrad blieb ein Prototyp.

SONDERKAROSSERIEN

Die Serienkarosserien für die Modelle der **BMW Baureihe 3/20 PS** wurden im Daimler-Benz Karosseriewerk Sindelfingen gefertigt (siehe Kasten »Sindelfingen«, Seite 50).

Für Ausstellungszwecke oder auf besonderen Wunsch von Kunden entstanden darüber hinaus Einzelstücke bei fünf unabhängigen Herstellern:

- Karosseriefabrik Christian **Auer** in Cannstadt
- **Musigk & Haas** in Berlin
- Karosserie-Fabrik Eugen **Rupflin** in München
- Ludwig **Weinberger** in München
- Karosseriewerke **Weinsberg** GmbH in Weinsberg

Kleine Serien sportlich karossierter Wagen in Form von Zweisitzern und viersitzigen Kabrioletten auf Basis BMW 3/20 PS entstanden im Stuttgarter Karosseriewerk **Reutter** & Co. und wurden von dort direkt vermarktet (siehe Kasten »Reutter«, Seite 76).

Alle Bilder dieser Doppelseite zeigen Sonderkarosserien auf der Basis der BMW Baureihe 3/20 PS.

BMW 3/20 PS-Fahrgestell mit Bodengruppe, Kotflügeln und Motorhaube, Basis aller Sonderkarosserien

2- bis 3-sitziges Cabriolet von Reutter 1932

4-sitziges Reutter Cabriolet AM 4 von 1933

AM 1 »Sport-Roadster« von Reutter 1932

BMW 3/20 PS-Sportkabriolett, gezeichnet von Ludwig Weinberger, München

AM 1 Cabrio-Einzelstück von Auer, Cannstadt

Entwürfe von Reutter, Stuttgart für Coupé und »Ideal Cabriolet« von 1932

Eine exklusive Cabrio-Variante von Musigk & Haas, Berlin

Eher plumpe Cabrio-Variante von Weinsberg, Heilbronn

Entwurf von den Vereinigten Werkstätten, München

Vollkommenheit
im Kraftwagenbau
B M W
klotz u. kienast
- münchen -
BAYERISCHE MOTOREN WERKE AG MÜNCHEN 13

1.3 BMW 303, 309, 315, 319, 329

Der Entschluss, das BMW Automobilprogramm in Richtung größerer Modelle zu erweitern, war bereits während des Jahres 1931 gefallen. Treibende Kraft hinter diesem Projekt war Generaldirektor Franz-Josef Popp. In diese Richtung zu gehen, war seitens der BMW Führung ein mutiger Schritt. Das Automobilgeschäft war bisher für BMW alles andere als wirklich vielversprechend verlaufen. Hinzu kam, dass die weitere politische und wirtschaftliche Entwicklung Deutschlands in eine ungewisse Zukunft wies.

Dynamisch gestaltetes BMW Werbeplakat von 1935 für die aktuellen Wagenmodelle mit Rohrrahmen.

Allerdings kündigten sich nun zum Jahreswechsel weitreichende Veränderungen an, in gewisser Hinsicht Hoffnungsschimmer. Im Frühjahr 1932 sinkt die Arbeitslosenzahl nach einem harten Winter erstmals wieder unter die 6-Millionen-Grenze und mit der Wiederaufnahme der Börsennotierungen geht eine fast einjährige Pause im Börsengeschäft zu Ende. Die Nationalsozialistische Deutsche Arbeiterpartei NSDAP gewinnt mit ihren einfachen Versprechen rapide an Einfluss. Radikale Parolen und ein brutales Auftreten ihrer »Sturmabteilungen« SA und SS gegenüber anderen politischen Kräften, schaffen ein Chaos, das vor allem den Nationalsozialisten nutzt. Bei den Wahlen zum 6. Reichstag Ende Juli 1932 erreicht ihr »Führer« Adolf Hitler einen großen Erfolg und die NSDAP wird stärkste politische Kraft in Deutschland.

BMW hatte eben erst ein neues Kleinwagen-Modell auf den Markt gebracht und obwohl die Verkaufszahlen des DIXI-Nachfolgers BMW 3/15 PS nicht den Erwartungen entsprochen hatten, hielt man an dieser Produktlinie fest. Doch auch der vergrößerte und in vieler Hinsicht verbesserte Typ 3/20 PS entspricht im Grunde nicht der Philosophie des Unternehmens. Bis 1928 hatten Flugmotoren und Motorräder das Bild von BMW geprägt, die in ihrer Kategorie jeweils zu den Besten zählten; sollte man sich deshalb im Automobilbau mit der untersten Klasse zufrieden geben?

Der kleine Sechszylinderwagen

Zumindest war es naheliegend, kurzfristig die im Freundschaftsvertrag mit Mercedes-Benz ausgehandelte Beschränkung auf die Wagenklasse bis 1,2 Liter voll auszuschöpfen. So wurde schon kurz nach dem Produktionsstart des neuen BMW Kleinwagens 3/20 PS das konkrete Ziel gesetzt, bis zur großen Automobilausstellung in Berlin im Frühjahr 1933 einen größeren, völlig neuen Wagen auf die Räder zu stellen. Wenn man bedenkt, mit welchem zeitlichen und personellen Aufwand heute an die Entwicklung eines neuen Modells herangegangen wird, erscheint die Absicht, dieses Ziel unter der Leitung von Martin Duckstein mit ein paar Assistenten in rund einem halben Jahr erreichen zu wollen, irrwitzig.

In kürzester Zeit galt es nun, ein neues Fahrgestell, einen neuen Antrieb und neue

Werbeanzeigen der BMW Konkurrenten aus dem Jahr 1932 von Hanomag, DKW und Opel.

Karosserien zu entwickeln, die in ihrer Gesamtheit in der Lage waren, die bestehende Konkurrenz und vor allem das kaufkräftige Publikum nachhaltig zu beeindrucken. Was den Antrieb betraf, so gedachte man die Mitbewerber durch einen prestigeträchtigen Sechszylindermotor zu deklassieren, eine Antriebsart, die in dieser Klasse bisher in Deutschland nicht angeboten wurde. Zwar hatte schon 1927 der damalige BMW Konstrukteur Gotthilf Dürrwächter einen solchen Motor mit 1,3 Litern Hubraum in einem Prototyp mit Frontantrieb erprobt, doch war solch ein Modell nie in Serie gegangen.

1932/33 waren in der Wagenklasse um 1,2 Liter Hubraum im Grunde nur drei Modelle stark vertreten. Marktführer Opel bot mit dem Modell 1,2 Liter ein sehr einfaches und konservativ gestaltetes Fahrzeug mit 22-PS-Vierzylindermotor an, das als Limousine für 1.890 Reichsmark zu haben war. Etwas moderner erschien der kleine Hanomag 4/23 PS, etwas teurer und besser ausgestattet, beide Wagen erreichten mit Mühe 80 km/h. Das dritte, von der Karosseriegröße vergleichbare Modell »Sonderklasse 1001« von DKW verfügte über einen Vierzylinder-Zweitaktmotor mit Ladepumpe und 26 PS Leistung. Nüchtern betrachtet hatte BMW also durchaus die Chance, mit einem attraktiven 1,2-Liter-Modell in eine Nische einzudringen, die als vielversprechend gelten konnte.

Ein neuer Chefkonstrukteur

In Anbetracht dieser sehr anspruchsvollen Aufgabe traf es sich günstig, dass am 1. August 1932 ein neuer Mann als Chefkonstrukteur für die Wagenentwicklung zu BMW kam, dessen Laufbahn ein hohes Maß an kreativer Weitsicht versprach. Zunächst bei Stoewer in Stettin und später bei Horch in Zwickau war Fritz Fiedler für die Konstruktion sehr hochwertiger Motoren und leichter Fahrgestelle verantwortlich gewesen. Unter der Prämisse des »konstruktiven Leichtbaus« hatte Fiedler bereits bei den mächtigen Horch-Acht- und Zwölfzylinder-Luxuswagen für intelligente Lösungen zur Gewichtsersparnis gesorgt. Diesen Weg sollte er nun bei BMW konsequent weiter beschreiten.

Durch den Zusammenschluss der Marken Audi, DKW, Horch und Wanderer zur Auto Union im Frühjahr 1932 waren in Fiedler Zweifel an einer weiteren erfolgreichen

FRITZ FIEDLER

Fritz Fiedler wurde am 9. Januar 1899 in Potsdam geboren. Nach einem Maschinenbau-Studium an der Technischen Hochschule in Berlin-Charlottenburg begann er zunächst 1923 als Konstrukteur bei der Aktiengesellschaft für Automobilbau (AGA). Bereits 1926 konnte er als Chefkonstrukteur zu Stoewer nach Stettin und 1930 in der gleichen Funktion zu Horch nach Zwickau wechseln, wo er die Nachfolge von Paul Daimler antrat.

Nach dem Zusammenschluss der vier Marken Audi, DKW, Wanderer und Horch zur neuen Auto Union im Sommer 1932 sah Fiedler aber keine Zukunft mehr im neuen Konzern und wechselte am 1. August auf Betreiben seines ehemaligen Horch-Kollegen Rudolf Schleicher als »Leiter der Wagenentwicklung« zu BMW nach Eisenach. Für über 30 Jahre sollte er nun das Image der Bayerischen Motoren Werke als Hersteller technisch anspruchsvoller und sportlicher Automobile prägen.

Anfang 1938 wechselte die gesamte Wagen-Entwicklungsmannschaft mit Fritz Fiedler zurück nach München, wo er auch für das Werk München Prokura erhielt. Ab 1941 erfolgte die Ernennung zum stellvertretenden und noch im Februar 1945 zum ordentlichen Vorstandsmitglied. Am 8. Juni 1945 schied Fiedler allerdings offiziell bei BMW aus – wegen »Einstellung der Fertigung«.

Nach dem Krieg arbeitete er zunächst als freier Berater für BMW, ging dann aber Ende 1947 auf Vermittlung von AFN-Direktor H. J. Aldington für zwei Jahre nach England zu Frazer Nash beziehungsweise Bristol.

Im Oktober 1949 kam Fiedler zurück nach Deutschland, zunächst allerdings auf den Posten eines leitenden Konstrukteurs zu Opel, ehe er zum 1. Januar 1951 endlich wieder als stellvertretendes Vorstandsmitglied und Leiter der gesamten Fahrzeugentwicklung zu BMW nach München wechselte.

Fritz Fiedler schied 1968 bei BMW aus Altersgründen aus und starb am 8. Juli 1972 in seinem Wohnhaus am Schliersee an Herzversagen.

und seinen Ansprüchen gerecht werdenden Weiterbeschäftigung in diesem Konzern gewachsen. Befreundet mit dem schon 1931 von Horch zu BMW zurückgekehrten Rudolf Schleicher, damals Leiter des Gesamtversuchs in München, nahm Fritz Fiedler schließlich Kontakt zu BMW Generaldirektor Popp auf und wurde natürlich mit offenen Armen empfangen. Während ein vielversprechender kleiner Sechszylindermotor von Schleichers Reißbrett bereits in Erprobung war, gaben die bisherigen Versuche, ein neues Fahrgestell zu entwickeln, jedoch Anlass zur Sorge.

Im BMW Autowerk Eisenach hatte Konstrukteur Martin Duckstein in enger Zusammenarbeit mit dem bisherigen Karosserie-Lieferanten AMBI-Budd in Berlin einen Rahmen aus Pressstahl-Profilen entworfen. Ein von AMBI-Budd gebautes Versuchsexemplar befand sich in Erprobung, enttäuschte jedoch aufgrund mangelnder Torsionssteifigkeit bei gleichzeitig zu hoher Komplexität. Kurz nach Amtsantritt vermerkte Rudolf Schleicher auf einem Foto des Versuchsrahmens: »Versuchsrahmen mit AMBI-Budd 1932, welcher verunglückt ist, nicht bewährt und kompliziert«. In Anbetracht des akuten Zeitdrucks, denn das neue Modell sollte ja bereits im Februar des kommenden Jahres in

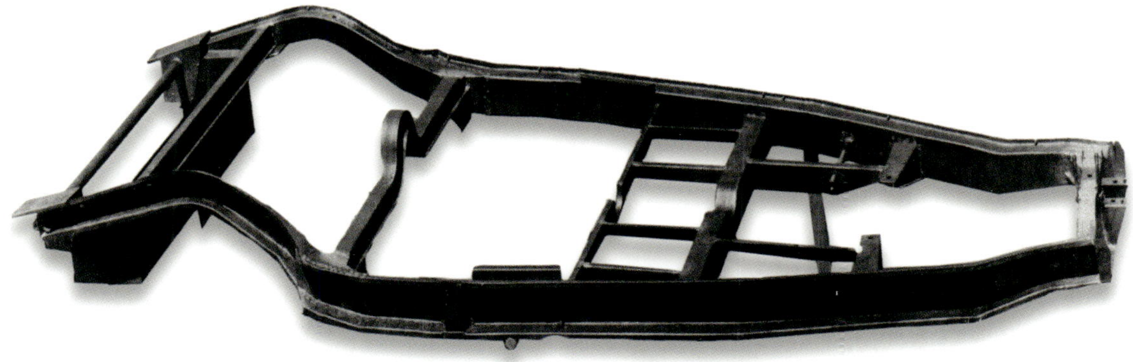

Kompliziert und labil – der AMBI-Budd Pressstahlrahmen für den geplanten BMW 303, den Fritz Fiedler bei seinem Dienstantritt Anfang August 1932 in Eisenach vorfand.

Klar und funktionell - der BMW 303-Motor mit zwei SOLEX-Steigstromvergasern à RM 7,50.

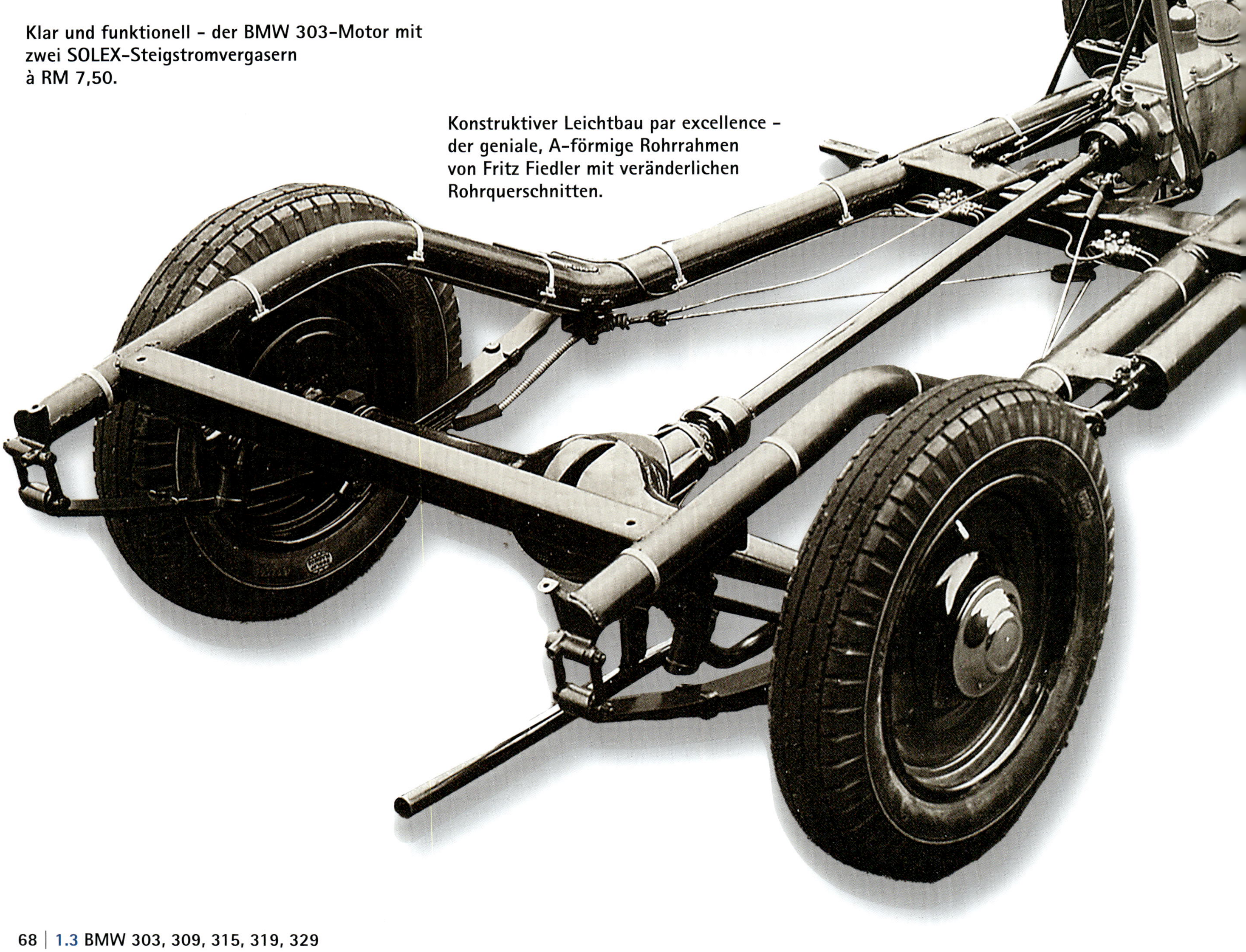

Konstruktiver Leichtbau par excellence - der geniale, A-förmige Rohrrahmen von Fritz Fiedler mit veränderlichen Rohrquerschnitten.

Noch verbesserungsfähige Sindelfingen-Karosserie für die IAMA im Februar 1933.

Berlin vorgestellt werden, musste Fiedler umgehend für eine Neulösung sorgen. Getreu seiner Philosophie des konstruktiven Leichtbaus entwarf er unter Beibehaltung der Grundstruktur des Fahrgestells mit vorderer Querfeder und weitgehend festgelegtem Antriebsstrang einen neuen Rahmen aus A-förmig zusammenlaufenden Längsrohren, die sich in Richtung Fahrzeugheck verjüngten. Durch diesen Kunstgriff wurde der neue Rohrrahmen nicht nur um fast den Faktor 10 torsionssteifer, sondern obendrein wegen des im hinteren Rahmenbereich geringeren Rohrdurchmessers, deutlich leichter als der AMBI-Budd Prototyp. Aufgrund der im hinteren Wagenbereich geringer angreifenden Biegemomente war diese ungewöhnliche Lösung der sich verjüngenden Rohre risikolos möglich.

Als gravierender Nachteil erwies sich allerdings, dass ein solcher Rahmen mangels geeigneter Vorrichtungen und Schweißmaschinen weder in Eisenach, in Berlin oder München gebaut werden konnte. Doch auch für dieses Problem fand Fiedler innerhalb kurzer Zeit eine Lösung. Mit der Firma Benteler Werke AG in Bielefeld fand man nach wenigen Wochen ein Unternehmen, das dieser anspruchsvollen Aufgabe gewachsen war. Dort hatte man große Erfahrung in der Herstellung konisch geschweißter Stahlmasten für Straßenlaternen und dieses Verfahren eignete sich bestens für die Längsträger des neuen BMW. Gerne erklärte man sich bereit, exakt nach BMW Vorgabe geformte Längsträger nach Eisenach zu liefern.

Ein hochmoderner Motor

Währenddessen ging auch das Herzstück des neuen Wagens, der Sechszylindermotor mit 1,2 Litern Hubraum, seiner Vollendung entgegen. Auch dessen Konstruktion war keineswegs geradlinig verlaufen, sondern wurde quasi mittels eines internen Wettbewerbs entschieden. Sowohl der legendäre Flugmotoren-Konstrukteur Max Friz in München, als auch sein ehemaliger Mitarbeiter Martin Duckstein, bis zu Fiedlers Eintritt Leiter der Wagenentwicklung in Eisenach, arbeiteten unabhängig voneinander ab 1932 an einem modernen, kleinen Sechszylindermotor.

Max Friz entwarf erwartungsgemäß in München ein hochmodernes Aggregat, bei dem er natürlich zahlreiche Erkenntnisse aus seiner langjährigen Domäne, dem Flugmotorenbau, verwendete. Details seiner Konstruktion, wie ein Kurbelgehäuse aus Aluminium oder im abnehmbaren Zylinderkopf hängend angeordnete Ventile mit einer obenliegenden Nockenwelle, wurden damals allenfalls in ausgesprochenen Hochleistungsmotoren für Rennfahrzeuge verwendet. Dieser Motor wäre eine Sensation im deutschen Automobilbau geworden und hätte sicher seine Liebhaber gefunden, doch für ein Alltagsfahrzeug erschien er im Grunde zu aufwendig, vielleicht auch anfällig, aber in jedem Fall in der Herstellung viel zu teuer.

Duckstein hingegen konstruierte in Eisenach in die entgegengesetzte Richtung. Seine Konstruktion bedeutete einen einfach und billig herzustellenden Motor mit stehenden Ventilen, Block und Zylinderkopf aus

AUSGEGEBEN AM
4. OKTOBER 1933

REICHSPATENTAMT

PATENTSCHRIFT

№ 585 479

KLASSE 63c GRUPPE 37

B 159368 II/63c

Tag der Bekanntmachung über die Erteilung des Patents: 21. September 1933

Bayerische Motoren Werke Akt.-Ges. in München

Rahmen für Kraftfahrzeuge

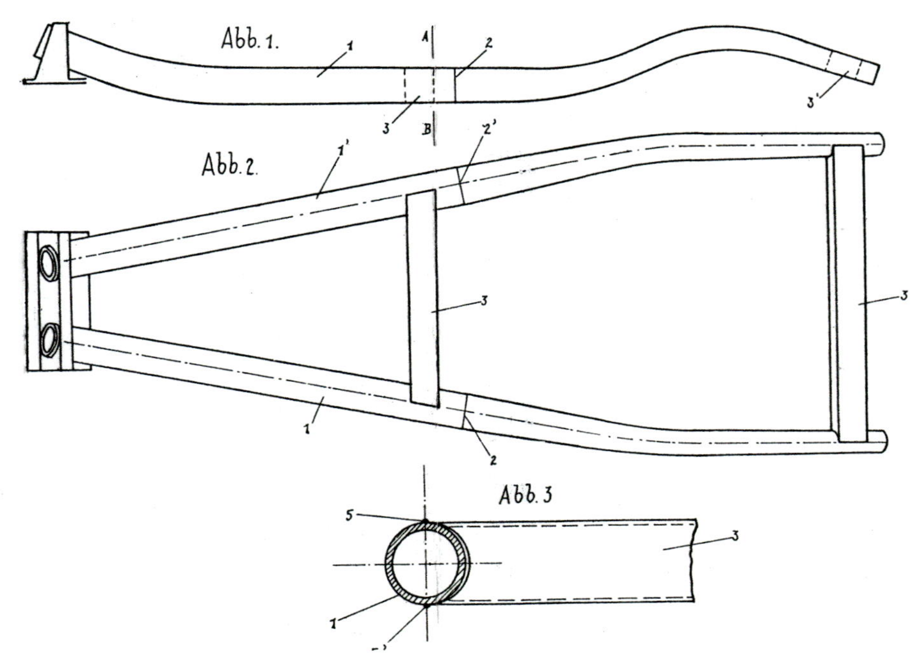

BMW Patentschrift für den Leichtbaurahmen von Fritz Fiedler.

Grauguss und einer nur dreifach gelagerten Kurbelwelle. Offensichtlich hatte Duckstein sich vorher intensiv mit dem seit Anfang Januar 1931 gebauten Opel 1,8 Liter beschäftigt. Dieser war für Opel bei General Motors in den USA entwickelt worden und zeichnete sich bei aller Simplizität durch hohe Zuverlässigkeit und sehr ruhigen Lauf aus und verhalf der bescheiden gestalteten Opel-Limousine zu großer Beliebtheit.

Im Sommer wurden beide Konstruktionen Generaldirektor Popp vorgelegt und stießen auf wenig Begeisterung. War der technisch sehr anspruchsvolle Entwurf von Max Friz aufgrund der hohen Kosten nicht realisierbar, entsprach die arg simple Lösung von Duckstein nicht dem, was man von einem BMW erwarten durfte. Doch die Zeit verrann unaufhaltsam und eine dritte Lösung musste gefunden werden, die das Potenzial in sich trug, auch den Automobilbau bei BMW, wie man es heute ausdrücken würde, in den Premium-Bereich zu überführen.

Die Lösung lieferten schließlich Karl Rech und sein Chef Rudolf Schleicher in München. Das »amerikanische Konstruktionsprinzip« von Ducksteins Entwurf fand dabei eine Weiterentwicklung. Rech und Schleicher verbanden ebenfalls Zylinderblock und Kurbelgehäuse zu einem sehr steifen Grauguss-Teil, allerdings mit vier Kurbelwellenlagern. Die Ventile ordneten sie, wie schon beim Vierzylindermotor des 3/20 PS-Kleinwagens, im Zylinderkopf hängend an. Die Gemischaufbereitung erfolgte, damals ungewöhnlich für einen Tourenmotor, mit zwei Solex-Vergasern nach dem Steigstromprinzip. Dabei flossen Grundgedanken zur Entwicklung eines Baukastensystems ein, wie die Verwendung von Gleichteilen und Bearbeitungsmaschinen des bisherigen Vierzylindermotors, und man dachte an moderne Montagestrategien mit vormontierten Baugruppen, wie in diesem Fall der Kurbelwelle mit ihren sechs Pleueln und Kolben. Erste Tests von Versuchsmotoren zeigten, dass die Wahl richtig war. Auf Anhieb lieferte der auch optisch klar und schön erscheinende kleine Sechszylinder rund 30 PS, eine Leistung, die damals von keinem anderen 1,2-Liter-Serienmotor in Deutschland auch nur annähernd erreicht wurde.

Nun lag die Entscheidung bei der BMW Unternehmensleitung und in Anbetracht des enormen Zeitdrucks und aufgrund freundschaftlicher Beziehungen, wandte sich Franz-Josef Popp an Daimler-Benz-Chefentwickler Hans Nibel als unparteiische Entscheidungsinstanz. Ohne lange zu zögern, entschied sich Nibel für den Motor von Rech und Schleicher, ein Vorgang an den sich Schleicher selbst in vorgerücktem Alter deutlich erinnerte. Noch ahnte niemand, dass damit die Würfel für alle weiteren BMW Motorenentwicklungen für Automobile bis in die 1950er-Jahre gefallen waren.

Karosserien von Daimler-Benz

Gegen Ende des Jahres 1932 nahm im Daimler-Benz-Werk Sindelfingen, wie schon beim Typ 3/20 PS, auch die Karosserie für die neue BMW Limousine Gestalt an. Auf der Basis des motorisierten Fahrgestells mit seiner starren Hinterachse und den einzeln aufgehängten Vorderrädern entwickelten die schwäbischen Formgestalter unter der Leitung von Hermann Ahrens erneut eine zeitgemäß moderne, zweitürige Karosserie, die durchaus gewisse Ähnlichkeiten mit

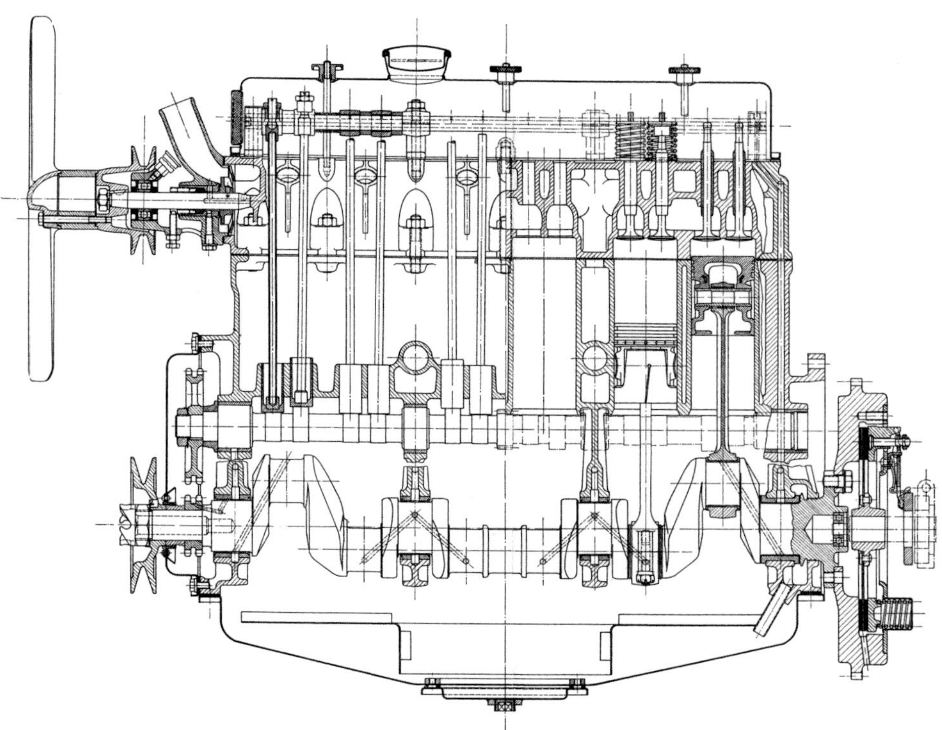

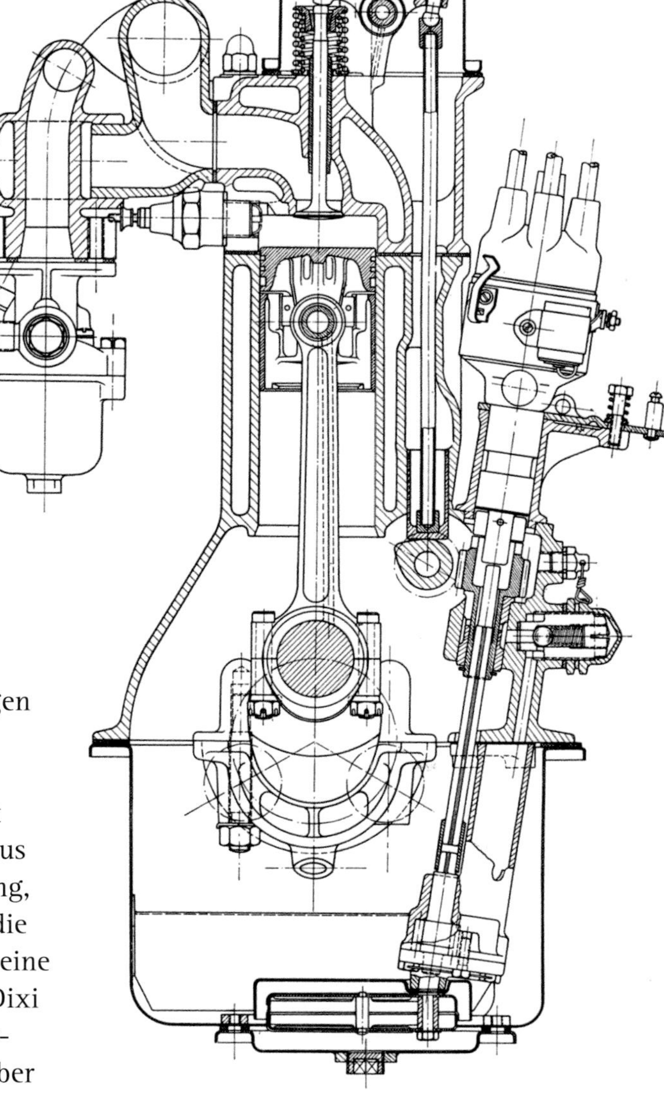

Rudolf Schleichers Sechszylindermotor, konstruiert nach »amerikanischem Vorbild«, mit aus einem Stück gegossenem Kurbelgehäuse und Zylinderblock und in vier Hauptlagern gelagerter Kurbelwelle.

dem von Hans Nibel entwickelten »kleinen« 6-Zylinder-Mercedes vom Typ 170 (W 15) aufwies, der im Oktober 1931 auf dem Pariser Salon debütiert hatte. Eine annähernd senkrecht stehende Frontscheibe, relativ große seitliche Fenster und ein großes Heckfenster sorgten für einen freundlich hellen Innenraum. Für Gepäck stand ein fest angebauter Koffer am steil abfallenden Heck zur Verfügung. Der neue BMW wies fast exakt die gleiche Länge auf wie der Mercedes, war jedoch deutlich schmaler. Auffallend waren bei den ersten Prototypen die längs verlaufenden Kühlschlitze seitlich an der Motorhaube, diese wurden jedoch später in der Serie wieder konventionell senkrecht angeordnet – wie beim Mercedes 170-6.

Auffälligstes »Stylingmerkmal« der Karosserie war jedoch die Kühlermaske in Form eines in der Mitte geteilten, gerundeten Gitters, später bekannt als »Nieren-Grill«. In Deutschland gab es hierzu keine Parallelen, ab sofort war ein BMW allein schon durch seine Frontansicht als solcher zu erkennen und daran hat sich, wie wir wissen, bis heute nichts geändert. Die typische BMW Niere zierte von da an in zahlreichen Varianten und mit wenigen Ausnahmen (Kleinwagen BMW Isetta, 600, 700) alle BMW Automobile und wird dies wohl auch in Zukunft tun. Die Idee geht zurück auf Kurt Joachimssohn, einen Diplomingenieur aus Schleichers Münchener Versuchsabteilung, und nicht, wie später oft vermutet, auf die Firma Ihle in Bruchsal. Letztere baute kleine Sportwagenkarosserien für gebrauchte Dixi und BMW 3/15 PS-Fahrgestelle und verwendete die Nieren als Designelement aber erst seit 1935/36.

Um bei der Berliner Automobilausstellung für ein weiteres Highlight zu sorgen, beauftragte BMW zudem die renommierte Karosseriefabrik Gläser in Dresden mit dem Entwurf und Bau eines zweisitzigen Cabriolets auf Basis des neuen Fahrgestells. Der Zweisitzer geriet mit seiner besonders langen Motorhaube, der schräg stehenden Frontscheibe und den kühn geschwungenen Kotflügeln ausgesprochen attraktiv und dynamisch. Unter seiner Haube hätte man leicht einen weit stärkeren Motor vermuten können, doch auch mit 30 PS erreichte dieses Cabriolet 100 km/h, damals ein durchaus respektabler, sportlicher Wert. Auch bei

BMW Ausstellungsstand auf der IAMA 1933 mit einem Gläser-Cabriolet auf dem neuen Rohrrahmen-Chassis im Vordergrund.

der Karosseriefabrik Reutter in Stuttgart arbeitete man im Auftrag von BMW bereits an weiteren Karosserievarianten für das neue Modell. In Vorbereitung waren ein Tourenwagen und ein viersitziges Cabriolet, sowie eine Rolldach-Limousine auf Basis der Limousinen-Karosserie. Daneben entwarf man noch weitere Varianten eines zweisitzigen und viersitzigen Cabriolets, die man anspruchsvolleren Kunden als Sonderkarosserien anbieten wollte.

Präsentation auf der IAMA in Berlin

Pünktlich zur Eröffnung der Berliner Automobilausstellung am 11. Februar 1933 konnte der neue BMW Typ präsentiert werden, noch unter der etwas sperrigen Bezeichnung »BMW 6 Zylinder 1,2 Ltr./ 30 PS«. Heute hat sich allgemein die damals nur intern verwendete Bezeichnung BMW 303 durchgesetzt. Auf dem Stand der Bayerischen Motoren Werke wurden die Limousine, das viersitzige Cabriolet und das zweisitzige Gläser-Cabriolet des neuen Modells 303 neben den bekannten Varianten des 3/20 PS-Kleinwagens ausgestellt. »Der modernste Kleinwagen höchster Leistung« stand zu lesen in einem kleinen Portfolio-Prospekt, der an die zahlreichen Interessenten verteilt wurde. Mit deutlichem Understatement bewarb BMW den fast vier Meter langen, sehr geräumigen Viersitzer als Kleinwagen, eine Einstufung, die man höchstens noch mit der geringen Hubraumgröße erklären konnte. Doch damit nahm der neue Wagen tatsächlich eine absolute Sonderstellung im deutschen Automobilbau ein. Mit einem Preis von 3.600 Reichsmark für die Limousine lag der BMW recht deutlich über dem Niveau der Konkurrenz (ein Mercedes 170 mit 1,7 Liter Motor und vier Türen kostete nur 800 RM mehr). Doch bei Technik, Ausstattung und Fahrleistungen trennten ihn in der Tat Welten von Konkurrenten wie beispielsweise dem weit verbreiteten 1,2-Liter-Opel, der in seiner teuersten Ausführung »Regent« schon für 2.890 RM in der Preisliste stand.

BMW war damals, vielleicht noch ungeahnt, ein enorm wichtiger und die Zukunft des Unternehmens bestimmender Durchbruch gelungen. Die bisherigen BMW Kleinwagen waren brave Konstruktionen gewesen, zuverlässig und mit Einschränkungen zeitgemäß, aber ohne irgendwelche Attribute, die beim Autofahrer der 1930er-Jahre besondere Emotionen wecken konnten. Mit dem 303 entstand ein Automobil, das die BMW Philosophie im Automobilbau nachhaltig begründete. Kompakte, moderne Karosserien kombiniert mit sportlich ambitionierten Antrieben, schlicht eleganter Ausstattung und leichter Bedienbarkeit sind Attribute die auch noch im 21. Jahrhundert bei BMW nichts an Gültigkeit verloren haben.

Angesichts dieser Qualitäten war das Interesse am neuen BMW 303 erwartungsgemäß groß. Die interne Bezeichnung 303 in dieser Form bisher bei BMW ungebräuchlich (gelegentlich sprach man auch vom Typ 5/30 PS), ging im Übrigen auf eine Weisung des Reichsluftfahrtministeriums zurück. Man hatte dort den BMW Flugmotoren den Nummernkreis 100 bis 199 zugeordnet; infolgedessen bestimmte BMW den Bereich 200 bis 299 für den immer noch zweitwichtigsten Produktionsbereich Motorräder und den Kreis 300 bis 399 den Automobilen, wobei 300 bis 339 für die Wagen-Baumuster und 340 bis 399 für Karosserien verwendet wurde. Zusätzlich wurde der Nummernkreis 400 bis 499 für BMW Einbaumotoren eingeführt.

Die Serienproduktion startet

Nun galt es, den Hunger der Kunden nach den neuen BMW Wagen möglichst rasch zu befriedigen und die Serienfertigung in Gang zu bekommen. Da sich mancher an der ungewöhnlichen Form der längslaufenden Lüftungsschlitze in der Motorhaube störte, änderte man dies in ein konventionelles Design vieler, leicht schräg vertikal verlaufender Schlitze ab. Schnell wurde

zudem klar, dass das für die Ausstellung von Gläser gebaute zweisitzige Cabriolet (BMW verwendete das Wort »Cabriolet« anstatt des damals üblichen, eingedeutschten »Kabriolett«!) viel zu teuer kam. Da Reutter in Stuttgart ohnehin mit der Entwicklung der viersitzigen Cabriolets beauftragt war, sollte nun auch die zweisitzige Version in Stuttgart entstehen. Zu diesem Zweck lieferte Eisenach zunächst fahrbereite, bereifte Chassis mit allen technischen Aggregaten, elektrischer Anlage, Bodenblechen, Kotflügeln und extra für die Cabrios gestalteten Armaturenbrettern an Reutter, wo sie dann mit den entsprechenden Karosserien und der Innenausstattung komplettiert und an BMW Eisenach zurücktransportiert wurden. Bald zeigte sich jedoch, dass die beschränkten Kapazitäten bei Reutter nicht mit dem Bestelleingang vor allem für das viersitzige Cabriolet Schritt halten konnten. So wurde die Fertigung dieser Karosserien schon nach kurzer Zeit nach Eisenach verlegt, allein das zweisitzige Cabriolet wurde weiterhin von Reutter geliefert. BMW 303-Fahrgestelle gingen als Basis natürlich auch an verschiedene andere Karosseriehersteller, um darauf meist offene Wagen nach Kundenwunsch zu gestalten.

Ab Mai 1933 konnte man schließlich von einer Serienfertigung von Limousine und viersitzigem Cabriolet sprechen und die ersten Wagen wurden an die ungeduldige Schar der BMW Wagenvertreter im ganzen Land verteilt.

Die Presse ist begeistert

Auch die Fachpresse war natürlich begierig danach, den neuen BMW zu prüfen, im Sommer 1933 wurden die ersten Testberichte mit der Limousine veröffentlicht. Wie nicht anders zu erwarten, schnitt der BMW 303 hervorragend ab. Tester Paul Friedmann von der Zeitschrift »Das Motorrad«, die sich auch mit Kleinwagen beschäftigte, fand vor Begeisterung kaum Worte: »Es ist ein Gefühl körperlichen Wohlbehagens mit diesem Wagen, so weich, so schmiegsam, so selbstverständlich ist alles an ihm. So selbstverständlich, dass das Gehirn, das die Leistung des Motors, die Weichheit der Kupplung, das leichte Schalten, die exakte, sichere Lenkung, die gute Federung und die Höchstgeschwindigkeit registrieren soll, einfach in den Hintergrund gedrängt wird.«

Etwas weniger poetisch, aber genauso angetan von den Leistungen des neuen BMW, fasste im August der Tester des wichtigen Magazins »Motor und Sport« seine Eindrücke zusammen: »Der neue BMW füllt eine Lücke aus, die zweifellos bestand, da wir bisher aus der deutschen Produktion über keinen Wagen verfügten, der als wirtschaftlicher Leichtwagen die Merkmale des sportlichen Fahrzeugs für gehobene Ansprüche aufwies.«

Bei den Testfahrten auf der Berliner AVUS erreichte der BMW 303 knapp 100 km/h, 1933 ein Wert, den nur wenige Wagen

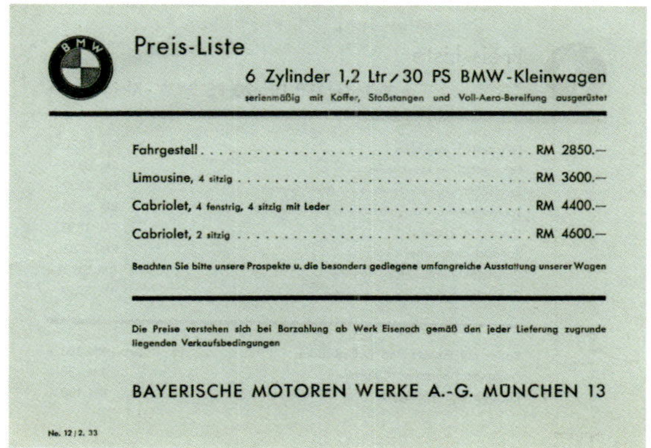

Preis-Liste

6 Zylinder 1,2 Ltr / 30 PS BMW-Kleinwagen

serienmäßig mit Koffer, Stoßstangen und Voll-Aero-Bereifung ausgerüstet

Fahrgestell	RM 2850.–
Limousine, 4 sitzig	RM 3600.–
Cabriolet, 4 fenstrig, 4 sitzig mit Leder	RM 4400.–
Cabriolet, 2 sitzig	RM 4600.–

Beachten Sie bitte unsere Prospekte u. die besonders gediegene umfangreiche Ausstattung unserer Wagen

Die Preise verstehen sich bei Barzahlung ab Werk Eisenach gemäß den jeder Lieferung zugrunde liegenden Verkaufsbedingungen

BAYERISCHE MOTOREN WERKE A.-G. MÜNCHEN 13

No. 12/2. 33

Stolz präsentiert auf der IAMA: Prospekt und Preisliste für die neuen BMW Sechszylinderwagen von Februar 1933.

der Mittelklasse erreichten. Dies und die gute Beschleunigung und Handlichkeit des Wagens, nicht zuletzt wegen seiner innovativen Zahnstangenlenkung, resultierten in erster Linie durch das konkurrenzlos geringe Gewicht von nur 820 kg in fahrfertigem Zustand. Doch nicht nur die Fahreigenschaften gaben Anlass zur Freude. Der Innenraum mit dem schwarz lackierten Armaturenbrett, den mittig angeordneten Instrumenten und den bequemen und feinen Stoffsitzen (echtes Leder in den Cabriolets) verströmte eine angenehm stilvolle Atmosphäre. Auf stilistische Spielereien wurde verzichtet und liebevoll durchdachte Details, wie zum Beispiel ein vom Fahrersitz aus zu betätigendes Heckfensterrollo als Blendschutz, erfreuten die Besitzer.

Frühe Serienausführung der BMW 303 Limousine

BMW 303 als Sonnenschein-Limousine

Die ursprünglich von Reutter Stuttgart entwickelte, viersitzige Cabriolet-Karosserie des BMW 303.

Variationen eines Themas

Schnell wurde deutlich, dass vor allem die Limousine für 3.600 RM und das viersitzige Vierfenster-Cabriolet für 4.400 RM in der Gunst der Kunden standen; das zweisitzige Cabriolet für stattliche 4.600 RM galt als Luxuswagen und wurde entsprechend selten geordert. Ab Sommer 1933 bot BMW auch eine Rolldach-Limousine mit Sindelfinger Karosserie an, hier wurde der in den 1930er-Jahren bei Limousinen übliche, feste Kunstledereinsatz des Daches durch ein großes Rollverdeck ersetzt.

Im August entstand bei Reutter ein Exemplar eines BMW 303-Tourenwagens, damals allgemein die preiswerteste Karosserieform. Außer der Frontscheibe hatte der Wagen keinerlei Verglasung, bei Bedarf konnte ein leichtes Verdeck geschlossen werden und für die Seiten wurden Segeltuch-Einsätze mit Cellonscheiben mitgeliefert. Zwar wurde diese einfache Variante nun auch in den Prospekten angeboten, doch wurden laut offizieller BMW Produktions- und Auslieferungsstatistik insgesamt nur zwei BMW Tourenwagen vom Typ 303 gebaut. Eine derart spartanische Karosserie passte eben eigentlich nicht zum gehobenen Stil des kleinen BMW Sechszylinderwagens.

1934 kündigt BMW ein optisch verändertes »Modell 1934« an, mit dem erstmals bei BMW ein Konstruktionselement eingeführt wird, dessen Sinn heute nur schwer nachzuvollziehen ist: die hinten angeschlagenen Türen der Limousinen, nach dem Krieg verächtlich als »Selbstmördertüren« betitelt. Über den Vorzug dieser Konstruktion ließ man die Kunden im Unklaren, alle offenen Karosserievarianten behielten ihre vorne angeschlagenen Türen.

Nach nur einem Jahr in der Produktion liefen im April/Mai 1934 die letzten Exemplare vom Band. Insgesamt wurden vom BMW 303 nur 2.300 Stück gebaut, davon 1.503 Limousinen, 150 Rolldach-Limousinen, 542 viersitzige Cabriolets, nur 27 der hübschen zweisitzigen Cabriolets und nur zwei Tourenwagen. 74 Fahrgestelle wurden

Impressionen aus der Karosseriefertigung für den BMW 303 in Gemischtbauweise im Karosseriewerk Sindelfingen der Daimler-Benz AG.

STUTTGARTER KAROSSERIEWERK REUTTER & CO.

1906 von Wilhelm Reutter gegründet, entwickelte sich das Unternehmen zu einem der bedeutendsten Hersteller von Automobilkarosserien in Deutschland. Maßgebend für diesen Erfolg waren dabei das unternehmerische Geschick und die Innovationskraft von Albert Reutter, dem Bruder des Firmengründers.

Zunächst wurden bei Reutter sehr individuelle Karosserien nach Kundenwunsch realisiert und zahlreiche Patente angemeldet, wobei vor allem Benz, Daimler und später Mercedes-Benz Automobile »eingekleidet« wurden, ab den 1930er-Jahren wurden dann vermehrt größere Serien für die Marken Wanderer und unter anderem auch BMW produziert. Ebenfalls spielte Reutter in diesem Jahrzehnt bei der Entwicklung des KdF-Wagens eine wichtige Rolle.

Nach Ende des Zweiten Weltkriegs erlebte Reutter einen großen Aufschwung durch den Auftrag, ab 1950 die Karosserien für den Porsche-Sportwagen vom Typ 356 zu fertigen. Doch barg diese Konzentration auf einen Hersteller auch große Risiken, denn mit Ablösung des Modells 356 durch den Typ 911 war Reutter nicht mehr in der Lage, die nun nötigen Investitionen zu tätigen. 1964 wurde in Folge das Werk in Karosseriewerk Porsche umbenannt und wenig später komplett in die Porsche KG integriert. Bis heute lebt der Name Reutter lediglich in der Wortschöpfung »Recaro« weiter, einer Kombination aus Reutter Carosserien für die 1963 ausgegliederte Recaro GmbH, bekannt für hochwertige Autositze.

Prospekt für die BMW 303-Modelle vom September 1934. Leicht zu fahren - auch für die Dame.

versandt, die mit interessanten Sonderkarosserien von Reutter, Weinberger, Wendler und anderen Karosseriebauern versehen wurden. Für 1934 kündigten sich interessante Veränderungen an.

Typ 309 – Erweiterung nach unten

Mittlerweile passte der seit Dezember 1931 gebaute Kleinwagen vom Typ 3/20 PS nicht mehr zum gewünschten Erscheinungsbild der Marke im Automobilbereich. Das stilistisch wie technisch eher reizlose Gefährt mit schwachen Fahrleistungen und problematischer Vorderachskonstruktion wurde im Frühjahr 1934 aus der Produktion genommen, als Bindeglied zwischen den rudimentären Dixi-Kleinwagen und dem jetzigen Sechszylindermodell hatte es seine Schuldigkeit getan. Doch war ein Bedarf an einem BMW unterhalb des relativ teuren neuen Modells weiterhin vorhanden. Man kam diesem Wunsch entgegen, indem man kurzerhand den modifizierten Vierzylindermotor des 3/20-PS-Kleinwagens in das Chassis des Typs 303 verpflanzte und so das neue Modell 309 schuf. Die Modellbezeichnung war nicht das Ergebnis einer

A No. 166

MOTOR UND SPORT-PRÜFUNGSBERICHT

BMW.-6-Zylinder

Der neue Sechszylinder-BMW. stellt
für Deutschland einen neuen Wagentyp dar. Als Kleinwagen gedacht,
trägt er doch die Merkmale einer
preislich höheren Wagenklasse bei
unbedingt sportlichem Einschlag.
Anders ausgedrückt: Der BMW. 6
vereinigt in sich die Charakteristi-
ken des deutschen und des englischen
Leichtwagenbaus.

1,2-Liter-BMW.-Sechszylindermotor

Beim Entwurf dieses Wagens ist
man in Eisenach zweifellos mit besonderer Liebe ans Werk gegangen.
Man wollte einen sehr wirtschaftlichen Gebrauchstyp schaffen, der
aber hinsichtlich der Leistung etwas
Besonderes darstellen und sich aus
der Wahl von Leichtwagen heraus-
heben sollte. Man verließ zum Teil
bisher für BMW. typische Bautenden-
zen, ohne deshalb hundertprozentig
zum Standardbau zurückzukehren.

Der 1,2-Liter-BMW. ist Deutschlands
kleinster Sechszylinder. Es wird bestimmt Leute (auch vom Bau) geben, welche eine sechszylindrige
Maschine solchen Hubvolumens als
einen Luxus empfinden. Diese Meinung kann man aber wohl nur bei
oberflächlicher Beurteilung fassen, da
es außer Frage steht, daß seitens eines
bestimmten und nicht gerade kleinen
Kreises des Käuferpublikums ein der-
artiger Wagentyp seit langem ge-
wünscht wird. Es gibt genug Automobilisten, die sich für einen verhältnismäßig nicht zu hohen Mehrpreis
die Annehmlichkeiten besserer Aus-
geglichenheit und größerer Laufruhe,
eine höhere Leistung und, wenn man
so sagen darf, etwas mehr Nervosität
der Maschine erkaufen wollen. Für
diese Gruppe der anspruchsvollen
Kleinwagenfahrer ist der neue
BMW. 6 bestimmt, der ganz augen-
scheinliche Vorteile für sich buchen
kann.

Ueber den grundsätzlichen Aufbau
des Wagens ist nicht viel zu sagen,
nachdem die technischen Charakte-
ristiken jedem Fabriksprospekt ent-
nommen werden können. Um nur in
großen Umrissen über die Konstruktion des Wagens zu orientieren, sei
gesagt, daß der Hängeventilmotor
sich nur unwesentlich vom bisherigen
0,8-Liter-Vierzylindertyp unterscheidet. Pumpenkühlung, Gemischzuberei-
tung durch 2 Solex-Vergaser, die
Schnellstartvorrichtung besitzen, und
Gummiaufhängung des Motorblocks
sind einige der Details. Neuartig ist
das Vierganggetriebe, das für die beiden geräuschlosen oberen Stufen
spiralverzahnte Zahnräder besitzt.
Eigenartig ist das Schaltschema, das
sich dadurch kennzeichnet, daß die
Hebelstellungen für den 1. und
2. Gang nicht gegenüber-, sondern
nebeneinanderliegen.

Der Rahmen ist als Niederflurrah-
men unter Verwendung von Rohr-
Längs- und -Querträgern ausgebildet.
Die Hinterachse ist beim Sechszylindertyp starr ausgeführt. Die Vorderräder sind hingegen achslos aufgehängt unter Verwendung der Querfeder und von organisch eingebauten
Oeldruckstoßdämpfern, die eine
exakte Parallelführung ergeben. Er-
wähnenswert ist noch die neue Len-

Das Gesicht

kung, die als Zahnstangenlenkung
mit Schrägzähnen ausgebildet ist.

Besonders hervorgehoben zu werden verdient die außergewöhnlich
hohe Motorleistung, die für die 1,2-
Liter-Maschine 30 PS beträgt. Die zif-
fernmäßige Leistung des Motors wird
dabei insofern besonders gut aus-
genützt, als ein sehr günstiges Lei-
stungsgewichtsverhältnis eingehalten
wurde. Die Pferdekraft des BMW.-
Motors hat nämlich nur 24 kg Totlast
(Limousine) zu ziehen. Es ist dies das
günstigste Verhältnis, daß im deutschen Leichtwagenbau bisher überhaupt erreicht wurde, rechnet man
doch bei Kleinwagen normalerweise
mit Gewichtsanteilen zwischen 34 und
50 kg je Pferdekraft.

Für einen Kleinwagen, und als solcher ist der BMW. 6 unbedingt anzu-
sprechen, weist das Fahrzeug sehr

Das zweisitzige Kabriolett des 1,2-Liter-BMW.

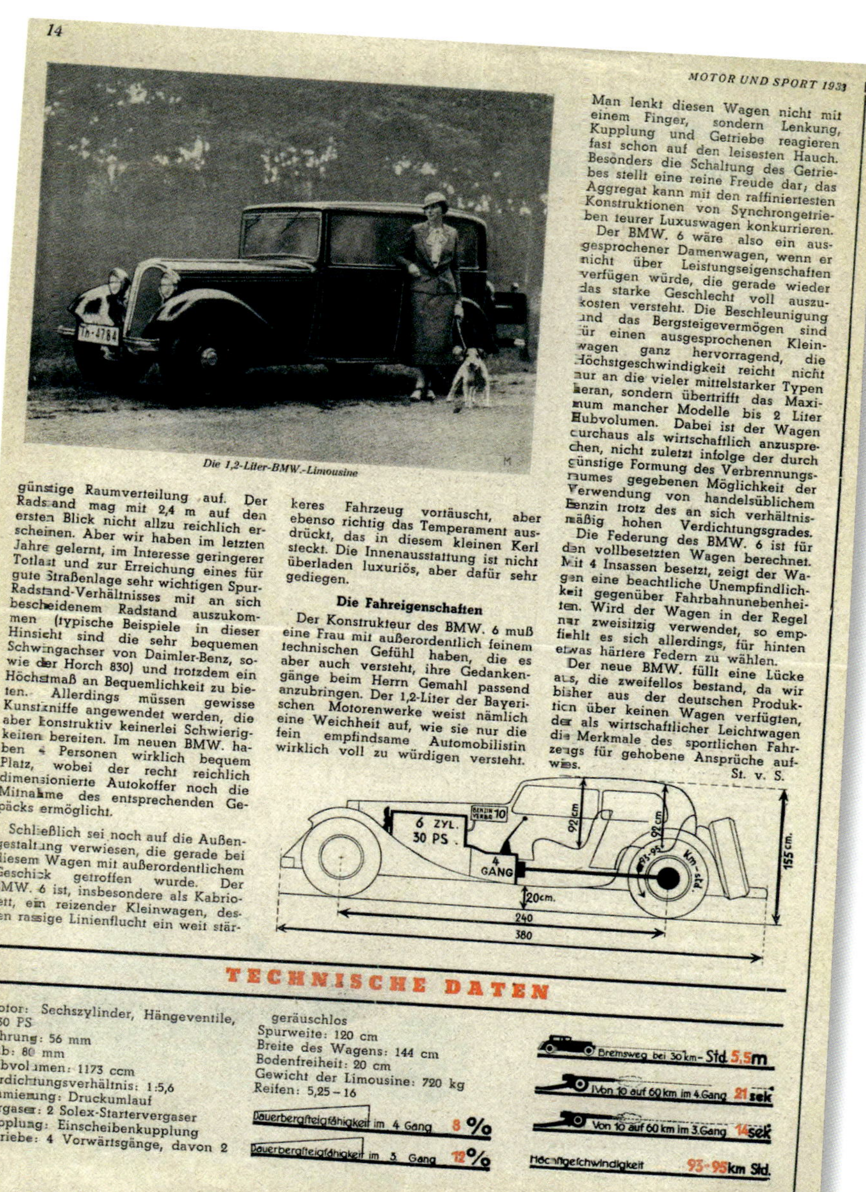

Die 1,2-Liter-BMW.-Limousine

günstige Raumverteilung auf. Der
Radstand mag mit 2,4 m auf den
ersten Blick nicht allzu reichlich erscheinen. Aber wir haben im letzten
Jahre gelernt, im Interesse geringerer
Totlast und zur Erreichung eines für
gute Straßenlage sehr wichtigen Spur-
Radstand-Verhältnisses mit an sich
bescheidenem Radstand auszukom-
men (typische Beispiele in dieser
Hinsicht sind die sehr bequemen
Schwingachser von Daimler-Benz, sowie der Horch 830) und trotzdem ein
Höchstmaß an Bequemlichkeit zu bieten. Allerdings müssen gewisse
Kunstkniffe angewendet werden, die
aber konstruktiv keinerlei Schwierigkeiten bereiten. Im neuen BMW. haben 4 Personen wirklich bequem
Platz, wobei der recht reichlich
dimensionierte Autokoffer noch die
Mitnahme des entsprechenden Gepäcks ermöglicht.

Schließlich sei noch auf die Außen-
gestaltung verwiesen, die gerade bei
diesem Wagen mit außerordentlichem
Geschick getroffen wurde. Der
BMW. 6 ist, insbesondere als Kabriolett, ein reizender Kleinwagen, dessen rassige Linienflucht ein weit stärkeres Fahrzeug vortäuscht, aber
ebenso richtig das Temperament aus-
drückt, das in diesem kleinen Kerl
steckt. Die Innenausstattung ist nicht
überladen luxuriös, aber dafür sehr
gediegen.

Die Fahreigenschaften

Der Konstrukteur des BMW. 6 muß
eine Frau mit außerordentlich feinem
technischen Gefühl haben, die es
aber auch versteht, ihre Gedanken-
gänge beim Herrn Gemahl passend
anzubringen. Der 1,2-Liter der Bayerischen Motorenwerke weist nämlich
eine Weichheit auf, wie sie nur die
fein empfindsame Automobilistin
wirklich voll zu würdigen versteht.

Man lenkt diesen Wagen nicht mit
einem Finger, sondern Lenkung,
Kupplung und Getriebe reagieren
fast schon auf den leisesten Hauch.
Besonders die Schaltung des Getrie-
bes stellt eine reine Freude dar; das
Aggregat kann mit den raffiniertesten
Konstruktionen von Synchrongetrie-
ben teurer Luxuswagen konkurrieren.

Der BMW. 6 wäre also ein aus-
gesprochener Damenwagen, wenn er
nicht über Leistungseigenschaften
verfügen würde, die gerade wieder
das starke Geschlecht voll auszu-
kosten versteht. Die Beschleunigung
und das Bergsteigevermögen sind
für einen ausgesprochenen Kleinwagen ganz hervorragend, die
Höchstgeschwindigkeit reicht nicht
nur an die vieler mittelstarker Typen
heran, sondern übertrifft das Maximum mancher Modelle bis 2 Liter
Hubvolumen. Dabei ist der Wagen
durchaus als wirtschaftlich anzuspre-
chen, nicht zuletzt infolge der durch
günstige Formung des Verbrennungs-
raumes gegebenen Möglichkeit der
Verwendung von handelsüblichem
Benzin trotz des an sich verhältnismäßig hohen Verdichtungsgrades.

Die Federung des BMW. 6 ist für
den vollbesetzten Wagen berechnet.
Mit 4 Insassen besetzt, zeigt der Wagen eine beachtliche Unempfindlich-
keit gegenüber Fahrbahnunebenhei-
ten. Wird der Wagen in der Regel
nur zweisitzig verwendet, so emp-
fiehlt es sich allerdings, für hinten
etwas härtere Federn zu wählen.

Der neue BMW. füllt eine Lücke
aus, die zweifellos bestand, da wir
bisher aus der deutschen Produktion über keinen Wagen verfügten,
der als wirtschaftlicher Leichtwagen
die Merkmale des sportlichen Fahrzeugs für gehobene Ansprüche aufwies.

St. v. S.

TECHNISCHE DATEN

Motor: Sechszylinder, Hängeventile, 30 PS
Bohrung: 56 mm
Hub: 80 mm
Hubvolumen: 1173 ccm
Verdichtungsverhältnis: 1:5,6
Schmierung: Druckumlauf
Vergaser: 2 Solex-Startervergaser
Kupplung: Einscheibenkupplung
Getriebe: 4 Vorwärtsgänge, davon 2 geräuschlos
Spurweite: 120 cm
Breite des Wagens: 144 cm
Bodenfreiheit: 20 cm
Gewicht der Limousine: 720 kg
Reifen: 5,25 – 16

Dauerbergsteigfähigkeit im 4. Gang 8 %
Dauerbergsteigfähigkeit im 3. Gang 12 %
Bremsweg bei 30 km-Std. 5,5 m
Von 10 auf 60 km im 4. Gang 21 sek
Von 10 auf 60 km im 3. Gang 14 sek
Höchstgeschwindigkeit 93–95 km Std.

Ausführlicher Prüfungsbericht des neuen BMW 303 in der Fachzeitschrift »Motor und Sport« vom 20. August 1933, gelobt wurden Sportlichkeit und leichte Handhabung.

durchnummerierten Abfolge von Entwicklungsstufen, sondern deutete mit »09« auf die Motorgröße hin.

Um den rund 100 kg Mehrgewicht des größeren Wagens etwas an Motorleistung entgegenzusetzen, wurde die Zylinderbohrung um zwei Millimeter erweitert, was einen Hubraumzuwachs von 782 auf 845 ccm und eine Mehrleistung von zwei PS zur Folge hatte. Um dem 4-Zylindermotor einen ähnlich ruhigen Lauf wie dem 6-Zylinders zu verleihen, hatte man sich eine neue Art der Motoraufhängung ausgedacht. Bei diesem als »Schwebemotor« betitelten Aggregat lag die vordere einzelne Gummiaufhängung etwa auf zwei Drittel der Höhe des Motorblocks, die hintere Aufhängung lag hinter dem Getriebe am Rahmen, sodass der Motor bis zu einem gewissen Grad um die Längsachse schwingen konnte. Diese Konstruktion fand bei späteren Modellen allerdings keine Verwendung mehr.

Mit seinen 22 PS war das neue Einstiegsmodell immer noch einem Opel 1,2 Liter in den Fahrleistungen ebenbürtig. Der BMW 309 wurde mit Ausnahme des zweisitzigen Cabriolets ab Februar 1934 ins Produktionsprogramm aufgenommen. An Stelle der Rolldach-Limousine baute man in Sindelfingen jetzt eine Cabrio-Limousine, bei der ein noch breiterer Teil des Daches bis hinter die Rücksitze zusammengerollt werden konnte, was besonders den hinteren Passagieren ein gesteigertes Offenfahr-Erlebnis bescherte.

Schönheitskonkurrenz in Bad Homburg am 11. Juni 1933. Im Mittelpunkt drei BMW 3/20 PS und ein BMW 303 aus dem Autohaus Wilhelm Glöckler in Frankfurt.

Das BMW 309 Cabriolet mit 22 PS Vierzylindermotor.

BMW 309 als Tourenwagen, typisch die fehlenden Stoßstangen.

Um beide Modelle auch äußerlich unterscheidbar zu machen, änderte man ab 1934 die Anordnung und Gestaltung der seitlichen Lüftungsschlitze an der Motorhaube der Sechszylindermodelle. Kenntlich waren diese jetzt durch sechs einzelne Segmente mit Lüftungsschlitzen auf jeder Seite, die mit je einer horizontalen Chromleiste verziert wurden. Die Vierzylindervarianten BMW 309 behielten die bisherige Ausführung mit leicht schräg vertikal verlaufenden Schlitzen und wurden serienmäßig ohne Stoßstangen geliefert. Durchweg 400 Reichsmark sparte der Käufer, der sich für eines der schwächer motorisierten, neuen BMW Modelle entschied.

Die Kombination des preisgünstigen Antriebs mit den anspruchsvollen und geräumigen Karosserien des Schwestermodells 303 erwies sich als sehr erfolgreich. Der Typ 309 war in jener Zeit trotz seiner für heutige Begriffe minimalen Motorleistung kein Verkehrshindernis. Die Straßenverhältnisse ließen selten Geschwindigkeiten oberhalb 80 km/h zu und Pferdefuhrwerke und Lastkraftwagen mit Höchstgeschwindigkeiten von höchstens 50 km/h sorgten allgemein für eine recht beschauliche Art der motorisierten Fortbewegung. Bis September 1936 blieb der BMW 309 im Verkaufsprogramm, wobei insgesamt 6.000 Wagen entstanden, davon 2.859 Limousinen, aber auch 1.456 Cabrio-Limousinen, 284 viersitzige Cabriolets und sogar 179 besonders preisgünstige Tourenwagen. Außerdem verließen noch 1120 Fahrgestelle die Eisenacher Produktionshallen, allerdings weniger um darauf hübsche Sonderkarosserien zu setzen, vielmehr gingen die meisten an die Reichswehr, um als Kübel- oder Funkwagen härteste Dauerbelastungen zu erfahren.

Ein stärkeres Modell – BMW 315

Doch auch der Sechszylinderwagen wurde weiterentwickelt. Der in München konstruierte Sechszylindermotor mit exakt 1173 ccm Hubraum hatte ein großes Potenzial zur größeren Leistungsausbeute. Zum Frühjahr 1934 wurde der Motor durch eine Hubverlängerung von 14 mm und eine um 2 mm vergrößerte Bohrung deutlich langhubiger ausgelegt, was eine klare Verbesserung der ohnehin guten Elastizität zur Folge hatte. Ansonsten wurde das Aggregat kaum verändert und leistete mit 1.490 ccm nun 34 PS bei 4000 U/min ein Drehzahlniveau, das damals normalerweise echten Sportmotoren vorbehalten war.

Im neuen Katalog wurden die aktuellen Modelle als »die wirtschaftlichen Hochleistungswagen« bezeichnet, was gar nicht übertrieben war. Mit dem in den unteren Gängen etwas länger übersetzten Vierganggetriebe, wobei der 3. und 4. Gang synchronisiert waren, schaffte der neue Typ 315 (3 + 1,5 Liter Motor) jetzt knapp über 100 km/h und auch die Beschleunigung

Der Motor des 22 PS-Vierzylinders

(Bild unten) ist der nach den neuesten Erfahrungen an nur 2 Punkten aufgehängte 4-Takt-„Schwebemotor" DRP. a., bei dem so gut wie keine Schwingungen auf das Fahrgestell übertragen werden und so die Laufruhe eines Sechszylinders gesichert wird. Ebenso wie der 34 PS-Sechszylinder, besitzt auch dieser Motor Spezial-Aluminium-Kolben, Zahnrad-Ölpumpe mit Überdruckventil, Gemischvorwärmung und Kreisel-Wasserpumpe. Die Boschzündung ist halbautomatisch, wie auch von Hand verstellbar. Beide Typen besitzen eine weiche, hunderttausendfach bewährte Einscheibenkupplung, die keiner Wartung bedarf. Das Vierganggetriebe ist mit dem Motor verblockt; 3. und 4. Gang sind synchronisiert, daher geräuschlos und spielend vor- und zurückzuschalten.

▲ Der zum »Schwebemotor« mutierte Vierzylinder des Typs 3/20 PS AM 4 im BMW 309.

▶ Die eher spartanische BMW 309 Limousine ohne Stoßstangen und zweitem Scheibenwischer, jedoch mit komplett bestücktem Armaturenbrett.

▲ **BMW 309 Cabrio-Limousine, eine typisch deutsche Karosserievariante.**

▲ ▶ **Die seltenste und billigste Variante des BMW 303, der Tourenwagen ohne Seitenteile.**

▶ **BMW 303 Prospekt von 1934, mit hinten angeschlagenen Türen**

verbesserte sich spürbar. Dabei war der Antrieb so elastisch, dass laut Prospekt der direkte Gang schon ab 7 km/h einsetzbar war. Damit und aufgrund seiner guten Fahreigenschaften bot der kleine BMW Eigenschaften, die in der Tat sonst nur bei weit größeren und teureren Wagen zu finden waren. Eine zeitgenössische Mercedes-Benz-Limousine vom Typ 200 mit 2-Liter-Motor und 40 PS war nur geringfügig geräumiger, schaffte keine 100 km/h und kostete 1.200 RM mehr als der 300 kg (!) leichtere BMW 315. Selbst ein Achtzylinder-Horch mit mehr als der doppelten Motorleistung und zum exakt doppelten Preis musste sich ordentlich anstrengen, um dem neuen 1,5-Liter BMW einigermaßen zu enteilen.

Der Kunde konnte beim neuen Modell 315 unter den gleichen Karosserievarianten wählen wie beim 303, an Stelle der Rolldach-Limousine wurde jetzt nur noch die in Sindelfingen gebaute Cabrio-Limousine angeboten. Äußerlich und auch im Innenraum gab es keine Veränderungen gegenüber der letzten Variante des Vormodells, serienmäßig wurden Limousine und Cabrio-Limousine in den Farben rotbraun, dunkelgrau und dunkelblau lackiert, wobei die Kotflügel stets in schwarz gehalten waren. Bis Juni 1937 sollte dieses besonders ausgewogene Modell 315 in Produktion bleiben. Es entwickelte sich zum erfolgreichsten »Rohrrahmen-Modell« und verkaufte sich innerhalb von etwas mehr als drei Jahren in 9.535 Exemplaren, 4.881, also mehr als die Hälfte davon, Limousinen, gefolgt von 2.281 viersitzigen Cabriolets, 1.378 Cabrio-Limousinen und einer einzigen letztgebauten Rolldach-Limousine. Nur 20 Liebhaber fanden sich für das teure zweisitzige, bei Reutter gebaute Cabriolet und immerhin 137 Käufer begnügten sich mit dem reduzierten Komfort eines Tourenwagens. Nicht weniger als 837 Fahrgestelle mit dem 34-PS-Motor wurden ausgeliefert, davon immerhin fast 300 Stück an Karosseriebauer, die Mehrzahl jedoch, wie zuvor vom Typ 309, an das Reichskriegsministerium Berlin und das Oberkommando des Heeres.

Erweiterung nach oben – BMW 319

Doch die Möglichkeiten des BMW Sechszylindermotors waren noch lange nicht ausgereizt. Mittlerweile gab es einen bei Reutter bildhübsch gezeichneten Sportwagen, dessen 1,5-Liter-Motor mit höherer

Abbildungen aller Karosserievarianten aus einem Katalog für das neue Modell BMW 315 von 1935.

▲ Das reich bestückte Armaturenbrett des BMW 319.

◄ BMW 319 Sport-Kabriolett mit zweisitziger Karosserie von Reutter und 1,9 Liter Motor mit 45 oder 55 PS.

Verdichtung und drei Flachstromvergasern 40 PS entwickelte. Darüber hinaus arbeitete der Motorenversuch in München an einer Zweiliter-Variante mit großen Ambitionen für den Einsatz im Motorsport. BMW hatte nun im Automobilbau genau seinen Platz gefunden, leichte und leistungsstarke Automobile in der kompakten Klasse, eine Kategorie, die in Deutschland kaum Konkurrenz zu fürchten hatte.

Als in interessierten Kreisen bekannt wurde, dass ein neuer Motor mit fast zwei Litern Hubraum entstanden war, wurden zunächst ab September 1934 einzelne Modelle mit dem jetzt 45 PS leistenden Aggregat auf Kundenwunsch ausgerüstet, ohne dass diese Version im offiziellen Verkaufsprogramm auftauchte. Dabei ergab sich der deutliche Leistungszuwachs lediglich aus der Hubraumvergrößerung durch eine um 7 mm erweiterte Bohrung und einen um 2 mm längeren Hub, alle anderen Spezifikationen, einschließlich Verdichtung und Vergaserbestückung wurden beibehalten. Die erweiterte Bohrung verlangte allerdings nach einer Änderung der Zylinderabstände, sodass am Ende doch ein neuer Motorblock und Zylinderkopf konstruiert werden mussten.

Nach etwa 20 »inoffiziellen« 45-PS-Wagen wurde das neue, starke Modell schließlich ab Februar 1935, anlässlich der Berliner Automobilausstellung als »2-Liter-45-PS-Sechszylinder«, intern als Typ 319 (3 + 1,9 Liter) bezeichnet, in das reguläre Verkaufsprogramm aufgenommen. Die Typen 315 und 319 trugen jetzt anstelle der Kühlrippen ein großflächiges Gitter an den Seiten der Motorhaube, ähnlich dem des seit April 1934 gebauten Sportwagens mit 1,5-Liter-Motor. Zusätzlich unterschied sich der stärkere Wagen durch je drei Chromstreifen an den Seitengittern der Motorhaube.

Der Typ 319 wurde schließlich parallel zu den Schwestermodellen 309 und 315 in allen bisher offerierten Karosserievarianten hergestellt. Nur das bisher kaum verkäufliche zweisitzige Cabriolet hatte man bei Reutter komplett verändert. Jetzt gab es keinen geraden Karosserieabschluss mehr mit angesetztem Koffer. Die neue Formgebung orientierte sich stilistisch eher am Sportwagen und hatte wie dieser ein langes, nach unten spitz zulaufendes Heck, was dem Fahrzeug schon im Stand eine gewisse Dynamik verlieh. Die hohen Türen mit Kurbelfenstern ließen aber keinen Zweifel daran, dass es sich um ein bequemes und trotzdem sportliches Reisefahrzeug handelte. Durch die Verwendung von Aluminium hatte man den Wagen auch besonders leicht gemacht. Erstmals drückte sich das auch im Namen aus, denn das neue Modell hieß »Sport-Kabriolett«. Das Gepäck musste man hinter den Sitzen verstauen, weil das elegante Heck unter einer Klappe das Reserverad versteckte. Um die Liebhaber der traditionelleren Bauart mit hinterem Kofferaufbau nicht zu verlieren, entschloss man sich, ein weiteres zweisitziges Kabriolett ins Programm aufzunehmen. Das von der Firma Drauz in Heilbronn gebaute Fahrzeug hatte am Heck einen großen, von außen zugänglichen Koffer, der viel Platz für das Reisegepäck und extra Fächer für Kleinteile bot. Zudem verfügte es im Innenraum über zwei Notsitze, man konnte den Raum aber ebenso für zusätzliches Gepäck nutzen. Bei diesem Modell stand ganz klar das gemächlichere Reisen mit erhöhtem Komfort im Vordergrund. Beide Varianten waren als BMW 315 oder 319 lieferbar und gehörten mit einem Preis von 5.200 bzw. 5.800 RM wieder zu den teuersten Modellen. Dennoch konnten insgesamt 238 dieser luxuriösen Kabrioletts einen Käufer bzw.

Verkaufskatalog für das Spitzenmodell der BMW Rohrrahmen-Serie Typ BMW 319 vom Januar 1937.

eine Käuferin finden. Mittlerweile war auch BMW dazu übergegangen, nicht mehr die »ausländische« Schreibweise Cabriolet zu nutzen, sondern glich sich dem allgemeinen Trend an und verwendete die Schreibweise »Kabriolett«.

Am Ziel

Trotz des Produktionsendes des 3/20-PS-Kleinwagens ein Jahr zuvor, verfügte BMW nun über ein beachtliches Spektrum an Automobilen. Von der preiswerten Limousine vom Typ 309 mit 22-PS-Vierzylindermotor zu einem Preis von 3.200 RM ab Werk bis zum 55-PS-Sportwagen für 5.200 RM reichte die Bandbreite des Angebots, zwischen Vernunft und Luxus gab es zahlreiche Varianten zur Wahl und jede zeichnete sich aus durch Qualität, Stil und ein gewisses Maß an Sportlichkeit.

Wer jetzt ab 4.150 RM für einen BMW 319 auszugeben imstande war, erhielt dafür ein Automobil, das in der Summe seiner Eigenschaften auch weit größeren, stärkeren und vor allem teureren Wagen aus deutscher Produktion zumindest ebenbürtig, wenn nicht gar deutlich überlegen war. Auf den ersten Autobahnen waren jetzt durchaus 120 km/h möglich, und das sichere Fahrwerk machte auch das sportliche Befahren von kurvenreichen Alpenstraßen zum Vergnügen.

1936, mit der Einführung des vollkommen neu entwickelten Modells 326, kündigte sich das Produktionsende der immer noch gut verkäuflichen, aber mittlerweile von ihrem Erscheinungsbild her nicht mehr ganz zeitgemäßen Rohrrahmenmodelle 309, 315 und 319 an. Im September verließen die letzten BMW Einstiegsmodelle vom Typ 309 mit dem alten Motor des 3/20-PS-Kleinwagens das Werk Eisenach. Für viele hatte dieses relativ preisgünstige Modell den Anfang einer Affinität zur weiß-blauen Marke bedeutet. Schon im Oktober 1936 entstanden die letzten Limousinen mit dem 45-PS-Motor und im Juni 1937 verließ mit einem viertürigen Kabriolett vom Typ 315 der letzte Vertreter dieser bis dahin erfolgreichs-

Kabriolett Drauz zweisitzig, 45 PS

Mit Notsitzen und angebautem Kofferkasten

BMW 319 Drauz-Kabriolett und -Tourenwagen mit Werkskarosserie in einem Werbeprospekt von 1936.

BMW 329 Werks-Kabriolett (links) und Drauz-Kabriolett in einem Prospekt vom Januar 1937.

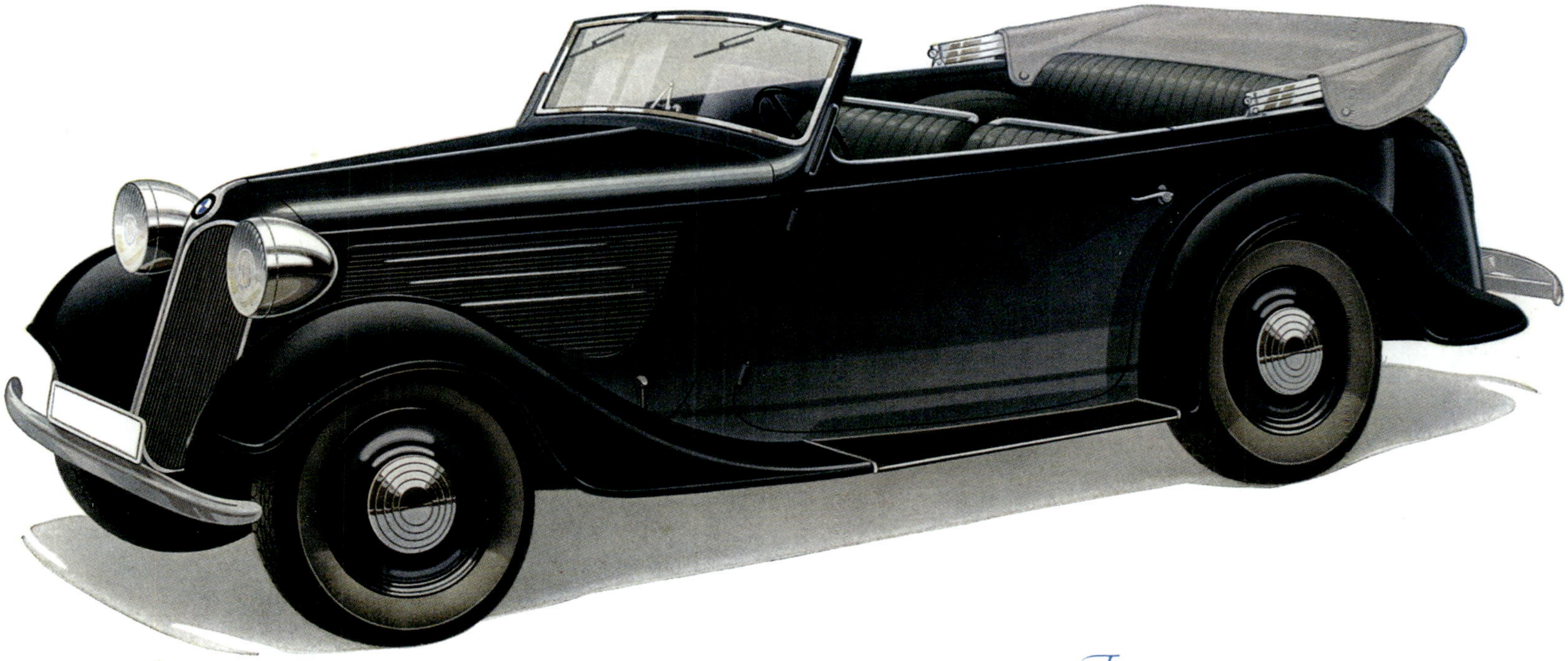

Tourenwagen viers tzig, 45 PS

Der Wagen mit der besten Sicht. Aufsteckbare Seitenteile mit Cellonfenstern. Echte Lederpolsterung. Lieferbar auch als 34 PS-Typ

Dranz Kabriolett. zweisitzig

Mit Notsitzen und von außen zugängigem eingebautem Kofferkasten. Prächtige Innenausstattung. Polsterung echtes Leder.

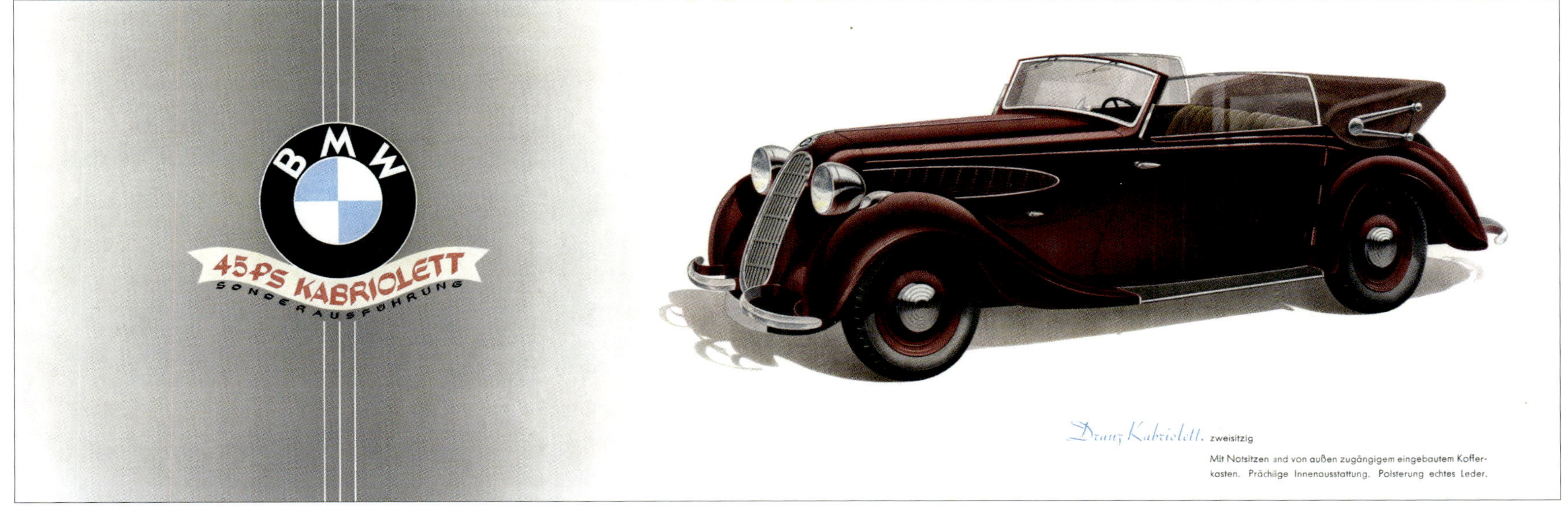

Im Juni 1938 am Großglockner mit BMW 329 in Zweifarben-Lackierung.

ten Generation von BMW Automobilen mit Sechszylindermotor die Fabrik in Thüringen. Zeitgleich endete auch die Produktion des BMW 319. Mit insgesamt 6.646 Exemplaren, davon 3.029 Limousinen, 569 Kabrio-Limousinen, 2.066 viersitzige Kabrioletts, 238 Sport-Kabrioletts, 178 Sportwagen, 75 Tourenwagen und 436 Fahrgestellen gehört der BMW 319 zum zweit erfolgreichsten der Rohrrahmenmodelle.

Mit über 24.000 verkauften Wagen und Fahrgestellen verbuchte BMW mit den Modellen 303, 309, 315 und 319 einen beachtlichen Erfolg und etablierte sich nachhaltig unter den Herstellern hochwertiger, sportlicher Automobile in Europa.

BMW 329 – der Lückenfüller

Doch die Geschichte dieser legendären Rohrrahmenmodelle war noch nicht ganz zu Ende. Als Anfang 1936 immer wieder kritische Stimmen laut wurden, die vor allem im Zusammenhang mit den teuren Kabrioletts vom Typ 326 die mittlerweile etwas veraltet wirkenden Karosserien kritisierten, entwickelte man in Eisenach innerhalb von wenigen Monaten mit dem Typ 329 eine Art Bindeglied zwischen der bewährten Technik der Rohrrahmenmodelle und dem modernen Erscheinungsbild der neuen viertürigen Mittelklassewagen vom Typ 326. Das 329 Kabriolett in viersitziger Ausführung wurde offiziell als »Sonderausführung« bezeichnet, bot die unveränderte Technik des Typs 319 und verfügte über einige Stilmerkmale des BMW 326. Eine ursprünglich ebenfalls geplante 329 Limousine kam über das Prototypenstadium nicht hinaus. Die Front zierte das neue, gerundete Design des Kühlergitters und das Heck lief geschwungen aus mit integriertem Gepäckraum und außen liegendem Reserverad. Der Wagen war mit 4.950 RM nur wenig teurer als die gerade auslaufenden 319 Kabrioletts, aber wesentlich günstiger als ein viersitziges 326 Kabriolett für stolze 7.300 RM. Für Kunden mit sportlichen Ambitionen wurde im Auftrag von BMW wiederum bei Drauz in Heilbronn ein im Vorderbau sehr ähnliches, zweitüriges 329 Kabriolett mit Koffer am Heck und hinten angeschlagenen Türen gebaut, das dann offiziell von BMW für 5.800 RM offeriert wurde.

Trotz aller Bemühungen sah man dem Typ 329 jedoch an, dass er einen Kompromiss darstellte, da der Karosserie die wünschenswerte optische Harmonie fehlte. Während seiner nur 10 Monate kurzen Bauzeit bis Mai 1937 entschieden sich trotzdem 1.011 Käufer für den Viersitzer, aber nur 42 Sportfahrer für die zweisitzige Variante. Von den 126 ausgelieferten Chassis ging interessanterweise nur ein einziges an eine Erprobungsstelle der Luftwaffe, alle anderen wurden von unterschiedlichen Karosseriebaufirmen mit Sonderkarosserien versehen.

BMW 329 Werks-Kabriolett mit stolzem Besitzer 1937 in Berlin.

SONDERKAROSSERIEN

Neben den Serienausführungen der BMW Modelle 303 bis 329, den sogenannten »Rohrrahmen-Modellen«, deren Karosserien im Werk Sindelfingen (siehe Kasten »Sindelfingen«) von Daimler-Benz gebaut wurden, entstanden Einzelstücke bei:

- Karosseriewerke **Autenrieth** in Darmstadt
- **Gläser** in Dresden
- Erhard **Wendler** in Reutlingen
- **Vereinigte Werkstätten, Engelhard** in München

Vergleichbar große Stückzahlen von Sonderkarosserien auf Fahrgestellen dieser Baureihe mit unterschiedlichen Motorisierungen entstanden im Stuttgarter Karosseriewerk **Reutter** & Co., in der Carosserie-Fabrik G. **Drauz** & Co. in Heilbronn und der Werkstatt von Ludwig **Weinberger** in München.

Gustav Drauz gründete seine Wagnerei und Schmiede 1900 und baute zunächst Pferdewagen, bevor in seinem Betrieb 1905 die erste Autokarosserie für NSU entstand. Auf diesem Gebiet sehr erfolgreich, zählte die Fabrik Anfang der 1910er-Jahre mit 200 Mitarbeitern schon zu den größten der Branche. 1928 führte man bereits eine Fließbandfertigung ein und baute Karosserien in großer Stückzahl für NSU, Adler, FIAT und Ford. Kurze Zeit später vergrößerte sich die Firma durch ein Montagewerk für Ford in Köln und ab 1933 ein Presswerk in Heilbronn. Tausende Ganzstahlkarosserien entstanden daraufhin für Ford. Nach 1945 spezialisierte man sich auf Karosserien für Kleintransporter von DKW und Ford und 1965 übernahm NSU das Familienunternehmen, das später im Thyssenkrupp Konzern aufging.

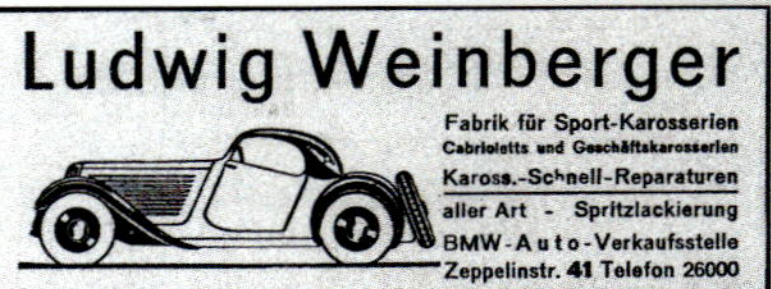

Ludwig Weinberger baute seine erste Autokarosserie 1904 und erlangte Anfang der 1930er-Jahre Berühmtheit in der Branche, nachdem er den Auftrag für den Bau einer sportlichen Karosserie auf dem Chassis eines monumentalen Bugatti Royale erhalten hatte und eindrucksvoll umsetzte. Danach folgten unter anderem eine Reihe exklusiver Kreationen für eine prominente Klientel wie die Schauspielerin Marika Rökk oder den Filmregisseur Georg Jacoby und viele andere. Nach einigen Roadster-Karosserien für den BMW Kleinwagen 3/20 PS entwickelte Weinberger in den 1930er-Jahren für anspruchsvolle BMW Kunden mehrere Kleinserien sportlicher und komfortabler Varianten auf Basis der Fahrgestelle für die Sechszylinderwagen. Nach dem Zweiten Weltkrieg, den die Firma mit dem Bau von Kübelwagen überstand, überlebte die Firma, jetzt in den Händen von Ludwig Weinberger Junior, noch bis 1953 mit der Herstellung von Kleinlieferwagen auf Basis von US-Jeeps und dem Bau neuer Karosserien für Vorkriegswagen, vorwiegend der Marken BMW und Adler. Danach widmete sich Weinberger nur noch dem Gebrauchtwagenhandel.

BMW 303-Bodengruppe für Sonderkarosserien ab 1933.

Sechs Karosserievarianten von Ludwig Weinberger, München, auf BMW Rohrrahmen-Chassis.

BMW 303 Tourenwagen

BMW 315 viersitziges Kabriolett

BMW 315 Roadster

BMW 315 Tourenwagen

BMW 315 Sport-Kabriolett

BMW 319 Sport-Kabriolett

▲ BMW 303 Sport-Kabriolett-Prototyp, Karosserie Gläser von 1933

◀ BMW 319 viersitziges Kabriolett mit verlängertem Radstand von Autenrieth

BMW 315 Kabriolett Autenrieth von 1934

BMW 319 Sport-Kabriolett 1935 von Autenrieth

BMW 329 Sport-Kabriolett Autenrieth von 1939

ZWEISITZER-SPORT-CABRIOLET-KAROSSERIEN

mit Ausnahme des Sport-Chassis für alle BMW-Chassis-Typen passend, aus prima Holzgerippe, außen mit Stahlblech bekleidet, das Verdeck mit äußeren verchromten Sturmstangen, nach unserer Sprungfederkonstruktion leicht zu öffnen und zu schließen, außen mit Cabriostoff und innen mit passendem Tuch bespannt, mit einer Rückwandscheibe mit Schiebegardinchen, Schutzhülle aus Cabriostoff über das zurückgelegte Verdeck, das Führerfenster aus Sekurit in verchromtem Metallrahmen gefaßt, ausstellbar, mit doppeltem Bosch-Scheibenwischer versehen, die Türfenster in Metallrahmen gefaßt, durch Kurbelapparate versenkbar, die beiden Führersitze auf Schienen verstell- und aufklappbar, die Polsterung aus prima Rindleder, in sechs Normalfarben, in Pfeifenabheftung, Taschen in den Türen, Bouclèteppich auf dem vorderen und hinteren Fußboden, elektrischer Zigarrenanzünder und Aschenbecher, Rückblickspiegel, Winkerrichtungsanzeiger, hinterer verschließbarer Gepäckkoffer, außerdem kann der für Notsitze vorgesehene Raum innerhalb des Verdecks noch zur Unterbringung von Gepäck verwendet werden, eine Türe außen im Griff abschließbar, die andere von innen zu sichern, die Beschläge außen und innen haltbar verchromt, prima Lackierung des ganzen Wagens in einer der 6 Farben unserer Musterkarte.

Grundpreis	RM. 1520.—
Abweichungen in Lack oder Leder bedingen einen Aufpreis von	RM. 60.—
1 Quernotsitz innerhalb des Verdecks mit aufklappbarem Sitz kostet	RM. 90.—
oder 2 Notsitzchen in Fahrtrichtung je RM. 45.—, somit	RM. 90.—

Sämtliche Preise ab unserem Werk, zahlbar in bar, ohne Skonto, da wir die Fracht für das uns anzuliefernde Fahrgestell mit Bodenstück von Eisenach bis Stuttgart tragen. — Als Lieferzeit werden in der Regel 14 Arbeitstage nach Chassiseingang benötigt.

So errechnet sich beispielsweise das 1,5 Ltr. Cabriolet dieser Ausführung:

Chassis-Grundpreis bei 5facher Bereifung	RM. 3230.—
oben beschriebene Karosserie in Normalausführung	RM. 1520.—
auf insgesamt	RM. 4750.—

STUTTGARTER KAROSSERIEWERK REUTTER & CO., GMBH., STUTTGART-W, AUGUSTENSTR. 82

Werbeprospekt der Karosseriewerke Reutter für BMW 315 Sport-Cabriolet von 1935

Entwurfszeichnung von Reutter für das BMW 315 Werks-Cabriolet – ohne Sturmstangen

Lieferwagen auf Basis BMW 303 von Reutter für die Reichspost

BMW 303 Reutter Sport-Kabriolett 1934

BMW 319 Sport-Kabriolett Reutter 1935

Viersitziges BMW 319 Luxus-Kabriolett von Reutter 1935

BMW 329 Sport-Kabriolett von Reutter 1937
zwei- bis viersitzig

▲ BMW 315 Kabriolett karossiert von Vereinigte Werkstätten, München

▼ BMW 319 Kabriolett von Wendler 1935

1.4 BMW 315/1, 319/1, 328

Zum Jahreswechsel 1933/34 hatte der Automobilbau in Deutschland im Vergleich zu den damals in diesem Bereich führenden europäischen Nationen England und Frankreich sichtbar aufgeholt. Die Fülle an kurzlebigen Marken und Modellen, die nach dem Ersten Weltkrieg aufgetaucht waren, gehörte der Vergangenheit an. Relativ wenige mittlere und große Hersteller hatten sich mit einem breiten Angebot an Modellen am Markt behaupten können. Horch, Maybach und Mercedes-Benz bedienten die wohlhabende Klientel, Adler, BMW, Hansa, Ford, Opel, Stoewer, DKW, sowie ein paar verbliebene Kleinhersteller den weiten Bereich der Mittelklasse und die Einsteiger in den Automobilismus.

Unfreiwillig komische Werbung aus einer anderen Zeit: Beschwingte junge Damen posieren auf einem BMW Sportwagen vom Typ 315/1 Mitte der 30er Jahre. Inspiriert von der Rolls-Royce »Emily«?
Foto: Kálmán Szöllösy (Fortepan-Archiv)

Der Kunde hatte die Wahl vom primitiven Kleinwagen mit 200-ccm-Zweitaktmotor bis zur gewaltigen Luxuslimousine mit 8-Liter-Zwölfzylindermotor. Doch der Automobilist mit sportlichen Ambitionen, der sich ein erschwingliches Fahrzeug in der Klasse bis 2 Liter erträumte, einen Sportwagen für Straße und Rennstrecke, suchte bei deutschen Herstellern vergeblich. In England, Frankreich und selbst in Italien herrschte dieser Mangel nicht. Sportwagen wie MG aus England, Amilcar aus Frankreich oder FIAT aus Italien, zweisitzige Roadster, möglichst leicht und mit starken Motoren, waren in jenen Ländern nichts Ungewöhnliches und einige fanden trotz schwieriger Bedingungen bei Import und Service auch Liebhaber in Deutschland.

Dieser Mangel fiel nicht nur den sportbegeisterten Fahrern in Deutschland auf, sondern auch offiziellen Stellen. Mit der Machtübernahme der Nationalsozialisten hatte eine Förderung des Automobilbaus eingesetzt, nicht zuletzt mit dem Ziel, das Ansehen und die Überlegenheit Deutschlands auch im Rennsport zu demonstrieren. Oberste Instanz dieser Bestrebungen war das NSKK (Nationalsozialistisches Kraftfahrkorps), dessen »Korpsführer« Adolf Hühnlein dem autobegeisterten Adolf Hitler über die Fortschritte des deutschen Kraftfahrsports zu berichten hatte. Selbst in der Fachpresse wurde das Thema »Wo bleibt der kleine deutsche Sportwagen?« nun offen und fordernd angesprochen.

In dieser Atmosphäre nutzte man bei BMW das sportliche Potenzial der aktuellen, neuen Wagenkonstruktion 315 mit ihrem leichten Fahrgestell, einem kompakten Sechszylindermotor und mit guten Möglichkeiten zur Leistungssteigerung. Parallel zur Überarbeitung der bisherigen Limousine vom Typ 303, nahm man somit zur Jahresmitte 1933 die Entwicklung eines echten BMW Sportwagens in Angriff. Ziel war es, zur Internationalen Automobilausstellung im Februar 1934, neben der stärkeren Limousine vom Typ 315 einen Sportwagen zu präsentieren, der gegen die europäische Konkurrenz bestehen konnte.

Die technische Basis für dieses ambitionierte Projekt hätte nicht besser sein können. Der

Karosseriestudie der Werbegrafiker Gebrüder von Römer, München nach einer Entwurfszeichnung von Reutter für den BMW Sportwagen Prototyp 315/1.

unter der Federführung von Fritz Fiedler für den Typ 303 entwickelte Rohrrahmen war aufgrund seiner Torsionssteifigkeit und seines geringen Gewichts ideal, um den geplanten Roadster konkurrenzlos leicht zu machen, wog ja die Limousine lediglich 830 kg, ein Wert, der von keinem vergleichbaren Konkurrenzmodell auch nur annähernd erreicht wurde. Diese Konstruktion konnte unverändert übernommen werden. Nicht einmal der Radstand bedurfte der Anpassung, mit 2,40 Metern war er geeignet für eine Karosserie mit betont sportlich-eleganter Linie, langer Motorhaube, knappem Cockpit und kurzem Heck, typisch für einen rassigen Sportwagen.

Ein bewährter Partner

Für den Entwurf und Bau dieser neuen Sportwagenkarosserie musste sich BMW an einen erfahrenen und kompetenten Partner wenden, da in Eisenach weder das nötige Know-how noch die Kapazitäten zur Verfügung standen. Auch das Karosseriewerk Sindelfingen, Lieferant der geschlossenen und halboffenen Varianten der BMW Sechszylindermodelle, kam für diese anspruchsvolle Aufgabe nicht in Frage. Die luxuriösen und schnittigen Zweisitzer-Cabrios des BMW 303 waren bisher von Gläser in Dresden und Reutter in Stuttgart entworfen und gebaut worden. Hohes Stilempfinden und eine bisher gute Zusammenarbeit veranlassten die Verantwortlichen bei BMW schließlich, Reutter als bewährten Partner mit der Entwicklung einer Sportwagenkarosserie zu beauftragen.

Im Herbst 1933 lagen erste Entwürfe vor. Sie zeigten einen optisch sehr leicht wirkenden Sportwagen mit deutlich schräg stehender Kühlermaske und Windschutzscheibe, weichen, dynamisch fließenden Linien und modisch stilvollen Details, wie verkleideten Hinterrädern und einem schwungvoll auslaufenden Heck mit durch einen flachen Deckel verborgenem Reserverad. Auf den Stuttgarter Reißbrettern entstand somit ein trotz seiner Einfachheit sehr hochwertig anmutendes Fahrzeug, das Sportlichkeit mit einem Hauch von Eleganz und Luxus verband.

Der 1,5-Liter-Sechszylindermotor des BMW 315/1 mit seinen drei SOLEX-Flachstromvergasern und 40 PS Leistung. Wegen der Benzinleitung wurde der Luftfilter des hinteren Vergasers schräg angeordnet.

Nachdem sich die BMW Verantwortlichen überzeugt zeigten, diesen Weg zu gehen, wurden umgehend zwei fahrfähige Fahrgestelle von Eisenach zu Reutter überstellt, um die beiden geplanten Ausstellungswagen für Berlin fertigzustellen. Nur geringe Modifikationen waren nötig geworden, so wanderte der etwas niedrigere Kühler hinter die Vorderachse und die Motoraufhängung wurde leicht abgeändert, ein Ventilator mit vergrößerten Windflügeln kompensierte die geringere Kühlfläche. Weitgehend in Handarbeit wurden in wenigen Wochen zwei Karosserien fertiggestellt. Hierbei ging man nach klassischer Manier vor. Als tragende Basis für die Blechteile diente ein festes Gerüst aus hartem Eschenholz, gebaut von versierten Stellmachern.

Zum Jahreswechsel 1933/34 gingen die beiden Musterwagen ihrer Vollendung entgegen. Doch nicht nur die dynamischen Karosserien sorgten für Begeisterung aller Beteiligten, auch der überarbeitete Motor versprach Großes. Bei der gleichzeitig gebauten, neuen Limousine 315 hatte man lediglich durch einen deutlich längeren Hub und eine um zwei Millimeter vergrößerte Bohrung vier Mehr-PS erzielt, beim Sportwagen wollte man noch spürbar mehr Leistung. Um die angepeilten 40 PS zu erzielen, stattete man den 1,5-Liter-Sechszylindermotor mit drei Solex-Horizontalvergasern aus und erhöhte die Verdichtung von 1:5,6 auf 1:6,5. Eine etwas schärfere Nockenwelle, größere Einlassventile und ein leicht erhöhter Kolben rundeten die Modifikationen an diesem Sportmotor ab. Ein 42 anstatt 35 Liter fassender Kraftstofftank verlieh dem Wagen eine deutlich größere Reichweite. Auf dem Prüfstand zeigte sich, dass die erwünschte Höchstleistung bei rund 4.300 U/min zur Verfügung stand. Aufgrund des geringen Gewichts des fertigen Sportwagens von nur 750 kg, was einem für damalige Verhältnisse erstaunlich niedrigen Leistungsgewicht von nur rund 19 kg pro PS entsprach, war eine Höchstgeschwindigkeit von über 120 km/h zu erwarten, ein Wert, der 1934 nur von sehr wenigen Wagen erreicht wurde. Erste Testfahrten ergaben, dass dieser Wert kein Problem darstellte.

Die Sensation der IAMA – ein richtiger Sportwagen von BMW

Pünktlich – wie geplant – zierten die zwei neuen Sportwagen den großzügig gestalteten Stand der Bayerischen Motoren Werke zur Eröffnung der IAMA in Berlin am 8. März 1934. Die sehr elegant in zweifarbiger Lackierung weiß-rot und weiß-blau gestalteten Ausstellungswagen erregten auf Anhieb großes Aufsehen, denn die Besucher konnten auf der gesamten Ausstellung nichts wirklich Vergleichbares entdecken. BMW war es gelungen, einen echten Sportwagen zu präsentieren, dessen Motorisierung im Gegensatz zu den wenigen Konkurrenten in Deutschland halten konnte, was die dynamische Linienführung versprach. Dabei war der 1,5-Liter-Sportwagen, wie er schlicht hieß, keineswegs spartanisch wie manche seiner ausländischen Konkurrenten. Die Karosserie mit ihren geschwungenen Linien war sportlich-elegant, die Sitze fast luxuriös und die Bedienung so leicht und exakt wie in der BMW Limousine.

Aus nicht mehr nachvollziehbaren Gründen hatte Reutter zwei leicht unterschiedliche Varianten des neuen BMW Sportwagens gebaut. Während der eine Wagen über konventionell angeordnete, freistehende Scheinwerfer in länglichen, verchromten Gehäusen verfügte, überraschte der zweite Wagen mit in den BMW »Nierengrill« integrierten Leuchten. Die sehr eng zusammenstehenden und durch die Pfeilung des zweigeteilten Kühlergitters zudem nach außen »schielenden« Scheinwerfer taten der ansonsten sehr harmonischen Gestaltung der BMW Sportwagenkarosserie jedoch nicht gut. Vielleicht wollte man damit die Akzeptanz des Publikums für diese ungewohnte

▲ Der noch unfertige BMW 315/1-Prototyp vor dem ehemaligen Haupteingang der Technischen Hochschule Berlin Charlottenburg.

▼ Präsentation der neuen BMW Wagenmodelle auf der IAMA Berlin im Februar 1934.

Titel mit aufgeklebtem Foto des ersten Prospekts für den BMW Sportwagen 315/1.

Lösung testen, jedenfalls verschwand diese Anordnung nach der Ausstellung auf Nimmerwiedersehen.

Anstatt der Lüftungsschlitze seitlich an der Motorhaube oder der Lüftungsgitter, wie sie die neuen Schwestermodelle als Limousinen und Cabriolets zeigten, zierten den neuen Sportwagen drei dynamisch wirkende, schmale Blechwülste ohne Lüftungsfunktion. Diese verschwanden jedoch später in der Serie zugunsten konventioneller, jedoch weniger attraktiver Gitter. Ernsthaften Interessenten wurde auf der Ausstellung ein hübscher kleiner Prospekt überreicht, dessen Titelblatt ein originales, aufgeklebtes Werksfoto des Ausstellungs- und Vorserienwagens zierte. Im Inneren hieß es: »Ein ganz besonderer Wagen für den anspruchsvollen Sportsmann – das ist der neue 1,5 / 40 PS BMW Sportwagen in der Tat!« – und das war keineswegs übertrieben. Mit einem Preis von 5.200 RM stellte der neue BMW durchaus auch Ansprüche an den Geldbeutel des potenziellen Sportsmannes.

Kurz nachdem die ersten, intern als Typ 315/1 bezeichneten, 40-PS-Sportwagen im Mai 1934 ausgeliefert waren, erntete BMW wie erwartet die ersten Sporterfolge mit

▲ Cockpit der BMW 315/1-Serienausführung. Auffällig: das stark genarbte Leder der Innenausstattung.

▶ BMW 315/1-Vorserie auf dem Titel der Werkszeitschrift »BMW Blätter« vom Juli 1934.

diesem Modell. In einer Zeit, in der die Qualität und Zuverlässigkeit eines Automobils in erster Linie auf der Rennstrecke bewiesen werden musste, ein unschätzbarer Vorteil. Wie schon zuvor im Motorradrennsport war BMW nun auf dem besten Weg, sich auch im Auto-Rennsport einen Namen zu machen.

Doch der BMW Sportwagen war so ausgelegt, dass er nicht nur auf der Rennstrecke eine gute Figur machte, sondern auch auf staubiger Landstraße, kurvenreichem Alpen-

pass oder den Boulevards der Großstadt. Die elegante Form und der kraftvolle Antrieb beeindruckten die Damen der Society »Unter den Linden« ebenso wie den sportlichen Fahrer eines Kompressor-Mercedes, der auf steiler Bergstraße plötzlich von diesem kleinen BMW Roadster überholt wurde und trotz dreifacher Leistung und einem Kaufpreis von fast 20.000 RM seine liebe Not hatte, dem wieselflinken Konkurrenten überhaupt zu folgen. Denn die fantastische Straßenlage in Verbindung mit dem niedrigen Gewicht machten den kleinen BMW gerade auf kurvenreicher Strecke fast uneinholbar.

Trotz der bestechenden Eigenschaften des BMW 315/1 hielten sich die Verkäufe in engen Grenzen, denn bis zum Produktionsende dieses Modells, Mitte 1935, entstanden nur 230 Exemplare. Dies lag zum einen natürlich am relativ hohen Preis und zum anderen an der begrenzten Fertigungskapazität bei Reutter in Stuttgart, wo die schnittigen Karosserien in aufwendiger Handarbeit entstanden. Zudem war dem Typ 315/1 ab Februar 1935 ein ernst zu nehmender Konkurrent im eigenen Hause erwachsen.

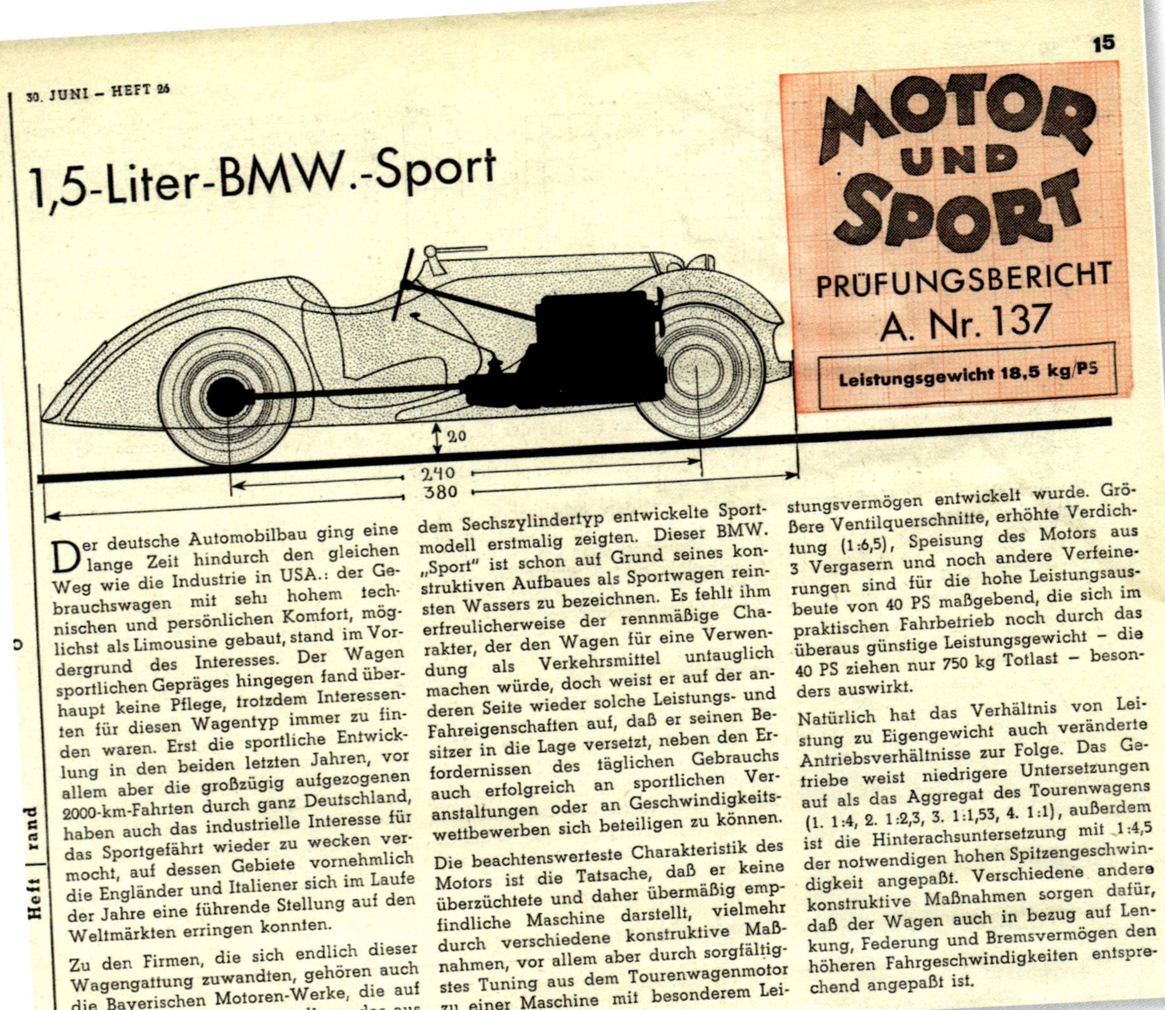

30. JUNI – HEFT 26

15

MOTOR UND SPORT

PRÜFUNGSBERICHT A. Nr. 137

Leistungsgewicht 18,5 kg/PS

1,5-Liter-BMW.-Sport

Der deutsche Automobilbau ging eine lange Zeit hindurch den gleichen Weg wie die Industrie in USA.: der Gebrauchswagen mit sehr hohem technischen und persönlichen Komfort, möglichst als Limousine gebaut, stand im Vordergrund des Interesses. Der Wagen sportlichen Gepräges hingegen fand überhaupt keine Pflege, trotzdem Interessenten für diesen Wagentyp immer zu finden waren. Erst die sportliche Entwicklung in den beiden letzten Jahren, vor allem aber die großzügig aufgezogenen 2000-km-Fahrten durch ganz Deutschland, haben auch das industrielle Interesse für das Sportgefährt wieder zu wecken vermocht, auf dessen Gebiete vornehmlich die Engländer und Italiener sich im Laufe der Jahre eine führende Stellung auf den Weltmärkten erringen konnten.

Zu den Firmen, die sich endlich dieser Wagengattung zuwandten, gehören auch die Bayerischen Motoren-Werke, die auf der letzten Automobilausstellung das aus dem Sechszylindertyp entwickelte Sportmodell erstmalig zeigten. Dieser BMW. „Sport" ist schon auf Grund seines konstruktiven Aufbaues als Sportwagen reinsten Wassers zu bezeichnen. Es fehlt ihm erfreulicherweise der rennmäßige Charakter, der den Wagen für eine Verwendung als Verkehrsmittel untauglich machen würde, doch weist er auf der anderen Seite wieder solche Leistungs- und Fahreigenschaften auf, daß er seinen Besitzer in die Lage versetzt, neben den Erfordernissen des täglichen Gebrauchs auch erfolgreich an sportlichen Veranstaltungen oder an Geschwindigkeitswettbewerben sich beteiligen zu können.

Die beachtenswerteste Charakteristik des Motors ist die Tatsache, daß er keine überzüchtete und daher übermäßig empfindliche Maschine darstellt, vielmehr durch verschiedene konstruktive Maßnahmen, vor allem aber durch sorgfältigstes Tuning aus dem Tourenwagenmotor zu einer Maschine mit besonderem Leistungsvermögen entwickelt wurde. Größere Ventilquerschnitte, erhöhte Verdichtung (1:6,5), Speisung des Motors aus 3 Vergasern und noch andere Verfeinerungen sind für die hohe Leistungsausbeute von 40 PS maßgebend, die sich im praktischen Fahrbetrieb noch durch das überaus günstige Leistungsgewicht – die 40 PS ziehen nur 750 kg Totlast – besonders auswirkt.

Natürlich hat das Verhältnis von Leistung zu Eigengewicht auch veränderte Antriebsverhältnisse zur Folge. Das Getriebe weist niedrigere Untersetzungen auf als das Aggregat des Tourenwagens (1. 1:4, 2. 1:2,3, 3. 1:1,53, 4. 1:1), außerdem ist die Hinterachsuntersetzung mit 1:4,5 der notwendigen hohen Spitzengeschwindigkeit angepaßt. Verschiedene andere konstruktive Maßnahmen sorgen dafür, daß der Wagen auch in bezug auf Lenkung, Federung und Bremsvermögen den höheren Fahrgeschwindigkeiten entsprechend angepaßt ist.

Heft | rand

Prüfungsbericht in der Zeitschrift »Motor und Sport« vom 30. Juni 1935

Einstieg in die 2-Liter-Klasse

Mitte der 1930er erlangte der Motorsport mit ausgesprochenen Sportwagen eine besondere Popularität. Besonders interessant war die Klasse bis 2.000 ccm, da sie auch im Ausland mit einer breiten Anhängerschaft rechnen konnte. Schnell wurde klar, dass BMW trotz der bisherigen Erfolge mit dem Typ 315/1, ein stärkeres Modell entwickeln musste, um auch in dieser Klasse mithalten zu können. Bisher tummelten sich hier in Deutschland mehr oder weniger erfolgreich Sportmodelle von Adler, Hanomag oder Hansa.

Ab Sommer 1934 machten sich die BMW Motorenentwickler daran, das bisherige 1,5-Liter-Sechszylinderaggregat einer tiefgreifenden Veränderung zu unterziehen. Angestrebt wurde ein Hubvolumen von mindestens 1,9 Litern; doch hier traten Schwierigkeiten auf. Mit den bestehenden Zylinderabständen war eine Vergrößerung der Bohrung auf maximal 60,5 mm begrenzt. Damit verblieb noch ein Steg von lediglich 8 mm zwischen den Zylindern. Um nun das angestrebte Hubvolumen zu erreichen, müsste der Kolbenhub auf rund 116 mm verlängert werden, was in Folge die Kolbengeschwindigkeit bei höheren Drehzahlen in ungesunde Bereiche treiben würde. Deshalb entschloss man sich, bei unveränderter Gesamtlänge des Motors, neue Zylinderabstände von 73 und 85,5 mm einzuführen. Dadurch wird eine Bohrung von 65 mm möglich und mit einem Hub von vertretbaren 96 mm ergeben sich 1.911 ccm, genug, um in der 2-Liter-Klasse konkurrieren zu können.

Doch zunächst musste der neue Motor erprobt werden. Durch die Modifikationen sind die Zylinder eins und zwei, drei und vier, sowie fünf und sechs zusammengegossen und können nicht mehr vollständig vom Kühlwasser umflossen werden.

Zudem war auch ein neuer Zylinderkopf erforderlich, mit größeren Kanälen, einem größtmöglichen Ventildurchmesser und angepassten Brennräumen. Eine neue Kurbelwelle verfügte jetzt über sechs angeschraubte Gegengewichte und größere Lagerdurchmesser, um den höheren Belastungen standhalten zu können.

16

MOTOR und SPORT 1935

BMW 6 SPORT

Beschleunigung beim Durchschalten

BMW 6 SPORT

Beschleunigung in den Dauerfahrgängen

BMW 6 SPORT

Bremswege

Bevor die Fahreigenschaften näher be- sprochen werden, sei noch darauf hin- gewiesen, daß die Platzverhältnisse sehr günstig sind, vor allem aber ein Koffer- raum zur Verfügung steht, der diesen Sporttyp auch als Fahrzeug für Reise und Erholung hervorragend verwendbar macht.

Die Fahreigenschaften

Man kann es vorweg nehmen: die Erpro- bung des BMW. „Sport" vermittelte wirk- lich restlose Befriedigung! Mit diesem

Drei Vergaser am Motor des 1,5-Liter-BMW.-Sportwagens (Werkphoto)

Wagen bietet die Fabrik fraglos einen Typ, der sehr hochgeschraubten Forde- rungen entsprechen kann und der in be- zug auf Leistung und Qualität den sicher- lich nicht niedrigen Preis als durchaus berechtigt erscheinen läßt. Neben wirk- lich hochstehender Ingenieurkunst und gediegener Verarbeitung steckt in diesem Wagen jener Schuß genialer Ideenver- wirklichung, die aus einem Gebilde aus Stahl ein Lebewesen entstehen läßt, das seinem Besitzer eng ans Herz wächst.

Man kann fraglos aus einem Sportwagen von 1,5 Liter auch eine höhere Spitzen- geschwindigkeit herausholen als die 125 km/Std., die der BMW. hergibt. Eine solche Steigerung der Spitzengeschwin- digkeit läßt sich allerdings nur durch eine Leistungscharakteristik des Motors und durch einen Entwurf der Kraftüber- tragungsorgane erzielen, wie sie das Be- schleunigungsvermögen ungünstig beein- flussen und den Fahrer zwingen, un- unterbrochen den Schalthebel in der Faust zu halten. Das Schöne an dem BMW. „Sport" ist eben die Tatsache, daß er mit einer sehr ansehnlichen Spitzen- geschwindigkeit ein ganz hervorragendes Beschleunigungsvermögen, vor allem in den Dauerfahrgängen, verbindet. Und für den hohen Reisedurchschnitt spielt ja gerade dieser Faktor die entscheidende Rolle. Hinzu kommt noch, daß in dem BMW.-Getriebe mit der Synchronisierung der beiden Hauptgänge ein Aggregat ge- geben ist, das man im Hinblick auf die Weichheit der Schaltung mit zu den besten Triebwerken des internationalen Autobaues zählen kann. Und was die Ge- triebeabstufung betrifft, so kann man auch auf den Paßstraßen der Hochalpen und in stark bergigem Gelände hervor- ragende Durchschnitte herausfahren, reicht doch der 3. Gang bis zu einer Spitze von 82 km/Std. und der 2. Gang bis 54 km/Std. Der nur als Anfahrgang auf starken Steigungen bzw. im Gelände ge- dachte 1. Gang läßt sich übrigens auch noch bis 31 km/Std. treiben, so daß auch unter den ungünstigsten Verhältnissen eine ziemlich gute Startgeschwindigkeit gegeben ist.

Die Leistungseigenschaften des BMW. „Sport" kann man natürlich nur infolge der über jedes Lob erhabenen Straßen- lage ausnützen. Der Sporttyp läßt die große Weichheit der Tourenmodelle er- freulicherweise vermissen, er vermittelt, ohne deshalb in der Federung oder Len- kung hart zu sein, einen guten Kontakt mit der Fahrbahn, auf der er so fest klebt, daß man auch enge Kurven in einem Tempo nehmen kann, das höchstens noch ein Frontantrieb gestattet. Bei der Prü- fungsfahrt wurden auf kurvenreichen Straßen (dabei nicht einmal Haupt- straßen in besonders guter Verfassung), Durchschnitte von weit über 80 km/Std. eingehalten. Das sagt eigentlich schon alles . . .

Und die hervorragende Leistung paart sich mit einer Betriebswirtschaftlichkeit, die auch der Sportmann nicht ungerne sieht. Mit 11,5 bis 12 Liter auf 100 km kommt der Motor im normalen Fahr- betrieb ohne weiteres aus, bei stark for- ciertem Tempo steigt der Verbrauch auf höchstens 12,5 Liter.

St. v. Szenasy

Technische Daten

Motor: Sechszylinder, 1490 ccm, 40 Brems-PS bei 4200 Umdrehungen je Minute, hängende Ventile, 4 Kurbel- wellenlager, 3 Solex-Vergaser mit Schnellstartvorrichtung, Batteriezün- dung, Pumpenkühlung, Druckum- laufschmierung.

Triebwerk: Einscheibenkupplung, Vierganggetriebe mit 2 laufruhigen und synchronisierten Gängen, spi- ralverzahntes Kegelraddifferential, Achsuntersetzung 1:4,5.

Fahrwerk: Niederflurstahlrohrrahmen, achslos durch Querfeder und Paral- lelogrammlenker aufgehängte Vor- derräder, Halbfedern hinten, Zahn- stangeneinzelradlenkung, mechani- sche Vierradbremsen, Eindruckzen- tralschmierung.

Maße: Spurweite 1,15 m vorn und 1,22 m hinten, Radstand 2,40 m, Länge über alles 3,80 m, größte Breite 1,45 m, Bodenfreiheit 20 cm, Wagen- gewicht ca. 750 kg, Reifen 5,25 – 16.

Höchstgeschwindigkeit: 123 – 125 km pro Stunde.

Dauerbergsteigfähigkeit: Im 4. Gang 8 Prozent, im 3. Gang 12,5 Prozent.

Kraftstoffverbrauch: 11,5 – 12,5 Liter auf 100 km.

Preis: 5200,– RM.

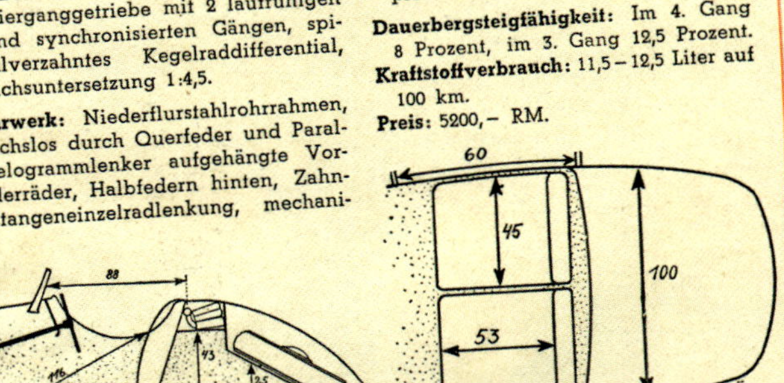

Längsschnitt durch den Motor des BMW 319/1 – die Zylinder sind jetzt, im Gegensatz zum 1,5-Liter-Motor, paarweise zusammengegossen.

In zwei Leistungsvarianten soll der neue 1,9-Liter-Motor künftig die Limousinen- und Cabriolet-Varianten gemäß den bisherigen 315-Modellen und den neuen Sportwagen mit der internen Bezeichnung 319/1 antreiben. In der »zivilen« Variante leistet der Motor mit zwei Vertikalvergasern und einer Verdichtung von 5,6 : 1 nun 45 PS bei 3.750 U/min, mit drei 30 mm Solex-Horizontalvergasern und einer Verdichtung von 6,8 : 1 werden 55 PS erzielt. Daraus resultiert für den neuen Zweiliter-Sportwagen ein Leistungsgewicht von nur noch rund 14 kg pro PS, ein vielversprechender Wert. Mit etwas länger ausgelegten Übersetzungen des in den Gängen drei und vier synchronisierten ZF-Getriebes überschreiten die Versuchswagen jetzt knapp die 130-km/h-Grenze; selbst die äußerlich unveränderte Limousine erreicht jetzt fast 120 km/h und gehört damit zu den sehr sportlichen Wagen.

Vorgestellt wird der neue Zweiliter-Sportwagen auf der Berliner IAMA im Februar 1935, die Serienproduktion beginnt im April in geringen Stückzahlen neben dem bisherigen 1,5-Liter-Modell. Der Typ 319/1 unterscheidet sich optisch vom schwächeren Schwestermodell nur sehr dezent durch drei horizontale Chromstreifen an den Entlüftungsgittern seitlich an der langen Motorhaube, ein Stilmittel, das auch für die übrigen neuen Modelle vom Typ 319 übernommen wird. Mit 5.800 RM ist der neue Sportwagen um 600 RM teurer als die 40-PS-Variante vom Typ 315/1.

Von nun an konnten Rennfahrer wie Ernst von Delius, Ernst Henne oder Kurt Illmann mit zwei überlegenen BMW Sportwagen an den Start gehen und ihre Kategorien dominieren. Trotzdem leistete sich BMW noch keine eigene Rennsportabteilung. Zuständig für die Unterstützung der Privatfahrer war die Abteilung Fahrzeugversuch unter Rudolf

Cockpit des BMW 319/1 auf der IAMA 1935. Der leistungsstärkere Sportwagen besaß jetzt einen Drehzahlmesser statt der bisherigen Uhr. Anstatt der sonst üblichen Kartentaschen in den Türen verfügten beide Modelle nur über eine kleine Ablage im Fußraum.

Der neue BMW 319/1 auf der IAMA 1935 - noch ohne die seitlichen Chromstreifen an der Motorhaube.

Werbeprospekt für die BMW Sportwagen 315/1 und 319/1 vom Februar 1936.

Schleicher und diese konnten im Wesentlichen mit Vergünstigungen beim Kauf von Ersatzteilen rechnen. Doch rasch erwarben sich die eleganten BMW Sportwagen einen Ruf haushoher Überlegenheit.

Bis Juli 1936 wurde der BMW 2-Liter-Sportwagen vom Typ 319/1 in Kleinserie wieder bei Reutter in Stuttgart hergestellt, am Ende blieb es bei nur 178 Exemplaren, ein noch weit stärkerer Sportwagen war zu diesem Zeitpunkt aber bereits in Erprobung.

Weitgehend unbekannt blieben in jener Zeit streng geheim gehaltene Versuche, den 1,9-Liter BMW Motor mit Benzin-Einspritzung in der Leistung zu steigern. Schon im September 1935 war zu diesem Zweck ein Motor an die Firma Robert Bosch nach Stuttgart geliefert worden. Dort rüstete man das Aggregat mit einer Sechs-Stempel-Einspritzpumpe aus und im Frühling 1936 wurde der Motor umfangreich auf dem Prüfstand getestet. Man hatte durch den Kühlwasserraum des Zylinderkopfs hindurch auf der Gegenseite der Zündkerzen die Büchsen für die Einspritzdüsenhalter eingeschweißt. Der Brennstoff wurde somit zwischen Aus- und Einlassventil in Richtung auf die Zündkerze eingespritzt. Das Ergebnis war trotz dieser nicht gerade günstigen Anordnung eine um über 20%

Sechszylinder-Sportwagen

zweisitzig, 1,5 Ltr./40 PS und 2 Ltr./55 PS. Äußere Ausführung für beide Typen gleich. Lieferbar in den Farben grau-grün (siehe Bild), grau-rot und gelb-blau. Hierzu gegen Aufpreis ein stromlinienförmiger Aufsatz für sportliche Veranstaltungen und die kalte Jahreszeit (siehe nebensteh. Bild).

▲ Mutige Zweifarbenlackierungen in Grau/Grün, Grau/Rot und Gelb/Blau waren typisch für die BMW Sportwagen.

▼ Relativ spätes Werksfoto des BMW 319/1 mit seitlichen Chromstreifen und Zentralverschluß-Rädern, jedoch ohne Kennzeichen-Kasten am Heck.

Ein interessanter Versuch von Bosch im September 1935: Umbau des 319/1-Motors auf Benzineinspritzung. Trotz 20 % höherer Leistung und 10 % geringerem Verbrauch wurde der Motor nicht in die Serie übernommen.

höhere Leistung in Verbindung mit etwa 10 % geringerem Kraftstoffverbrauch im Teillastbereich. Vermutlich aus Kostengründen und Zweifeln an der Ausgereiftheit dieser Technik, wurde dieser Weg allerdings nicht weiter beschritten.

Der Griff nach den Sternen

Einige ausgewählte Sportfahrer und gute Kunden der Bayerischen Motoren Werke staunten nicht schlecht, als ihnen im Januar 1936 ein schlichtes Informationsblatt ins Haus flatterte, in dem ein neuer Zweiliter-Sportwagen angekündigt wurde. In diesem Prospekt für den »BMW 2Ltr. Sportwagen Typ 328« hieß es: »Was lag da näher, als durch eine Erhöhung der Leistung dem Wagen noch größere Erfolgsaussichten zu verschaffen?« Allerdings zeigte das Werbeblatt keinerlei Bild des neuen Modells, sondern eine Zeichnung des bisherigen 319/1 Roadsters und auch die technischen Daten blieben vage, nicht einmal die PS-Leistung wurde angegeben. Doch die Spannung stieg und noch niemand ahnte, dass dieser Sportwagen in den nächsten Jahren Rennsportgeschichte schreiben würde.

Die Idee zu einem neuen, noch stärkeren Sportwagen wurde im Sommer 1935 von zwei Männern geboren, die den Charakter der BMW Automobile in dieser Zeit maßgeblich prägten. Der ruhige Rudolf Schleicher und der quirlige Fritz Fiedler. Ersterer wirkte in München, verantwortlich für die Motorradentwicklung und den Gesamt-Versuch und galt als begnadeter Motorenkonstrukteur, letzterer leitete in Eisenach nach wie vor die Wagen-Entwicklung. Beide verband ein freundschaftliches Verhältnis, ein über weite Strecken gemeinsamer Berufsweg – Schleicher hatte Fiedler von Horch zu BMW geholt – und der leidenschaftliche Ehrgeiz, für BMW einen Sportwagen zu entwickeln, der in seiner Klasse nicht zu schlagen sein sollte.

B M W

2 Ltr. Sportwagen Typ 328

Die viel beachteten großen Erfolge, die 1,5 und 2 Ltr. BMW-Sportwagen in den letzten Jahren im In- und Ausland erringen konnten, haben es mit sich gebracht, daß diese siegessicheren Wagen mit größter Zuversicht bei immer mehr Sportveranstaltungen eingesetzt wurden. Die Fahreigenschaften waren geradezu verblüffend, das Gesamtgewicht - den Anforderungen nach einem günstigen Leistungsgewicht entsprechend - sehr niedrig und die äußere Gestaltung sehr gefällig und windflüssig. Was lag da näher, als durch eine Erhöhung der Leistung dem Wagen noch größere Erfolgsaussichten zu verschaffen? Die in der bisher eingehaltenen Richtung durchgeführte Weiterentwicklung des 2-Ltr.-Sportwagens brachte eine weitere Erhöhung der Lebendigkeit des Motors und des Anzugsvermögens.

Das bewährte Fahrgestell wurde im wesentlichen beibehalten, während der Sechszylinder-Motor unter Auswertung der gewonnenen Erfahrungen weiter verbessert werden konnte. Drei Vergaser mit Startvorrichtung, Luftfilter und Ölreinigung durch zwangsläufig betätigtes Lamellenfilter, sind wertvolle Ausrüstungsteile, die für größtmögliche Betriebssicherheit sorgen.

Wenn die 1,5 und 2 Ltr. BMW-Sportwagen sich mit solch großer Überlegenheit, wie Alpenfahrt, 2000 km-Fahrt und Eifelrennen es u. a. bewiesen, z. T. gegen Wagen der schwereren Klassen behaupten konnten, wird der neue 2-Ltr.-Sportwagen durch noch bessere Leistung sich die Anerkennung des anspruchsvollen Sportmannes sichern.

Technische Einzelheiten des BMW Sportwagens Typ 328

Motor: 6-Zylinder-Viertakt-Motor; 66 mm Bohrung, 96 mm Hub, 1970 ccm Zylinderinhalt, Verdichtung 1:8, Maximalleistung etwa bei 4500 Umdr. min.; je 1 Einlaß- und 1 Auslaßventil gegenüber, schräg im Zylinderkopf hängend, mit Stoßstangen und Kipphebel Nockenwellenantrieb durch Doppel-Rollenkette, je eine Kerze pro Zylinder senkrecht in Zylinderkopfmitte; Zylinderkopf abnehmbar; 4 Kurbelwellen-Hauptlager; Leichtmetall-Kolben; Zahnradölpumpe; Ölreinigung durch zwangsläufig betätigtes Spaltfilter mit Schmutzabstreifung; 3 Solex-Vergaser mit Anlaßhelf und Luftreiniger; Kraftstoff-Förderung durch mechanische Pumpe; Batteriezündung, selbsttätig und von Hand verstellbar, 6 Volt 77 Amp.-Std. Bosch-Batterie.
Kraftübertragung: Einscheiben - Trockenkupplung; Viergang - Zahnradgetriebe, 3. und 4. Gang synchronisiert und geräuschlos; Untersetzung im 1. Gang 1 : 3,63; im 2. Gang 1 : 2,07; im 3. Gang 1 : 1,38; im 4. Gang 1 : 1; Rückwärtsgang 1 : 3,4; Hinterachsuntersetzung 1 : 3,9 bis 1 : 5,85; Kegelradausgleichsgetriebe mit bogenverzahnten, gehärteten Kegelrädern; Schub- und Bremskraftübertragung durch Federn.

Fahrgestell: Doppel-Tiefrahmen aus Stahlrohren, rückwärts starre Achse in Banjoform mit Halb-Elliptik-Längsfedern und Ölstoßdämpfern; vorne parallel geführte Schwingachse, oben Querfeder, unten als Ölstoßdämpfer ausgebildete Lenkerarme; Zahnstangen-Einzelradfederung; Vierrad-Öldruckfußbremse 280 mm Ø; Handbremse auf Hinterräder; Eindruck-Zentralschmierung durch Fußbedienung. Radstand 2400 mm; Spurweite vorne 1150 mm, hinten 1270 mm; kleinste Bodenfreiheit 200 mm; Kraftstoffbehälter 50 Ltr. mit 5 Ltr. Reserve; größte Länge etwa 3900 mm; größte Breite etwa 1450 mm.
Ausrüstung: Wagenheber, der ganze Wagenseite hebt; Werkzeug, Reserverad im Heck versenkt. Am Schaltbrett: 35 Watt Scheinwerfer; Kraftstoffmesser, Öldruck-, großer Kilometerzähler, Tourenzähler, Zeituhr, verschließbarer Ablegekasten. Umschauglas, Kühlwasserthermometer, legbare Windschutzscheibe mit Seitenteilen, aus Sicherheitsglas.

Alle Angaben unverbindlich - Konstruktionsänderungen vorbehalten.

BAYERISCHE MOTOREN WERKE
AKTIENGESELLSCHAFT MÜNCHEN 13

A 153 XII. 35.

Eine etwas geheimnisvolle Ankündigung des neuen BMW Sportwagens vom Typ 328 in einem schlichten Prospektblatt vom Dezember 1935. Die genauen technischen Daten lagen noch nicht vor.

Voraussetzung für alle Aktivitäten in diese Richtung war allerdings der offizielle Auftrag der Geschäftsleitung, in diesem Fall in der Person von Generaldirektor Franz Josef Popp, nicht eben bekannt für seine Liebe zum Automobil. Doch Fiedler gelang es, Popp von der Idee eines überlegenen neuen Sportwagens zu überzeugen. Ausschlaggebend hierfür war sicher die Aussicht auf Prestigegewinn und eindrucksvolle Werbung durch künftige Rennerfolge. Am Ende wurde das Projekt freigegeben, doch die Voraussetzungen waren alles andere als ideal. Weniger als eine halbe Million Reichsmark wurden für die Entwicklung eines völlig neuen Modells freigegeben und lediglich eine Handvoll Spezialisten hatte diese anspruchsvolle Aufgabe in kurzer Zeit zu meistern.

Die Kunst war es nun, aus dem Vorhandenen zu schöpfen und trotzdem bahnbrechend Neues zu schaffen. Schnell war klar, dass das geniale Rohrrahmen-Fahrgestell kaum zu verbessern war. Ausgeprägte Torsionssteifigkeit und konkurrenzlose Leichtigkeit sollten auch für den neuen Sportwagen die ideale Basis bilden. Die Kräfte waren nun auf den Antrieb und die Karosserie zu konzentrieren.

Auch beim Thema Motor musste man zum Glück nicht bei null beginnen, sondern konnte auf dem Aggregat des Typs 319/1 aufbauen. Mittlerweile war auch eine neue, größere und modernere Limousine in Entwicklung, später unter der Bezeichnung 326 bekannt und erfolgreich. Auch für dieses Modell war eine etwas höhere Leistung erwünscht und man erreichte schließlich einen Zuwachs von 5 PS im Wesentlichen durch eine Erhöhung des Hubraums auf 1.971 ccm, erzielt durch eine um einen Millimeter vergrößerte Bohrung. Dieser Motorblock, der die Hubraumklasse bis 2 Liter annähernd ausschöpfte, diente dann auch als Basis für den neuen Sportmotor.

▲ **Rudolf Schleichers Inspiration zum BMW 328-Motor - der Talbot Sport T 150 C.**

◀ **Eingang zum Pariser Salon im Oktober 1935.**

Mit drei Vergasern, wie in den BMW Sportmotoren üblich, könnte man rund 60 PS erzielen – doch das war viel zu wenig für das Ziel der Konstrukteure. Aber nun ergeben sich Probleme. Klar ist, dass neben einer weiter erhöhten Verdichtung nur ein Zylinderkopf aus Aluminium mit halbkugelförmigen Brennräumen und V-förmig hängenden Ventilen eine deutliche Leistungssteigerung erbringen würde. Doch aufgrund des nun sehr geringen Zylinderabstandes ist eine solche Lösung mit den üblichen, zwischen den Zylindern schräg nach oben führenden Stößelstangen bei der vorhandenen, im Motorblock unten liegenden Nockenwelle, nicht möglich. Die Alternative eines völlig neuen Motors mit ein oder zwei obenliegenden Nockenwellen scheidet aber aus Kostengründen aus.

Doch es gab eine Möglichkeit, V-förmig hängende Ventile durch eine unten liegende Nockenwelle zu steuern, kompliziert und eventuell riskant, aber kostengünstig. Bereits in den 1920er-Jahren hatten Konstrukteure dieses Problem mit quer im Zylinderkopf zu den Auslassventilen verlaufenden, zusätzlichen Stossstangen, betätigt über die Kipphebel der Einlassventile, zu lösen versucht. Wenige Motoren dieser Art waren zum Einsatz gekommen, sie waren keine Muster an Zuverlässigkeit. Doch eine Chance bestand.

Im Oktober 1935 reisten Schleicher und Fiedler zum Autosalon in Paris, um sich über Neuentwicklungen im Automobil- und Motorenbau zu informieren. Auf dem Stand von Talbot aus Surèsnes wurde man schließlich fündig, der Motor ihres Modells 150 war mit solch einer Ventilsteuerung ausgerüstet. Auf Nachfrage schien der Motor keine besonderen Probleme zu bereiten. Hochmotiviert kehrten die beiden Männer nach Deutschland zurück.

Zusammen mit dem Eisenacher Aggregatekonstrukteur Rudolf Flemming machte sich Schleicher umgehend an die Arbeit, den BMW Motor auf ähnliche Weise zu modifizieren. Erste Zeichnungen entstehen, und zum Jahreswechsel 1935/36 läuft der erste neue Motor im Versuch. Wie gewohnt, erfolgt die Betätigung der Einlassventile von der unten liegenden Nockenwelle aus über lange Stößelstangen und Kipphebel. Über sechs weitere, quer über den Kopf verlaufende Stößelstangen und zusätzliche Kipphebel werden die leichteren Auslassventile betätigt. Hierdurch ergibt sich zwar ein relativ elastischer Ventiltrieb, doch bei exakter Einstellung läuft der Motor tadellos und liefert bei einer auf 7,5 : 1 erhöhten Verdichtung und mit drei auf dem Zylinderkopf angeordneten Fallstromvergasern über 80 PS. Geht man davon aus, dass der neue Sportwagen nicht mehr wiegen würde als der bisherige 319/1, errechnet sich daraus ein zu erwartendes Leistungsgewicht von nur ca. 10 kg/PS, ein phänomenaler Wert. Aus Kostengründen entschied man sich, die Karosserie für den neuen Sportwagen diesmal ohne die Hilfe von Reutter ganz in Eigenregie zu gestalten und zu bauen.

Fiedler hatte nämlich ganz konkrete Vorstellungen, wie der neue Sportwagen auszusehen habe. Als Basis nahm er den in seinen

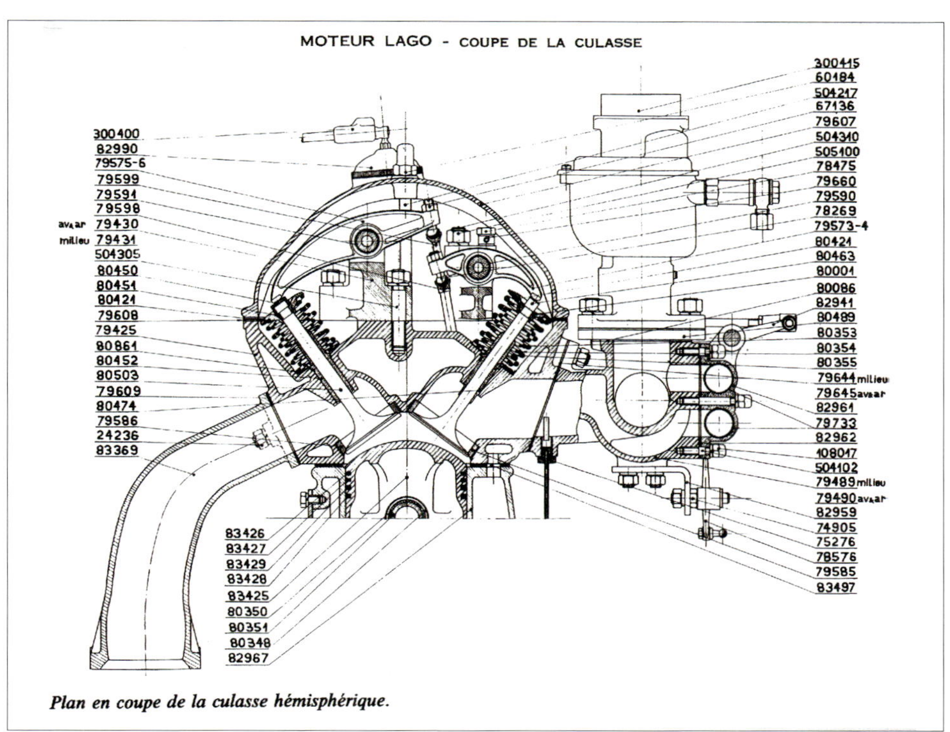

Plan en coupe de la culasse hémisphérique.

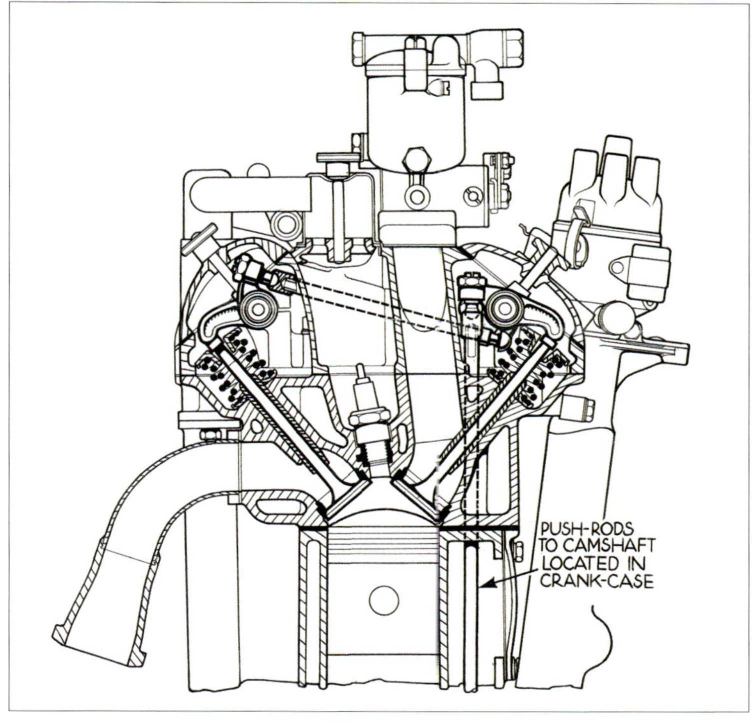

◄ ▲ Schnittzeichnung des Zylinderkopfs des Talbot Sport 150 C mit V-förmig hängenden Ventilen und unten liegender Nockenwelle.

▲ Schnittzeichnung des geplanten BMW 328-Zylinderkopfs mit seiner charakteristischen Betätigung der Auslassventile durch querliegende Stößelstangen. Geplant war eine horizontale Teilung zur Erleichterung des Gussprozesses, die jedoch nicht in die Serie übernommen wurde.

◄ BMW 328-Vorserienmotor von 1936, hier noch mit Wasserpumpenauslass auf der »kalten« Seite.

BMW 328-Prototyp, Fahrgestellnummer 85001. Der Wagen, fotografiert im Juni 1936 innerhalb des Münchner Werksgeländes, war noch türlos mit flacher Rennscheibe und innenliegendem Reserverad.

Ernst Hennes Siegesfahrt mit dem Prototyp 1936 auf dem Nürburgring.

Abmessungen kaum veränderten 319/1, erreichte jedoch durch dezente Modifikationen ein deutlich unterschiedliches, weitaus kraftvolleres Erscheinungsbild. Die neue Karosserie war rund 10 cm länger und breiter als beim Vorgänger und überraschte durch ihre Schlichtheit. Allein der Heckbereich erinnerte noch an den 319/1, der gesamte Vorderwagen war wesentlich runder und glattflächiger gestaltet. Erstmals bei BMW gab es die aerodynamisch günstigeren, zwischen Kotflügeln und Kühlergrill versenkt eingebauten Scheinwerfer und die runde »Nase«, die ja schon von der großen Limousine 326 bekannt war. Am Heck fehlte die Aussparung für das Reserverad, eine niedrige Rennscheibe schützte den Piloten notdürftig und zwei Lederriemen spannten sich über die lange Motorhaube. Die noch türlose Karosserie bestand aus einem konventionell geformten Gerüst aus hartem Eschenholz, das aus Gewichtsgründen mit Aluminiumblechen beplankt war. Klare Rundinstrumente auf einem in Wagenfarbe lackierten Armaturenbrett informierten den Fahrer, ein Verdeck suchte man noch vergebens.

Erste Testfahrten zeigten, dass der 328 alle in ihn gesetzten Erwartungen auf beeindruckende Weise erfüllte. Aufgrund der noch rennmäßig reduzierten Ausstattung des Sportwagens waren die drei Prototypen im Frühling 1936 nicht schwerer als das 55-PS-Vormodell 319/1. Doch jetzt standen über 80 PS zur Verfügung, das Leistungsgewicht lag knapp unter 10 kg/PS. Das hatte unter anderem den Einbau hydraulischer Bremsen ratsam erscheinen lassen, während das teilsynchronisierte ZF-Getriebe vom schwächeren Vormodell übernommen wurde.

Ein sensationelles Debut

So ungewöhnlich wie die Konstruktion war auch sein erstes Erscheinen in der Öffentlichkeit. Bisher wurden neue Modelle immer auf der Berliner Automobilausstellung dem Publikum vorgestellt, doch so lange konnte und wollte bei BMW niemand warten. Und so kam es zum ersten öffentlichen Auftritt des BMW 328 beim Eifelrennen auf dem Nürburgring am 14. Juni 1936. Ernst Hennes sensationeller Sieg war nur der Anfang einer legendären Erfolgsgeschichte.

Sein »ziviles« Debut gab der von vielen Sportfahrern sehnlichst erwartete neue Zweiliter BMW auf der IAMA Berlin im Februar 1937, rund neun Monate nach seinem ersten Erscheinen auf der Rennstrecke. Deutlich unterschied sich das Serienmodell zum Preis von 7.400 RM von der frühen Rennversion.

War für die Karosserien der drei Prototypen konstruktiv noch weitgehend Rudolf Flemming verantwortlich gewesen, konnte für

Der neue BMW 328-Sportwagen – ausgestellt auf der IAMA 1937.

das veränderte Aussehen der Serienausführung ein neuer Mann angeworben werden. Es handelte sich dabei um Wilhelm Kaiser, der als begnadeter »Karosserie-Fachmann« am 1. Oktober 1936 vom Karosseriewerk Sindelfingen zu BMW nach Eisenach gewechselt war. Ihm war die Aufgabe zugefallen, aus dem noch »rohen« Rennsportwagen eine geglättete Version für die Serie zu schaffen. Das betraf vorrangig die Harmonisierung der gesamten Linienführung aber auch eine Menge Detailänderungen. Selbstverständlich verfügte der Roadster jetzt über zwei Türen und ein leichtes Stoffverdeck. Die Scheinwerfer waren größer und die flache Rennscheibe ersetzte man durch eine höhere, gepfeilte Variante aus zwei Scheiben, die sogar einzeln umgelegt werden konnten. Auf dem Heck lag das Reserverad in einer Mulde und ein kleines Handschuhfach bot Platz für allerlei Reiseutensilien.

Die Motorleistung wurde nun offiziell mit 80 PS angegeben, doch meist lag sie leicht darüber. Die Hinterräder blieben elegant verkleidet und auch die auffallenden Ledergurte zur Sicherung der Motorhaube behielt man bei – nicht nur ein ungemein sportlich schicker Anblick, sondern auch Vorschrift bei verschiedenen Rennveranstaltungen im Ausland. Der große Tacho rechts neben dem ebenso großen Drehzahlmesser zeigte maximal 160 km/h an, was nicht zu viel versprochen war, bei Vollgas zitterte die

Oben und Mitte links: Ansichten der ersten Serienausführung (Fahrgestellnummer 85004) des BMW 328.

Mitte rechts und unten: Zweite Ausführung zur IAMA im Frühjahr 1938. Tacho jetzt bis 180 km/h und links angeordnet, Zigarrenanzünder und Aschenbecher, ein verchromter Haltegriff unter dem Handschuhkasten, sowie geänderte Sitze.

Der 80 PS BMW, der deutsche Sportwagen

Nicht alles, was Sportwagen genannt wird, hat berechtigten Anspruch auf diese Bezeichnung, denn allzuoft ist nur das Äußere eines Wagens auf „sportlich" abgestimmt. Für einen aussichtsreichen Einsatz im heißen Wettkampf eignen sich aber die äußerlich zurechtgemachten Fahrzeuge keineswegs, denn Fahrwerk und Motor müssen für höchste Beanspruchung entwickelt und gebaut sein. Als BMW 1934 mit dem 1,5 Ltr. 40 PS-Sportwagen den deutschen Sportlern einen wettbewerbsfähigen Hochleistungswagen bescherte, war einem lang gehegten Wunsch entsprochen. Das veränderte Bild an Start und Ziel, durch das immer zahlreichere Erscheinen von BMW-Wagen zeigte, welch großes Vertrauen man in diese lebendigen und schnellen Wagen setzte. Dem 40 PS BMW-Sport folgte der 55 PS BMW, und Deutschland konnte sich mit den besten Siegesaussichten an den großen internationalen Sportwagen-Veranstaltungen (Internationale Alpenfahrt usw.) beteiligen und seine Überlegenheit im Wettbewerb mit den Besten des Kontinents beweisen.

Daß heute dem gebrauchstüchtigen Sportwagen mehr Beachtung und eine größere Bedeutung beigemessen wird, ist mit BMW zu verdanken, die an der Entwicklung dieses Fahrzeuges unermüdlich weiterschufen. Der neue

80 PS 2 Ltr. BMW-Sportwagen

ist die Krönung dieser schöpferischen Arbeit. Lange schon bevor dieser Wagen der Allgemeinheit zugänglich gemacht wurde, lieferte er den untrüglichen Beweis seiner hervorragenden Befähigung für sportlichen Einsatz durch aufsehenerregende Siege

Eifelrennen 1936: Beste Zeit aller Sportwagen
1. Münchner Dreieckrennen 1936: Beste Zeit aller Wagen
RAC Tourist Trophy Race in Ulster 1936: Klassensieg und Mannschaftspreis der englischen Industrie.

Trotz seiner besonderen Eignung für aussichtsreichen Einsatz bei Wettbewerbs-Veranstaltungen ist der 80 PS BMW nicht ausschließlich für eine solche Verwendung vorgesehen, er ist vielmehr das leistungsstarke Gebrauchsfahrzeug für Reise und Sport mit steter Einsatzbereitschaft für höchste Beanspruchung.

Deckblatt und erste Seite des dynamisch gestalteten, achtseitigen Verkaufsprospekts für den BMW 328, erschienen im Oktober 1936.

Erste Anleitung

für die Bedienung des

80 PS BMW-Sportwagens 328

I. Kundendienstheft mit Garantieschein und Handbuch:

Diese Druckschrift erhalten Sie erst dann, wenn der Verkäufer Ihres Wagens uns den Verkauf durch vorgedruckte Karte gemeldet hat. **Vergewissern Sie sich, daß das auch geschehen ist.** Auch geübten Fahrern empfehlen wir dringend zur Vermeidung von Fehlern in Wartung und Behandlung das Handbuch zu studieren, da naturgemäß für Behandlungsfehler die Fabrik keine Haftung übernimmt.

II. Abfahrtsregeln:

1. Ölstand im Motor prüfen. **Auf keinen Fall über den oberen Strich des Prüfstabes auffüllen.**
2. Kühlwasser prüfen. Im Winter **Frostschutzmittel nicht vergessen.**
3. Kraftstoffinhalt prüfen.
4. Reifendruck prüfen

   vorne 1,4 atü
   hinten 1,6 atü

   Es ist wichtig, daß der Reifendruck bei den Rädern einer Achse genau gleich ist.
5. Von Zeit zu Zeit Radbefestigung prüfen.
6. **Anlassen des Motors:**

   a) im **kalten** Zustand:
   Startknopf ziehen, Zündungsknopf 1 cm zurückziehen (Spätzündung) Anlaßknopf drücken **ohne** Gas zu geben.

   b) im **warmen** Zustand:
   Zündungsknopf 1 cm zurückziehen, beim Anlassen mit dem Fuß leicht Gas geben.
7. **Wenn Motor angesprungen, Zündungsknopf hineindrücken, etwas Gas geben zum Warmlaufen, dann Startknopf ganz einschieben.**
8. **Motor möglichst schnell durch vollständiges Herausziehen des Kühlerklappengriffes auf günstigste Betriebstemperatur, mindestens 70° Kühlwassertemperatur, bringen, sonst starke Abnutzung!** Hierbei Kühlwasserthermometer genau beobachten. Ist die vorgeschriebene Temperatur erreicht, dann den Kühlerklappengriff soweit hineinschieben, bis die Wasserwärme 70° bis 80° C beträgt. **Erst abfahren, wenn Motor gut angewärmt ist.**
9. Bei Verwendung von Schneeketten prüfen, ob diese gut anliegen und nirgends anschlagen.

III. Fahrregeln:

1. Normal mit 1. Gang anfahren.
2. Motordrehzahl nicht unter 800 bis 1000 U/min. sinken lassen, sondern rechtzeitig schalten.
3. **Fuß nicht auf dem Kupplungshebel ruhen lassen, 2 cm toter Gang im Kupplungsfußhebel erforderlich,** daher immer rechtzeitig nachstellen.
4. Kupplung nicht schleifen lassen.
5. Beim Zurückschalten Zwischengas geben.

Nadel in genau diesem Bereich! Wirklich schneller waren da in Deutschland nur noch die schweren Mercedes-Kompressor-Sportwagen mit 8 Litern Hubraum und bis zu 180 PS.

BMW 328 – Traumwagen in Serie

Im April 1937 begann endlich die Serienfertigung des BMW 328 in aufwendiger Handarbeit. Nur 12 Exemplare entstanden in diesem Monat, wovon fünf gleich an Händler in Deutschland ausgeliefert wurden. Daneben wurden zwei Fahrgestelle für den Aufbau von Sonderkarosserien geliefert. Der erste Export-328 war schon viel früher entstanden. Die AFN Ltd., Falcon Works in England, besser bekannt als Frazer Nash und seit geraumer Zeit mit BMW geschäftlich verbunden (siehe Kapitel 4 »The British Connection«), bekamen einen der drei Vorserienwagen, ausgerüstet mit Rechtslenkung und lackiert in British Racing-Green.

Die Entwicklungs- und Anlaufkosten für den neuen BMW Sportwagen beliefen sich am Ende auf 445.000 RM, viel für ein Kleinserienmodell mit geringer Gewinnspanne, lächerlich wenig, wenn man bedenkt, welche Rolle dieser Roadster bald in der Geschichte der Bayerischen Motoren Werke spielen sollte.

Die nun folgende Renngeschichte des BMW 328 füllt Bände und wird im Kapitel 3 »Mit Leichtigkeit zum Sieg« angemessen dargestellt. Weit weniger spektakulär verlief die Modellgeschichte der Serienproduktion. Die Klientel, die sich für 7.400 RM einen echten Sportwagen mit relativ geringem Nutzwert, ein reines Luxusfahrzeug leisten wollte, war im Deutschland der späten 1930er-Jah-

Kurzanleitung für die erste Inbetriebnahme des BMW 328-Sportwagens (Beilage der Betriebsanleitung).

re dünn gesät. Überall wurde der Roadster bewundert und überschwänglich positiv beurteilt, doch ein großer Verkaufserfolg wurde er nicht.

Rund 10 % der Gesamtproduktion von 464 Wagen bis Ende 1939 wurde ausschließlich oder zumindest teilweise im Rennsport bewegt, darunter Einzelstücke wie die Mille-Miglia-Wagen und viele der nach England exportierten Frazer Nash-BMW 328. Gut 400 Roadster wurden normal im Straßenverkehr bewegt, von Passanten bewundert und auf den Land- und Passstraßen von »Herrenfahrern« anderer, vermeintlich sportlicher Fabrikate gefürchtet.

Über 50 Fahrgestelle des BMW 328 wurden von externen Karosseriebauern mit teuren, und teilweise bildschönen Kabriolett-Karosserien eingekleidet. Interessanterweise ließ das Werk in einem Händler-Rundschreiben wissen, dass man diese Praxis nicht schätzte, da »hierbei Mängel in Kauf genommen werden, die sich schließlich ungünstig auf die Leistung und Gebrauchsfähigkeit und damit auf den guten Ruf unserer 80-PS-Wagen auswirken.« Die Drohung, sich die Abgabe dieser Fahrgestelle nunmehr von Fall zu Fall vorbehalten zu müssen, ist wohl ein dezenter Hinweis darauf, dass BMW mit dem neu entwickelten BMW 327 Sportkabriolett die Kunden selbst bedienen wollte. Wenigen war es somit vergönnt, in dieser Zeit den Rausch der Geschwindigkeit bei 150 km/h auf den neuen Reichsautobahnen zu erleben, der BMW 328 blieb ein Exote im eigenen Land.

Im Lauf der nur dreijährigen Produktionszeit, wobei relativ selten mehr als ein Dutzend 328 Roadster pro Monat das Eisenacher BMW Werk verließen, flossen mehrere Verbesserungen und Modifikationen in die Serie ein. Im Laufe des Jahres 1938 wurden unter anderem eine verstärkte Hinterachse, ein stärkeres Hurth-Getriebe – immer noch nur teilsynchronisiert – und veränderte Ledersitze verbaut. Um das Handling im engen Cockpit zu verbessern, konnten vom Kunden sogar unterschiedlich lange Lenksäulen geordert werden.

Rückblickend wurde der kleine Roadster zum wichtigsten Automobil der BMW Geschichte. Sein Erfolg im Rennsport blieb in seiner Klasse unübertroffen und seine in der Summe ihrer Eigenschaften konstruktive Überlegenheit erbrachte der Marke ein Prestige, das bis heute nachwirkt.

Ein neuer BMW 328 Roadster im Schaufenster des BMW Händlers Eugen Mergenthaler in Stuttgart-Fellbach. Für den stolzen Preis von 7.400 RM hätte ein leitender BMW Ingenieur rund 10 Monate lang sein gesamtes Gehalt sparen müssen.

Hermann Holbein, Entwicklungsingenieur bei BMW in München, mit seinem privaten BMW 328 im Jahr 1938 in den Dolomiten.

SONDERKAROSSERIEN

Buhne, Gläser, Ihle
Autenrieth, Vereinigte Werkstätten, Weinberger, Wendler

Die Serien-Karosserien der legendären Sportwagen BMW 315/1, 319/1 und 328 entstanden zum überwiegenden Teil bei BMW in Eisenach und bei Reutter in Stuttgart, Einzelstücke entstanden bei:

- **Buhne** in Berlin
- **Gläser** in Leipzig
- **Ihle** in Karlsruhe

Kleinserien mit Sonderkarosserien entstanden bei **Autenrieth** in Darmstadt (siehe Kasten »Autenrieth«), **Vereinigte Werkstätten** und **Ludwig Weinberger** in München und **Wendler** in Reutlingen.

Der Ketten- und Waffenschmied Erhard Wendler gründete das Unternehmen bereits Mitte des 19. Jahrhunderts und gab die Führung 1871 an seine Söhne weiter. Das Geschäft war mit dem Bau von pferdegezogenen Wagen für zivile und militärische Zwecke sehr erfolgreich und ab 1919 wurden erste Karosserien für Automobile gefertigt, später unter anderem für Hanomag, Adler und BMW. Besondere Bekanntheit erlangte Wendler in den 1930er-Jahren durch den Bau damals hochmoderner Stromlinien-Karosserien, zum Teil auch auf Basis von BMW Fahrgestellen, in Zusammenarbeit mit den Aerodynamik-Pionieren Wunibald Kamm und Reinhard Freiherr von Koenig-Fachsenfeld. Über 300 Wagen in Einzelanfertigung verließen in den 1930er-Jahren das Werk in Reutlingen.

Während des Zweiten Weltkriegs beschäftigte sich Wendler mit dem Umbau ziviler Personenwagen und Lkws in Fahrzeuge für den militärischen Einsatz. Nach Kriegsende baute man wieder Sonderkarosserien für zahlreiche Hersteller und verlegte sich später, bis zum Ende der Aktivitäten im Jahr 2000, im Wesentlichen auf Nutzfahrzeuge.

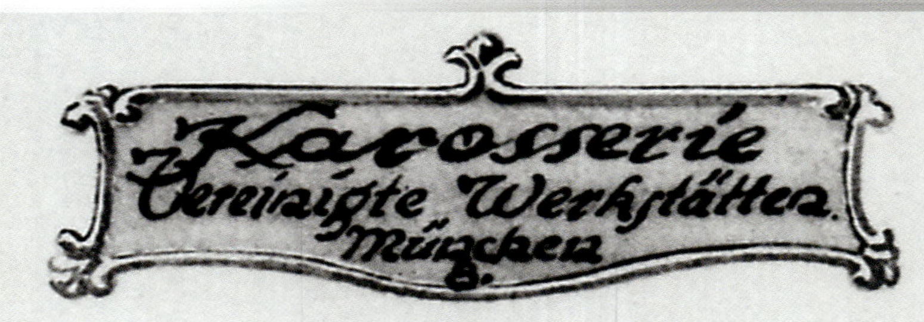

1910 gründete der Wagenbaumeister Georg Engelhard die »Vereinigten Werkstätten für Karosserie- und Wagenbau GmbH« in der Münchner Lilienstraße und fertigte mit ein paar Handwerkern Karosserien für Tourer und Limousinen verschiedener Hersteller. 1929 zog die Firma in größere Räume am Wiener Platz um und erweiterte das Fertigungsprogramm um Droschken, Lieferfahrzeuge und Kübelwagen für das Militär. Zudem entstanden die ersten Spezialaufbauten für BMW Sportwagen. Während des Krieges baute man mittlere Einheits-Pkw und Sanitätswagen, letztere eine Spezialität des Unternehmens. Nach 1945 beschränkte man sich auf Reparaturen und Neukarossen für Nutzfahrzeuge, später auf Sattlerarbeiten und Unfallinstandsetzungen; 1978 endeten die Aktivitäten der Vereinigten Werkstätten.

BMW 328 Sportkabriolett von Autenrieth

BMW 328 Luxuskabriolett, Karosserie Buhne

BMW 328 Sportkabriolett von Drauz

BMW 328 Sportkabriolett von Gläser

BMW 328 Roadster von Ihle

BMW 319/1 Roadster von Walter Schlüter mit Hardtop

BMW 315 Sportkabriolett von den Vereinigten Werkstätten, München

BMW 319/1 Roadster mit Hardtop der Vereinigten Werkstätten, München

BMW 328 Roadster mit Hardtop der Vereinigten Werkstätten, München

BMW 328 Sportkabriolett der Vereinigte Werkstätten, München

BMW 328 Sportkabriolett der Vereinigte Werkstätten, München

BMW 319/1 Roadster von Ludwig Weinberger, München

BMW 319/1 von Ludwig Weinberger für Alfred Teves

BMW 328 Roadster-Entwurf 1937 von Ludwig Weinberger

BMW 328 Roadster von Ludwig Weinberger 1937

BMW 328 Sportkabriolett- Entwurf von Ludwig Weinberger

BMW 328 Sportkabriolett 1937 von Ludwig Weinberger

BMW 328 Sportkabriolett 1938 von Ludwig Weinberger

BMW 328 Roadster von Ludwig Weinberger 1937

BMW 328 Luxuskabriolett von Ludwig Weinberger 1938

BMW 319/1 Sportkabriolett für Ernst von Delius, Karosserie Wendler

BMW 319/1 Sportkabriolett von Wendler

BMW 319/1 Sportkabriolett von Wendler 1937 für Paul Heinemann

BMW 328 Sportkabriolett von Wendler

BMW 328 Luxus-Kabriolett von Wendler für Ernst August Prinz zu Wittgenstein

BMW 328 Luxuskabriolett mit versenktem Verdeck und rechts mit Hardtop von Wendler

BMW 328 Stromlinien-Coupé von Wendler für den Faltboothersteller Hans Klepper in Rosenheim

T-159388

BMW 328 Stromlinien-Coupé von Wendler für Dr. Heinz Rosterg, Inhaber der Hessischen Kaliwerke in Kassel. Der Wagen, einer von zwei gebauten Exemplaren, steht heute im Deutschen Museum, München.

BMW

1.5 Die Kastenrahmen-Modelle 326, 320, 321, 327, 327/28, 335

Im Laufe des Jahres 1934 wurde der BMW Geschäftsleitung immer deutlicher bewusst, dass eine Weiterführung der Automobilproduktion nach dem Modell der Arbeitsteilung mit Daimler-Benz in Stuttgart keine Zukunft haben konnte. Durch die Erfolge des 1,2-Liter-Wagens 303 und des Sportwagens 315/1 ermutigt, hatte man beschlossen, künftig in höhere Wagenklassen vorzudringen, ein Ansinnen, das nicht mit den Vereinbarungen im »Freundschaftsvertrag« von 1926 zwischen beiden Unternehmen harmonierte. Darin hatte BMW zugesichert, keine Automobile mit mehr als 1,2 Liter Hubraum zu bauen; im Gegenzug wurde BMW Eisenach in großem Stil mit Sindelfinger Karosserien, im Wesentlichen für die geschlossenen Wagenmodelle, beliefert.

Allein das gute und freundschaftliche Verhältnis zwischen BMW Generaldirektor Franz Josef Popp und seinem Stuttgarter Vorstandskollegen Dr. Wilhelm Kissel konnte verhindern, dass Daimler-Benz schon 1934 die Karosserielieferungen einstellte. BMW hatte zu diesem Zeitpunkt bereits 1,5-Liter-Wagen auf den Markt gebracht und 1,9-Liter-Modelle sollten in Kürze folgen.

Zudem beschäftigte sich die immer noch sehr kompakte Entwicklungsmannschaft um Fritz Fiedler als »Leiter der Wagenentwicklung«, die noch aus Gustav Apel, dem Leiter des Konstruktionsbüros, und zwei oder drei weiteren Konstrukteuren bzw. Detaillierern bestand, im Laufe des Jahres 1934 mit konkreten Überlegungen zu einem modernen, viertürigen Mittelklassewagen in der Zweiliter-Klasse. Dabei wurde parallel in den Bereichen Rahmen, Radaufhängungen, Karosserie und Antrieb entwickelt.

Fiedler erkannte schnell, dass der bisher verwendete, erstaunlich stabile Rohrrahmen für einen großen Viertürer nicht mehr die Ideallösung darstellte. Zu stark würden die gestiegenen Kräfte auf diese Konstruktion einwirken, um weiterhin deren Vorteile ausspielen zu können. Eine noch stabilere Lösung musste erarbeitet werden. So entstand in Eisenach der Prototyp eines massiven Doppel-Ovalrohr-Rahmens mit vier kastenförmigen Querträgern und es wurde angedacht, diesen für das neue Modell, das unter der Bezeichnung »326« entwickelt wurde, selbst in Eisenach herzustellen. Doch trotz der Pläne des Technischen Direktors des Werks Eisenach, Leonhard Grass, sich künftig von Zulieferern weniger abhängig zu machen und Fahrgestelle, sowie Karosserien selbst herzustellen, musste man sich bei der Planung für den neuen Wagen einen neuen Partner suchen. Zum einen war Daimler-Benz technisch noch nicht entsprechend ausgerüstet, für ein solches Modell Karosserien zu produzieren, und zum anderen war das Werk Eisenach noch bei Weitem nicht für den Serienbau von modernen Ganzstahlkarosserien ausgerüstet. Und eine

BMW Werbeplakat von 1936.

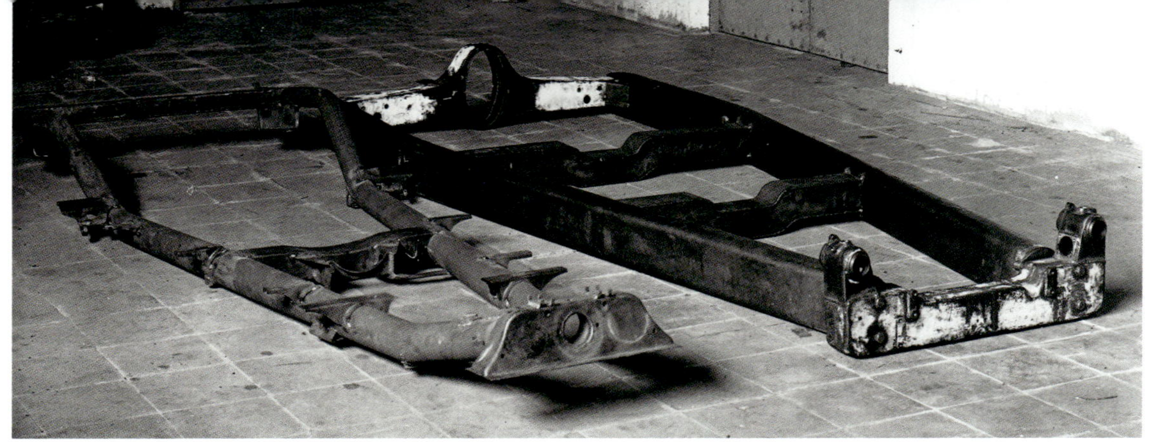

Fiedlers Leichtbau-Rohrrahmen links im Vergleich zu einem massiven Kastenrahmen für den geplanten BMW 326. In die Serie wurde diese Ausführung nicht zuletzt aus Gewichtsgründen nicht übernommen.

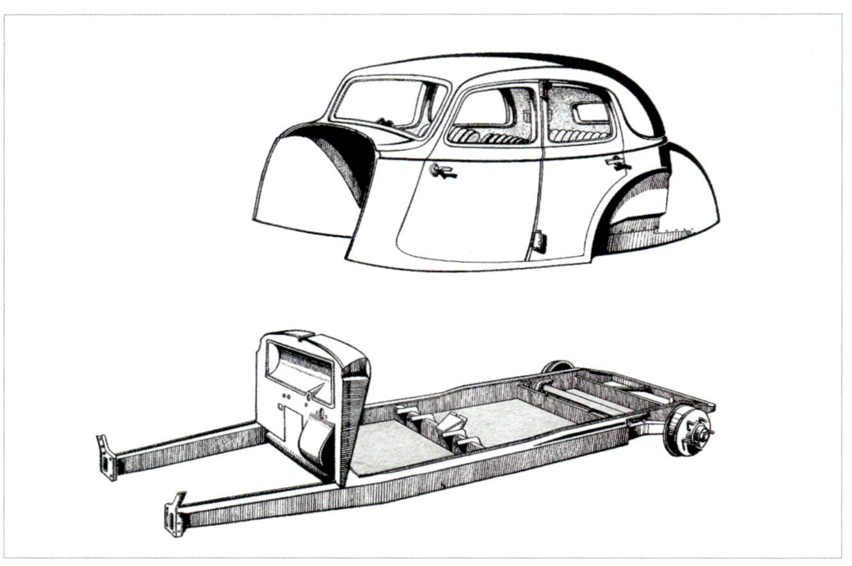

Die Basis für den neuen BMW Kastenrahmen: 1932 von AMBI-Budd für Adler entwickelt.

◄▲ Der neue BMW Tiefbett-Kastenrahmen von AMBI-Budd für die 326-Serienproduktion. Besonders torsionssteif und damit geeignet für geschlossene und offene Karosserien. Links die ungewöhnlich sorgfältige Hinterachsaufhängung des BMW 326 an längsliegenden Torsionsstabfedern und einem am Differenzial angeordneten Dreieckslenker, ein Patent von Fritz Fiedler.

► Der komfortable Innenraum und das gut bestückte Armaturenbrett des neuen BMW 326 noch als Prototyp auf Werbepostkarten von 1936.

solche Ganzstahlkarosserie sollte der neue BMW 326 erhalten.

Führend bei der Konstruktion und Fertigung moderner Ganzstahl-Karosserien in großen Stückzahlen war in Deutschland weiterhin AMBI-Budd in Berlin-Johannisthal. BMW hatte bereits zu Beginn seiner Automobilgeschichte Aufbauten aus Berlin bezogen, hatte sich aber bei seinen Folgemodellen aufgrund von Qualitätsproblemen zurückgezogen und schließlich mit Daimler-Benz kooperiert. Mittlerweile hatte AMBI-Budd weitere Erfahrungen gesammelt und war unter anderem Lieferant der angesehenen Adlerwerke. Niemand anderes in Deutschland konnte in dieser Zeit eine mittragende Karosserie in moderner Ganzstahlbauweise, wie sie Fiedler anstrebte, liefern. Erklärtes Ziel waren niedriges Eigengewicht und hohe Steifigkeit der Gesamtkonstruktion. Die Berliner waren einer erneuten Zusammenarbeit mit BMW natürlich nicht abgeneigt und auf der Basis von BMW Vorentwicklungen und -Lastenheften entstand schließlich ein Tiefbett-Kastenrahmen mit angeschweißter Ganzstahlkarosserie, der die Anforderungen von BMW erfüllte.

Ähnlich wie die zeitgenössischen Karosserien für Adler oder auch Wanderer, präsentierte sich die Form des neuen, großen BMW im Vergleich zu den weiterhin gebauten, eher am kantigen Karosseriestil der 1920er-Jahre orientierten Modellen 315 und 319 wesentlich gerundeter und dynamischer. Man näherte sich hier augenscheinlich dem inzwischen etablierten Stil amerikanischer Limousinen mit fließenden Linien an und es gelang, eine Form zu finden, die sich trotzdem von Mitbewerbern unterschied und BMW ein eigenes Gesicht verlieh.

BMW 326-Prototyp vom Winter 1935/36 mit Markenemblem des Pluto 4/20 PS aus Zella-Mehlis.

Die neue, unabhängige Radaufhängung des BMW 326 mit untenliegender Querblattfeder und obenliegenden Querlenkern, kombiniert mit doppelt wirkenden Hebelstoßdämpfern.

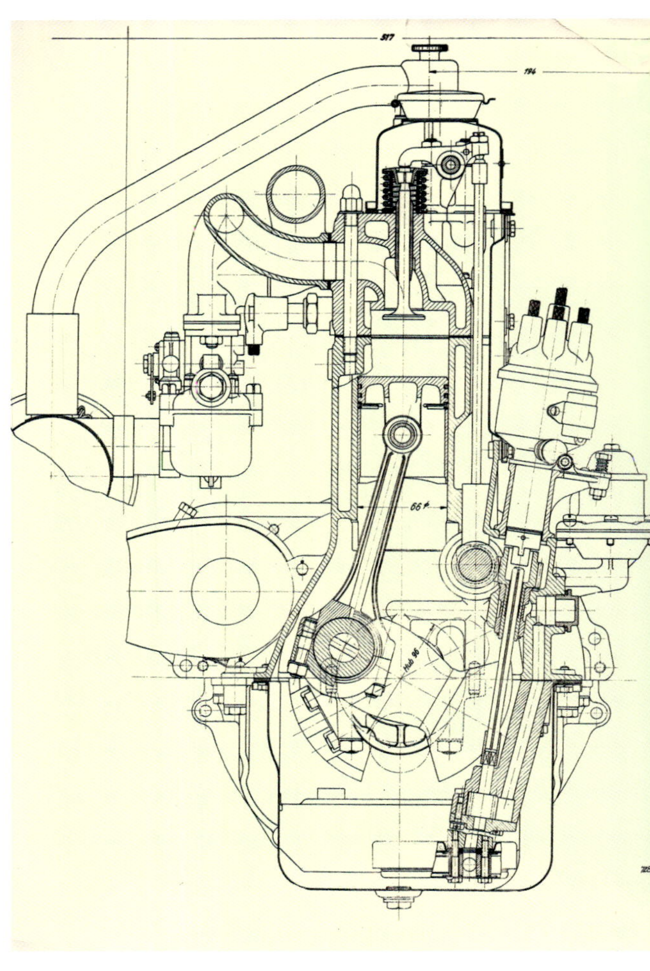

Querschnitt des modernen, aus dem 319-Aggregat entwickelten, Motors des BMW 326 mit hängenden Ventilen und zwei Solex-Steigstromvergasern.

Rahmen und Karosserie des neuen Modells stellten dabei einen Zwischenschritt auf dem Weg zur selbsttragenden Karosserie dar. Der Tiefbett-Kastenrahmen wurde mit der Karosserie zu einer Einheit verschweißt und bot die äußerst torsionssteife Basis für jegliche Art von Aufbauten, ohne dass nachträgliche Verstärkungen, zum Beispiel bei Kabrioletts, notwendig wurden. Diese »mittragende« Konstruktion des BMW 326 bewährte sich schließlich so gut, dass alle folgenden Wagenentwicklungen bei BMW davon profitierten.

Was die Aufhängung der Räder des neuen Modells betraf, setzte BMW auf Weiterentwicklungen im Bereich der Vorderachse und der weiterhin starren Hinterachse. Vorne wurden die Räder einzeln aufgehängt, von einer unten liegenden Querfeder und zwei darüber liegenden Querlenkern geführt, also genau umgekehrt wie bei den Rohrrahmenmodellen. Hierbei gelang es auch, eine der latenten Schwächen der älteren Konstruktion zu beseitigen: Beim BMW 326 wirkten die Stoßdämpfer sowohl beim Einfedern, als auch beim Ausfedern, was den Fahrkomfort ganz entscheidend verbesserte. Hinten wurde die Achse durch Torsionsstäbe abgefedert und durch einen mittigen Dreieckslenker exakt geführt, eine Konstruktion, die sich Fiedler patentieren ließ und die nicht zuletzt dafür sorgte, dass der neue BMW 326 über herausragende Fahreigenschaften verfügte. Für eine gute Verzögerung des Wagens sorgten nun moderne Öldruckbremsen, die im Vergleich zu den bisher verwendeten Seilzugbremsen wesentlich bessere Eigenschaften in Bezug auf die aufzuwendenden Kräfte und Bremswege boten.

Als Antrieb diente der mittlerweile bewährte Sechszylinder-Reihenmotor, wie er im Typ 319 zur Verwendung kam, dessen Hubraum durch Vergrößerung der Bohrung um 1 mm auf 1971 ccm wuchs. Mit zwei Vergasern und einer Leistung von 50 PS (5 PS mehr als der Vorgänger) gehörte er zu jener Zeit zur Spitze in seiner Klasse und verhalf dem geräumigen Viertürer zu einer Höchstgeschwindigkeit von annähernd 120 km/h. Bei diesem neuen 2-Liter-Motor mussten in erster Linie diejenigen Bauteile modifiziert werden, die durch die Hubraumvergrößerung beeinflusst wurden. Kolben, Kurbelgehäuse und Zylinderkopf wurden angepasst. Weitere, geringe Modifikationen betrafen Ölwanne, Vergaser, Wasserpumpe und Schwingungsdämpfer, der Ventildeckel verfügte jetzt über eine Entlüftung zum Ansaugsystem.

Aufgrund seines geringen Gewichts von nur 1.100 kg erreichte der BMW 326 mit diesem Motor sehr erfreuliche Beschleunigungswerte, so genügten rund zehn Sekunden, um ein Tempo von 60 km/h zu erreichen, damals fast ein Wert echter Sportwagen.

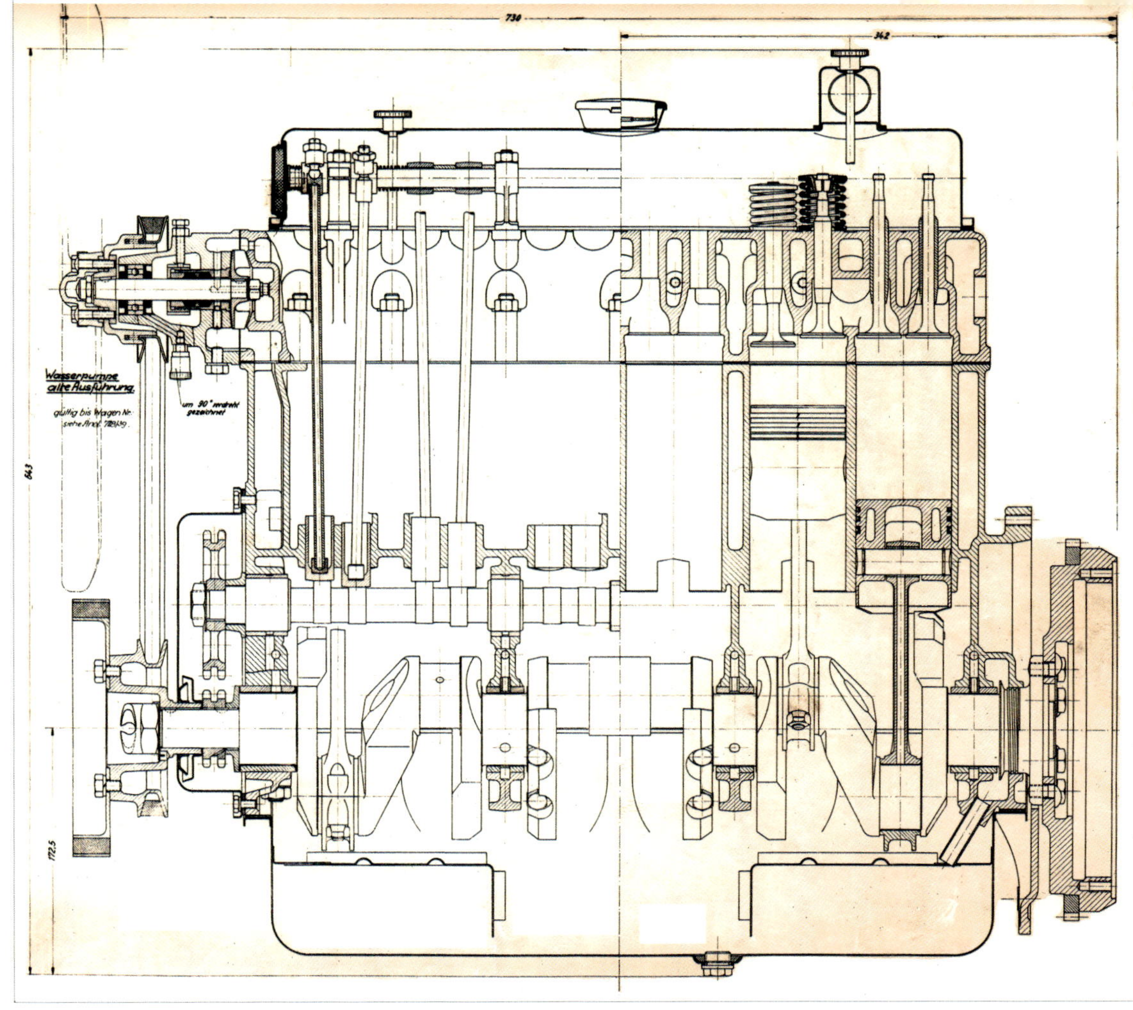

Längsschnitt des BMW 326-Motors in späterer Ausführung mit Schwingungsdämpfer an der nur vierfach gelagerten Kurbelwelle.

Der lange Schaltstock bediente ein Getriebe mit vier Vorwärtsgängen, deren beide untere über Freilauf verfügten, sowie eine Gleichlaufeinrichtung der dritten und vierten Fahrstufe. Diese frühe Form einer Synchronisierung war bedienungsfreundlich und trug sehr zum Komfort der Limousine bei. Gewöhnungsbedürftig war der Freilauf im ersten und zweiten Gang. Damit war zwar ein behutsames Schalten zwischen erstem und zweitem Gang ohne Kupplung möglich, doch der ungewöhnliche Freilauf hatte auch einen gravierenden Nachteil: Durch den fehlenden Kraftschluss gab es keine Motorbremse! Das Handbuch enthielt aber den deutlichen Hinweis, dass man bei Talfahrten keinesfalls den ersten oder zweiten Gang benutzen durfte, sondern nur den dritten. Ein Redakteur einer großen Fachzeitschrift versteifte sich aus theoretischen Überlegungen dazu, die Bergtauglichkeit des neuen BMW anzuzweifeln. Das Werk stellte ihm daraufhin einen Testwagen zur Verfügung, der unter der Maßgabe, nur den vierten Gang zur Motorbremse zu nutzen und den Rest mit der Betriebsbremse auszugleichen, über unzählige Alpenpässe getrieben wurde. In einem Artikel musste dann der Tester zurückrudern und bescheinigte dem Wagen vollkommene Passtüchtigkeit und lobte ausdrücklich die hervorragenden Bremsen.

Was die Ausstattung des neuen BMW 326 betraf, so blieben hinsichtlich Qualität, Komfort und Stilsicherheit keine Wünsche offen. Im Vergleich zum Vorgängermodell vom Typ 319 stellte der BMW 326 einen enormen Fortschritt und Wandel dar. Vier breite Türen gestatteten allen Passagieren einen bequemen Einstieg in den deutlich gewachsenen Innenraum. Die vorderen Einzelsitze und die drei Personen fassende hintere Sitzbank waren mit feinem Stoff bezogen, ebenso die Türverkleidungen. Jede Seite der geteilten Frontscheibe war einzeln ausstellbar, um bei heißem Wetter für in-

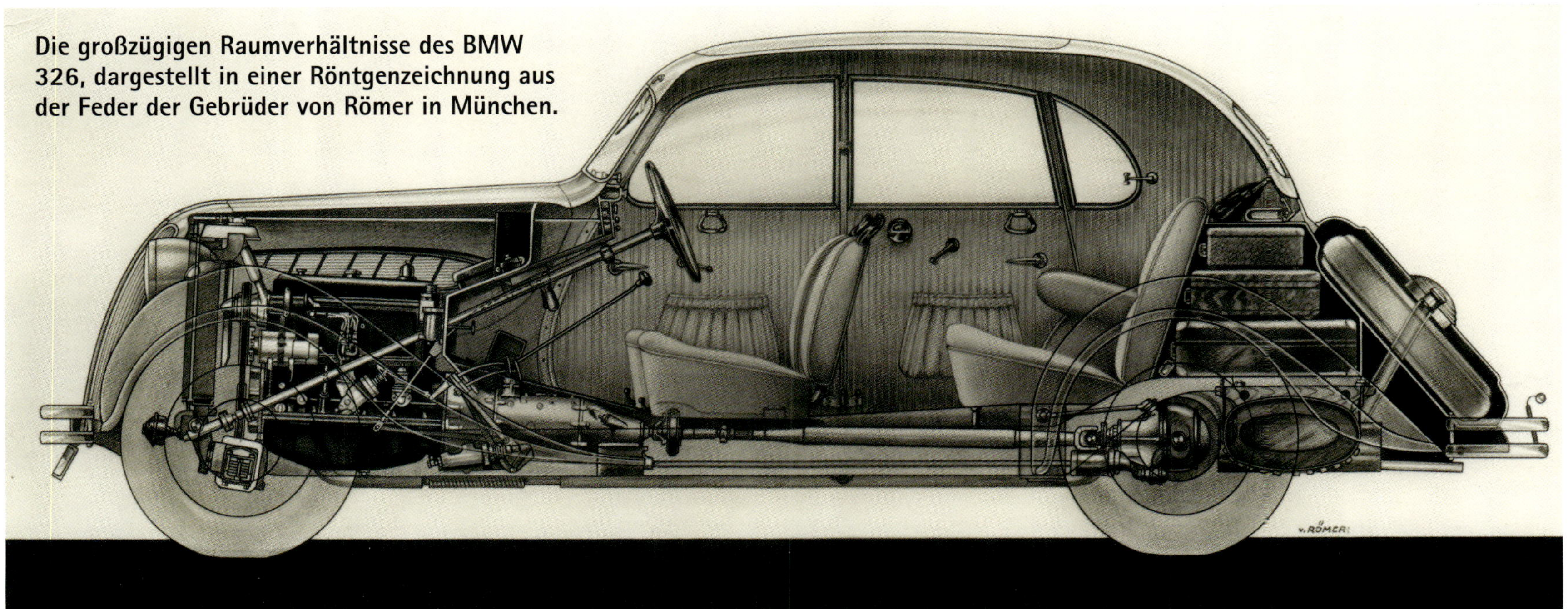

Die großzügigen Raumverhältnisse des BMW 326, dargestellt in einer Röntgenzeichnung aus der Feder der Gebrüder von Römer in München.

tensive Belüftung zu sorgen. Wem das nicht genug war, der konnte sich für den stolzen Preis von 310 RM ein Golde-Schiebedach einbauen lassen. Das Instrumentenbrett bot ein klares und sportliches Erscheinungsbild mit großen Rundinstrumenten und elfenbeinfarbenen Bedienungsknöpfen. Liebevolle Details, wie ein großer, verschließbarer Handschuhkasten mit einer in den Deckel integrierten Uhr, ausstellbare hintere Seitenfenster und ein Tankdeckel in der abschließbaren Radkappe am Reserveraddeckel, erfreuten den Kunden und bewiesen, mit welcher Sorgfalt man bei BMW und AMBI-Budd zu Werke gegangen war. Unter der Motorhaube verbarg sich reichhaltiges Qualitätswerkzeug in einem Blechkästchen, sowie Andrehkurbel, Luftpumpe und Wagenheber für alle Fälle.

Etwa ein Jahr nach Beginn der intensiven Entwicklungsarbeiten konnten im Herbst 1935 erste Versuchsfahrten in Thüringen durchgeführt werden. Ziel war es, den neuen Typ 326 auf der Berliner Automobilausstellung im Februar 1936 der Öffentlichkeit zu präsentieren. Die bis dahin getesteten

Bild 1. Gerätebrett und Bedienungshebel

1 = Zündverstellknopf
2 = Kühlwasserwärmeanzeiger mit rotem Warnlicht und blauer Fernlichtanzeige
3 = Öldruckanzeiger
4 = Zugknopf für Deckenlampe
5 = Windschutzscheibenverstellung
6 = Geschwindigkeitsanzeiger mit Wegmesser und Tageszähler
7 = Zugknopf für regelbare Gerätebeleuchtung
8 = Kraftstoffvorratsanzeiger
9 = Lichtschalthebel
10 = Feuerspender
11 = Winkerschalter mit Anzeigelampe
12 = Kühlerklappenverstellgriff
13 = Zugknopf zum Anlaßvergaser
14 = Anlaßdruckknopf
15 = Gaszugknopf
16 = Handbremshebel
17 = Zünd- und Lenkschloß
18 = Knopf für Warnhorn
19 = Stößel der Abschmierpumpe
20 = Fußabblendschalter
21 = Kupplungsfußhebel
22 = Bremsfußhebel
23 = Gashebel
24 = Getriebeschaltknopf

Beschreibung der Bedienungsorgane aus der Betriebsanleitung des BMW 326.

Wagen unterschieden sich noch in einigen Details von der späteren Serie.

Gerade in der Frühzeit der Entwicklung experimentierte man mit vielen unterschiedlichen Detaillösungen, was heutigen Restauratoren zuweilen einige Kopfschmerzen bereiten kann. Für Verwirrung bei der Sichtung eines der Erlkönige bei den Testfahrten sollte ein Markenemblem in Form des »Pluto«-Logos sorgen. Unter diesem Markennamen hatte zwischen 1924 und 1927 eine Firma in Zella-Mehlis Personenwagen in Amilcar-Lizenz gefertigt. Ein dezenter Versuch, der jedoch gegen den mittlerweile

BMW 326-Vorserienlimousine auf Probefahrt zu den Olympischen Winterspielen 1936 in Garmisch-Partenkirchen mit Eisenacher Werks-Probefahrtkennzeichen. Der Tankeinfüllstutzen durch die Mitte des Reserverads wurde in der Serie nicht realisiert.

typischen BMW Nierengrill wahrscheinlich wenig auszurichten vermochte.

Rechtzeitig zur Eröffnung der Berliner Ausstellung am 15. Februar 1936 konnte BMW die neuen Wagen, ein zweitüriges Kabriolett und zwei Limousinen, präsentieren. Dabei wies das Kabriolett versuchsweise eine ganz moderne, einteilig gebogene Windschutzscheibe auf, ein Detail, das später jedoch zugunsten der klassischen Lösung fallen gelassen wurde.

Natürlich sorgten die modernen neuen BMW Wagen für eine Sensation unter den zahlreichen Besuchern der Veranstaltung, die von Adolf Hitler mit einer Ansprache eröffnet wurde. Bei seinem späteren Rundgang verweilte der »Führer« dann geraume Zeit auf dem Stand der Bayerischen Motoren Werke und führte intensive, sicher anerkennende Gespräche mit Generaldirektor Popp und dem Aufsichtsratsvorsitzenden Dr. von Stauß.

Nach diesem Erfolg dauerte es dann bis Mai 1936, ehe die Serienfertigung der BMW 326 Limousine gestartet werden konnte. Dabei lieferte AMBI-Budd die kompletten, lackierten und mit dem Tiefbettkastenrahmen verschweißten Karosserien per Bahn nach Eisenach, wo dann Achsen, Mechanik und Elektrik montiert wurden. Auch die gesamte Innenausstattung des neuen BMW Viertürers wurde in Berlin eingebaut. Das zweitürige und das viertürige Kabriolett mit Karosserien von Autenrieth in Darmstadt folgten erst im Dezember. Für die offenen

Der großzügige Messestand von BMW auf der IAMA 1936 vom 15. Februar bis 1. März mit den neuen 326-Modellen. In der Mitte ein Kabriolett-Prototyp von Autenrieth mit Panorama-Frontscheibe, der ein Einzelstück blieb.

Karosserie- und Rahmenfertigung bei AMBI-Budd in Berlin.

Wagen lieferte AMBI-Budd komplette Bodengruppen inklusive Spritzwand, Windlauf, Kofferboden und hinteren Innenkotflügeln. Weiterhin war es zudem möglich, einen BMW 326 auf Kundenwunsch mit einer meist offenen Sonderkarosserie, z. B. in Form von sportlich-eleganten Zweisitzern, wie sie Drauz, Reutter oder Baur entwarfen, auszustatten. In diesem Fall wurden dann komplette, rollfähige Fahrgestelle mit Windlauf, Motorhaube, Kotflügeln etc. an den jeweiligen Fachbetrieb geliefert und von dort nach Fertigstellung an die bestellenden Händler weitergegeben.

BMW 326-Prospekt vom Februar 1936 mit leicht geschönten Darstellungen von Limousine und Kabriolett.

Auch neugierige Autotester der großen deutschen Fachzeitschriften mussten sich bis Ende 1936 gedulden, ehe sie Testwagen vom Werk zur Verfügung gestellt bekamen.

Einhellig wurde von Seiten der Prüfer dem BMW 326 ein hervorragendes Zeugnis ausgestellt, hier zwei repräsentative Beispiele:

»Die Straßeneigenschaften des Wagens sind schlichtweg hervorragend. Er ist nicht nur in der Federung und in der Lenkung unempfindlich gegen den schlechtesten Fahrbahnzustand, sondern er liegt so fest auf der Straße und so sicher in der Kurve wie nur ganz wenige Fahrzeuge … Bei diesem BMW 326 ist im Hinblick auf technischen Komfort wohl das Äußerste geleistet worden, was man bisher an einem Wagen dieser Stärkeklasse sah.«

Motor und Sport, Dezember 1936

»Besonders auffallend ist das ungewöhnliche Beschleunigungsvermögen dieses Wagens. Er legt den Kilometer mit stehendem Start mit einer Durchschnittsgeschwindigkeit von 86,8 km/st zurück. Das ist ein Wert, der in der Klasse der Zweiliter-Tourenwagen einmalig dasteht. … Es bleiben noch einige Worte zu sagen über die Summe der Detaillösungen, die das Herz und das Auge des alten Kraftfahrers erfreuen. Beispielsweise läßt sich die Kühlerhaube abschließen, so daß der Versuch, Zündspule, Werkzeug und anderes beliebtes Zubehör zu stehlen, auf einige Schwierigkeiten stößt. Ebenso ist der Benzintank und mit ihm das Reserverad verschließbar, ein wirklich sehr erwünschter Punkt.«

Allgemeine Automobil Zeitung, Oktober 1936

Der eindrucksvolle Auftritt der neuen, großen Wagen in der Öffentlichkeit und die positive Berichterstattung in der Presse hatten zur Folge, dass der BMW 326 zum erfolgreichsten Modell der Marke vor dem Zweiten Weltkrieg wurde. Schnell pendelte sich die monatliche Produktion der Limousinen bei Zahlen zwischen zwei- und dreihundert ein, ein Wert, der in den 1930er-Jahren in Deutschland nur selten erreicht wurde. Mit einem Preis von 5.500 RM für die Limousine stand der BMW an der Spitze in dieser Klasse. Ein vergleichbares Zweiliter-Modell von Opel kostete fast 2.000 RM weniger und selbst ein viertüriger Mercedes Typ 230 war wenig später zu einem wenig höheren Preis zu haben.

Deutlich tiefer in die Tasche musste der Kunde aber greifen, wenn er eine der luxuriösen, offenen Versionen erstehen wollte. Das zweitürige Kabriolett schlug mit 6.650 RM zu Buche und wer noch anspruchsvoller war, der konnte für stolze 7.300 RM dieses Modell mit vier Türen bekommen. Dem Preis angemessen war aber auch die noble Innenausstattung, die wirklich keine Wünsche offenließ. Komplett mit feinem Echtleder ausgestattet, verströmten die Kabrioletts den Duft einer gediegenen Clubeinrichtung. Die vorderen Sitzlehnen ließen sich komplett umlegen, sodass eine große Liegefläche entstand, auf der man sich in den Pausen auf einer langen Reise gemütlich entspannen konnte. Nahm man während der Fahrt auf der großzügig dimensionierten Rückbank Platz, so fand sich in der Mitte eine große herausnehmbare Armlehne, die äußeren Armlehnen verfügten jeweils über herausziehbare Aschenbecher. Wer dann noch 498 RM für ein Telefunken Autosuper an-

▲ **Zweitüriges Kabriolett von 1938.**

▶ **Das viertürige BMW 326 Kabriolett ebenfalls mit Karosserie von Autenrieth in Darmstadt, beide in Serienausführung.**

◂ Der luxuriöse Innenraum des BMW 326 Kabriolett.

▾ Doppelseite aus einer BMW Werbebroschüre mit positiven Kundenbriefen.

gelegt hatte, der konnte das Reisen in vollen Zügen genießen. Der einzige Wermutstropfen war, dass das Gepäck immer umständlich vom Innenraum aus in den hinteren Gepäckraum gehoben werden musste. Aber auch dafür fanden findige Tüftler wie die Fa. Baur eine Lösung, indem sie den BMW 326 umbauten und mit einem von außen zugänglichen Kofferraum versahen.

Als im Juni 1941 die Produktion des BMW 326 kriegsbedingt endete, waren 10.142 Limousinen und 4.060 zweitürige, sowie 1.093 viertürige Kabrioletts gebaut worden. 641 Fahrgestelle hatte BMW darüber hinaus an Fachbetriebe zum Bau von Sonderkarosserien für besonders anspruchsvolle Kunden geliefert. Daneben entstanden eine Handvoll ungewöhnlicher Sondermodelle. Auf privaten Wunsch wurden drei BMW 326-Fahrgestelle bei Wendler in Reutlingen mit damals sehr futuristisch anmutenden Stromlinienkarosserien ausgerüstet und bei Autenrieth baute man zwei offene Musterwagen mit »Sicherheits-Schiebetüren«, die allerdings nicht in Serie gingen. Anfang 1938 entstand zudem eine ganze Reihe spartanisch anmutender, offener Tourer-Versionen des Viersitzers für die Polizei in Deutschland.

Mit 15.936 gebauten Exemplaren war der BMW 326 das meistverkaufte Modell der Vorkriegsproduktion und trug wesentlich dazu bei, BMW als Hersteller qualitativ hochwertiger Mittelklasse-Fahrzeuge auf dem deutschen Markt zu etablieren.

Selbst nach dem Krieg erschien der BMW zum letzten Mal unverändert als Neuwagen, als in den Jahren 1946/47 sechzehn BMW 326 aus Restbeständen im jetzt unter sowje-

Im Hafen Gdingen

WERNER ZAHN
DIREKTOR DER SCHUBERTH-WERK G. M. B. H.
HAUPTMANN a. D. DER FLIEGERTRUPPE

BRAUNSCHWEIG, 17. 9. 36
REBENSTRASSE 17
FERNSPRECHER 5120

Herrn

Direktor K a n d t
i/Fa. BMW-Werke

E i s e n a c h / Thür.

Sehr geehrter Herr Direktor Kandt!

Nachdem ich nunmehr mit dem neuen 2 Liter BMW-Wagen 5000 km gefahren habe, möchte ich Ihnen über meine Erfahrungen folgenden Bericht geben:

Ich darf bemerken, dass ich seit 1904 Kraftfahrzeuge steuere, die militärische Fahrlehrer- und Sachverständigen-Prüfung bereits im Jahre 1914 bestanden und ausserdem mit meinem Bugatti-Wagen zahlreiche Bergrennen, Zuverlässigkeitsfahrten pp. gewonnen habe.

Ein gesundes Urteil glaube ich mir auch schon deshalb anmaßen zu können, weil ich die Mehrzahl der deutschen Fabrikate vom kleinsten bis zum grössten Wagen und auch eine Reihe von ausländischen Fabrikaten gefahren habe.

Der neue 2 Liter BMW ist als der Idealtyp eines Kraftwagens zu bezeichnen. Angesichts des geringen Betriebsstoffverbrauchs (bei normaler Fahrt etwa 11½ - 12, bei scharfer Fahrt etwa 12½ - 13 Liter) muss man sich wundern, dass man ohne Schwierigkeiten Fahrtdurchschnitte von ca. 70, unter Benutzung von Autobahn von hoch über 90 km, erreichen kann. Ähnliche Durchschnitte auf normalen Strassen habe ich selbst mit grossen schweren Wagen nie erreicht.

13. Nov. 1936

b.w.

JULIUS EDTSTADLER
KRAFTFAHRZEUGE, FAHRRÄDER,
NÄHMASCHINEN, MILCHSEPARATOREN,
RADIO, WAFFEN UND MUNITION
REPARATURWERKSTÄTTE
NEUMARKT i. H., OB.ÖST.

tischer Leitung arbeitenden Werk Eisenach montiert wurden. Technisch und stilistisch weiterentwickelt lebte dieses erfolgreiche Modell noch viele Jahre in Gestalt des EMW 340 und des BMW 501 fort, Automobile, die es ohne das Erfolgsmodell aus den 1930er-Jahren nie gegeben hätte.

Moderne Zweitürer: BMW 320 und 321

Mit dem Erscheinen der modernen Wagen vom Typ 326 wurde allerdings auch schnell deutlich, dass die weiterhin produzierten kleineren BMW Modelle technisch und vor allem in ihrem Erscheinungsbild nicht mehr zeitgemäß waren. So hatte die BMW Führung bereits Anfang 1936 beschlossen, die bisherigen Modelle 315 und 319 im Laufe des Jahres 1937 durch ein Nachfolgemodell in ähnlicher Formgebung wie der 326 zu ersetzen. Gleichzeitig wurden, nicht zuletzt ermutigt durch den großen Erfolg des neuen Modells, bedeutende Investitionen für die Erweiterung der Produktion getätigt. Ziel war es, sich durch die Einrichtung einer

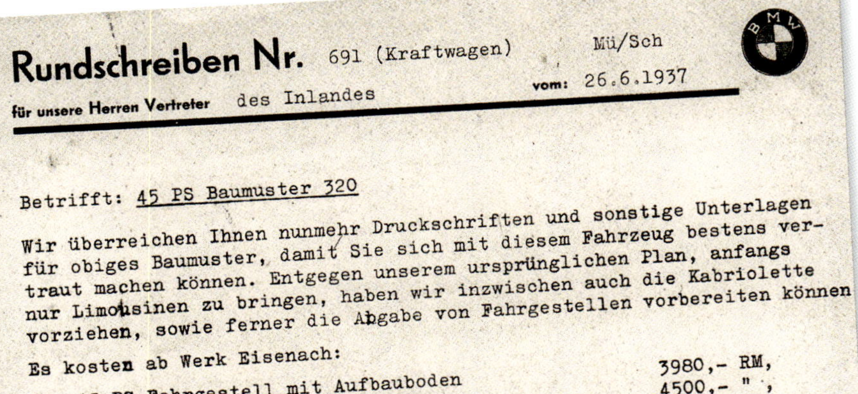

Rundschreiben Nr. 691 (Kraftwagen) Mü/Sch
vom: 26.6.1937
für unsere Herren Vertreter des Inlandes

Betrifft: 45 PS Baumuster 320

Wir überreichen Ihnen nunmehr Druckschriften und sonstige Unterlagen für obiges Baumuster, damit Sie sich mit diesem Fahrzeug bestens vertraut machen können. Entgegen unserem ursprünglichen Plan, anfangs nur Limousinen zu bringen, haben wir inzwischen auch die Kabriolette vorziehen, sowie ferner die Abgabe von Fahrgestellen vorbereiten können

Es kosten ab Werk Eisenach:

das 45 PS Fahrgestell mit Aufbauboden	3980,- RM,
die 45 PS Limousine 4sitzig, 2-türig	4500,- " ,
das 45 PS Kabriolett 4sitzig, 2-tür.m.Stoffpolster.	5250,- " .

Die Wagen werden in den Lackierungen des Baumusters 326 geliefert;

die Limousinen: schwarz, dunkelrot (maroon), grau,
die Kabriolette: schwarz, rot, grün, grau und (später) elfenbein.

Aufträge werden nunmehr von uns hereingenommen bezw.fest bestätigt. Für die Hergabe der Bestellungen auf Baumuster 320 ist natürlich ein gewisses Verhältnis zu den übrigen Ausführungen zu beachten. Während des Einlaufens der Fabrikation (Juli/August) kommt knapp ein Fahrzeug 320 auf zwei andere. Die Lieferangaben für Ihre Käufer können nur Sie selbst von Fall zu Fall errechnen aufgrund Ihrer gesamten Bestellungen und der uns möglichen Zuteilung.

Die Reihenfolge der Belieferung ist von uns bereits planmässig festgelegt worden; wir bitten Sie, unseren Freigabebescheid für die einzelnen Aufträge von Fall zu Fall abzuwarten. Wir geben diesen Bescheid so rechtzeitig, dass wir uns über die Farbe der Lackierung noch verständigen können, soweit Sie nicht in der Lage sein sollten, uns in dieser Hinsicht freie Hand zu lassen.

Alle Aufbauten des Baumusters 320 werden in unseren eigenen erweiterten und erstklassig eingerichteten Karosseriewerkstätten in Eisenach gefertigt. Es ist damit Gewähr für sorgfältige und gediegene Arbeit gegeben und ferner dafür, dass wir jederzeit rasch und bestens der Entwicklung folgen können.

Wie Sie aus den Druckschriften entnehmen können, lehnt sich das Aussehen der Limousinen, wie auch der Kabriolette weitgehend an die vorbildlich schöne und harmonische Form des Baumusters 326 an. Der Radstand wurde auf 2750 mm verlängert; desgleichen bringen wir gegenüber dem Baumuster 319 eine ganze Reihe von Verfeinerungen, wie Öldruckbremsen und hinten liegender Kraftstoffbehälter. Um das Gewicht wegen guter Wirtschaftlichkeit niedrig zu halten, wurden zwei Türen vorgesehe

Wagen - Verkauf der
BAYERISCHEN MOTOREN WERKE A.G.
MÜNCHEN

Anbei:
Druckschriften

Sorgfältige Beachtung unserer Rundschreiben liegt in Ihrem eigenen Interesse

BMW 25 A 4/5.37

Endlich eine eigene Karosseriefertigung in Eisenach! Rundschreiben an die BMW Wagenhändler vom 26. Juni 1937 mit der Ankündigung des preiswerteren Modells Baumuster 320.

Die eindrucksvolle und einzige Breitziehpresse der BMW Karosseriefertigung in Eisenach von den Gebrüdern Götz aus Lauter in Sachsen.

Bilder aus der Fertigung der BMW 320-Limousine und des Kabrioletts.

leistungsfähigen Abteilung für modernen Karosseriebau in Eisenach von Zulieferern, im Wesentlichen in Gestalt von AMBI-Budd, unabhängig zu machen. Schon im Frühjahr 1937 gelang dieses Vorhaben, das einen bedeutenden Schritt in der Entwicklung des Unternehmens darstellte.

Um das neue Modell mit der Bezeichnung 320 möglichst kostengünstig zu gestalten, griff man technisch auf die Gegebenheiten des Vorläufers 319 zurück. Als moderne Basis der – wie beim BMW 326 – mittragenden Konstruktion von Fahrgestell und Aufbau verwendete man dessen um zwölf Zentimeter verkürztes Chassis und verzichtete bei den Radaufhängungen weitgehend auf Neuerungen, sondern übernahm diese fast unverändert vom Typ 319. Allein die Bremsen wirkten beim Typ 320 per Hydraulik auf die vorderen und hinteren Trommelbremsen. Als Antrieb diente zunächst der konstruktiv unveränderte Sechszylinder-Reihenmotor des Typs 319, der, bestückt mit zwei Steigstromvergasern, aus 1.911 ccm 45 PS schöpfte. Wirklich neu am BMW 320 war indes die zweitürige Karosserie, ganz im Stil des größeren Schwestermodells mit vier Türen. Sie stellte im Grunde eine leicht verkürzte Version des Typs 326 dar und überraschte durch vorn angeschlagene Türen, ein wichtiges Sicherheitsdetail, das jedoch im Gegensatz zu der damals gebräuchlichen Anordnung stand, die als vorteilhaft zum Besteigen des Wagens galt.

Auch im Innenraum herrschte die gediegene Sachlichkeit vor, die man mittlerweile von einem BMW erwartete, im Vergleich zum Vorgängermodell waren die Platzverhältnisse vor allem in der Breite der Fahrgastzelle deutlich verbessert. Trotzdem beließ es BMW bei der Bezeichnung »viersitzig« im Vergleich zum fünfsitzigen großen Bruder.

Für die hinteren Passagiere gab es in die Seitenverkleidungen eingelassene Armlehnen, was allerdings mit einem Verzicht auf hintere Kurbelscheiben erkauft werden musste. Verzichtet wurde ebenfalls auf die Möglichkeit, die Teile der Frontscheibe zur Belüftung nach vorne auszuklappen, verstellbare Lüftungsklappen vor der Scheibe und Schlitze im Innenraum sorgten nun für zugfreie Frischluftzufuhr. Dies hatte einen bedeutenden sicherheitstechnischen Nebeneffekt, denn nun verschwanden die hervorstehenden Wischermotoren aus dem Kopfbereich der vorne sitzenden Insassen. Erstmals bei BMW wurde in den Türen nicht mehr die gesamte Seitenscheibe versenkt, sondern man beschränkte sich auf eine verkürzte Version, während im vorderen Bereich kleine Dreiecksfenster zum Einsatz kamen, die sich zur besseren Belüftung des Innenraumes auch drehbar ausstellen ließen. Werksseitig arbeitete man zudem an einem offenen Wagen mit zwei Türen und vier Sitzplätzen und natürlich würde man auch dieses Modell wieder als rollendes Fahrgestell zur Gestaltung individueller Kabrioletts zur Verfügung stellen.

Das Hurth-Getriebe war ohne Freilauf und verfügte über Synchronisation in der dritten und vierten Fahrstufe. Wer vom 319 auf den 320 umstieg, genoss zwar mehr Bequemlichkeit und Komfort, musste aber auf etwas Temperament verzichten. Rund 150 kg hatte das neue Modell an Gewicht zugelegt und das drückte sich anfangs nicht nur in einer leicht geringeren Höchstgeschwindigkeit von knapp 110 km/h aus, sondern kostete auch ein paar Sekunden bei der Beschleunigung.

Im Dezember 1936 rollten die ersten Vorserienwagen über die Straßen Thüringens und rechtzeitig zur IAMA in Berlin 1937 konnten die neuen BMW 320-Modelle vorgeführt werden. Mit einem Preis von 4.500 RM für die Limousine musste der Käufer zwar spürbar mehr ausgeben als für das weiterhin gebaute und für 4.150 RM angebotene Vormodell 319, doch genoss er annähernd den Stil und Komfort eines BMW 326 für einen um exakt 1.000 RM geringeren Anschaffungspreis. Mit 5.250 RM kostete andererseits selbst das attraktive zweitürige Kabriolett auf Basis 320 weniger als eine BMW 326-Limousine.

Im Juli 1937 lief nach rund zwei Dutzend Vorserienwagen die reguläre Serienproduktion von Limousine und Kabriolett an, während die Produktion der veralteten Vorgängertypen 319 und 329 bereits im Mai eingestellt wurde. In einem Rundschreiben an die »Herren Vertreter des Inlandes« wurde stolz erklärt: »Alle Aufbauten des Baumusters 320 werden in unseren eigenen, erweiterten und erstklassig eingerichteten

Foto des BMW 320 in Serienausführung mit modern vorn angeschlagenen Türen auf dem BMW Werksgelände München.

45 PS BMW SECHSZYLINDER

Limousine, zweitürig

Allgemeine Merkmale: Vollständig geschlossener Aufbau mit Fahrgestellboden fest verbunden, 4 Seitenfenster, 2 breite Türen, Reserverad im Heck. Der schöne windflüssige Aufbau, der durch den edel geschwungenen Kühler, die breiten Kotflügel, die schräge Windschutzscheibe und das sanft abfallende Heck Zweckmäßigkeit verrät, bestimmt das Gesamtbild dieses Klassewagens. Mit viel Liebe und Sorgfalt wurden die Hauptmerkmale wie auch die Kleinigkeiten behandelt und so mit der zweitürigen Limousine ein Fahrzeug geschaffen, das den verwöhntesten Ansprüchen gerecht wird. Durch die geschickte Ausnützung des verlängerten Radstandes steht ein überraschend großer Innenraum zur Verfügung. Breit und behaglich sind die Sitze, sehr geräumig der Kofferraum im Heck. Der Wagen hat Öldruckbremsen und Eindruckzentralschmierung. Zugfreie Belüftung ermöglichen ausschwenkbare Seitenfenster.

Die Vordersitze, der Körperform gut angepaßt, sind um etwa 20 cm verstellbar, die Lehne kann nach vorne umgelegt werden.

Die schön gepolsterte Rückbank mit Armlehnen erlaubt angenehmes, ermüdungsfreies Sitzen. Am Rückfenster ein vom Führersitz aus bedienbarer Fallvorhang.

Bilder aus dem BMW 320-Verkaufsprospekt.

Karosseriewerkstätten in Eisenach gefertigt. Es ist damit Gewähr für sorgfältige und gediegene Arbeit gegeben und ferner dafür, dass wir jederzeit rasch und bestens der Entwicklung folgen können.«

Und in der Tat sollte der neue Wagen schon im September des gleichen Jahres eine wichtige Verbesserung erfahren, wenn auch in technischer Hinsicht. Statt des Motors vom Typ 319 erhielt der Wagen nun eine Einvergaser-Version des weiterentwickelten Zweiliter-Motors, wie er im Typ 326 seinen Dienst verrichtete, mit angepasstem Ansaugsystem; die Leistung betrug weiterhin 45 PS. Damit tat BMW einen weiteren Schritt zur Reduzierung der Teilevielfalt hin zu einem kostengünstigeren Baukasten-System.

Ähnlich wie das größere Schwestermodell erntete auch der neue BMW 320 viel Lob in der Fachpresse. So urteilte z. B. die »Allgemeine Automobilzeitung« im September 1937:

> »… Diese reinen Geschwindigkeitsleistungen werden aber noch bemerkenswerter durch die Tatsache, daß die Straßenlage des Typ 320 gegenüber den Typen 319 und 329 eine ganz erhebliche Verbesserung infolge des längeren Radstandes aufweist. Das gilt insbesondere von der Unempfindlichkeit gegen schlechte Straßen und von der Kurvenlage; es dürfte wenige Wagen geben, die in unangenehmen Kurven ähnlich sicher auf der Straße kleben wie dieser Typ 320 …«

Doch es gab auch Kritikpunkte. Im selben Artikel beklagte sich der Prüfer über zu laute Motorengeräusche und eine stoßempfindliche und unruhige Lenkung. Dem Verkauf von Limousine und Kabriolett schadeten diese Mängel aber auf keinen Fall. Schnell pendelten sich die Verkaufszahlen des Typs 320 bei deutlich über 200 Exemplaren pro

Foto und künstlerische Darstellung des komplett in Eisenach gefertigten Werks-Kabrioletts Typ 320.

REUTTER

Cabriolet

BMW 320 *4 sitzig*

Stuttgarter Karosseriewerk Reutter & Co., GmbH., Stuttgart W, Augustenstr. 82

Kraftwagen-Preise

Gültig ab 15. September 1938

45 PS Sechszylinder, Baumuster 320

Fahrgestell mit Aufbauboden	3980,— RM
Limousine, viersitzig	4500,— RM
Kabriolett, viersitzig mit Lederpolsterung	5250,— RM
Kabriolett „R", viersitzig mit „ ab Reutter, Stuttgart	5975,— RM

▲ Auszug aus der BMW Kraftwagenpreisliste vom September 1938.

◄ Prospekt vom Februar 1938 für das von Reutter gestaltete und vom Werk vertriebene Reutter-Vollkabriolett, das im Wesentlichen nach England exportiert wurde. Nur bei dieser Ausführung: Der erstmalig von außen zugängliche Kofferraum.

Monat ein, wobei weit über die Hälfte der Wagen in offener Ausführung geordert wurden, und viele scheuten den Aufpreis von 100 RM nicht und erhielten ein Kabriolett mit edler Lederpolsterung.

Auf Wunsch des englischen Importeurs wurden etliche der georderten Fahrgestelle mit Sonderkarosserien von Reutter in Stuttgart versehen. Mit ihrem etwas gestreckteren Aufbau, den schicken Sturmstangen am Verdeck und dem großen, nun endlich von außen zugänglichen Kofferraum trafen sie nicht nur den Geschmack der englischen Kundschaft. BMW selbst nahm dieses Kabriolett »R« in die eigenen Preislisten auf. Aufgrund des extrem hohen Preises für das Fahrgestell gerieten diese Sonderkarosserien allerdings sehr teuer. Nicht weniger als 5.975 RM, also 825 RM mehr als für das serienmäßige Kabriolett, musste der Kunde für das gewisse Extra bezahlen.

Im harten Fahrbetrieb des Alltags zeigte sich aber bald, dass man mit der Übernahme der preisgünstigen 319-Vorderachse an der falschen Stelle gespart hatte. Denn diese leichte Konstruktion war mit dem höheren Gewicht des Wagens deutlich überfordert. Rahmenbrüche veranlassten BMW daher, die Notbremse zu ziehen. Man beorderte viele der bereits ausgelieferten Limousinen und Kabrioletts zurück in die Werkstätten, wo sie auf die stabilere und technisch fortschrittlichere Vorderachse des BMW 326 umgebaut wurden. Das verursachte zwar enorme Kosten, aber durch außerordentliche Kulanz schaffte es BMW, den Imageschaden gering zu halten. Nach insgesamt 4.240 gebauten Exemplaren (2.416 Limousinen, 1.635 Kabrioletts und 189 Fahrgestelle) wurde die Produktion zum Jahresende 1938 eingestellt.

Mit großem Nachdruck hatte man bereits an einem Nachfolgemodell gearbeitet und so erschien im Dezember 1938 der verbesserte Typ 321, äußerlich kenntlich an den jetzt wieder traditionell hinten angeschlagenen Türen, aus heutiger, sicherheitstechnischer Sicht, ein Anachronismus, doch damals bevorzugten die meisten Fahrer und Passagiere diese, offensichtlich bequemere Anordnung. Leider verschwanden damit auch wieder die praktischen Dreiecksfenster.

Viel wichtiger waren jedoch die Verbesserungen unter dem Blechkleid. Die BMW Techniker hatten die Kritikpunkte am Vorgängermodell nicht auf die leichte Schulter genommen und in kurzer Zeit Lösungen erarbeitet. So waren die lauten Motorengeräusche jetzt durch Modifikationen an der Aufhängung fast verschwunden und

Werksaufnahme der BMW 321 Limousine von 1939, dem Nachfolger des BMW 320. Jetzt mit der moderneren Vorderachse des 326, durchgehender Stoßstange, aber unverständlicherweise hinten angeschlagenen »Selbstmördertüren«.

2 Ltr. BMW 45 PS
Kabriolett

Viersitzig, 2 Türen. Kofferraum und Ersatzrad im Heck. Türfenster versenkbar. Lederpolsterung. Anspruchsloser 2 Liter Einvergaser-Sechszylinder

Künstlerische Darstellung des BMW 321 Werkskabriolett aus der zeitgenössischen Werbung von 1939.

Auch beim Militär wegen seiner Zuverlässigkeit beliebt: BMW 321 Kabriolett.

durch die Übernahme der Vorderachse des Typs 326 verfügte der BMW 321 über die gleichen hervorragenden Fahr- und Lenkeigenschaften wie das größere und kostspieligere Modell. Zu diesem Zweck hatte man den Rahmenkopf zur Aufnahme der neuen Achse anpassen müssen. Zwar war die Limousine jetzt auch um 300 RM, das Kabriolett sogar um 500 RM teurer geworden, doch ließen die deutlichen Verbesserungen diesen Mehraufwand leicht in den Hintergrund rücken. Die Produktionszahlen, die zum Jahresende 1938 kurz unter die 200er-Marke gesunken waren, stiegen 1939 wieder merklich an, zeitweise auf über 300 Wagen pro Monat. Im Laufe des Kriegsjahres 1940 ging die Produktion auch dieses Modells stark zurück und im April 1941 verließen die letzten 14 Wagen des Typs 321 das Eisenacher BMW Werk. Insgesamt wurden 3.637 Wagen produziert, davon 2.078 Limousinen und 1.551 Kabrioletts, nur ganze acht Fahrgestelle wurden noch ausgeliefert.

Traumwagen mit solider Technik: BMW 327

Mitte Oktober 1937 erfuhr die autobegeisterte Öffentlichkeit in England, dass ein neues Modell von Frazer Nash-BMW, ein bildschönes Sportkabriolett, demnächst zu erwerben sei. »The Motor«, die größte britische Autozeitschrift veröffentlichte in ihrer Ausgabe vom 19. Oktober eine kurze Beschreibung mit Bild und erklärte aber, dass der Wagen auf der in Kürze öffnenden London Motor Show nicht zu sehen sein werde. In Deutschland hatte zu diesem Zeitpunkt noch kein Kunde von dieser frohen Nachricht erfahren. Dies sollte sich erst mit Erscheinen der »BMW Blätter« im November

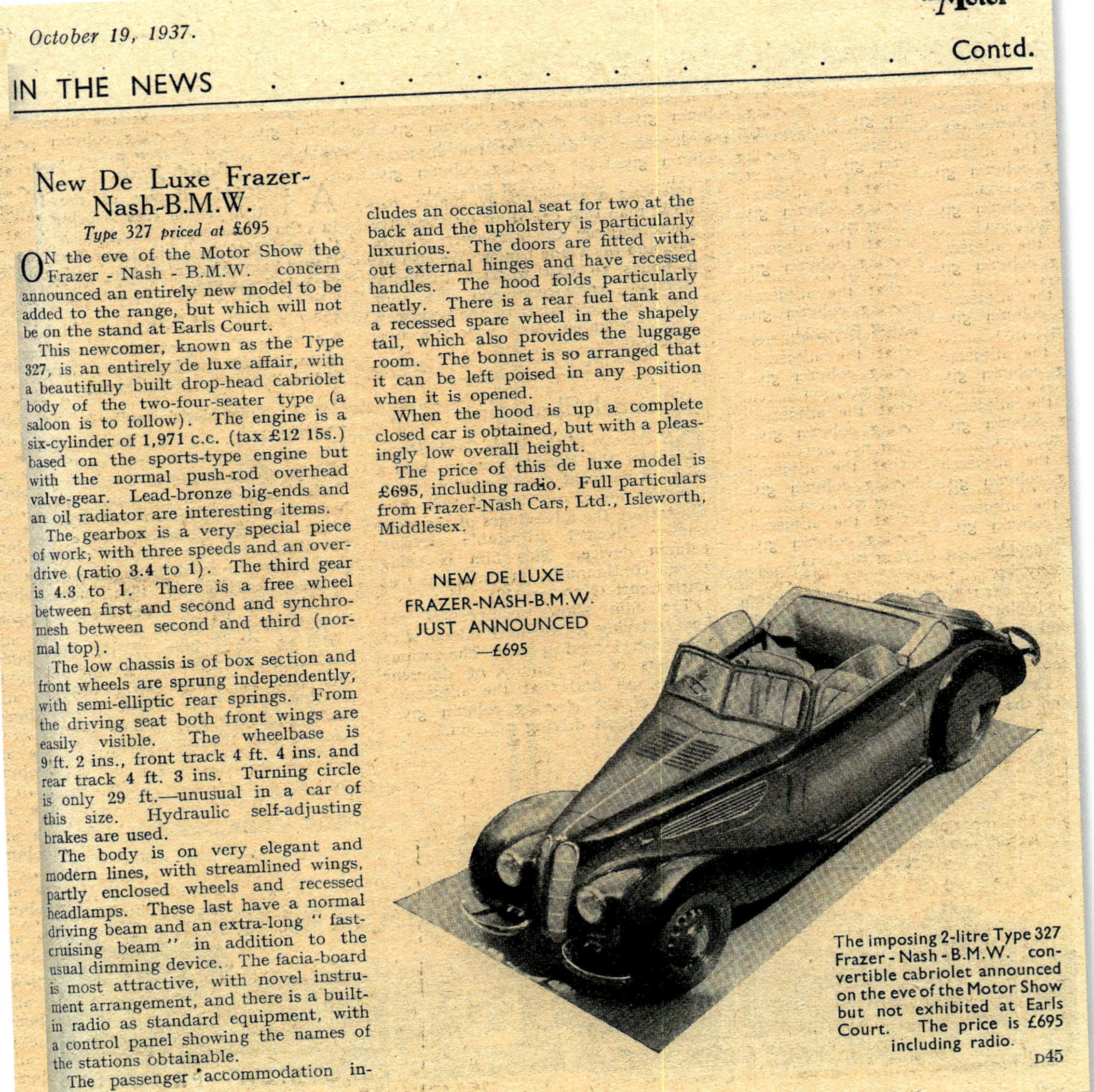

October 19, 1937.

The Motor

IN THE NEWS . . . Contd.

New De Luxe Frazer-Nash-B.M.W.

Type 327 priced at £695

ON the eve of the Motor Show the Frazer - Nash - B.M.W. concern announced an entirely new model to be added to the range, but which will not be on the stand at Earls Court.

This newcomer, known as the Type 327, is an entirely de luxe affair, with a beautifully built drop-head cabriolet body of the two-four-seater type (a saloon is to follow). The engine is a six-cylinder of 1,971 c.c. (tax £12 15s.) based on the sports-type engine but with the normal push-rod overhead valve-gear. Lead-bronze big-ends and an oil radiator are interesting items.

The gearbox is a very special piece of work, with three speeds and an over-drive (ratio 3.4 to 1). The third gear is 4.3 to 1. There is a free wheel between first and second and synchro-mesh between second and third (normal top).

The low chassis is of box section and front wheels are sprung independently, with semi-elliptic rear springs. From the driving seat both front wings are easily visible. The wheelbase is 9 ft. 2 ins., front track 4 ft. 4 ins. and rear track 4 ft. 3 ins. Turning circle is only 29 ft.—unusual in a car of this size. Hydraulic self-adjusting brakes are used.

The body is on very elegant and modern lines, with streamlined wings, partly enclosed wheels and recessed headlamps. These last have a normal driving beam and an extra-long "fast-cruising beam" in addition to the usual dimming device. The facia-board is most attractive, with novel instrument arrangement, and there is a built-in radio as standard equipment, with a control panel showing the names of the stations obtainable.

The passenger accommodation includes an occasional seat for two at the back and the upholstery is particularly luxurious. The doors are fitted without external hinges and have recessed handles. The hood folds particularly neatly. There is a rear fuel tank and a recessed spare wheel in the shapely tail, which also provides the luggage room. The bonnet is so arranged that it can be left poised in any position when it is opened.

When the hood is up a complete closed car is obtained, but with a pleasingly low overall height.

The price of this de luxe model is £695, including radio. Full particulars from Frazer-Nash Cars, Ltd., Isleworth, Middlesex.

NEW DE LUXE FRAZER-NASH-B.M.W. JUST ANNOUNCED —£695

The imposing 2-litre Type 327 Frazer - Nash - B.M.W. convertible cabriolet announced on the eve of the Motor Show but not exhibited at Earls Court. The price is £695 including radio.

D45

▲ Ankündigung des BMW 327 in Deutschland im November 1937.

◄ Artikel über den neuen BMW 327 in der britischen Fachzeitschrift »The Motor«. Gegen Ende der Ausstellung als Frazer Nash-BMW angekündigt, aber nicht ausgestellt.

ändern. Kunden und Freunde des Hauses BMW erfuhren in diesen Hausmitteilungen der Bayerischen Motoren Werke schon auf dem Titelblatt, dass ein neuer, faszinierender Wagen zu erwarten war. Im Innenteil beschäftigte sich ein ausführlicher Artikel mit dem neuen Sportkabriolett vom Typ 327 und zahlreiche Fotos ließen die Herzen der kaufkräftigen BMW Fahrer höher schlagen.

Es liegt durchaus nahe, dass AFN in Isleworth, der englische Importeur von BMW Wagen, die BMW Führung von der Notwendigkeit eines solchen Luxusmodells überzeugen konnte. Denn einem solchen Wagen stünde im Vereinigten Königreich eine große kaufkräftige Klientel gegenüber, eine Klientel, der ein BMW 328 zu spartanisch und ein BMW 329 oder 320 Kabriolett zu wenig attraktiv erschien. Zudem waren die Pläne von AFN-Chef H. J. Aldington, das Modell BMW 320 bei Riley in Lizenz bauen zu lassen, nicht aufgegangen, dort hätte man ein sportliches Kabriolett in Eigenregie auf der BMW Basis entwickeln können. Der Wunsch des bedeutendsten Importeurs von BMW im Ausland fand sicher Gehör und warum nicht? BMW Formgestalter und Karosseriekonstrukteur Wilhelm Kaiser hatte seine Arbeit am Roadster 328 abgeschlossen, ein Sportwagen, der auf Anhieb technisch wie formal überzeugt hatte. Mit dem neuen, extrem verwindungssteifen Kastenrahmen stand zudem eine hervorragende Basis für den Bau auch größerer und schwererer BMW Automobile zur Verfügung. Und nicht zuletzt konnte BMW in absehbarer Zeit komplette Karosserien selbst produzieren und war nicht mehr im selben Maße wie früher auf relativ teure und nicht immer zuverlässige Lieferanten angewiesen.

Das neue Sportkabriolett wurde als bequemer Zweisitzer mit Notsitzen konzipiert. Eine lange Motorhaube, ein elegant geschwungenes Heck und dynamisch fließende Kotflügel betonten seine sportliche Eleganz. Wie beim Sportwagen 328 waren die Scheinwerfer strömungsgünstig in die Kotflügel integriert und ein qualitätsvolles Verdeck sollte die Passagiere bei schlechter Witterung schützen.

Als Basis wählte man den bewährten Tiefbett-Kastenrahmen, der weitgehend der Ausführung für das Modell 326 entsprach, jedoch wie beim 320 um zwölf Zentimeter verkürzt wurde. Vom großen Viertürer übernahm man auch die neue Vorderradaufhängung und sorgte so für ein adäquates Fahrverhalten. Bei der Motorisierung dieses Modells entschloss man sich für eine leis-

Ledergurte über der Motorhaube mit Lüftungsschlitzen, Scheibenwischer oben und andere Türgriffe verraten ein Vorserienmodell des BMW 327.

Drei weitere Bilder von BMW 327-Vorserien-Fahrzeugen mit abweichender Innenausstattung.

tungsgesteigerte Variante des neuen Zweiliter-Motors, wie er im Typ 326 eingebaut wurde. Durch eine auf 6,3 : 1 leicht erhöhte Verdichtung ergaben sich 55 PS.

Schon im Sommer 1937 gehen die ersten beiden Vorserienwagen des neuen BMW Sportcabriolets 327 in Erprobung und es entstehen erste, veröffentlichungsreife Fotos. Sehr vorteilhaft wirkte, dass sich das Verdeck in zusammengefaltetem Zustand sehr harmonisch in die Silhouette des Fahrzeugs einfügte. Allerdings konnte der hintere Notsitz jetzt nur noch als Gepäckablage genutzt werden.

Am 12. November 1937 wird schließlich die BMW Händlerschaft per Rundschreiben über das neue Modell ausführlich in

Rundschreiben Nr. 722 (Kraftwagen) Ca/Sch 

für unsere Herren Vertreter des In- und Auslandes **vom:** 12.11.1937

Betrifft: 55 PS BMW-Sportkabriolett Baumuster 327.

Den vielfachen Wünschen der Kundschaft entsprechend, bringen wir einen
Reisewagen mit betont sportlicher Note, der in seiner Klasse unerreicht
dastehen dürfte.

Es handelt sich um ein Sechszylinder-Sportkabriolett, das ausser den
beiden äusserst bequemen Vordersitzen noch eine Sitzbank bezw. Raum für
zusätzliches oder besonders grosses Gepäck hat. - Das Fahrgestell ist
fast das gleiche wie bei unserem Baumuster 320, nur haben wir die Vorderachse und den Motor des Baumusters 326 verwendet, wobei letzterer
auf eine Leistung von 55 PS gebracht wurde. - Weitere technische Einzelheiten sind aus den beigefügten Anlagen zu ersehen. Die Mitte ds.Mts.
erscheinenden BMW-Blätter bringen ebenfalls Bilder und Beschreibungen.

Wie sowohl hinsichtlich der Konstruktion als auch der Form etwas Voll-
endetes geschaffen wurde, so ist auch bei der Ausstattung Wert darauf
gelegt worden, den Wünschen selbst des anspruchsvollsten Kunden gerecht
zu werden. Beispielsweise sind wir von der bisherigen Form des Armatu-
renbrettes abgegangen und haben hier etwas vollkommen Neues und Zeit-
gemässes gebracht. Weiterhin ist vorgesehen, den Wagen gegen Aufpreis
mit einem Rundfunkempfangsgerät auszurüsten. Es ist uns gelungen, das
Rassige und Schnittige eines Sportwagens und das Schöne und Bequeme
eines Luxuskabrioletts zu vereinen. Betont wird die formschöne Linie
durch die aussergewöhnlich niedrige Gesamthöhe von 1,42 mtr. Der Wagen
erreicht spielend eine Geschwindigkeit von etwa 125 km je Stunde und
hält diese infolge Ölkühler, Schnellganggetriebe usw. auch tatsächlich
durch. Es ist also ein Fahrzeug, das sowohl den Wünschen der Sports-
leute als auch der Fahrer vollkommen gerecht wird, die gleichzeitig
auch bequem fahren wollen.

Folgende der von unseren Kabrioletten 320 und 326 bekannten geschmack-
vollen Farbzusammenstellungen haben derart guten Anklang gefunden, dass
wir sie auch bei dem Baumuster 327 nicht vermissen möchten:

	Aufbau	Leder	Verdeck
	grün/dunkelgrün	grün	hellgrün
	rot/schwarz	rot	schwarz
	elfenbein/schwarz	beige	schwarz.
Neu bringen wir:	enzianblau/schwarz	beige	schwarz
	" "	grau	schwarz
	hellgrau/dunkelgrau	blau	grau.

b.w.

BMW 26 A 4 / 5.37 **Sorgfältige Beachtung unserer Rundschreiben liegt in Ihrem eigenen Interesse**

Händlerrundschreiben vom 12. November 1937 mit der Ankündigung des BMW 327 Sportkabrioletts und Festlegung der lieferbaren Farbkombinationen.

Kenntnis gesetzt. Unter der Überschrift »55 PS BMW Sportkabriolett Baumuster 327« werden die Vorzüge des Wagens in blumigen Worten geschildert. Ein Fahrzeug, das auch die letzten Wünsche des sportlichen und erfahrenen Automobilisten erfüllen soll. Spielend sollen damit auf der Landstraße 80 km/h und auf den Reichsautobahnen 120 bis 130 km/h Durchschnitt zu fahren sein. Und BMW verspricht nicht zu viel,

▲ **Seltene Aufnahme der BMW 327-Endmontage in Eisenach.**

▼ **Fertigung der BMW 327-Sitze.**

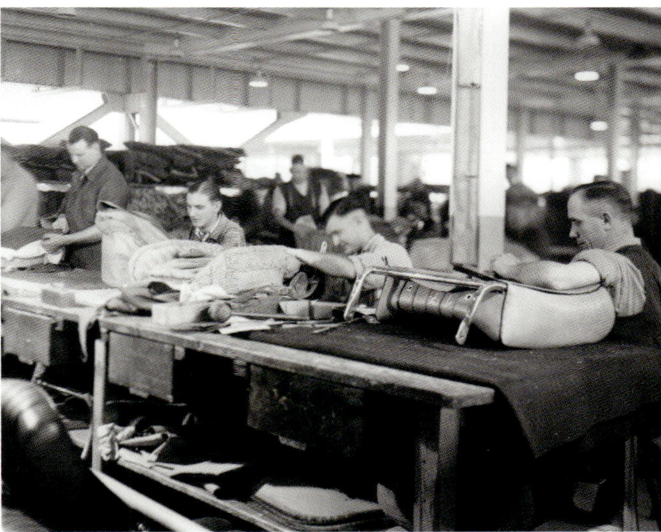

tatsächlich liegt die Höchstgeschwindigkeit bei ca. 125 km/h.

Die Fertigung des Serienwagens läuft schließlich noch im Dezember 1937 langsam an und pendelt sich schließlich im Laufe des Jahres 1938 bei durchschnittlich rund 60 Sportkabrioletts ein. Offiziell präsentiert

Reichsmarschall Göring, BMW Generaldirektor Popp, Adolf Hitler und NSKK-Leiter Adolf Hühnlein bestaunen das neue BMW Sportkabriolett 327 auf der IAMA 1938.

Das Sportkabriolett 55 PS

ist etwas ganz besonderes für anspruchsvolle Fahrer. Der formvollendete Aufbau ist in jeder Hinsicht eine Meisterleistung und erregt Aufsehen. Mit äußerster Sorgfalt wurden alle wirbelbildenden Ecken und Kanten vermieden, selbst die Türgelenke und Griffe wurden versenkt und dadurch eine flüssige Linie erzielt. Wie beim Sportwagen sind die Scheinwerfer zwischen Kotflügel und Kühler eingebaut, so daß der Wagen eine rassige, sportliche Betonung erhält. Die schlanke niedere Form läßt sofort die wundervolle Kurven- und Straßenlage erkennen und man glaubt dem schönen Fahrzeug ohne weiteres seine 125 km/Std. Spitzengeschwindigkeit. Der Motor ist ein Sechszylinder mit 1971 ccm Inhalt, 2 Vergasern, 55 PS Leistung und verbraucht auf 100 km etwa 12 Liter Kraftstoff. Das Leistungsgewicht ist 20 kg je PS. Um die Kraft des Antriebes auch bei Autobahn-Fahrten wirtschaftlich auszunutzen und den Motor zu schonen, hat der Wagen einen Schongang mit einer Übersetzung von 1,301 : 1. Der zweite und dritte Gang hat Gleichlaufeinrichtung. Der Kofferraum wurde ausreichend groß geschaffen. Zur gelegentlichen Mitnahme von zwei weiteren Fahrgästen oder großen Gepäckstücken ist hinter den beiden vorderen Hauptsitzen eine leicht gepolsterte Bank vorgesehen. Das Verdeck ist sehr tief versenkbar; dadurch wird auch bei geöffnetem Wagen die Sicht nach rückwärts nicht gehindert und die edle Linienführung nicht unterbrochen. Um allen Wünschen gerecht zu werden, ist der Einbau eines hochentwickelten Rundfunkempfängers gegen Aufpreis vorgesehen. Die übrige Ausrüstung fügt sich in das Gesamtbild harmonisch ein.

Auszüge aus dem ersten Prospekt für den BMW 327 vom Dezember 1937.

Werbeaufnahmen des BMW 327 von 1938 in Serienausführung. Die Karosserien des Kabrioletts entstanden komplett in Eisenach.

BMW das mit 7.500 RM nun teuerste Modell (der Typ 328 kostet 100 RM weniger) traditionsgemäß auf der IAMA im Februar in Berlin. Publikum und Presse zeigen sich sofort begeistert, viele halten dieses BMW Sportkabriolett noch heute für das schönste Auto der BMW Geschichte. Damit betritt BMW zugleich eindrucksvoll den Kreis der Hersteller von Luxuswagen in Deutschland und es fällt schwer, bei anderen Marken ein vergleichbares Modell zu finden. Der moderne, leistungsstarke Sechszylindermotor, das leichte und stabile Fahrwerk und die niedrige, aerodynamisch günstige und elegante Karosserie mit sehr bequemer und qualitätsvoller Innenausstattung suchen ihresgleichen.

1937 war für BMW nicht nur ein Jahr der eindrucksvollen Erweiterung der Modellpalette, auch innerhalb der Unternehmensstruktur gab es weitreichende Veränderungen. Zum Leidwesen der Eisenacher wurde im Laufe des Jahres die gesamte Wagenentwicklung in das BMW Stammhaus nach München verlegt. Leiter Fritz Fiedler, Motoren-Konstrukteur Kurt Schäfer und Aggregatekonstrukteur Rudolf Flemming kamen mit ein paar Kollegen nach Bayern und bildeten dort mit Heinrich Heuß (Prototypenbau), Dr. Hermann Beißbarth (Werkstoff- und Stromlinienexperte) und Alfred Kempter (Erprobung Kraftwagen), alle drei ursprünglich im Motorradbau tätig, ein hochkompetentes und erfahrenes Team.

Das ausnahmslos positive Echo zum BMW Sportkabriolett 327 läßt die Verantwortlichen schon sehr früh über Varianten dieses Modells nachdenken. So entsteht bereits im Februar 1938 eine geschlossene Variante in Coupéform beim Karossier Autenrieth in Darmstadt. Hierfür lieferte Eisenach eine Kabriolett-Teilkarosserie ohne Türen, die dann von Autenrieth im Bereich der A-Säule, des Daches und der Türen modifiziert bzw. vervollständigt wurde. Um den Einstieg in das Coupé zu erleichtern, wurden im Gegensatz zum Kabriolett die Türen wiederum hinten angeschlagen. Der schnittige Wagen wurde zwar nicht rechtzeitig zur Berliner Ausstellung fertig, konnte aber ab September 1938 in Serie gefertigt werden. Mit einem Preis von 7.450 RM lag er nur knapp unterhalb des Preises für die offene Ausführung.

Für die zweifarbig in den Farben Elfenbein, Grün, Schwarz, Enzianblau und Grau mit dem jeweiligen Komplementärton auf der Oberseite der Karosserie lieferbaren 327-Kabrioletts gab es schon ab April kleine Modellpflegemaßnahmen. Die anfangs verwendeten Rudge-Zentralverschlüsse der Räder wurden durch Felgen mit fünf Radbolzen, wie bei den anderen BMW Modellen ersetzt. Zur Begründung hieß es, dass es den vielen Damen unter den 327-Fahrern zu große Mühe bereiten würde, die Verschlüsse mit dem Hammer zu lösen und außerdem wären diese Verschlüsse zu schwer (!). Zum Ausgleich würden die Wagen jetzt mit Bleibronzelagern im Motor, Schutzgamaschen an den Hinterradfedern und einer Sonnenblendscheibe ausgerüstet. Maßnahmen, die laut BMW Rundschreiben vom 2. April 1938 den Minderwert der neuen Felgen weit übersteigen sollten. Es darf sicher bezweifelt werden, dass diese Aussagen so ganz die Wirklichkeit widerspiegelten.

Im gleichen Rundschreiben wurde angekündigt, dass ab Sommer das 327-Kabriolett auch mit dem 80-PS-Motor des Sportwagens 328 lieferbar sein werde. Hier würde man aber wieder die Schnellverschlüsse verwenden, da dieses Sportmodell doch vorwiegend von Fahrern geordert werden wird, die »mit der Handhabung des Zentralverschlusses ohne weiteres fertig werden ...«

Hintergrund für das Angebot dieses neuen Modells war nicht zuletzt die Tatsache, dass viele komfortbewußte Käufer des BMW 328 lediglich ein Fahrgestell orderten und verschiedene Karosseriebauer mit einem Aufbau in Kabriolett- oder Coupé-Form beauftragten. Nicht selten gerieten diese Kreationen dann jedoch stilistisch wenig befriedigend und zudem eignete sich die sehr leichte Rohrrahmenkonstruktion des Roadsters nicht für die schwereren Karosserien dieser Sonderversionen.

Ab Juni 1938 wurden die offenen 80-PS-Varianten mit der Bezeichnung 327/28 in Serie gebaut. Im September folgte das Sportcoupé, das ebenfalls mit dem stärkeren Motor lieferbar war. Mit einem Preis von 8.130 RM lag das 80-PS-Kabriolett deutlich über der Standard-Version, das Coupé kostete mit 8.100 RM nur 30 RM weniger. Alle Coupés wurden mit einer hinteren Notsitzbank und Rundfunkantenne ausgerüstet, die Lackierungen unterschieden sich von denen der Kabrioletts. Serienmäßig wurden drei

▼ **Der 80 PS-Sportmotor im BMW 327 Kabriolett ab Juni 1938.**

▼▼ **Ab September auch als Coupé von Autenrieth lieferbar.**

Kombinationen angeboten: Schwarz mit roten Zierstrichen, rot-beiger Stoffpolsterung und dunkelbeiger Deckenbespannung, schwarz mit grünen Zierstrichen, grüner Stoffpolsterung und resedagrünem Himmel, oder Grau mit blauem Oberteil, blaugrauem Stoff und grauem Himmel.

Unter der Überschrift: »Das Neueste: BMW Sport-Coupé« lieferte die BMW Werbeabteilung den Händlern auch eine Begründung für das neue Modell:

»Warum ein Coupé?
Für eine solche Aufbauart gibt es eine ganze Reihe von Begründungen. Es ist vor allem nicht zu übersehen, dass die überwiegende Mehrzahl der Kraftfahrer sich zum Innenlenker entschließt und zwar nicht allein vielleicht aus preislichen Gründen. Der Innenlenker hat vielmehr eine ganze Reihe von Vorteilen. Er bietet fraglos den besten Schutz gegen die Wetterunbilden, er hat den kräftigen Aufbau, der schon einen Puff vertragen kann, und er sieht selbstredend auch am besten aus, da er ein festes Dach hat, das überdies keinem Verschleiß unterliegt. Nichts zu sagen gegen das Kabriolett …«

Beide 80 PS-Versionen des BMW 327 erreichten Geschwindigkeiten von bis zu 145 km/h, ein Wert, der von keinem vergleichbaren Konkurrenten erreicht wurde; zudem gab es für die Coupés in Deutschland keine Alternative, erst nach dem Krieg sollte diese überaus elegante Karosserieform langsam Einzug in die Angebote deutscher Automobilhersteller finden. BMW war nun knapp zehn Jahre nach der Vorstellung des ersten BMW Kleinwagens zum Hersteller von Luxusautomobilen geworden, ein Werdegang, einzigartig in der deutschen Automobilgeschichte.

Ab Herbst 1938, also zum Modelljahr 1939, wurden alle 327-Modelle mit durchgehenden Stoßstangen und runden Instrumenten ausgeliefert. Zudem unterscheiden sich die ab diesem Zeitpunkt gebauten Wagen von ihren Vorgängern durch vordere und hintere

◄ Die luxuriösen Liegesitzbeschläge im Autenrieth-Coupé.

▲ Der von außen zugängliche Kofferraumdeckel des BMW 327 Coupés.

2 Ltr. BMW 55 und 80 PS
Sport-Coupé

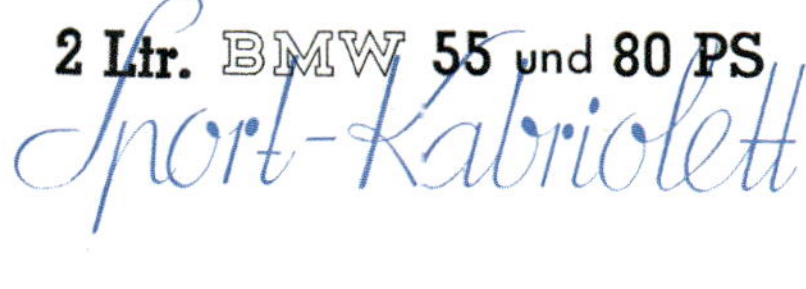

Runde Armaturen und neue Sitze kennzeichnen die BMW 327-Kabriolett-Ausführung von 1939.

Zwei BMW 327-Coupés wurden mit Samtpolsterung, erstmalig Kopfstützen und ohne B-Säule gebaut.

Kotflügel mit einer markanten umlaufenden Sicke. Dadurch wurden die fließenden Formen noch deutlicher zum Ausdruck gebracht. Die seitlichen Abdeckungen der hinteren Kotflügel fielen dieser Modifikation aber zum Opfer.

Motorhauben, Kühlermasken und Kotflügel stammten bekanntlich ab Einführung des Modells 326 aus der BMW Produktion in Eisenach. Die langen vorderen Kotflügel der 327-Modelle wurden dabei bisher aus 12 Einzelteilen zusammengeschweißt, bis man dahinter kam, dass die Kotflügel des

Mit BMW 2 Liter Sportkabriolett zum Berninapaß

Farbfoto: Reisener

Beilage zu den »BMW Blättern«, Heft 35 vom Mai 1939.

geplanten großen BMW Modells 335, aus einem Stück gepresst, fast exakt den bisher aufwendig gefertigten entsprachen. Mit geringen Anpassungsarbeiten wurden diese künftig für die 327-Kabriolette und -Coupés verwendet.

Im Verlauf des Jahres 1939 reduzierte sich die Anzahl gebauter Wagen der Modellreihe 327 deutlich, eine Entwicklung, die sich mit Ausbruch des Krieges, dem Einmarsch deutscher Truppen in Polen, noch verstärkte und auch alle anderen BMW Modelle betraf. Es dauerte nicht lange und auch bei BMW musste die Produktion ziviler Güter auf Befehl des Naziregimes zugunsten von Kriegsmaterial dramatisch zurückgefahren werden. Im April 1940 wurden die letzten 327/28-Kabrioletts montiert, im Laufe des Frühlings 1941 verließen die letzten BMW 327 das Werk, mit wenigen Ausnahmen wurde die Automobilproduktion im Werk Eisenach bis auf Weiteres eingestellt.

Die Verkaufszahlen hielten sich, nicht zuletzt bedingt durch den hohen Preis, in relativ engen Grenzen. Vom BMW 327 wurden 1.304 Exemplare (1.124 Kabrioletts, 179 Coupés und 1 Fahrgestell) gebaut, vom stärkeren BMW 327/28 nur 569 Stück (482 Kabrioletts, 86 Coupés und ein Fahrgestell). Nicht nur aufgrund der geringen Stückzahl, sondern hauptsächlich wegen der hinreißenden Formgebung, gehört der BMW 327 heute zu den Ikonen der BMW Geschichte.

FKFS- K-Wagen Nr. 1 mit einer Karosserie von Vetter/Bad Cannstadt auf einem BMW 335-Vorserienchassis, April 1938

Einstieg in die Oberklasse

Trotz der bereits beschriebenen Übereinkunft mit Daimler-Benz, sich auf die Entwicklung und den Bau von Automobilen mit höchstens 1,2 Liter Hubraum zu beschränken, arbeitete man schon ab 1933 in München und Eisenach an größeren Motoren für Mittel- und Großwagen. Mittelfristig wollte sich die BMW Leitung in diesem Zusammenhang von der Abhängigkeit der Karosserielieferungen aus dem Daimler-Benz -Werk Sindelfingen befreien und strebte eine eigenständige Karosserieproduktion an. BMW war weithin geschätzt als Hersteller hochwertiger Motorräder, Flug- und Einbaumotoren, und es war nicht einzusehen, warum man sich gerade auf dem prestigeträchtigen Feld des Automobilbaus in Bescheidenheit üben sollte.

Unter der Leitung von Fritz Fiedler entstehen 1935 drei Versuchsmotoren mit einem Hubraum von 2,6 Litern

München, den 9. 4. 1947
Bö/Ze.

A k t e n n o t i z

BMW - Entwicklung der Typen 317 und 332 nach Aussagen von Herrn Schäfer

Motor 317

2,5 Ltr. 6-Zylinder mit Stoss-Stangen und senkrechten Ventilen. Entwurf Hartmann, der damals von Opel kam, nach Opel-Erfahrungen. Einteilige Kurbelwelle mit ausgeschmiedeten Gegengewichten.

Langhuber,
Detailverbesserungen,
Quetschkof für Grauguss,
Leistung 60 PS,
1 Fallstromvergaser,
Ansaugkanal horizontal,
Lauf ruhig.

2 solche Motoren waren da (sind mit allen Zeichnungen im Ausland). Dieser Motor wurde durch den Motor 326/4 als überholt angesehen, allerdings zeigte der Versuch mit Grauguss-Kopf, dass dabei am schwachen Steg, welcher beim Quetschkof lang und schmal ist, die Wärmeableitung zu gering ist, sodass die Dichtungen hier durchbrennen. Darauf wurde der Kopf dann aus Aluminium gemacht, wo die Dichtung erfahrungsmässig auch nur in Kupfer-Asbest hält.

Motor 332

Dieser soll wie 335 gewesen sein, jedoch mit 40 mm kürzerem Hub, mit 3,5 Ltr.-Kopf.

4 Stück sollen noch da sein, wahrscheinlich mit Zeichnungen im Ausland.

Inhalt 2,6 Ltr.
Leistung 60 - 80 PS.

Fahrgestell 332

Dies war die neue stromlinienförmige Serienkarosserie.

Einen Wagen soll Herr L o o f haben; er kommt zurück.

Zeichnungen wahrscheinlich im Ausland.

Konstruktionsbüro:

Linke Seite des neuen BMW Sechszylindermotors mit 3,5 Liter Hubraum und 90 PS bei 3.500 U/min für das Spitzenmodell 335. Auffällig die seitliche Blechabdeckung des Zylinderkopfs, ein typisches Konstruktionsmerkmal der Opel-Sechszylindermotoren.

BMW hatte für die Konstruktion des neuen, großen Motors den Opel Konstrukteur Hartmann abgeworben, von dem auch die nicht realisierten Entwürfe für zwei kleinere Sechszylindermotoren mit 2,5 und 2,6 Litern stammten.

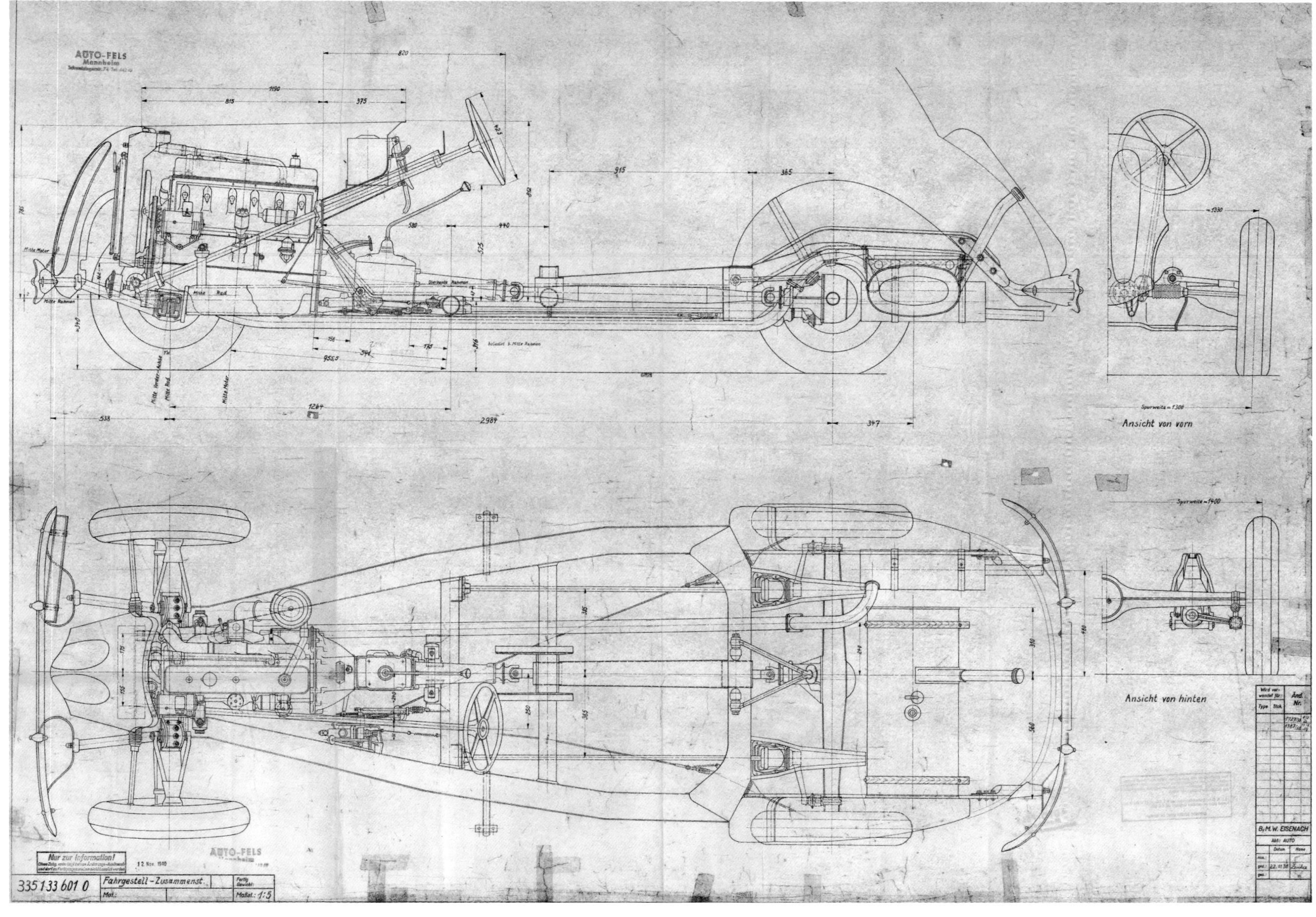

Aufriss und Seitenriss des verlängerten Tiefbett-Kastenrahmens für den BMW 335 mit einem Radstand von 2.984 mm.

unter der Bezeichnung M 330. Konstruktiv entsprechen diese Aggregate weitgehend den bereits vorhandenen Sechszylinder-Reihenmotoren mit 1,5 und 1,9 Liter Hubraum, eine Zweiliter-Variante für den 1936 zu erwartenden Mittelklasse-Typ 326 ist ebenfalls in Arbeit. Wenig später entstehen in München Zeichnungen eines ähnlichen Motors mit 3,0 Litern Hubraum und ebenfalls unsymmetrischen Zylinderabständen. Aber BMW ist noch nicht in der Lage, einen neuen Wagen der Oberklasse auf die Räder zu stellen. Die Entwicklung der Volumenmodelle 326 und 320 nimmt alle Kräfte in Anspruch. Doch es verbleibt dennoch Raum für weitere Versuche in Richtung Großwagen. Ende 1936 entsteht in Zusammenarbeit mit AMBI-Budd eine verlängerte Version des neuen Tiefbett-Kastenrahmens für den Typ 326. Es werden Testfahrten durchgeführt und schließlich findet dieses Fahrgestell Verwendung beim Bau des Stromlinien-Versuchswagens K1 des FKFS in Stuttgart.

Inzwischen wird die Konstruktion eines in Serie zu produzierenden, großen Sechszylindermotors weiter vorangetrieben. Fiedler beauftragt den zuvor an der Entwicklung des 328-Motors maßgeblich beteiligten Karl Schäfer und den von Opel gekommenen Konstrukteur Hartmann mit der Entwicklung eines 3,5-Liter-Motors mit ca. 90 PS Leistung. Man orientiert sich weiterhin grundsätzlich an den vorhandenen Motoren, verlegt jedoch die Zündkerzen auf die linke Motorseite gegenüber von Ansaug- und Auspuffkanal. Ein großer Blechdeckel mit Öffnungen als Zugänge zu den Kerzen verschließt diese Motorseite. Die Zylinderabstände sind so gewählt, dass ein Spielraum für künftige Hubraumerweiterungen besteht.

Die Ventilsteuerung entspricht der des 2-Liter-Motors, allerdings wird die untenliegende Nockenwelle bei diesem großen Sechszylinder über Stirnräder und nicht

BMW 335-Vorserienwagen bei der Langzeiterprobung auf dem Nürburgring im Sommer 1938 über vier Monate und insgesamt 100.000 Kilometer.

Neben ständigen Reparaturen an Vorder- und Hinterachse erwiesen sich die von Conti gelieferten Reifen als ein Hauptproblem bei Geschwindigkeiten über 145 km/h.

mittels Kette angetrieben, wie bei den bisherigen Motoren. Neben diesem, intern M 335 bezeichneten 3,5-Liter-Motor entsteht eine Variante mit 2,5 Liter Hubraum und der Bezeichnung M 317, doch diese mittlere Variante wird nicht weiter verfolgt. Der neue Motor läßt unter Fachleuten gewisse Ähnlichkeiten zum 2,5-Liter-Motor des 1937 vorgestellten Opel Super 6 erkennen, der ebenfalls über einen Stirnradantrieb der Nockenwelle verfügt. Ein gewisser Einfluss des ehemaligen Opel-Mannes Hartmann ist in diesem Zusammenhang nicht von der Hand zu weisen.

Kaum bekannt ist, dass BMW in jener Zeit zudem in eine völlig andere Richtung der Motorenentwicklung investierte. Rudolf Flemming, damals verantwortlich für Erprobung und Konstruktion Aggregate, berichtet später in einem Interview, dass BMW um 1936/37 parallel zur M 335-Entwicklung Versuche mit einem 3-Liter-Dieselmotor durchführte. Partner bei dieser Entwicklung war die Firma Lenova in München-Laim, die über ein Spezialpatent für Diesel-Direkteinspritzsysteme verfügte. Überliefert ist weiter, dass dieser Motor ca. 58 PS leistete und eine Zeitlang in einem 335-Chassis erprobt wurde, bis man von diesem Konzept Abschied nahm.

Im Sommer 1938 werden schließlich die ersten Vorserienexemplare des neuen großen BMW vom Typ 335 fertiggestellt. In Zusammenarbeit mit AMBI-Budd in Berlin-Johannisthal wurden hierfür der Tiefbett-Kastenrahmen und die Karosserie des Typs 326 dem längeren Motor angepasst, eine komplett neue Karosserie für den neuen Spitzentyp hätte das Entwicklungsbudget nicht zugelassen. So wird allein der Vorder-

Reifenprobleme führten zu schweren Unfällen: Einer der BMW 335-Vorserienwagen mit Totalschaden nach mehrfachen Überschlägen bei bis zu 160 km/h am Ausgang der Fuchsröhre. Die Insassen blieben weitgehend unversehrt.

wagen durch Verlängerung des Fahrgestells um rund 12 cm zur Aufnahme des wesentlich größeren Motors vorbereitet, ab der A-Säule entspricht die Karosserie des BMW 335 weitgehend dem Typ 326. Wie schon bei diesem Modell entstehen die Chassis samt den mittragenden und voll ausgestatteten Karosserien im großen AMBI-Budd Presswerk, während in Eisenach die längeren Motorhauben mit den seitlichen Kühlschlitzen, die Kühlermasken und Kotflügel produziert werden. Der Karosseriehersteller Autenrieth in Darmstadt wird mit dem Bau von zwei- und viertürigen Kabrioletts beauftragt.

Doch bei Testfahrten im Sommer 1938 auf dem Nürburgring treten offensichtlich schwerwiegende Probleme auf. BMW hat zu diesem Zweck Hermann Holbein, einen ehemaligen Mitarbeiter des »Aerodynamik-Professors« Wunibald Kamm, als Versuchsingenieur eingestellt. In der Korrespondenz, die Holbein viele Jahre später mit dem damaligen Werkstoff-Verantwortlichen Dr. Hermann Beißbarth führt, ist die Rede von Toten und Verletzten während der Erprobungsfahrten, die auch in die Alpen, den Balkan und den Schwarzwald führten. Eine starke Frontlastigkeit, ein zu schwaches Fahrwerk und vor allem Probleme mit Reifen, die Geschwindigkeiten jenseits der 140 km/h des schweren Wagens (der 335 wiegt fast 200 kg mehr als der 326) nicht verkraften, führen vor allem auf den Hoch-

Sonntagsausflug der BMW 335-Testmannschaft zur Loreley. 3. v. l. Dipl.-Ing. Hermann Holbein, der Leiter des Versuchs, 2. v. r. Georg Stiller und rechts ein Conti-Reifen-Ingenieur.

Die erste Präsentation des BMW 335 auf der London Motor Show im Oktober 1938. Eingebaut war allerdings ein 2,5 Liter M 317-Motor mit 60 PS.

Röntgenzeichnung von Max Millar des BMW 335 aus der englischen Fachzeitschrift »The Autocar«.

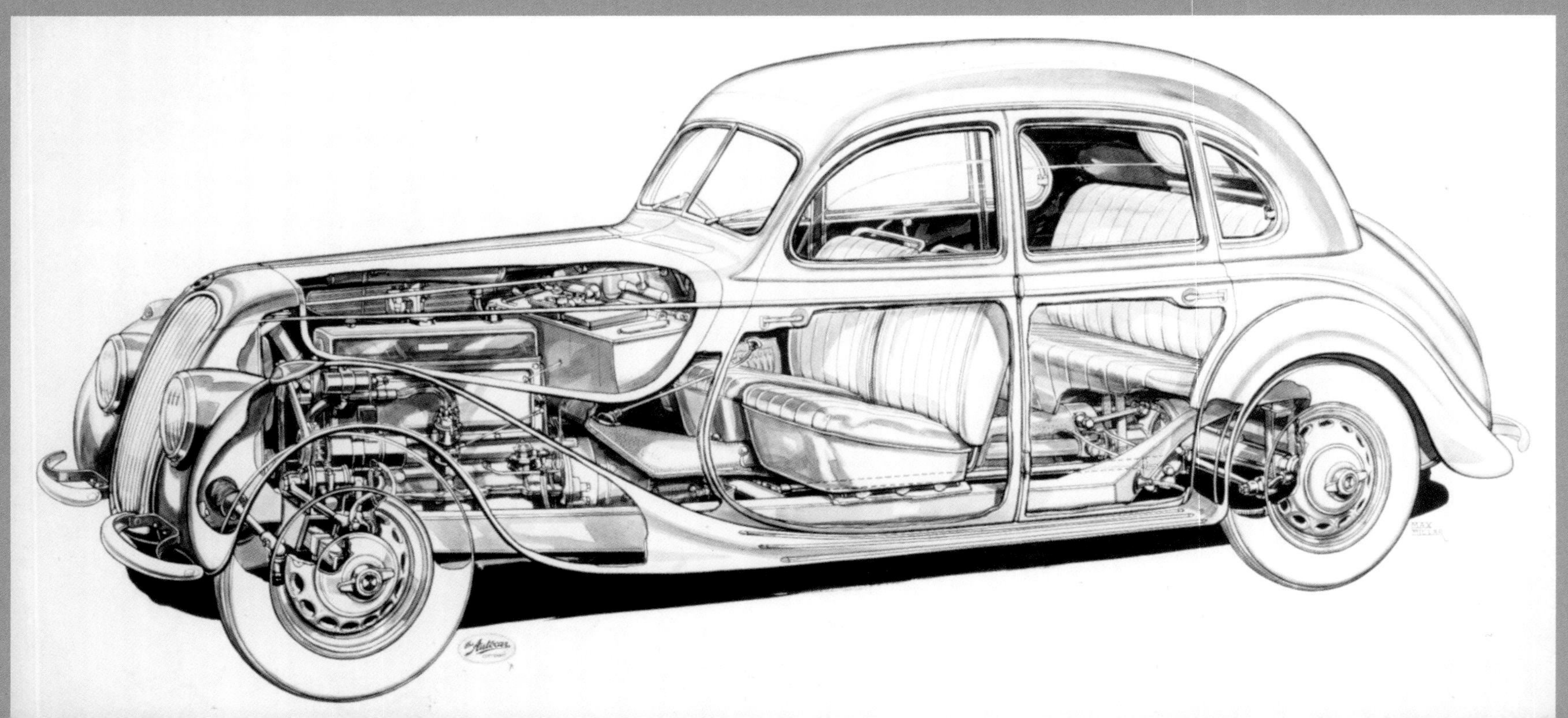

geschwindigkeitsabschnitten des Nürburgrings zu spektakulären Unfällen. Auch Holbein selbst, einer von sechs Versuchsfahrern, kam bei Höchstgeschwindigkeit, die bei den Versuchswagen bei fast 160 km/h lag, von der Fahrbahn ab und überschlug sich sechs Mal, glücklicherweise jedoch ohne schwerwiegendere Folgen. Nicht zuletzt aus diesem Grund wurde der 3,5-Liter-Motor in der Serie durch eine mildere Nockenwelle mit deutlich geänderten Ventilsteuerzeiten »entschärft«.

Nach langwierigen Erprobungen mit verschiedener Bereifung, stärkeren Federn und stabileren Torsionsstäben, konnte das Fahrverhalten der großen Limousine schließlich so weit verbessert werden, dass eine Serienfertigung bis zum Frühjahr 1939 in Betracht kam. Doch BMW wollte die Öffentlichkeit schon früher von der Existenz eines neuen, repräsentativen Modells in Kenntnis setzen.

Bis zur IAMA in Berlin im Februar 1939 war es noch lange hin und so entschloss man sich, die BMW 335 Limousine bereits auf der London Motor Show im Oktober 1938 auszustellen, wobei es sich bei dem gezeigten und vielfach bestaunten Wagen allerdings um ein Vorserienmodell handelte, das in einigen Details noch nicht der späteren Ausführung entsprach.

Erst im Frühjahr 1939 entstanden die ersten BMW 335 Limousinen regulärer Produktion, die zweitürigen Kabrioletts mit Autenrieth-Karosserien folgten im April, die viertürigen einen Monat später. Auf dem BMW Stand der IAMA 1939 war nur der BMW 335 als Limousine ausgestellt. Im Freigelände dagegen präsentierte man zwei ungewöhnliche Einzelstücke, die es leider nicht bis zur Serienreife schafften: ein Sportkabriolett mit zwei Sitzen und kleiner Notsitzbank sowie ein ebensolches Sportcoupé, das BMW

▼ Ausschnitt aus der AAZ vom 1. Oktober 1938: »Vom Wissen der anderen« über den Vorstellungsbericht in »Auto Car«. Alle Daten sind leider, vermutlich aus Umrechnungsgründen, nicht korrekt.

„The Autocar", London, berichtet:

Frazer Nash-BMW haben einen neuen Typ herausgebracht, und zwar ein Baumuster 355 mit einem 3,5-Liter-Motor, der sowohl als Limousine als auch als Kabriolett geliefert werden wird. Dies neue Modell folgt im großen und ganzen den Bauprinzipien des erfolgreichen Typ 326; es weist einen Kastenrahmen und Torsionsstabfederung der Hinterräder auf. Die Vorderradaufhängung geschieht durch eine untenliegende Querfeder und Querlenker. Der Radstand beträgt 3660 mm, die Spur vorn 1570, hinten 1675 mm. Auch der Motor zeigt die bekannte BMW-Schule: ein durch Stoßstangen über Kipphebel von oben gesteuerter Sechszylinder mit 82 mm Bohrung und 110 mm Hub, woraus sich ein Gesamthubraum von 3485 ccm ergibt. Das Vierganggetriebe ist mit der Einscheibentrockenkupplung mit dem Motor verblockt. Die Getriebeabstufungen sind 11,2, 6,2, 3,8 und 2,9 : 1. Alle vier Vorwärtsgänge sind geräuscharm und synchronisiert. Diese niedrigen Getriebeabstufungen (bei denen das Hinterachsuntersetzungsverhältnis bereits eingerechnet ist) werden durch das überaus günstige Leistungsgewicht ermöglicht, das allen BMW-Modellen eigentümlich ist. Das Gewicht der 3,5-Liter-Limousine beträgt 1090 kg. Der Wagen soll eine Höchstgeschwindigkeit von über 150 Benz erreichen. Man darf annehmen, daß dieser neue große Frazer Nash-BMW den guten Ruf dieser Wagen in bezug auf Leistungsfähigkeit, Wirtschaftlichkeit und Fahrkomfort in jeder Hinsicht bestätigen wird.

▼ BMW 335 Limousine im Serienzustand auf der IAMA 1939 in eleganter Zweifarblackierung Hellblau/Dunkelblau.

Der geräumige und luxuriöse Innenraum der BMW 335 Limousine, jetzt mit Vierspeichen-Lenkrad und serienmäßigem Ölthermometer am Armaturenbrett.

▼ Dieses Einzelstück eines Coupés auf Basis BMW 335 machte BMW dem BMW Motorrad-Weltrekordfahrer Ernst Henne zum Geschenk. Coupé und Kabriolett standen aus Platzgründen nicht auf der Messe, sondern auf dem Parkplatz für Vorführwagen.

▶ Leider nur ein Detail der BMW 335-Coupé und Sportkabriolett-Einzelstücke: Der von außen zugängliche Gepäckraum. Beide Karosserien entstanden bei Autenrieth in Darmstadt.

Werbeaufnahme des Fotographen Stavenhagen der BMW 335 Limousine vor der IAMA, des größten und stärksten BMW Modells der Vorkriegszeit.

Zur Unterbringung größeren Gepäcks musste man leider eine Kofferbrücke zu Hilfe nehmen.

3½ Ltr. BMW 90 PS
Kabriolett

Fünfsitzig, 2 oder 4 Türen. Echte Lederpolsterung. Vordere Sitzlehnen ganz umlegbar. Autobahn-dauerfester 3,5 Liter Doppel-Registervergaser-Sechszylindermotor

Graphische Darstellung des seltenen, zweitürigen BMW 335 Kabrioletts aus einem umfangreichen Verkaufskatalog von 1939.

Werbeaufnahmen der zwei- und viertürigen Varianten des BMW 335 Kabrioletts.

dem erfolgreichen BMW Rennfahrer und Motorrad-Weltrekordler Ernst Henne zum Geschenk machte. Beide Fahrzeuge waren optisch vergrößerte Versionen des BMW 327 und verfügten im Heck über einen großen Kofferraumdeckel, durch den man nun endlich das Gepäck auch von außen einladen konnte.

In den Jahren 1939 bis 1941 entstanden 410 Einheiten des Typs 335, zumeist Limousinen (233 Stück), gefolgt vom zweitürigen Kabriolett (118 Stück). Der viertürige, offene Wagen entstand in nur sehr kleiner Zahl (40 Stück). Dazu kamen noch die zwei Sportversionen und 17 Fahrgestelle für noch opulentere Sonderausführungen. Mit einem Preis von 7.850 RM lag die Limousine auch kostenmäßig eine ganze Klasse über dem Typ 326, der zwar über einen annähernd gleichen Innenraum verfügte, aber was die Motorisierung betraf, einen großen Abstand wahrte. Das teuerste Modell, das viersitzige Kabriolett, wurde für 9.600 RM angeboten. Der rund 1.300 kg schwere Fünfsitzer erreichte annähernd die Geschwindigkeit des damals schon legendären Sportwagens 328 und bot den Passagieren dabei höchsten Komfort in Bezug auf Bequemlichkeit der Sitzverhältnisse und Geräuschpegel. Das vollsynchronisierte ZF-Getriebe ohne Freilauf machte den Umgang mit dem enorm drehmomentstarken Motor zum Vergnügen.

Aus der Not geboren: BMW 326 mit Motorhaube des Typs 335 und Holzgasgenerator von Daimler-Benz, Typ DBG 136, im Test 1943 im Werk Milbertshofen.

Mit Kriegsbeginn kam die Auslieferung dieses größten und luxuriösesten BMW gerade richtig in Schwung. Höchste Militärstellen hatten diese imposanten Fahrzeuge als angemessene Fortbewegungsmittel für die Generalität entdeckt. Die meisten der privaten Kunden wurden nicht mehr beliefert, weil die Wehrmacht sich eine Option auf die noch zu produzierenden Fahrzeuge sicherte. Der unbarmherzige Verschleiß auf den materialmordenden Pisten vor allem an der Ostfront hatte dann auch zur Folge, dass nur sehr wenige dieser schönen Wagen den Zweiten Weltkrieg überlebten.

Hermann Holbein, Leiter der BMW Fahrwerksentwicklung und
Fritz Trötsch, Verkaufsdirektor auf Testfahrt 1940 mit einem BMW 327/28.

SONDERKAROSSERIEN

Die überwiegende Zahl der Karosserien für die BMW Modelle der Baureihen 320, 321, 326 und 335 mit Kastenrahmen entstanden im Karosseriewerk **AMBI-Budd** in Berlin, im **BMW Werk Eisenach** und bei **Autenrieth** in Darmstadt. Exklusive Einzelstücke nach Kundenwunsch fertigten:

- **Assmann** in Eisenach
- **Erdmann & Rossi** in Berlin
- **Hebmüller** in Wuppertal

Kleinserien entstanden bei **Gläser** in Dresden, wo seit 1864 Kutschen und seit 1905 Karosserien für Automobile gebaut wurden, sowie im Unternehmen von Karl Baur in Stuttgart, wo man sich von einem Einmannbetrieb 1910 zu einem der bedeutendsten Hersteller im Bereich Karosseriebau in Deutschland entwickelt hatte. In den 1930er-Jahren entstanden bei Gläser und **Baur** zahlreiche formvollendete, zumeist offene Aufbauten für die renommiertesten Automobilhersteller Deutschlands, nicht zuletzt auch auf BMW Fahrgestellen. Ähnlich exklusive Kleinserien auf der Basis dieser BMW Modellreihen bauten zudem **Weinberger** und **Wendler**.

Größere Stückzahlen zumeist offener BMW Modelle mit Sonderkarosserien bauten die bereits beschriebenen Firmen **Reutter** und **Drauz**, wobei letztere auch im offiziellen Verkaufsprogramm von BMW angeboten wurden.

Erste Darmstädter Karosseriewerke Autenrieth

1918 gründete der Stellmachermeister Georg **Autenrieth** seinen Betrieb in Weinsberg, 1922 zog man nach Darmstadt um. Schnell entwickelte sich die Firma dank ihrer Nähe zu den großen Autofabriken von Opel, Röhr und Adler zu einer der bedeutendsten auf diesem Gebiet in Deutschland.

In der Zeit zwischen den Weltkriegen gab es nur wenige bekannte Automarken, für die Autenrieth nicht die verschiedensten Aufbauten vom Landaulet bis zum Rennwagen entwickelte und fertigte, daneben entstanden größere Serien für Röhr und BMW, hier vor allem in Gestalt der schönen Luxuskabrioletts der Baureihe 326 und der eleganten 327 Coupés. Nach englischer Lizenz bot Autenrieth zudem eine als »A-Sicherheitstür« bezeichnete Schwenktür an, die Ende der 1930er-Jahre an wenigen Exemplaren des BMW 326 realisiert wurde.

Im Zweiten Weltkrieg musste sich auch **Autenrieth** mit der Herstellung von allerlei Kriegsgerät beschäftigen, es entstanden unter anderem diverse Kübelwagen-Aufbauten sowie Flugzeug- und Waffenteile.

Nach 1945 hielt sich die Firma mit Reparaturarbeiten und Umbauten von Armee-Jeeps in kleine Nutzfahrzeuge über Wasser, schließlich spezialisierte man sich auf Karosserien für Liefer- und Kombiwagen der Marke Opel. Daneben entstanden weiterhin auch noch Einzelstücke und Kleinserien, vor allem Cabriolets für zahlreiche deutsche und auch ausländische Hersteller. Auf Fahrgestellen der BMW 502-Limousine baute Autenrieth einige wenige bildschöne und exklusive Cabrios. 1964, mittlerweile gab es so gut wie keine geeigneten Automobile mit separatem Chassis mehr, die ideale Voraussetzung für exklusive Sonderkarosserien, wurde die Firma aufgelöst.

AMBI-Budd-Bodengruppe mit Windlauf für Kabriolettaufbauten, hier für den BMW 335. Die Version für den BMW 326 war bis auf den 10,8 cm kürzeren Vorderbau identisch.

Vorgestellt auf der IAMA 1938: die Autenrieth-Sicherheitstür an einem BMW 326 Kabriolett nach einem Patent von James Young/England

Authenrieth-Sonderkarosserie für BMW 326 mit Kofferklappe

BMW 326 Sportkabriolett von Baur

BMW 326 Kabriolett viersitzig von Baur

BMW 326 Sportkabriolett von Buhne

BMW 326 Drauz Roadster-Cabriolet

BMW 326 Drauz Roadster-Cabriolet

BMW 326 Sportcabriolet von Erdmann & Rossi (Chassis-Nr. 78460), ein Einzelstück für den Berliner Architekten Otto Sperber

Gläser Sportwagen Cabriolet mit unsichtbar eingebautem Verdeck, »Der Sportwagen mit allen Bequemlichkeiten«, 1938

BMW 326 Sportwagen Cabriolet von Gläser

BMW 326 Sportwagen Cabriolet von Gläser

BMW 326 Sportkabriolett von Hebmüller 1938

BMW 326 Autenrieth-Werkskabriolett mit angebautem Kofferraum von Nowack

Reutter-Entwurf Nr. 3690 vom Januar 1937 für ein BMW 326 Cabriolet

BMW 326 Cabriolet von Reutter, zwei- bis viersitzig mit einknöpfbaren Notsitzen

Reutter-Entwurf Nr. 3715 vom November 1937 für eine BMW 326 Pullmann-Limousine

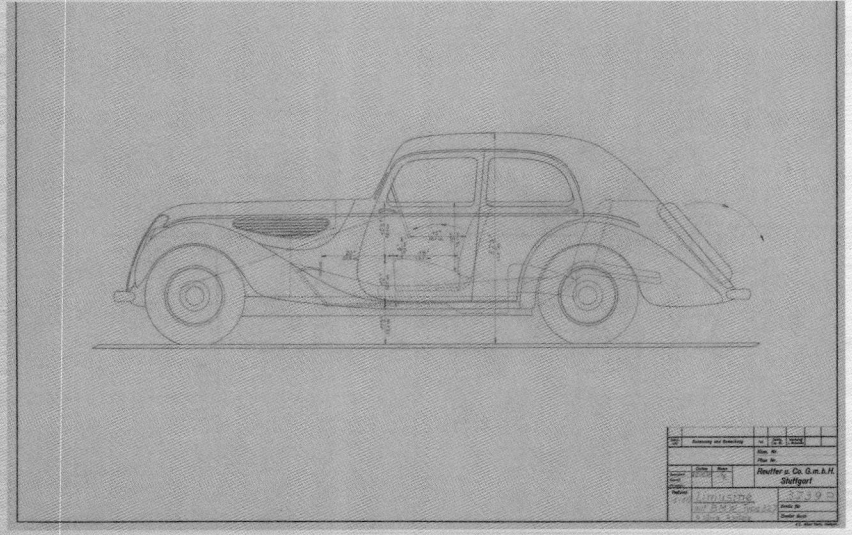

Reutter-Entwurf Nr. 3739 A vom Oktober 1938 für eine Limousine auf BMW 327-Chassis

Reutter-Entwurf Nr. 3725 vom März 1938 für einen BMW 326 Phaeton

BMW 326 4-Fenster-Cabriolet der Vereinigten Werkstätten, München

BMW 326 Kabriolett von Ludwig Weinberger, München 1937

BMW 326 Sportkabriolett (# 289) von Ludwig Weinberger 1938

BMW 326 Kabriolett, 4-sitzig von Wendler

BMW 326 Jaray-Stromliniencoupé zweisitzig von Wendler, Karosserieentwurf von Freiherr v. Koenig-Fachsenfeld

BMW 326 Jaray-Stromlinienlimousine von Wendler, Karosserieentwurf von Freiherr v. Koenig-Fachsenfeld

BMW 320 Sportkabriolett von Autenrieth

BMW 320 Sportkabriolett von Baur 1937/38

BMW 320 Sportkabriolett von Baur 1937/38

BMW 320 Sportcabriolet von Drauz 1937/38

Frazer Nash BMW 320 Kabriolett von Reutter

REUTTER

Cabriolet

BMW 320

2–4 sitzig

BMW 320 Cabriolet von Reutter, zwei- bis viersitzig mit einknöpfbaren Rücksitzen

BMW 320 Sportkabriolett von Ludwig Weinberger, München (#291), 1938

BMW 320 Kabriolett, zwei- bis viersitzig, von Ludwig Weinberger, München, 1938

BMW 320 Sportkabriolett von Wendler

BMW 327/28 mit einem Kofferaufbau von Reutter 1938

BMW 335 mit Sonderkarosserie von Autenrieth mit verlängertem Heck und Kofferklappe

BMW 335 Sportcabriolet von Graber in Wichtrach/Schweiz 1939

BMW 335 FKFS-K-Wagen Nr. 4 mit Stromlinienkarosserie von Reutter vor der Abnahme durch den Münchner Kunden, Reichsleiter NSKK Erwin Kraus, im Spätherbst 1941

2 Künstlerische Gestaltung

Der Weg zur ersten BMW Abteilung für Karosseriegestaltung/Entwürfe während des Zweiten Weltkriegs

Elegant posiert Wilhelm Meyerhuber, Leiter der am 1. September 1938 bei BMW gegründeten Abteilung »Künstlerische Gestaltung«, für Werbeaufnahmen. Mit Kohlestift entsteht der Entwurf zu einem offenen Rennsportwagen.

Als am 1. September 1938 die neue BMW Abteilung »Künstlerische Gestaltung« ihre Räumlichkeiten im Münchner Stammwerk bezog, baute BMW bereits seit fast zehn Jahren die verschiedensten Automobile. Nach den bescheidenen Anfängen mit Kleinwagen folgten in schnellem Wechsel die ersten Sechszylindermodelle, Sportwagen und Automobile der oberen Mittelklasse. Ein repräsentativer Großwagen, der BMW 335, stand kurz vor der Premiere. BMW hatte sich im Automobilbau schnell einen guten Namen erworben. Die Wagen galten als modern, sportlich und zuverlässig und unterschieden sich deutlich von Konkurrenzprodukten.

BMW war inzwischen ein eher kleiner, aber feiner Autohersteller geworden. Fast vergessen waren die Zeiten, als man lediglich eine Fremdkonstruktion in Lizenz baute. Seit 1936 gab es nur noch die Sechszylindermodelle als Limousinen, Kabrioletts, Tourer und Sportwagen. Aber die Karosserien dieser schönen Automobile waren bisher keineswegs von einem werksinternen Team bestehend aus Formgestaltern, oder wie man heute sagt, Designern entwickelt worden, wie es bei vielen anderen bedeutenden Automobilherstellern der Fall war. Verantwortlich waren vielmehr Konstrukteure, die ihr technisches Handwerk mit einem Gespür für die richtige Form vereinen konnten.

Mit der neuen Ganzstahlkarosserie des ersten BMW Automobils, dem BMW 3/15 PS DA 2 von 1929 hatte die bayerische Marke großes Aufsehen erregt. Gerade für Kleinwagen waren diese modernen und nur für Großserien geeigneten Aufbauten damals eher unüblich. Die meisten Hersteller griffen auf die klassische Methode des handwerklichen Karosseriebaus zurück. Dabei wurde eine stabile Holzkonstruktion mit Blechen verkleidet und auf das separate Fahrgestell montiert oder man bespannte die flexibel aufgebaute Basis aus Holz mit gepolstertem Kunstleder nach der Methode »Weymann«, ein Patent des britischen Flugzeugkonstrukteurs Charles Weymann.

Diese Ganzstahlkarosserien für den kleinen BMW waren jedoch nur den Limousinen, zwei- und dreisitzigen Kabrioletts und Coupés vorbehalten. Alle anderen Varianten, wie Tourer oder die zweisitzigen Kabrioletts entstanden im BMW Werk Eisenach in traditioneller Holz-Stahlbauweise. Dort verfügte man zu jener Zeit lediglich über eine einzige sogenannte Breit-Ziehpresse, die imstande war, einfache Blechteile wie Motorhauben, Kühlermasken, oder Kotflügelteile zu produzieren. Die exakte Form dieser Teile gab die BMW Wagenentwicklung vor. Dabei handelte es sich nicht um gestalterische Köpfe, die in einem langwierigen Ausleseprozess die gewünschte Form entwickelten, sondern vielmehr um rational arbeitende

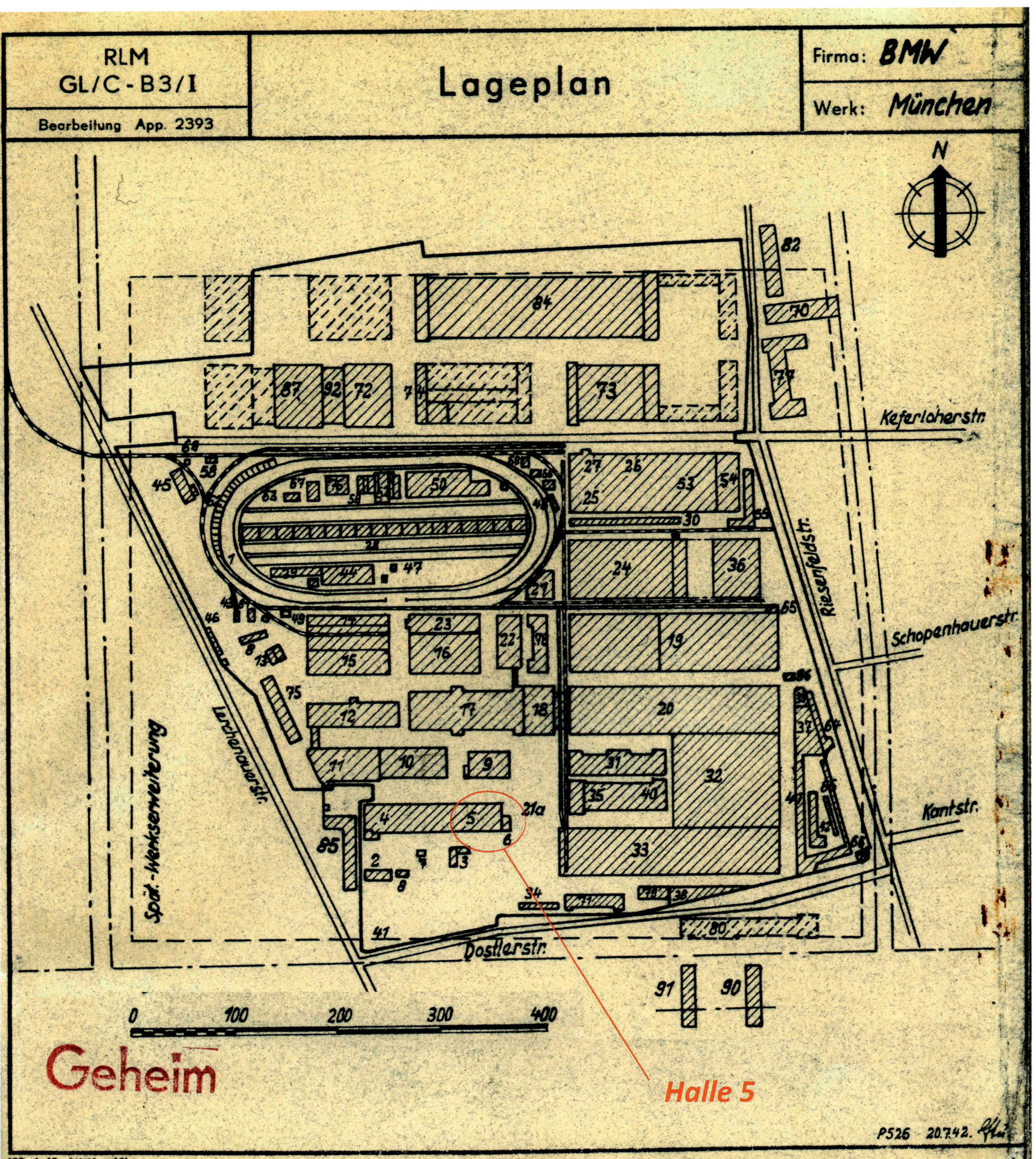
RLM
GL/C-B3/I
Bearbeitung App. 2393
Lageplan
Firma: BMW
Werk: München
N
Keferloherstr.
Schopenhauerstr.
Kantstr.
Riesenfeldstr.
Lerchenauerstr.
Spät.-Werkserweiterung
Dostlerstr.
0 100 200 300 400
Geheim
Halle 5
P526 20.7.42.

Modelle 1929/30

BMW Limousine
0,75 ltr/15 PS
Modell 1930 Type DA 2

BMW
3/4-sitz. Cabriolet
0,75 ltr/15 PS
Modell 1930 Type DA 2

BMW
2-sitz. Cabriolet
0,75 ltr/15 PS
Modell 1930 Type DA 2

Konstrukteure, die die vorgegebene Technik möglichst gefällig einzukleiden hatten. Nicht fantasievolle Entwürfe führten zur Gestalt des Wagens, sondern pragmatische Konstruktionszeichnungen.

Die Gestalt der 3/15 PS-Ganzstahl-Limousine sollte auf Wunsch der Verantwortlichen dem ebenfalls in Austin-Lizenz gebauten Rosengart 5 CV aus Frankreich entsprechen. Ihre Entwicklung in kürzester Zeit und ihre Serienfertigung wurde dem AMBI-Budd-Presswerk Berlin-Johannisthal, kurz ABP, übertragen. Und so sah das erste BMW Automobil dem französischen Vorbild in Holz-Blech-Bauweise auch zum Verwechseln ähnlich. Die Konstrukteure hatten sich nicht die Mühe gemacht, dem Kleinwagen eine eigenständige Form oder zumindest ein wiedererkennbares »Gesicht« zu verleihen.

▲ Zeichnungen wie diese des Rosengart-Kleinwagens 5 CV dienten unter anderem zur Formfindung des ersten BMW Automobils.

▶ Eine Seite aus einer Ersatzteilliste des AMBI-Budd-Presswerks in Berlin mit Abbildungen der verschiedenen Aufbauten für den BMW 3/15 PS DA 2.

◀ Zeitgenössischer Lageplan des BMW Werks München von 1942. Im Kopfteil der Halle 5 war die neue Abteilung Künstlerische Gestaltung untergebracht.

Auch das Nachfolgemodell von 1932 mit der Bezeichnung BMW 3/20 PS war nicht ohne Weiteres als ein Produkt aus dem Hause BMW zu erkennen, wäre da nicht das weiß-blaue Markenzeichen auf der Kühlermaske montiert, das seit 1917 die Erzeugnisse aus München, Berlin und Eisenach kennzeichnete. Wiederum hatte man bei BMW die Gestaltung des neuen Modells nach außen vergeben, ein Vorgang, den man heute als »Outsourcing« bezeichnen würde. Noch immer gab es in Eisenach nicht die Produktionsmittel, um Karosserien komplett in Eigenregie zu entwickeln und zu bauen und das sollte sich noch einige weitere Jahre nicht ändern.

▲ Designentwurf für die erste BMW Eigenentwicklung, den Typ 3/20 PS AM 1 (Ausführung München) von J. F. Sichard aus dem Karosseriewerk Sindelfingen der Daimler-Benz AG.

▶ In diesem Umfang wurden die fertig lackierten Karosserien für den BMW Typ 3/20 PS aus Sindelfingen nach Eisenach geliefert. Dort komplettierte man den Aufbau mit eigenproduzierten Kotflügeln und Motorhaube.

Den neuen, gegenüber dem im Volksmund noch immer liebevoll »BMW Dixi« genannten, etwas geräumiger gestalteten BMW 3/20 PS, zierte eine »Sindelfingen«-Karosserie aus dem gleichnamigen Werk in der Nähe von Stuttgart, in dem ansonsten Aufbauten für Daimler-Benz entstanden.

Probleme in der Zusammenarbeit und mit der Qualität der in Berlin bei AMBI-Budd für das Vormodell gelieferten Ganzstahlkarosserien ließ BMW wieder zur traditionellen Holz-Stahl-Mischbauweise zurückkehren, technisch sicherlich ein bedauerlicher Rückschritt. Ein seit 1926 existierender Kooperationsvertrag zwischen BMW und Daimler-Benz, sowie freie Kapazitäten in Stuttgart infolge der Wirtschaftskrise und ein günstiger Stückpreis von nur 570 RM dürften für diese Entscheidung den Ausschlag gegeben haben. Dafür erhielt BMW Eisenach komplett ausgestattete und lackierte Karosserien, die im BMW Werk durch eigenproduzierte Motorhauben und Kotflügel komplettiert wurden. Neben der Limousine lieferte Sindelfingen auch Zweisitzer-, Kabriolett- und Tourenwagenaufbauten für dieses Modell.

Dieses neue Modell erregte deutlich weniger Aufsehen als das erste BMW Automobil. Äußerlich von den Sindelfinger Karosseriebauern sehr schlicht gehalten, konnte der kleine Wagen weder mit originellen Details noch ansprechenden Fahrleistungen punkten. Probleme mit einer gewöhnungsbedürftigen Vorderachskonstruktion trugen außerdem dazu bei, dass der BMW 3/20 PS dem Unternehmen BMW keine große Zukunft im Automobilbau versprach. Das BMW Werk Eisenach entwickelte sich in jener Zeit derart defizitär, dass Generaldirektor Franz Josef Popp mehrere Versuche unternahm, den Betrieb wieder abzustoßen, unter anderem an die Firma Ford. Doch in den Zeiten der Weltwirtschaftskrise fand sich kein Käufer für ein Automobilwerk ohne Perspektiven.

Dies änderte sich grundlegend, als am 1. August 1932 ein Mann seinen Dienst bei BMW antrat, der die Geschicke des Unternehmens nachhaltig zum Positiven wenden sollte. Aufgrund persönlicher Kontakte war es gelungen, den 1899 geborenen Fritz Fiedler, bisher Leiter der Chassis-Konstruktion beim renommierten Luxushersteller Horch, dazu zu bewegen, seinen wohldotierten und anspruchsvollen Arbeitsplatz in Zwickau aufzugeben. Bei BMW erwarteten ihn dagegen das Abenteuer und die Herausforderung einer völligen Neukonstruktion.

▲▲ Panoramaansicht des Daimler-Benz Karosseriewerks Sindelfingen ca. 1920, etwa 30 km südwestlich vom Daimler-Benz-Hauptwerk in Untertürkheim gelegen.

▲ Ab September 1932 in Sindelfingen für die Aufbauentwicklung und Fertigung auch der BMW Karosserien zuständig: Hermann Ahrens (rechts). Die Aufnahme zeigt ihn noch im Karosserieentwicklungsbüro von Horch in Zwickau mit seinem Kollegen Walter Häcker (links), der später auch zu Daimler-Benz wechselte und für die Serienkarosserien zuständig war.

Innenraum-Maßskizze des BMW Konstruktionsbüros in Eisenach zum Karosserie-Entwurf des Karosseriewerkes Sindelfingen für den neuen BMW 3/20 PS:
»Zu entwerfen ist ein Wagen mit vier Plätzen, die an Sitzbequemlichkeit nichts vermissen lassen dürfen.«

Generaldirektor Popp hatte bereits die Entwicklung eines größeren BMW Wagens angestoßen und Fiedler fand nun in Eisenach einen hervorragenden, kleinen Sechszylindermotor in der Erprobung vor, sowie ein Versuchsfahrgestell, das jedoch weniger überzeugte. Auf Basis des von Fiedler favorisierten konstruktiven Leichtbaus entstand in wenigen Monaten ein extrem leichter und torsionssteifer Rahmen mit sich zum Heck hin verjüngenden Rohren für einen neuen, modernen BMW Wagen. Für das äußere Erscheinungsbild wählte man bei BMW dagegen erneut die Zusammenarbeit mit dem an Erfahrung reichen und Qualität versprechenden Haus Daimler-Benz.

Der neue Wagen mit der Bezeichnung BMW 303 wurde der Öffentlichkeit im Februar 1933 auf der Internationalen Automobil- und Motorrad-Austellung in Berlin präsentiert. Während die Limousinen und Rolldach-Limousinen aus dem Daimler-Benz Werk Sindelfingen stammten, wurde die in Stuttgart ansässige Fa. Reutter mit der Konstruktion der Kabrioletts und Tourenwagen beauftragt. Daneben gab es noch das bildhübsche Sportkabriolett der Dresdner Firma Gläser.

In Sindelfingen hatte man nach Auftragserteilung im Herbst 1932 nur mehr sehr wenig Zeit gehabt, eine neue Karosserie für

den BMW Sechszylinderwagen zu entwerfen und umzusetzen. Verständlicherweise griff man in dieser Situation auf bereits Vorhandenes zurück und so ähnelte die Form der zweitürigen BMW 303-Limousine dem seit 1931 gebauten Mercedes-Benz-Viertürer vom Typ 170/6 deutlich.

Der vom damaligen Chefentwickler der Daimler-Benz AG Hans Nibel konzipierte und im Oktober 1931 in Paris vorgestellte Typ 170 mit 1,7-Liter-Sechszylindermotor wurde zu einem der erfolgreichsten Modelle der Marke und war Ahnherr einer Modellreihe, die in zahlreichen Varianten und Weiterentwicklungen bis 1953 angeboten wurde.

Doch erst heute wird dem historisch interessierten die frappierende Ähnlichkeit beider Modelle bewusst. Anfang der 1930er-Jahre waren sich die Karosserien der Mittelklasselimousinen weit ähnlicher als im weiteren Verlauf der Automobilgeschichte bis in unsere Tage. Pontonform oder Coupés im heutigen Sinne waren noch völlig unbekannt. Die sogenannte »Stromform«, eines der Hauptthemen im Automobildesign der späteren 1930er-Jahre, war vor allem in Deutschland nur in wenigen Einzelfällen wahrnehmbar. Limousinen hatten stets eine mehr oder weniger eckig ausgeprägte Kastenform, mit senkrecht stehenden oder höchstens leicht schräg eingesetzten Frontscheiben, einer waagerecht liegenden Motorhaube und ausgeprägten, angesetzten Kotflügeln und Trittbrettern. Am hinteren Ende fiel die Karosserie meist senkrecht ab, selten war eine Art Kofferraum aus Blech angesetzt, üblich waren Kofferbrücken für

▲▲ Designentwurf von J. F. Sichard, Karosseriewerk Sindelfingen, für Fritz Fiedlers neuen Sechszylinderwagen Typ BMW 303.

▲ Als Vorbild für die Karosseriegestaltung des neuen, größeren BMW diente das bereits auf dem Pariser Salon von 1931 vorgestellte Modell 170/6 (W 15) von Daimler-Benz.

▲ **Die Geburt der BMW »Niere« 1933, ein Entwurf von Kurt Joachimssohn, bis heute das prägendste Designmerkmal der BMW Automobile.**

schweres Reisegepäck. Diese Quasi-Einheitsform kam aus heutiger Sicht vor allem einem sehr geräumigen Innenraum zugute, in dem die Fondpassagiere schon in Mittelklassewagen eine fürstliche Beinfreiheit genossen. Ansonsten waren Automobile gleicher Klassen schwer identifizierbar, ein gewisses Unterscheidungsmerkmal zur Markendifferenzierung boten in erster Linie fantasievolle Kühlerfiguren und markenspezifische Kühlermasken, Embleme mit Markenbezeichnungen, wie heute üblich, waren nur sehr selten zu sehen.

Doch der neue BMW war nun, zumindest von vorne gesehen, sofort als etwas Eigenständiges zu erkennen. Fritz Fiedler hatte dem in Eisenach produzierten Kühlergrill eine markante Form verliehen, die bis heute zu einem Erkennungszeichen fast aller BMW Automobile werden sollte – die Doppelniere. Erstmals hatte man bei BMW bewusst ein »Styling Element« im Automobilbau entwickelt, um sich von Mitbewerbern abzugrenzen. Als Urheber dieser Kühlerform gilt Kurt Joachimssohn, ein Assistent aus Schleichers Fahrzeugversuch, den Fiedler zur Verstärkung seiner kleinen Entwicklungsmannschaft um Konstruktionsleiter Apel ausgeliehen hatte.

Der neue BMW Sechszylinderwagen mit 30 PS wurde von Fachpresse und Publikum sehr positiv aufgenommen. Ein laufruhiger Sechszylindermotor war in einem kleinen Wagen ein starkes Verkaufsargument.

Für den Serienanlauf konnte schließlich von Fritz Fiedler ein vorerst bis 1936 befristeter Vertrag mit dem Daimler-Benz-Karosseriewerk Sindelfingen ausgehandelt werden. Es wurde vereinbart, dass Daimler-Benz alle Limousinen und Rolldach-Limousinen liefert – wie bisher mit kompletter Innenausstattung und Lackierung. Aufgrund der engen Zusammenarbeit beider Unternehmen auf dem Automobilsektor kam es sogar zu Überlegungen und Verhandlungen über eine Fusion beider Firmen, die jedoch nie in die Tat umgesetzt werden sollte.

Neben diesen, komplett bei BMW bestellbaren, geschlossenen »Werkskarosserien« aus Sindelfinger Produktion gab es serienmäßig per Katalog auch ein viersitziges Kabriolett und den offenen Tourenwagen, entworfen von der renommierten Karosseriebaufirma Reutter in Stuttgart, endmontiert im Eisenacher Werk. Darüber hinaus hatte BMW auch immer Sportmodelle im Angebot, deren Karosserien im Laufe der Jahre von verschiedenen Karosserieherstellern zugeliefert wurden. Hatte die Kundschaft noch weiterreichende Ansprüche an Individualität und

1

Stuttgarter Karosseriewerke
Reutter & Co
Stuttgart

Qualitätsarbeit entscheidet!

2

3

4

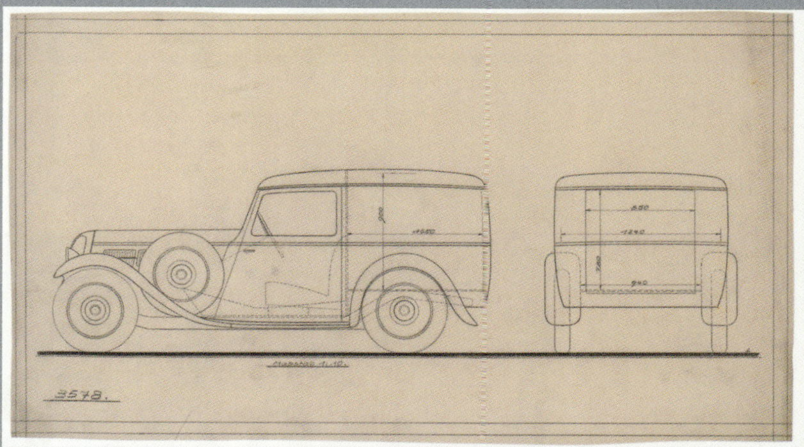

5

Eine Auswahl von Karosserieentwürfen der Stuttgarter Karosseriewerke Reutter & Co.
1: Werbung aus der Zeitschrift »Motor« vom Mai/Juni 1921.
2: 2-sitziges Cabriolet auf dem BMW 3/20-Chassis 1932.
3: Zweisitzer-Sport-Cabriolet auf BMW 315-Chassis 1934.
4: Eil-Lieferwagen auf BMW 315-Chassis 1934.
5: 4-sitziges Luxus-Cabriolet auf BMW 315-Chassis 1934.

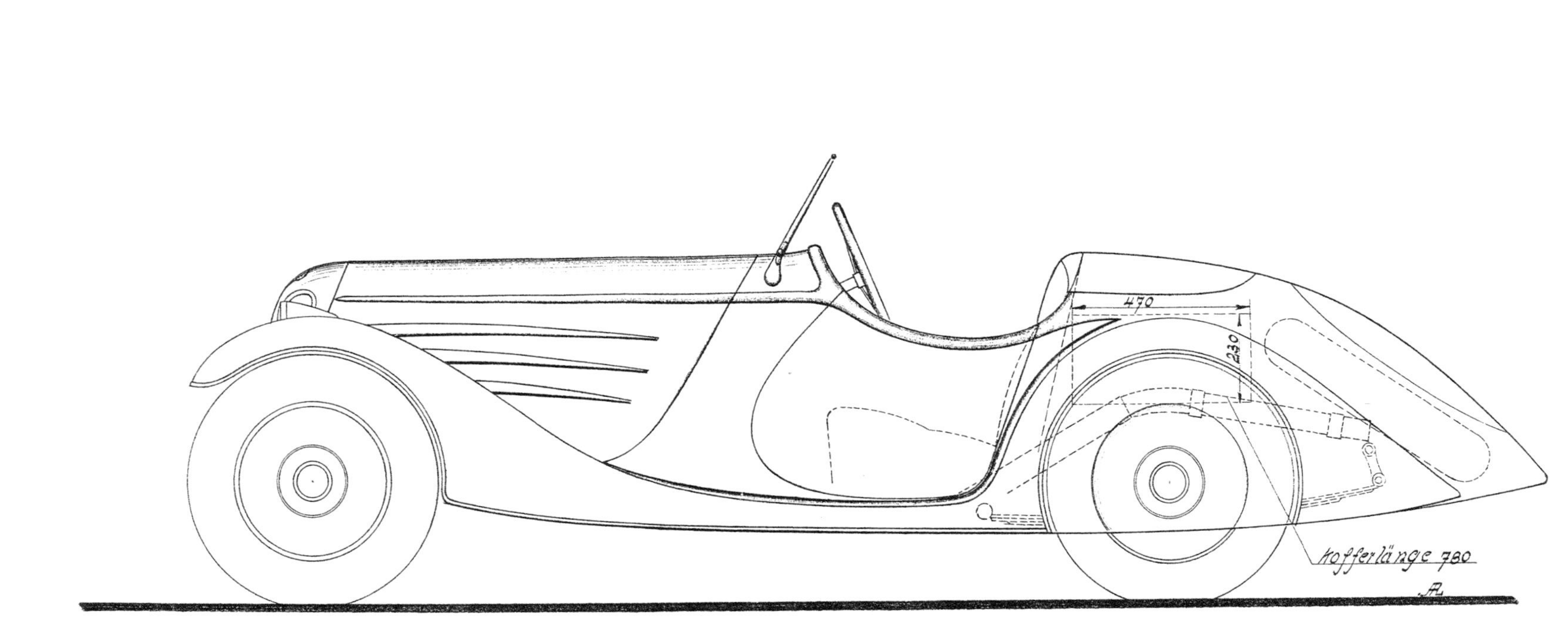

Reutter-Entwurf Nr. 3537 von August Riede für den BMW 315/1-Prototyp auf der IAMA im Februar 1934.

Der neue BMW Sportwagen mit Reutter Karosserie, hier noch als Prototyp auf der IAMA 1934, mit von der Serie abweichender Gestaltung der Seitenflächen der Motorhaube und der Scheinwerfer.

BMW Werksfoto der Vorserienausführung des BMW 315/1, Ahnherr vieler im Rennsport äußerst erfolgreicher Sportwagen aus Eisenacher Produktion, wobei die Karosserien bei Reutter in Stuttgart entstanden.

Etwas unglücklicher Versuch für die Integration der Scheinwerfer in die Motorhaube eines BMW Cabriolets, ähnlich wie beim zweiten 315/1 Roadster-Prototyp auf der IAMA 1934, der zum Glück verworfen wurde.

Exklusivität, standen diese Fachbetriebe, wie z. B. die Firmen Drauz in Heilbronn oder Weinberger in München, zur Wahl, die Karosserien weitgehend nach Kundenwunsch entwarfen und in Abstimmung mit BMW bauten, im Wesentlichen sportliche Varianten in Form zweisitziger Kabrioletts. Als Markenidentität gebende Merkmale dienten dabei in erster Linie die Formen von Kühlergrill, Motorhaube und Kotflügeln. Stets verfügten alle Karosserievarianten über die gleiche, charakteristische Frontansicht.

BMW begnügte sich aus Kosten- und Kapazitätsgründen weiterhin mit einer Nebenrolle auf dem Sektor der Formgestaltung seiner Automobile. Auch die technisch weiterentwickelten Modelle der Typen 315 und 319, sowie der 1934 präsentierte, sehr attraktive Sechszylinder-Sportwagen 315/1, wurden nach diesem Muster produziert.

Durch diese Ambitionen, immer größere Automobile zu bauen – es wurde bekannt, dass BMW an einem viertürigen Mittelklassemodell arbeitete – trübte sich das bisher sehr gute Verhältnis zum Stuttgarter Karosserielieferanten Daimler-Benz. Im Vertrag aus den 1920er-Jahren hatte man festgeschrieben, dass BMW zur Unterstützung gemeinsamer Vertriebsanstrengungen keine Wagenmodelle über 1,2 Liter Hubraum bauen dürfe. BMW hatte diese Grenze mittlerweile längst überschritten und entwickelte sich in der Mittelklasse zusehends zu einem Konkurrenten für die kleineren Mercedes-Modelle.

Allein das freundschaftliche Verhältnis zwischen BMW Generaldirektor Popp und seinem Daimler-Benz-Vorstandskollegen Wilhelm Kissel verhinderte in der Folge einen Eklat. Hätten die Stuttgarter ihre Karosserielieferungen kurzerhand eingestellt, und dies mit Recht, wäre BMW auf absehbare Zeit nicht mehr in der Lage gewesen, komplette Automobile zu liefern. Am Ende verständigte man sich darauf, dass die Stuttgarter weiterhin die Karosserien für die Rohrrahmenmodelle 309, 315 und 319 produzierten. Mit dem Auslaufen des »alten« Modells 319 im Frühjahr 1937 wurden schließlich die letzten »Sindelfinger«-Karosserien geliefert. Insgesamt wurden in Sindelfingen zwischen Januar 1932 und Februar 1937 über 22.000 Karosserien für BMW gefertigt.

Die kleinen Sechszylinder-Sportwagen vom Typ 315/1 und 319/1 gingen gestalterisch auf einen Entwurf des gelernten Karosserietechnikers August Riede bei der Firma Reutter in Stuttgart zurück. Dort wurden auch die Karosserien mit ihren dynamisch fließenden Linien in kleinen Stückzahlen gebaut. Mit diesem Modell begann für BMW die Zeit der großen Erfolge im Automobil-Rennsport.

Mit nur einer Handvoll fähiger Mitarbeiter wurde 1934/35 unter Leitung von Fritz Fiedler mittlerweile auf Hochtouren an der Entwicklung des großen Mittelklassemodells, dem späteren Viertürer vom Typ 326, gearbeitet. Konstruktiver Leichtbau war selbstverständlich wieder die Leitidee für dieses Projekt. Die Entwicklungsarbeiten unter Mitarbeit von AMBI-Budd endeten schließlich in der Konstruktion eines leichten und torsionssteifen Tiefbett-Kastenrahmens, der mit einer zeitgemäß modernen Ganzstahlkarosserie »mittragend« verschweißt werden sollte. Dies führte zu einer Montage-Vereinfachung bei AMBI-Budd, einer hohen Steifigkeit des Gesamtfahrzeugs und bot gleichzeitig die Möglichkeit, auf diesem Fahrgestell die verschiedensten Aufbauten zu verwenden – wie zum Beispiel ein Kabriolett von Autenrieth. Sie vereinte daher die Vorzüge einer mittragenden Karosserie bei den Limousinen mit der Flexibilität eines separaten Chassis für die Kabrioletts.

Nach eingehenden Untersuchungen wählte man bei BMW schließlich wieder eine enge Kooperation mit AMBI-Budd in Berlin-Johannisthal. Der mittlerweile hohe Standard der dort gefertigten Ganzstahlkarosserien für verschiedene Hersteller in Deutschland und die hohe Kapazität der dortigen, modernen Produktionsanlagen gaben schließlich den Ausschlag zu einer erneuten, dauerhaften Geschäftsbeziehung.

Fiedlers »Konstruktiver Leichtbau« forderte geradezu eine moderne Ganzstahlkarosserie, wie sie von AMBI-Budd unter anderem bereits für die Firma Adler gebaut wurde. Der Konstrukteur hatte sich bereits vor seinem Weggang von Horch bei der Entwicklung des kleineren Horch 830 mit derartigen torsionssteifen Kastenprofilrahmen von AMBI-Budd beschäftigt, somit konnte AMBI-Budd nicht nur die Karosserie, sondern auch den Rahmen des neuen Modells produzieren, wodurch bei BMW in Eisenach Kapazitäten frei würden. In Anbetracht eines erhofften großen Verkaufserfolgs ein wichtiger Vorteil.

Da es eine »Designabteilung« im heutigen Sinn damals weder bei BMW noch bei anderen deutschen Herstellern wie etwa Hanomag oder Adler gab, wurde AMBI-Budd von BMW nicht nur mit der Produktion, sondern auch mit der Gestaltung der Karosserie für die neue 2-Liter-Limousine beauftragt. Vorgaben hierfür kamen von BMW unter der Leitung von Fritz Fiedler.

Adaption der Frontgestaltung des neuen großen BMW 326 für einen Nachfolgertyp des kleineren BMW 319 von 1936, der nicht in Serie ging.

Den Gestaltern in Johannisthal gelang mit der Karosserie für den BMW 326 eine Form, die das äußere Erscheinungsbild der BMW Serienautomobile bis zum Ende der Zivilproduktion infolge des Zweiten Weltkriegs prägte, wobei man sich wie schon zuvor wieder deutlich an Vorhandenem orientierte. So ähnelte die Fahrgastzelle des BMW deutlich Produkten in dieser Klasse von Adler oder Hanomag, die ebenfalls bei AMBI-Budd einkauften.

Mittlerweile hatten bei zahlreichen Autoherstellern Erkenntnisse aus der Aerodynamikforschung die Karosserieformen beeinflusst. Die senkrecht stehenden Frontscheiben der 1920er-Jahre waren Mitte der 1930er-Jahre zum größten Teil verschwunden. Das kastenförmige Erscheinungsbild wurde zunehmend durch weichere, fließende Formen ersetzt. So wies nun auch die erste viertürige BMW Limousine vom Typ 326, die ab 1936 in Serie ging, eine zeitgemäße Form auf. Alle Ecken und Kanten waren verschwunden. Eine zweigeteilte, gepfeilte Frontscheibe wirkte besonders windschlüpfig und die BMW typische flache Kühlerniere war einer markant gerundeten Nase mit nierenförmigen Lufteinlässen gewichen. Freistehende

Designentwurf von AMBI-Budd für ein Vierfenster-Cabriolet auf dem neuen BMW 326-Chassis.

Seltene Aufnahme aus dem Karosseriebau bei AMBI-Budd in Berlin Johannisthal: Endabnahme einer Karosserie der BMW Limousine des Typs 326 vor dem Versand nach Eisenach.

Scheinwerfer und mächtige, vom Karosseriekörper deutlich abgetrennte Kotflügel zeigten freilich noch die Grenzen des Einflusses der Aerodynamik im Serienbau auf.

Etwa zeitgleich mit der Entwicklung des Typs 326, war bei BMW ein Zweiliter-Sportwagen als Nachfolger des Typs 319/1 mit Reutter-Karosserie entstanden, der als Typ 328 zur Legende im Automobilbau werden sollte. Verantwortlich für die Umsetzung der Form der bereits existierenden Prototypen in diese klassisch schöne Roadster-Karosserie, zeichnete der Karosseriekonstrukteur Wilhelm Kaiser. Dieser war am 1. Oktober 1936 als Karosseriekonstrukteur vom Daimler-Benz-Werk Sindelfingen nach Eisenach zu BMW gewechselt. Der neue Sportwagen wirkte im Vergleich zum 319/1 wesentlich erwachsener und dynamischer. Als besonders schick galt damals die Fixierung der langen Motorhaube mittels zweier breiter Lederriemen, aus heutiger Sicht ein Designgag, der seine Wirkung aber bis heute nicht verfehlt. Damals jedoch nicht nur Zierde, sondern Vorschrift für Rennsportwagen, die in Le Mans eingesetzt werden sollten.

Aus Gründen der verbesserten Aerodynamik hatte der BMW 328 erstmals bei BMW in die Kotflügel integrierte Scheinwerfer. Der Rest des Aufbaus war betont leicht und schlicht gehalten und verdeutlichte so eindrucksvoll die Rennsportambitionen dieses Modells.

Im Sinne einer angestrebten, höheren Fertigungstiefe, vor allem aber auch um künftig weniger abhängig von externen Karosseriefirmen zu werden, wurde parallel zur Produktionsaufnahme des BMW 326 sowohl der Eisenacher Karosserie- und Vorrichtungsbau als auch die hauseigene Entwicklungsmannschaft um Fritz Fiedler erheblich erweitert. Denn das Angebot an modernen Pkw sollte in kurzer Zeit noch erweitert werden.

Ab 1936 entwickelte man bei BMW mit dem Typ 320 ein zweitüriges Einsteigermodell unterhalb des BMW 326 als Nachfolger der ausgelaufenen Typen 319 und 329. Letzterer ein stilistisch eher wenig gelungener Zwischentyp, der nur ein Jahr lang als viersitziges Werks-Kabriolett oder als Zweisitzer mit Drauz-Karosserie angeboten wurde.

Formal weitgehend angelehnt an den Viertürer 326 gelang es BMW, das Modell 320 ab Mitte 1937 in eigener Regie zu produzieren. Die BMW Händlerschaft wurde in einem Rundschreiben am 26. Juni 1937 von diesem wichtigen Schritt im Unternehmen informiert: »Alle Aufbauten des Baumusters 320 werden in unseren eigenen erweiterten und erstklassigen eingerichteten Karosseriewerkstätten in Eisenach gefertigt. Es ist damit Gewähr für sorgfältige und gediegene

Frühe Darstellung des BMW 328 vom Oktober 1935. Stilistisch markant sind die in die Kotflügel integrierten Scheinwerfer und die damals für Rennsportwagen typischen Ledergurte zur Sicherung der Motorhaube, wie z.B. in Le Mans vorgeschrieben.

WILHELM KAISER

Wilhelm Kaiser wurde 1908 in Sillenbach bei Stuttgart geboren. Ab 1923 absolvierte er eine vierjährige Ausbildung zum Stellmacher in Stuttgart, danach arbeitete er in diesem Beruf für etwa ein Jahr bei der Firma Vetter in Stuttgart, danach für kurze Zeit bei der Firma Stadler & Jest in Ludwigshafen und anschließend bis 1929 bei der Firma Winkler in Düsseldorf.

Im selben Jahr begann er eine weitere Ausbildung an der Fachschule für Wagen- und Karosseriebau in Köthen, die bis 1931 dauerte, anschließend fand er zunächst keine Anstellung. Erst ab 1933 konnte er als Karosseriebauer bei Daimler-Benz in Sindelfingen arbeiten, wo mittlerweile die meisten Karosserien für BMW Automobile entstanden.

Am 1. Oktober 1936 wechselte Kaiser zu BMW in Eisenach, wo er ein Jahr als »Karosserie-Fachmann« arbeitete und insbesondere für die Entwicklung der Typen 327 und 328 Konstruktionen und Zeichnungen beisteuerte. Am 11. Oktober 1937 wurde Kaiser schließlich in das BMW Werk München versetzt und arbeitete fortan als selbstständiger Karosseriekonstrukteur. Am 1. November 1937 wurde Wilhelm Kaiser dort Leiter des Entwicklungs-Konstruktionsbüros für Karosserien. Zunächst war sein Hauptaufgabengebiet in München die Entwicklung von Leichtbaukonstruktionen für Rennfahrzeuge wie 328 Mille Miglia Coupé und Roadster. Später arbeitete er bis 1941 an der Entwicklung von Nachfolgeprojekten und Versuchsaufbauten in Ganzstahlausführung für nach dem Krieg geplante Großserienfahrzeuge.

1941 verließ Kaiser BMW und wechselte als Karosseriekonstrukteur zu den Ford-Werken in Köln. Sein weiteres Schicksal bleibt im Dunkeln, da keine Nachfahren bekannt sind und das Archiv der deutschen Ford-Werke nicht mehr existiert.

Rundschreiben Nr. 691 (Kraftwagen) Mü/Sch

für unsere Herren Vertreter des Inlandes **vom:** 26.6.1937

Betrifft: 45 PS Baumuster 320

Wir überreichen Ihnen nunmehr Druckschriften und sonstige Unterlagen für obiges Baumuster, damit Sie sich mit diesem Fahrzeug bestens vertraut machen können. Entgegen unserem ursprünglichen Plan, anfangs nur Limousinen zu bringen, haben wir inzwischen auch die Kabriolette vorziehen, sowie ferner die Abgabe von Fahrgestellen vorbereiten können.

Es kosten ab Werk Eisenach:

das 45 PS Fahrgestell mit Aufbauboden	3980,- RM,
die 45 PS Limousine 4sitzig, 2-türig	4500,- " ,
das 45 PS Kabriolett 4sitzig, 2-tür.m.Stoffpolster.	5250,- " .

Die Wagen werden in den Lackierungen des Baumusters 326 geliefert;

die Limousinen: schwarz, dunkelrot (maroon), grau,
die Kabriolette: schwarz, rot, grün, grau und (später) elfenbein.

Aufträge werden nunmehr von uns hereingenommen bezw.fest bestätigt. Für die Hergabe der Bestellungen auf Baumuster 320 ist natürlich ein gewisses Verhältnis zu den übrigen Ausführungen zu beachten. Während des Einlaufens der Fabrikation (Juli/August) kommt knapp ein Fahrzeug 320 auf zwei andere. Die Lieferangaben für Ihre Käufer können nur Sie selbst von Fall zu Fall errechnen aufgrund Ihrer gesamten Bestellungen und der uns möglichen Zuteilung.

Die Reihenfolge der Belieferung ist von uns bereits planmässig festgelegt worden; wir bitten Sie, unseren Freigabebescheid für die einzelnen Aufträge von Fall zu Fall abzuwarten. Wir geben diesen Bescheid so rechtzeitig, dass wir uns über die Farbe der Lackierung noch verständigen können, soweit Sie nicht in der Lage sein sollten, uns in dieser Hinsicht freie Hand zu lassen.

Alle Aufbauten des Baumusters 320 werden in unseren eigenen erweiterten und erstklassig eingerichteten Karosseriewerkstätten in Eisenach gefertigt. Es ist damit Gewähr für sorgfältige und gediegene Arbeit gegeben und ferner dafür, dass wir jederzeit rasch und bestens der Entwicklung folgen können.

Wie Sie aus den Druckschriften entnehmen können, lehnt sich das Aussehen der Limousinen, wie auch der Kabriolette weitgehend an die vorbildlich schöne und harmonische Form des Baumusters 326 an. Der Radstand wurde auf 2750 mm verlängert; desgleichen bringen wir gegenüber dem Baumuster 319 eine ganze Reihe von Verfeinerungen, wie Öldruckbremsen und hinten liegender Kraftstoffbehälter. Um das Gewicht wegen guter Wirtschaftlichkeit niedrig zu halten, wurden zwei Türen vorgesehen

Wagen - Verkauf der
BAYERISCHEN MOTOREN WERKE A.G.
MÜNCHEN

Anbei:
Druckschriften

BMW 26
A 4/6.37

Sorgfältige Beachtung unserer Rundschreiben liegt in Ihrem eigenen Interesse

BMW Händler-Rundschreiben vom 26. Juni 1937 mit der stolzen Nachricht, dass ab sofort alle Aufbauten und Fahrgestelle für den zweitürigen BMW 320 in den neu eingerichteten Karosseriewerkstätten in Eisenach gefertigt werden.

Arbeit gegeben und ferner dafür, dass wir jederzeit rasch und bestens der Entwicklung folgen können.«

Die BMW Automobilfabrik in Eisenach war nun, nach acht Jahren, von einem weitgehenden Montagebetrieb zu einem vollwertigen Produktionsstandort geworden, der die Zahl der kostenintensiven Zulieferer deutlich reduzieren konnte.

Bereits ein Jahr später folgte mit dem Kabriolett vom Typ BMW 327 eines der stilistisch attraktivsten Wagenmodelle der Bayerischen Motoren Werke. Wiederum war Wilhelm Kaiser für die Linie dieses eleganten Kabrioletts verantwortlich, das nun ebenfalls komplett in Eisenach entstand. Sicherlich ist es angebracht, auch wenn diese Bezeichnung in jenen Tagen noch nicht gebräuchlich war, Kaiser als den ersten, wirklichen Designer bei BMW zu bezeichnen. Nicht einmal der Begriff »Formgestalter« wurde in diesem Zusammenhang bei BMW offiziell verwendet. Die schlichte Bezeichnung »Karosseriekonstrukteur« rückte die künstlerischen Fähigkeiten eines Mannes wie Wilhelm Kaiser in ein viel zu nüchternes Licht und erst in jüngerer Zeit wird überhaupt erst wahrgenommen, wem das Verdienst dafür gebührt, die Marke BMW um Wagen wie den Typ 327 bereichert zu haben.

Es war nun nur folgerichtig, dass in Konsequenz dieser Erweiterung der Produktionsumfänge die Einrichtung einer hauseigenen »BMW Designabteilung« als unverzichtbar angesehen wurde.

Während, außer z. B. Opel, Daimler-Benz und Horch, die schon über eigene Gestaltungsabteilungen verfügten, viele Autohersteller in Deutschland die Formfindung ihrer Produkte externen Spezialbetrieben überließen, wo in alter Handwerkstradition in relativ kleinen Stückzahlen gearbeitet wurde, war die Entwicklung in den USA we-

Zeitgenössische Zeichnung des exklusiven BMW 327-Sportkabrioletts, dessen Karosserie nach einem Entwurf des BMW Karosseriekonstrukteurs Wilhelm Kaiser komplett in Eisenach gebaut wurde.

sentlich fortschrittlicher verlaufen. Jedes der großen Unternehmen wie General Motors, Ford oder Chrysler unterhielt schon teilweise seit den späten 1920er-Jahren hauseigene Styling Studios, in denen eine Mannschaft aus Designern und Modellbauern in einem klar strukturierten Prozess eine große Bandbreite von Karosserien bis zur Serienreife entwickelte. In freier künstlerischer Arbeit entstand zunächst eine Vielzahl von »Renderings«, also Skizzen und Entwürfe für die Außenhaut und Inneneinrichtung jedes Modells. Hatte man sich auf ein Design geeinigt, folgten Maßzeichnungen und Modelle in kleinerem Maßstab. Schließlich entstand ein »Claymodel« aus einer plastilinartigen Masse im Maßstab 1:1 als Muster für die Anfertigung der Pressformen.

Eine der wenigen Firmen, die in Deutschland nach diesem modernen Verfahren arbeiteten, war die GM-Tochter Opel in Rüsselsheim. Deren Modelle »Olympia« und »Kadett« hatten nicht nur modern amerikanisch anmutende Karosserien, sondern entstanden sogar in selbsttragender Bauweise.

Ein Blick in die Fertigung der Ganzstahlkarosserien für den Typ BMW 320 in Eisenach, um 1937.

Von dort kam Mitte 1938 ein Mann zu BMW, der über ausreichend Erfahrung verfügte, um künftigen BMW Automobilen neue Erscheinungsformen zu verleihen und den Gestaltungsprozess nachhaltig zu modernisieren: Wilhelm Meyerhuber.

1884 in Karlsruhe geboren, wuchs Meyerhuber in einer künstlerisch geprägten Familie auf. Sein Vater war Bildhauer und auch Wilhelm erfuhr eine Ausbildung zum Künstler, beschäftigte sich neben Skulpturen auch mit der Malerei. Doch in der Heimat war Meyerhuber zunächst wenig Erfolg beschieden. Im Alter von über 40 wagte er deshalb den mutigen Schritt, in die USA auszuwandern. Vermutlich hatte sich auch in deutschen Künstlerkreisen herumgesprochen, dass das Thema Industriedesign, also die Formgestaltung von Gegenständen des täglichen Gebrauchs, jenseits des »großen Teichs« interessante Perspektiven bot.

Über den beruflichen Neustart Meyerhubers in Nordamerika ist wenig überliefert, sicher war der Einstieg nicht leicht, doch dann fand er einen Job in einer Firma, die Stoßstangen für verschiedene Fabrikate entwickelte und baute. Über weitere Stationen, wie dem Karosseriehersteller Murray, landete Meyerhuber schließlich bei der Marke Auburn in Auburn/Indiana. Diese Marke bildete zusammen mit Duesenberg und Cord ein Unternehmen, das für seine luxuriösen und fortschrittlichen Automobile bekannt war. Vor allem Automobile der Marken Cord und Auburn unterschieden sich von zahlreichen zeitgenössischen Mitbewerbern durch besonders dynamisch geformte Karosserien und technische Highlights wie Kompressor-Motoren und Frontantrieb.

Bereits hier gewann der Deutsche sicher tiefe Einblicke in das moderne Karosseriedesign, leider sind keine Arbeiten Meyerhubers aus jener Periode überliefert. Wahrscheinlich Ende 1934 wechselte er schließlich nach Detroit zu General Motors. Eine hauseigene Gestaltungsabteilung gab es dort schon seit 1927. Die Leitung dieser »Art & Color Section« genannten Abteilung hatte Harley Earl, der später unter anderem durch die Erfindung der Heckflossen und des Stylings der ersten Chevrolet Corvettes berühmt wurde. Man muss sich das GM Styling Studio damals für einen deutschen Formgestalter als das wahre Paradies vorstellen. Zweifellos lernte Meyerhuber hier auch das von Earl eingeführte Verfahren kennen, Design-Prototypen als Clay Models darzustellen, eine in Deutschland bislang unbekannte Technik. Dabei hatte man die Möglichkeit, ein neues Auto nach den Zeichnungen in einem 1:1 Modell aus tonartiger Knetmasse zu formen und mit verschiedenen Anbauteilen wie Rädern und Chromteilen auszustatten. Veränderungen und Korrekturen konnten leicht vorgenommen werden und das abgesegnete Clay Model diente dann als Urform für die Herstellung der Karosseriepressformen.

Rund ein Jahr verbrachte Meyerhuber in Detroit, dann schickte man ihn zurück nach Deutschland, wo er für die GM-Tochter Opel als Entwerfer arbeiten sollte. Hier sind von Meyerhuber einige Zeichnungen für Karosserieteile und Zierrat überliefert, daneben arbeitete er wohl von Opel unabhängig an Möbeln, Motorbooten und Skulpturen.

Warum die Verantwortlichen bei BMW Meyerhuber am 1. September 1938 als Leiter der neuen Abteilung »Künstlerische Gestaltung« verpflichteten, lässt sich nicht

Blick in das 1938 neu eingerichtete, erste »Designzentrum« von BMW im Werk München im Jahr 1940. Nach amerikanischem Vorbild wurde hier erstmals auch mit Tonmodellen gearbeitet. Links im weißen Kittel neben Wilhelm Meyerhuber der Formgestalter und Modelleur Karl Schmuck, Meyerhubers rechte Hand seit gemeinsamer früherer Zeiten bei Opel, rechts: Wilhelm Kaiser.

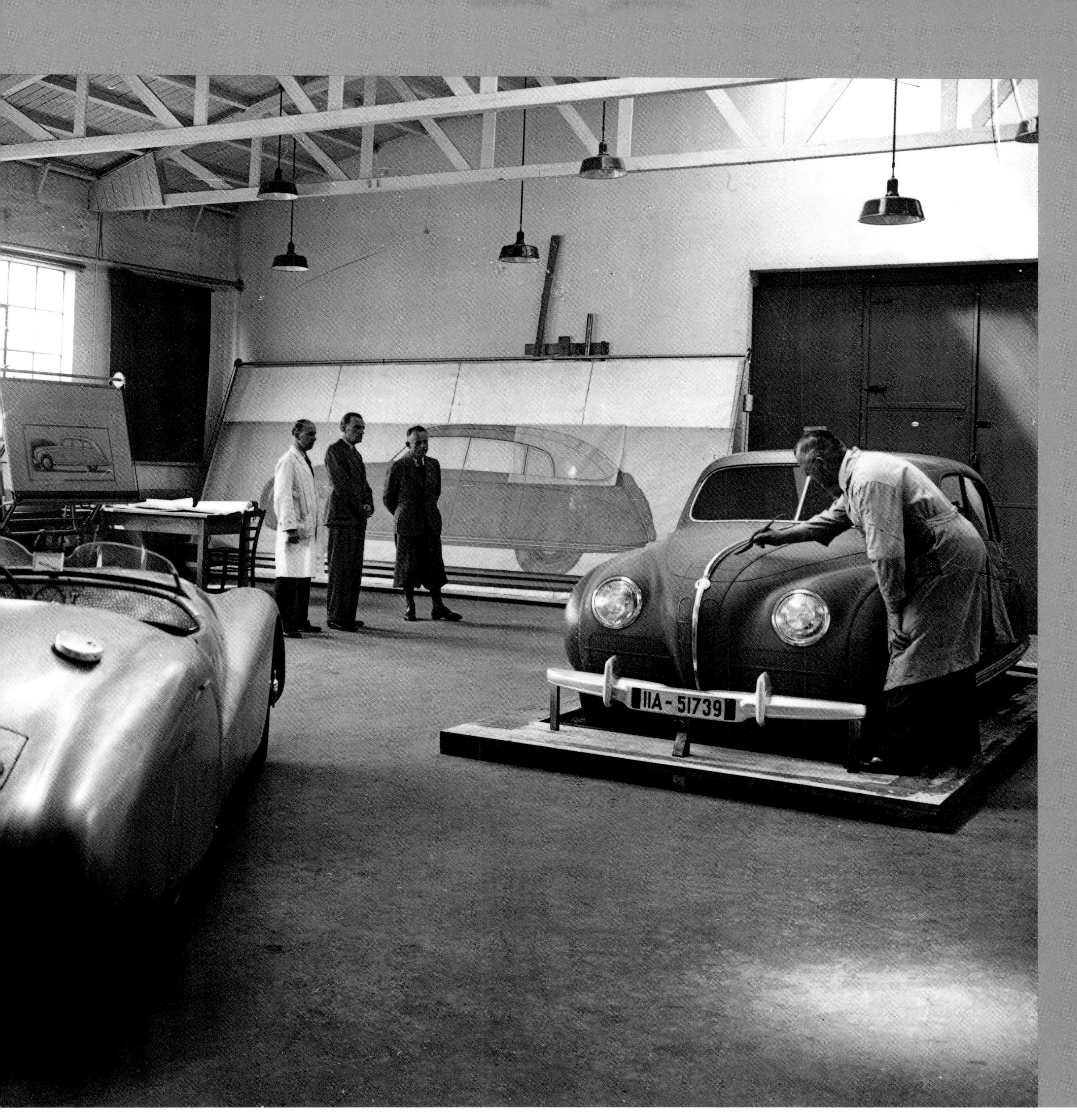
IIA - 51739

mehr rekonstruieren. Vielleicht hatte sich herumgesprochen, dass man bei Opel mit modernsten Methoden der Karosseriegestaltung arbeitete? Tatsache ist jedoch, dass zu diesem Zeitpunkt darüber hinaus auch Motorenkonstrukteure von Opel zu BMW wechselten. Bisher bestand die Abteilung »Karosserieentwicklung und -konstruktion«, seit Anfang 1938 zusammen mit der gesamten Wagenentwicklung von Eisenach ins BMW Stammwerk München Milbertshofen zurückverlegt, aus einem kleinen Kreis von Fachkräften unter der Leitung von Wilhelm Kaiser.

Zum Leiter der in Eisenach verbliebenen Karosserie-Fertigung hatte man gleichzeitig den von Horch abgeworbenen Peter Szymanowski ernannt, der nach 1945 für die Karosserieform des ersten Nachkriegs BMW vom Typ 501 verantwortlich sein sollte.

Dieses Team der Karosseriekonstruktion wurde nun der neuen, künstlerisch orientierten Mannschaft unter Wilhelm Meyerhuber untergeordnet. Die Gesamtverantwortung Wagenentwicklung lag weiterhin bei Fritz Fiedler.

Meyerhuber wurden großzügige Räumlichkeiten als Atelier im Kopfbereich der BMW Halle 5 zur Verfügung gestellt. Der vom Rest der Halle streng abgetrennte, große Raum enthielt gut beleuchtete Arbeitsplätze am Zeichentisch für Meyerhuber und seine künftigen Mitarbeiter, vor den großen Fenstern hatte man bis über Augenhöhe reichende, weiße Verkleidungen angebracht, die als Sichtschutz und gleichzeitig Pinnwände dienten, um Entwürfe anzubringen. Mehrere Fahrzeugentwürfe fanden als Modelle in Originalgröße Platz und an einer großen Zeichenwand konnten Karosseriezeichnungen im Maßstab 1 : 1 angebracht werden. Nur wenige andere deutsche Autohersteller konnten damals ein ähnlich modernes Designstudio vorweisen. Und es gab viel zu tun.

Insgesamt bestand das BMW Team »Künstlerische Gestaltung« zwischen 1938 und 1942 aus nicht mehr als vier bis sechs Personen. Meyerhuber hatte erreicht, dass auch sein engster Mitarbeiter bei Opel, der Formgestalter und Modelleur Karl Schmuck zu BMW geholt wurde. Der Rest der Mannschaft bestand aus Assistenten, deren Namen mit Ausnahme von Franz Kothuber nicht überliefert sind. Letzterer steuerte unter der Leitung von Meyerhuber ebenfalls Entwürfe zur Karosseriegestaltung bei, von denen einige signierte Arbeiten überliefert sind.

Die Gruppe hatte sich nun sofort mit der Entwicklung von mindestens vier neuen Automobilkarosserien, oder »Plattformen«, wie man heute sagen würde, zu beschäftigen, wobei den Anfang ein Nachfolgetyp des Sportwagens 328 für den Renneinsatz machte. Interessant ist in diesem Zusammenhang die Zusammenarbeit der BMW Entwickler mit dem Aerodynamik-Pionier Professor Wunibald Kamm, dem Leiter des »Forschungsinstitut für Kraftfahrwesen und Fahrzeugmotoren der Technischen Universität Stuttgart«, kurz FKFS. Diese Verbindung kam vor allem zustande, weil Alfred Kempter, der Leiter des Wagenversuchs bei BMW, ein früherer Mitarbeiter von Prof. Kamm war.

Kritisch betrachten Meyerhuber und Schmuck die Linien eines 1 : 1-Tonmodells für eine neue BMW Limousine. Im Hintergrund links, der in München aerodynamisch gestaltete Rennsportwagen »Karosserie BMW München« vom Typ 328 Mille Miglia und mehrere Modelle in den Maßstäben 1 : 5 und 1 : 10 für Versuche im Windkanal.

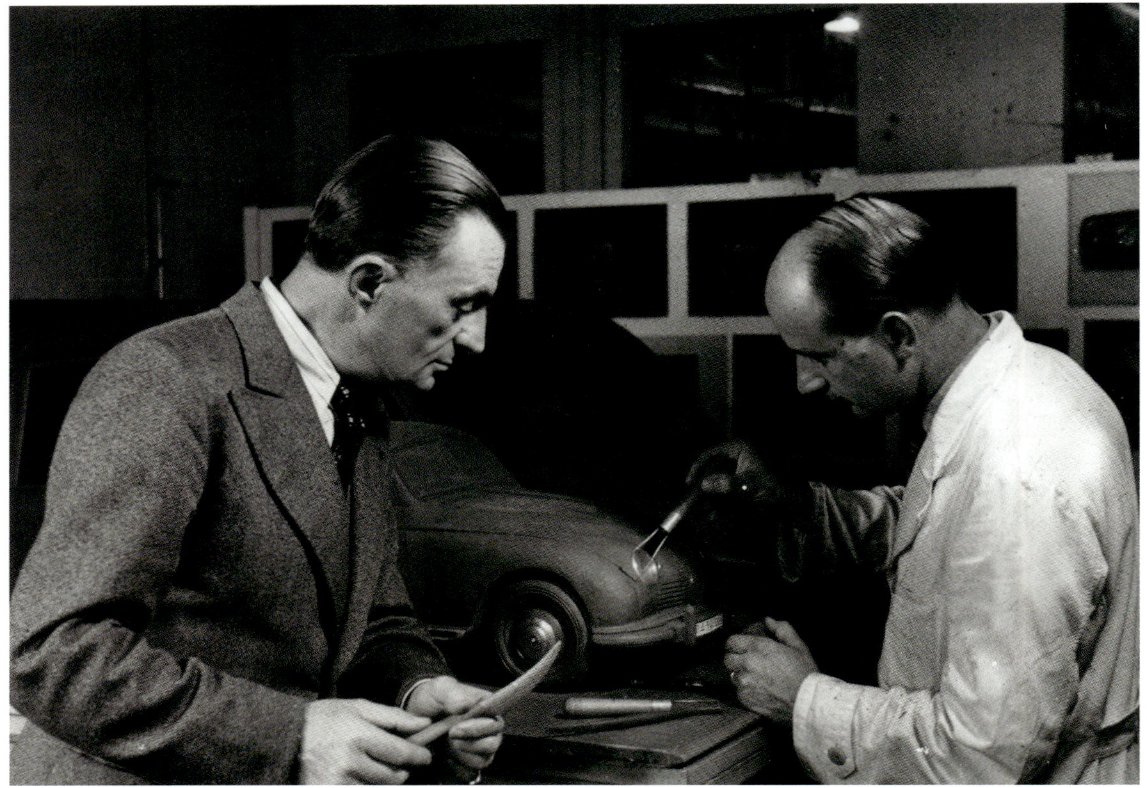

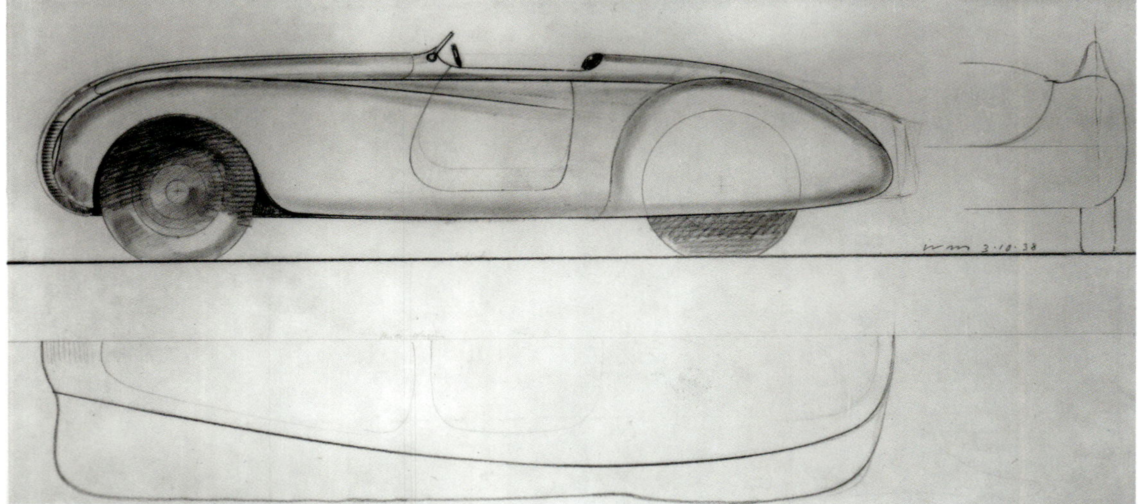

▲▲ **Modelleur Karl Schmuck diskutiert Details des geplanten BMW 326-Nachfolgers vom Typ 332 im Maßstab 1:5 mit seinem Chef Wilhelm Meyerhuber.**

▲ **Erster Designentwurf, gezeichnet von Meyerhuber am 3.12.1938, für eine zukünftige Rennsportversion des BMW 328 mit strömungsgünstiger Karosserieform.**

Noch im Laufe des Jahres 1938 entstanden unter dem Entwicklungscode 318 zahlreiche Entwürfe von Meyerhubers Hand, die einen offenen Sportwagen mit aerodynamisch günstiger, flacher Pontonkarosserie und eine geschlossene Variante mit Fließheck zeigten. Im Maßstab 1:10 wurden danach Modelle aus Plastilin geformt und in Stuttgart im Windkanal getestet, da es zu dieser Zeit bei BMW in München noch keinen eigenen Windkanal gab. Die Ergebnisse waren verblüffend. Glücklicherweise sind einige der Datenblätter dieser »Luftkraftmessungen« erhalten geblieben, die belegen, dass der geplante neue Sportwagen dem bisherigen Zweiliter Typ 328 aerodynamisch weit überlegen war.

Nun war es das Team um Wilhelm Kaiser, das den nächsten Schritt durchführte und die von Meyerhuber erdachte Form in exakte Maßzeichnungen übertrug, danach konnten unter der Leitung von Karl Schmuck Plastilin-Modelle im Maßstab 1:5 oder 1:10 gebaut werden. Wurde dieses vom BMW Vorstand als gut befunden, konnte die Mannschaft um Meister Heuss einen fahrfähigen Prototyp auf die Räder stellen. Dieser Prozess, der im heutigen Automobilbau mindestens vier bis fünf Jahre in Anspruch nimmt, gelang damals in nur einem. Schon im Winter 1939 wurde der neue, stromlinienförmige Sportwagen erprobt, bevor er 1940 die Mille Miglia bestritt.

1939/40 brachte Wilhelm Meyerhuber weitere Entwürfe für einen 328-Nachfolger zu Papier. Für diesen wurden sogar noch ein Hochleistungsmotor mit zwei obenliegenden Nockenwellen und ein verkürzter Tiefbett-Kastenrahmen ähnlich dem des BMW 326 entwickelt, doch dieser Sportwagen ging nie in Serie. Stilistisch ähnliche Wagen entstanden hingegen 1940 im Auftrag der ONS auf BMW 328-Basis bei Carrozzeria Touring in Mailand, doch gehen die Karosserieformen der drei fertiggestellten Rennsportwagen

▶ **Auswahl diverser Studien von Meyerhuber zur Entwicklung des BMW 328-Stromlinien-Roadsters mit der internen Bezeichnung AM 1009 auf Basis 328.**
1: 29. März 1939.
2: Oktober 1939.
3: November 1939.
4: 28. November 1939.
5: 1. Dezember 1939.
6: Karl Schmuck mit Modellen, ca. 1940.
7: Finales Tonmodell des Stromlinien-Roadsters AM 1009.

1

4

2

5

3

6

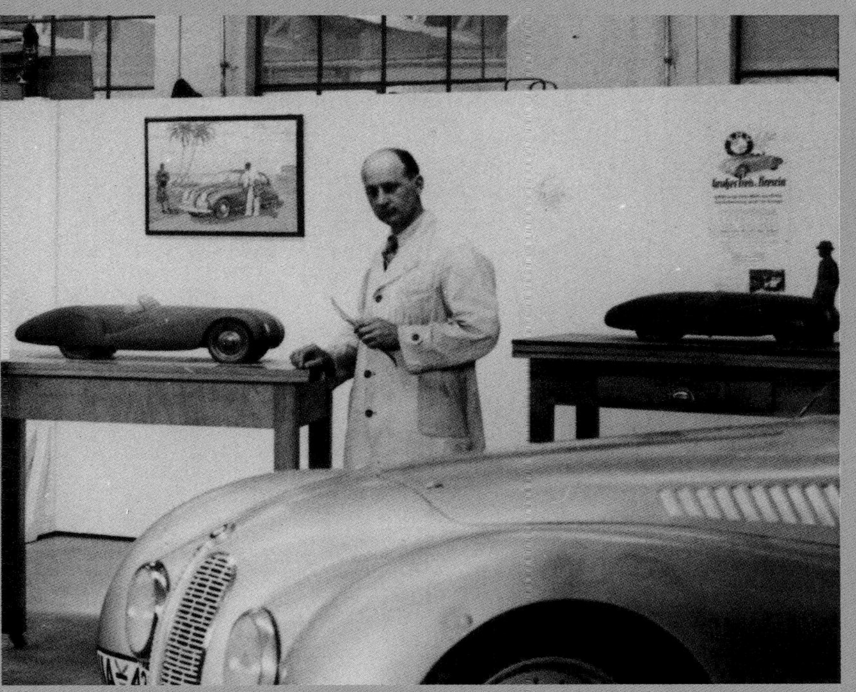

7

1

2

3

4

5

Verschiedene Versionen der Sport- oder Rennlimousinen AM 1007 und AM 1008 auf BMW 328-Basis mit Kamm-Heck vom Oktober 1938.
1: Sportlimousine AM 1007 nach einem Entwurf von Rudolf Flemming, die in Eisenach für das geplante Berlin-Rom-Rennen von ONS (Oberste Nationale Sportbehörde) und RACI (Reale Automobile Club d'Italia) gebaut worden war.
2, 3, 4: Designentwurf von Wilhelm Meyerhuber, sowie Plastilin- und Windkanal-Modell aus Holz für die zweite Ausführung der Rennlimousine AM 1008, jetzt auf verlängertem BMW 328-Fahrgestell.
5: Kamm-Rennlimousine AM 1008 mit ihren »Vätern«s im Sommer 1939 vor dem Eingang des BMW Werks München, Lerchenauer Straße. V. l. n. r.: Wilhelm Kaiser, Franz Kothuber und Karl Schmuck, im Wagen: Wilhelm Meyerhuber.

trotz großer Ähnlichkeiten nicht auf Entwürfe Meyerhubers zurück.

Neben den Sportwagen entstanden zahlreiche Entwürfe und Modelle für drei weitere Produktlinien. Das wohl wichtigste Projekt betraf einen Nachfolger des erfolgreichen Mittelklassewagens BMW 326. Unter dem Entwicklungscode 332 (mit Aufbau 385) entwarf Meyerhuber eine glattflächige, viertürige Limousine in Pontonform mit Fließheck, die mit dem Vorgängermodell äußerlich nichts mehr gemein hatte. Das Projekt gedieh bis zu einem 1:1-Plastilin-Modell, doch die Zeitumstände sollten es Automobilherstellern in Deutschland für lange Zeit unmöglich machen, neue Wagen auf den Markt zu bringen. Am 1. September 1939, exakt ein Jahr nach Meyerhubers Eintritt bei BMW, begann mit dem Überfall der deutschen Wehrmacht auf Polen der Zweite Weltkrieg. Bald danach hatten Deutschlands Industriebetriebe ihre Produktion auf Kriegsmaterial umzustellen, Automobile für zivile Zwecke zu produzieren wurde verboten. Doch inoffiziell wurde für eine in naher Zukunft erwartete Friedenszeit auch bei BMW weiterentwickelt und erprobt. Nach Kriegsende sollten neue, attraktive Produkte sofort zur Verfügung stehen, man erwartete einen enormen Bedarf.

In diesem Sinne wurde auch bei BMW an neuen Wagenmodellen weitergearbeitet, die Arbeiten standen jedoch unter strenger Geheimhaltung, keinerlei Informationen über neue Modelle drangen an die Öffentlichkeit. Der Mittelklassewagen 332 wurde bis Ende 1940 als Prototyp fertiggestellt. Seine Karosserie gelang so modern, dass der Wagen aus heutiger Sicht noch bis weit in die 1950er-Jahre als zeitgemäß gegolten hätte. Während der Bombardierungen des BMW Werks in München »überlebte« zumindest einer der drei fahrfähigen Prototypen schwer beschädigt, konnte jedoch nach Kriegsende geborgen und wiederaufgebaut werden. Noch einige Jahre diente der 332 dem BMW Direktorium als Dienstwagen.

Erste Renderings und Detailentwürfe für den BMW 332 (Nachfolger des BMW 326) von Wilhelm Meyerhuber und Franz Kothuber zwischen Dezember 1939 und November 1940.

1 

 2

3

1: Tonmodell der endgültigen BMW 332-Version im Sommer 1940 in der Münchner Karosserieentwicklung. Neben dem Modell Fritz Fiedlers Sekretärin, Fräulein Roth.
2: BMW 332-Rohkarosserie, Typ 385, in der Münchner Karosserieentwicklung im Sommer 1940. Verantwortlich für die Betriebsleitung der Einzelfertigung: Meister Heuß.
3: Einer der drei BMW 332-Prototypen im Winter 1940/41 auf dem Milbertshofener Werksgelände mit seinen frierenden Erbauern.

Renderings und das Modell eines 2-4-sitzigen Coupés für einen seit 1939 in Entwicklung befindlichen BMW 330, von dem auch ein Tonmodell im Maßstab 1 : 1 in Meyerhubers Abteilung für Karosserieentwicklung existierte. Notwendig war die Entwicklung des Typs 330 durch die Forderung des sogenannten Schell-Plans geworden, der BMW ab 1940 nur noch einen Pkw-Typ in der Klasse 2-3 Liter Hubraum zugestand.

▶ Vom BMW 330 mit einem 2,6-Liter-Sechszylinder-Kurzhubmotor und einer Aluminiumkarosserie von AMBI-Budd in Berlin existierte ein einziger Prototyp, hier als Begleitfahrzeug der Mille Miglia 1940 auf der Rückfahrt oberhalb des Gardasees. Am Steuer Anton Kellermann, Meister aus der BMW Rennabteilung.

Ebenfalls bis zum fahrfähigen Prototyp gelang die Entwicklung eines von der Politik geforderten sogenannten Einheitstyps, der unter dem Code 330 entstand. Hintergrund für dessen Entstehung war der sogenannte Schell-Plan, der Befehl der Reichsregierung an die deutschen Automobilhersteller, ihr Wagenprogramm drastisch zu reduzieren, um daneben vermehrt in die Rüstungsindustrie investieren zu können.

Durch das allgemeine Wirtschaftswachstum nach der überwundenen Weltwirtschaftskrise entstand in den 1930er-Jahren eine rege Nachfrage nach Fahrzeugen aller Art. Die lebhafte Konkurrenz zwischen den verschiedenen Herstellern führte zwangsläufig zu umfangreichen Angebotspaletten mit häufig wechselnden Fahrzeugmodellen. Schon frühzeitig erkannte die Reichsregierung daher, dass sich diese Typenvielfalt in einem zukünftigen Krieg negativ auf die Gesamtproduktion auswirken würde. Daher wurde Oberst Adolf von Schell als Generalbevollmächtigter des Kraftfahrwesens im November 1938 damit beauftragt, einen Plan zur Typenbereinigung zu erstellen. Dieser wurde am 15. März 1939 vorgelegt. Er sah unter anderem die Reduktion der 114 Lkw-Modelle auf 19 und der 52 Pkw-Modelle auf 30 vor. Der »Schell-Plan« trat am 1. Januar 1940 in Kraft. Die Industrie sollte im Jahr 1939 ihre Produktion umstellen, sodass die gestrichenen Fahrzeugmodelle im Jahr 1940 auslaufen konnten. BMW durfte nach diesen Plänen ab 1940 nur noch ein Pkw-Modell in der Klasse zwischen zwei und drei Litern Hubraum produzieren.

Demgemäß schuf Wilhelm Meyerhuber mehrere Entwürfe für Limousinen, Kabrioletts und Coupés, die etwas oberhalb des neuen Mittelklassetyps 332 angesiedelt waren. Stilistisch unterschieden sich diese Wagen deutlich von dem extrem glattflächigen 332 und ab dem Sommer 1939 zeichnete Meyerhuber einige Varianten dieses

◂ Bereits im Oktober 1938 machte sich Wilhelm Meyerhuber Gedanken über einen möglichen Nachfolger des gerade auf der London Motor Show vorgestellten Großwagens BMW 335. Vermutlich deshalb der stolze Schotte auf Meyerhubers künstlerischer Darstellung vom 2. Oktober.

◂ Meyerhubers Entwürfe von 1939 für einen geplanten Großwagen, der den bewährten 3,5-Liter-Sechszylindermotor des BMW 335 auf einem auf 3120 mm verlängerten Fahrgestell von ABP (AMBI-Budd Presswerk) erhalten sollte.

Verschiedene Ansichten eines Ton-Holz-Modells für einen geplanten BMW Großwagen im Maßstab 1 : 1 in der Münchner Karosserieentwicklung. Der amerikanische Einfluss auf Meyerhubers Gestaltung ist unverkennbar.

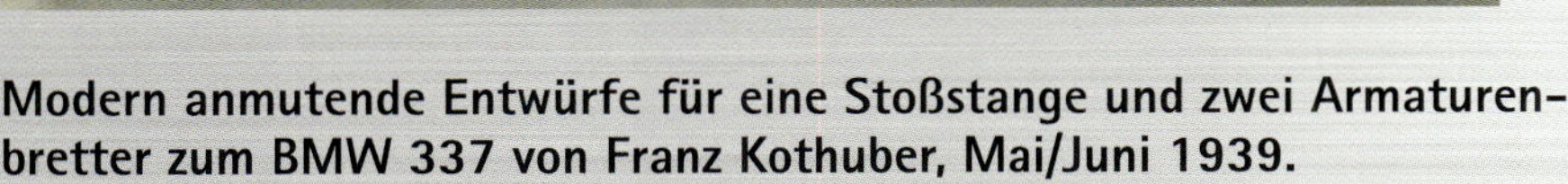

Modern anmutende Entwürfe für eine Stoßstange und zwei Armaturenbretter zum BMW 337 von Franz Kothuber, Mai/Juni 1939.

Modells. Ein einziger Wagen des Typs 330, aufgebaut von AMBI-Budd als Limousine mit Aluminiumkarosserie, wurde bis 1940 noch fertiggestellt und trat sogar im selben Jahr öffentlich als Begleitfahrzeug der Mille-Miglia-Mannschaft auf.

Doch auch in der Klasse der großen Luxuswagen beabsichtigte BMW nach Kriegsende wieder präsent zu sein. Als Nachfolger des erst ab 1939 in Serie produzierten 3,5-Liter-Wagens vom Typ 335, den es als Limousine oder Kabriolett zu kaufen gab, wurde unter dem Entwicklungscode 337 an einem moderneren und womöglich noch luxuriöseren Wagen gearbeitet.

Wilhelm Meyerhuber, selbst bereits stark beeinflusst durch den Stil US-amerikanischer Automobile, entwarf danach verschiedene Varianten eines großen BMW Luxuswagens, die auffallende Ähnlichkeit zu den zeitgenössischen Modellen vor allem der Marke Buick aufwiesen, daneben wurden auch andere Stilrichtungen in Betracht gezogen, wie z. B. durch den Erwerb eines großen Sechszylinderwagens von FIAT mit Superleggera-Karosserie, der noch 1944 im Werk München eingehend studiert wurde.

Doch es blieb bei Renderings für den neuen BMW Luxuswagen, lediglich ein 1 : 1-Plastilin-Modell ist zu diesem Projekt dokumentiert. Schon gegen Ende des Jahres 1942 wurden die Aktivitäten der Abteilung Künstlerische Gestaltung bereits stark reduziert. Die Geschehnisse des Zweiten Weltkriegs und deren Auswirkungen auf die Bayerischen Motoren Werke ließen die intensive Beschäftigung mit Produkten für kommende Friedenszeiten wohl stetig schwieriger werden.

Wenig bekannt ist, dass auch in Eisenach, nach wie vor die Produktionsstätte aller BMW Automobile, ohne ausdrücklichen Auftrag der Geschäftsleitung ab Ende der 1930er-Jahre an der Modernisierung von

Evolution des AM-1008-Rennlimousinen-Themas von 1940/41: Wilhelm Meyerhubers Vorstellung einer auch kommerziell vermarktbaren Rennlimousine mit neuem Tiefbett-Kastenrahmen und Zweiliter-Doppelnockenwellen-Motor inklusive einer bizarren Stoßstange.

BMW
DER ALPENFAHRT-
SIEGER
IIA
32516
BMW

3 Mit Leichtigkeit zum Sieg

Als die Bayerischen Motoren Werke am 1. Oktober 1928 die Eisenacher Dixi-Werke übernahmen, um in den Kreis der Automobil-Hersteller einzusteigen, taten sie das in der Gewissheit, ein zwar wirtschaftlich angeschlagenes Unternehmen zu erwerben, das aber als drittältester Automobilhersteller in Deutschland einen tadellosen Ruf hatte, auch wenn es durch ungünstige Modellpolitik in finanzielle Schwierigkeiten geraten war. Durch die Lizenzfertigung des englischen Kleinwagens Austin 7 und eine deutliche Intensivierung der sportlichen Betätigungen hatte man in letzter Minute versucht, neue Käuferschichten für die neuen Produkte zu mobilisieren. Verkaufsdirektor Albert Kandt sah im Motorsport eine gute Möglichkeit, für die Zuverlässigkeit seiner Produkte zu werben und das neue sportlichere Image in den Vordergrund zu rücken.

▶ Direktor Albert Kandt (2. v. l.) mit der erfolgreichen Dixi-Mannschaft nach der Brandenburgischen Dauerprüfungsfahrt 1928.

◀ Von Anfang an nutzte BMW herausragende Sporterfolge in der Werbung.

1929 – Einstand mit Bravour

Durch die werksmäßige Beteiligung an renommierten Zuverlässigkeitsfahrten wie der Brandenburgischen Dauerprüfungsfahrt, der ADAC-Wirtschaftlichkeitsprüfung, der Reichs- und Alpenfahrt sowie der Ostpreußenfahrt hatte man die absolute Zuverlässigkeit der kleinen Dixi-Wagen eindrücklich unter Beweis gestellt. Den Privatfahrern überließ man den Bereich der Rundstrecken- und Bergrennen. Denn auch dort konnten die Dixi in der kleinsten Klasse schon bald auf ansehnliche Erfolge verweisen.

Mit der Übernahme durch BMW änderte sich zunächst vor allem das äußere Erscheinungsbild, denn die neuen Herren bestanden darauf, dass der Name Dixi fortan nicht mehr geführt werden durfte. Das schlug sich in erster Linie in der Kommunikation und dem neuen Kühler mit BMW Logo nieder, doch der Name »Dixi« war mittlerweile so verwurzelt, dass sich im Volksmund die Kombinationsbezeichnung »BMW Dixi« bis heute erhalten hat, auch wenn sie von BMW seit über 90 Jahren nicht so kommuniziert wird. Für Albert Kandt bedeutete das, von jetzt an durch motorsportliche Erfolge den Namen BMW als neuen deutschen Automobilhersteller ins Licht der Öffentlichkeit zu rücken. Eine erste Möglichkeit bot sich mit der »II. Internationalen Alpenfahrt«, die vom 7. bis 11. August 1929 zur Austragung

Internationale Alpenfahrt 1929. Willi Wagner am Aufstieg zum 2.431 m hohen Furkapass.

Empfang der siegreichen Alpenfahrer Max Buchner, Albert Kandt und Willi Wagner 1929 im Eisenacher BMW Werk. 3. von rechts: Fabrikdirektor Leonhard C. Grass,

kommen sollte. Hinter dem Namen verbarg sich aber keineswegs eine touristische Ausfahrt durch schöne Berglandschaften, vielmehr ging es um eine beinharte Bewährungsprobe für Mensch und Maschine. Schon die Ausschreibung ließ nichts Gutes erwarten: Fünf Fahrtage mit Tagesetappen von 465 bis 629 Kilometern über kleine Landstraßen, mit Schlaglöchern übersäte Schotterpisten, enge Passstraßen und endlose Serpentinen, täglich über vier bis fünf der schwersten Alpenpässe, ohne Ruhetag über insgesamt 2.650 Kilometer und das mit einem Kleinwagen mit 750 ccm und 15 PS. Die Messlatte lag also ziemlich hoch, denn zu dieser renommierten Veranstaltung hatten sich insgesamt 95 Fahrer gemeldet, darunter 13 Mercedes-Benz, neun Wanderer, vier Hansa, vier Hanomag, drei Stoewer, drei Brennabor und drei Röhr. In der kleinsten Klasse der Wagen bis 1,5 Liter Hubraum starteten einige Hanomag und Dixi und drei Fahrzeuge der neuen Marke BMW. Im günstigsten Falle konnten die kleinen BMW eine Außenseiterrolle spielen und auf eine gute Platzierung in ihrer Klasse hoffen. Albert Kandt wusste, dass die Wagen in Punkto Leistung und Höchstgeschwindigkeit mit den anderen Marken kaum mithalten konnten, er vertraute aber auf deren absolute Zuverlässigkeit. Er bildete ein Werksteam aus den bewährten Fahrern Max Buchner, dem Münchner BMW Vertreter, und Willi Wagner, der im Eisenacher Werk als Einfahrer beschäftigt war, während er den dritten Wagen selbst steuern wollte. Im Werk hatte man dazu drei Vorserienmodelle eines Zweisitzers speziell vorbereitet und sorgfältig eingefahren. Die Alpenfahrt zeigte vom ersten Tag an, dass viele der Fahrzeuge den unerhört schweren Bedingungen nicht gewachsen waren. Am Katschberg trennte sich bereits die Spreu vom Weizen, denn so mancher Teilnehmer blieb mit kochendem Kühler stehen, einige mussten die Fahrt abbrechen, da sie die Steigung von 26 Prozent nicht schafften. Es häuften sich die Ausfälle durch Unfälle, bedingt durch das mörderische Tempo und uneinsichtige andere Verkehrsteilnehmer. Am Ende erreichten nur 53 Wagen das Ziel in Como, von denen nur 42 die geforderte Höchstgeschwindigkeit erreicht hatten. Weitgehend unbemerkt war geblieben, dass die ganzen Tage über eine Fabrik-Mannschaft völlig unspektakulär in den hinteren Reihen ihre Prüfungen ohne Mängel absolviert und alle Zeitvorgaben problemlos geschafft hatte. Das BMW Team war als einzige Mannschaft ohne einen einzigen Strafpunkt im Ziel angekommen und hatte jede Fahrtstrecke in Bestzeit absolviert und wurde nun zur großen Überraschung als Sieger der Alpenfahrt und Gewinner des Goldenen Alpenpokals gefeiert. Für die junge Automarke BMW war der Erfolg sensationell. Er fand auch entsprechenden Widerhall in der Presse und machte BMW über Nacht bekannt. Den Begriff »Der Alpensieger« übernahm man schnell in der eigenen Werbung. Die meisten Autofahrer kannten die Alpen ja allenfalls vom Hörensagen als etwas eher Bedrohliches. Wenn es also möglich war, mit diesem kleinen Auto die großen Berge mühelos

▲ Die erste Trophäe für BMW im Automobilsport.

◀ Die Steilstrecke am Nürburgring erforderte nicht selten ungewöhnliche Fahrmanöver.

▶ Werbung mit Motorsporterfolgen war in den 1930er-Jahren stets ein wichtiger Beitrag zum Verkaufserfolg.

zu bezwingen, so stand fest, dass der Kunde beim Kauf ein außergewöhnliches, für sämtliche Herausforderungen gewappnetes Produkt erwerben würde.

Eine weitere Gelegenheit, das Potenzial des kleinen Wagens unter Beweis zu stellen, ergab sich zum Ende der Saison. Für den 29. September hatte der ADAC zu einer 8-Stunden-Langstreckenfahrt auf den Nürburgring geladen. Die besondere Herausforderung bestand dieses Mal in der erstmaligen Einbeziehung der 27%igen Steilstrecke zur Hedwigshöhe, die erwartungsgemäß den kleinen Wagen die größten Schwierigkeiten bereiten sollte. Albert Kandt hatte seine Meldung kurzfristig zurückziehen müssen, sodass nur zwei privat gemeldete BMW Fahrer an den Start gingen. Beide hatten ihre Wagen erst kurz vorher bekommen und konnten mit ihnen noch nicht umgehen, was dazu führte, dass einer von ihnen die Strecke rückwärts herunterrollte und sich überschlug. Den übergewichtigen Fahrer traf daraufhin der Schlag. Der Image-Schaden hielt sich in Grenzen, denn nur vier Wochen später begann mit dem Zusammenbruch der New Yorker Börse die Weltwirtschaftskrise, in deren Verlauf die Arbeitslosenzahl allein in Deutschland auf über sechs Millionen steigen sollte. Auch unzählige Betriebe in der Autoindustrie überstanden die Krise nicht. Für BMW wahrlich keine guten Zeiten, um ins Autogeschäft einzusteigen.

1930 – Ein Stern geht auf

Trotz der schwierigen Zeiten fanden im Jahr 1930 wieder einige Veranstaltungen mit sportlichem Charakter statt. Dies waren in erster Linie Langstreckenfahrten wie die Rallye Monte Carlo, die vom 23. bis 29. Januar 1930 dauerte. Einziger BMW Teilnehmer war der Königsberger BMW Vertreter Max Rudat, der sich reglementbedingt mit zwei Beifahrern vom estnischen Reval aus auf die 3.474 Kilometer lange Fahrt machte. Was es bedeutete, unter widrigsten Wetter- und Straßenverhältnissen mit diesem kleinen Wagen eine solche Strecke

Die 3474 km lange Strecke zwischen Reval und Monte Carlo schaffte Max Rudat in der Sollzeit und sicherte sich so den Klassensieg.

zu bewältigen, ist heute nur noch schwer vorstellbar. Über vier Tage musste täglich bis zu 20 Stunden gefahren werden, um die geforderten Zeiten einzuhalten. Aber nur 13 Minuten vor Ablauf der Zeit erreichte das Team völlig erschöpft das Ziel in Monte Carlo. Ein 51. Platz in der Gesamtwertung bedeutete gleichzeitig einen überragenden Klassensieg in der Kleinwagenkategorie.

Auch bei der Zielfahrt Garmisch-Partenkirchen konnten BMW Fahrer erste Preise gewinnen, doch die Anzahl der BMW Wagen war noch sehr überschaubar, denn neben den gewohnten DKW gab es immer noch jede Menge Dixis, die in den Starterlisten auftauchten.

Deutlich besser sah es einige Monate später aus. Die Brandenburgische Dauerprüfungsfahrt am 13. April war schon in den Jahren zuvor mit Dixis erfolgreich bestritten worden. In diesem Jahr sollten natürlich die neuen BMW an den Start gehen. Kurz zuvor hatte allerdings der Reichsverband der Automobilindustrie (RDA) den Herstellern eine werksseitige Beteiligung untersagt. Verkaufsdirektor Kandt wollte sich diese Veranstaltung aber keineswegs entgehen lassen und so wurden die Fahrzeuge eben nicht vom Werk, sondern vom Berliner

Erster Einsatz des neuen Sportwagens BMW 3/15 PS Typ Wartburg bei der Brandenburgischen Dauerprüfungsfahrt 1930.

Polizeisportverein und zwei weiteren Privatfahrern gemeldet. Am Start erschienen dann neben zwei Zweisitzern auch drei bisher völlig unbekannte Modelle. BMW nutzte die Popularität dieser Veranstaltung, um sein brandneues Modell, den »Wartburg«-Sportwagen der Öffentlichkeit zu präsentieren. Die hinreißende Spitzheck-Karosserie sah aus wie ein kleiner Bugatti. Der Motor hatte mit nunmehr 18 PS immerhin 20 % Leistungszuwachs erfahren, die dem nur 400 kg leichten Wagen eine Höchstgeschwindigkeit von 90 km/h ermöglichen sollten. Auch das Fahrgestell konnte durch Tieferlegung und straffere Federung den sportlichen Charakter unterstreichen. Das Vorbild war offensichtlich der Austin »Ulster«, der dem »Wartburg« nicht nur optisch sehr ähnlich war, selbst die technischen Verbesserungen am Fahrwerk entsprachen weitgehend den Modifikationen am deutschen Modell. Nur bei der Motorleistung wählte man einen moderateren Weg. Während der »Ulster« als Saugmotor 24 PS und mit Kompressor stolze 33 PS lieferte, legten die Eisenacher mehr Wert auf die Zuverlässigkeit und begnügten sich mit einer weniger deutlichen Leistungssteigerung. Das weitere Tuning oder gar den Einsatz eines Kompressors überließ man lieber den Privatfahrern.

Am Ende der Brandenburgischen Dauerprüfungsfahrt waren alle BMW unter den strafpunktfreien Teilnehmerfahrzeugen im Ziel. Für den neuen Sportwagen ein perfekter Einstand. Gut zwei Wochen später folgte dann die offizielle Vorstellung. Es schien, als hätten die jungen Sportenthusiasten nur auf diesen Wagen gewartet. In kürzester Zeit waren trotz des relativ hohen Preises von 3.100 RM die ersten »Wartburg« verkauft.

Der Zeitpunkt hätte nicht besser gewählt werden können, denn nun begann die eigentliche Rennsaison in Deutschland. Beim Lückendorfer Bergrennen am 18. Mai konnten die Fahrer A. Wetterau und P. A.

BAYERISCHE MOTOREN WERKE
AKTIENGESELLSCHAFT
ZWEIGNIEDERLASSUNG EISENACH

Drahtanschrift: Bayernmotor Eisenach
A. B. C. Code 5th Edition
Fernsprecher 275–279
Nach Geschäftsschluß nur 275 und 277
Bank-Konti:
Deutsche Bank und
Disconto-Gesellschaft, Filiale Eisenach
Postscheck-Konto: Erfurt Nr. 3610
Reichsbank-Giro-Konto
Postschließfach Nr. 218 bis 220

An unsere
Herren Vertreter

Ihr Zeichen | Ihre Nachricht vom | Unser Zeichen | Tag

Verkaufsleitung Kdt/R. 8.5.30

BMW-Zweisitzer, Typ "Wartburg"
Rundschreiben Nr. 112

Wir sind in der angenehmen Lage, Ihnen heute die Mitteilung zu machen, daß wir, vielen Anregungen folgend, einen Zweisitzer mit besonders leichter Karosserie gebaut haben, dessen Äusseres und technische Einzelheiten Sie dem beigefügten Prospekt entnehmen können.

Bei diesem Wagen, der in seinen Abmessungen genau unseren serienmäßigen anderen Fahrzeugen entspricht, ist lediglich durch andere Federanordnung der Schwerpunkt tiefer gelegt, außerdem ist ein kupfernes Ansaugrohr und doppelte Auspuffleitung vorgesehen, wie wir diese bei Spezial-Anforderungen schon in mehreren hundert Exemplaren lieferten. Der Wagen entspricht in seinen Sitzen und sonstigen Abmessungen den Vorschriften des Sportreglements und wird sich sicher durch sein gefälliges Aussehen eine große Käuferschar erwerben.

Um ihn von unserem bisherigen Zweisitzer zu unterscheiden, wird dieser Wagen als

"Typ Wartburg"

in den Handel gebracht.

Ankündigung des neuen Modells für die BMW Wagenvertreter.

Schmidt in der 750er-Sportwagenklasse mit ihren BMW »Wartburg« die ersten zwei Plätze erzielen, während in der gleichgroßen Rennwagenklasse noch ein Dixi gewann.

Am 15. Juni gab es wieder ein Bergrennen im Kalender, das Internationale Kesselberg-Rennen. Den Namen »International« trug es zu Recht, denn in den letzten Jahren war dieses Rennen zu einem der bekanntesten geworden und viele Fahrer aus dem benachbarten Ausland freuten sich auf die Anreise an den oberbayerischen Kochelsee. In der Meldeliste standen für die kleinste Klasse fünf DKW, ein Dixi und zwei BMW. Am Start auch ein junger Fahrer, der hier sein allererstes Rennen bestreiten sollte: Robert Kohlrausch. Nach einer verwegenen Fahrt in neuer Rekordzeit durch die Serpentinen zum höher gelegenen Walchensee konnte er seinen ersten Siegerkranz in Empfang nehmen.

Robert Kohlrausch von der Presse bald nur noch »Bobby« genannt, entstammte einer begüterten Eisenacher Familie. Nach einer Schlosserlehre bei den Dixi-Werken studierte er Fahrzeug- und Elektrotechnik in Ilmenau. 1930 hatte er seinen Wohnsitz nach München verlegt. Nach einem schweren Motorradunfall beim Schleizer Dreiecksrennen, der ihn fast das Leben gekostet hätte, hatte er seinem Vater das Versprechen geben müssen, nie wieder Motorradrennen zu fahren, und erhielt dafür einen nagelneuen BMW »Wartburg« Doch da war er mit dem Rennfahrerbazillus bereits infiziert, außerdem bezog sich das Versprechen ja ausdrücklich nur auf Motorradrennen. Jetzt aber stand er erst am Anfang einer vielversprechenden Karriere.

BMW-KLEINWAGEN „TYP WARTBURG"

PREIS RM 3100.— AB WERK

Der 0,75 Ltr./15 PS-BMW-Zweisitzer „Typ Wartburg" ist ein serienmäßig hergestellter Tourenwagen. — Durch Verwendung geeigneter Baustoffe ist das Gewicht des fahrfertigen Wagens auf ein Minimum beschränkt. — Es beträgt nur ca. 400 kg. — Dadurch ist die bei allen BMW-Erzeugnissen so geschätzte Elastizität und hohe Spitzengeschwindigkeit noch mehr gesteigert. — Das serienmäßig mitgelieferte fünfte Rad mit kompletter Bereifung ist in der Schwanzspitze untergebracht. Durch besondere Federanordnung ist der Schwerpunkt dieses Typs tiefer gelegt, während die Chassisausführung sonst die gleiche wie bei den übrigen Typen geblieben ist. Der Motor ist mit Reinzdichtung ausgerüstet und für Betriebsstoffe mit ca. 40 % Benzolgehalt eingestellt. — Das Ansaugrohr ist aus Kupfer; die Auspuffgase werden durch zwei Rohre abgeleitet. Die Hinterachsübertragung beträgt 1 · 4,9.

Größte Länge des Wagens . . . . ca. 3150 mm
Größte Breite des Wagens . . . . ca. 1150 mm
Größte Höhe des Wagens mit aufgeschlossenem Verdeck . ca. 1400 mm
Größte Höhe mit umgelegter Windschutzscheibe . . . . ca. 1000 mm

AUSRÜSTUNG:

Ballon-Bereifung 26 × 3 1/2". Michelin-Hering-Halbflachfelgen. Boschstoßdämpfer. Hintere Federn in Gummi gelagert. Elektrische Winker. Automatischer Scheibenwischer. Windschutzscheibe umlegbar, aus nicht splitterndem Glas. Benzinhahn mit Reservestand. Zündmoment von Hand verstellbar. Handgasregulierung. Vierradbremse durch Fuß-, Vorderradbremse durch Handbetätigung. Steuerrad mit Uhr (leuchtendes Zifferblatt). Abblendschalter. Beleuchtung für die Schalttafel

BMW Kleinwagen Typ Wartburg, der Traum junger Sportfahrer.

Der Berliner Paul Schmidt am Start zum Lückendorfer Bergrennen am 18. Mai 1930.

Das erste Rundstreckenrennen der Saison, das Eifelrennen auf der Südschleife des Nürburgrings am 20. Juli, sollte auch zur Premiere des neuen BMW »Wartburg« werden. Nach dem Ausfall des gefährlichsten Konkurrenten von DKW war das Rennen frei für die BMW, die mit Schmidt, Kohlrausch, Weichelt, Vormann und Herwig alle Plätze unter sich ausmachten. Trotz dieses Erfolges konzentrierten sich die Einsätze der BMW Sportwagen hauptsächlich auf Bergrennen, denn da war der kleine wendige Wagen ganz in seinem Element. Und so las man bei den folgenden meist regionalen Rennen immer häufiger den Namen BMW in der Siegerliste.

Für Bobby Kohlrausch war dies allerdings zu wenig, denn er erweiterte seinen Aktionsradius auch ins benachbarte Ausland. In der Schweiz konnte er beim Bernina-Bergrennen und dem Kilometer-Rennen in St. Moritz je einen zweiten Platz erzielen, während er in Österreich beim Gaisbergrennen und am Zirler Berg seine Klasse jeweils in neuer Rekordzeit gewinnen konnte.

Auch andere deutsche Fahrer zeigten sich reisefreudig. So standen beim Schweizer Klausen-Rennen schon vier BMW Wartburg am Start. Gewonnen hat der Schweizer Buchwald mit zwei Minuten Vorsprung.

Die Überlegenheit des neuen Sportwagens gegenüber den bisherigen »sportlichen« BMW Modellen führte bei den geschwindigkeits-lastigen Rennveranstaltungen schnell zu einer Verdrängung der langsameren Modelle. Neben den Rennen gab es wieder unzählige kleine Veranstaltungen auf regionaler oder Clubebene, wie Zuverlässigkeitsfahrten, Fuchsjagden oder Ballonverfolgungen, bei denen sich vor allem die offenen Zwei- und Dreisitzer einer ungebrochenen Beliebtheit erfreuten.

Sichtbar stolz ist Bobby Kohlrausch auf den ersten Sieg seiner Karriere.

Die erste Autogrammkarte von Bobby Kohlrausch.

Eifelrennen 1930. In der Mitte Paul Schmidt, der Sieger der Sportwagenklasse bis 750 ccm. Kohlrausch links und Weichelt rechts hinten belegten die Plätze 2 und 3.

▲ Auch bei Bergrennen im Ausland konnte Bobby Kohlrausch Siege erringen – wie hier beim Thiersee-Bergrennen bei Kufstein am 3. Oktober 1931.

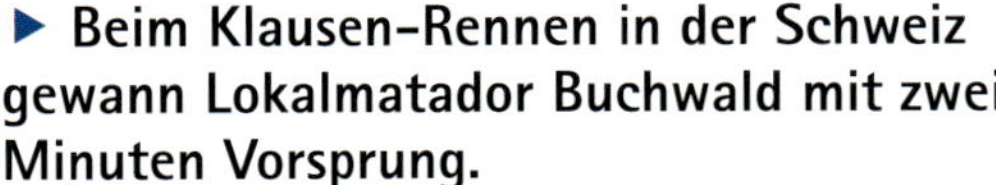

▶ Beim Klausen-Rennen in der Schweiz gewann Lokalmatador Buchwald mit zwei Minuten Vorsprung.

Kohlrauschs Beifahrer zeigt vollen Körpereinsatz beim Eisrennen auf dem Eibsee.

1931 – das Jahr des BMW »Wartburg«

Bei BMW hatte man die Erfolge von Bobby Kohlrausch mit großer Freude registriert. Jetzt hatte man einen erfolgreichen Fahrer gefunden, der zudem durch seinen Geburtsort Eisenach auch für lokalen Patriotismus sorgen konnte. Viel wichtiger aber war, dass man zusammen mit ihm als »Testfahrer« an der Weiterentwicklung und Erprobung des Motors arbeiten konnte, ohne dass das Werk offiziell in Erscheinung trat. Der alte, noch auf der Austin-Variante basierende, 4-Zylinder hatte seitlich stehende Ventile und damit eine sehr ungünstige Brennraum-Form, die eine Erhöhung der Motorleistung nur in sehr beschränktem Maße zuließ. Die einzig erfolgversprechende Lösung war der Einsatz eines Kompressors. Dem war aber die Gesamtkonstruktion des Motors, besonders die dünne nur zweifach gelagerte Kurbelwelle, nicht gewachsen. Man wollte die Zuverlässigkeit keinesfalls aufs Spiel setzen und suchte eine neue Lösung. Ein seitengesteuerter Motor mit im Kopf hängenden Ventilen musste her. Eine solche

Start zum Nerobergrennen bei Wiesbaden. Deutlich erkennbar die Übermacht der BMW Wartburg-Sportwagen.

Konstruktion ließ eine deutlich effektivere Gestaltung des Brennraums und der Ventilkanäle zu. Kombiniert mit einer deutlich stabileren, wenn auch immer noch zweifach gelagerten Kurbelwelle, ergab das einen modernen, standfesten Motor. Das Werk ließ sich nur ungern in die Karten schauen und so wurde die Entwicklung weitestgehend geheim gehalten. Keinem vorwitzigen Fotografen sollte es gelingen, ein Foto des neuen Motors zu schießen. Die Erprobung erfolgte in ausgewählten Privatfahrzeugen hoher Werksmitarbeiter. Und was lag näher, als den Motor auch dem ultimativen Stresstest zu unterziehen – dem Einsatz im Motorsport.

Im Rennen demonstriert Bobby Kohlrausch Direktor Albert Kandt sein fahrerisches Talent.

Die ersten zwei Rennen der Saison 1931, das Eisrennen auf dem zugefrorenen Eibsee bei Garmisch am 1. Februar und das Rennen auf der Sandbahn in München-Daglfing am 6. April fuhr Kohlrausch noch mit dem Vorjahreswagen. Erst zum Nerobergrennen bei Wiesbaden am 10. Mai erhielt er einen nagelneuen »Wartburg« mit dem ohv-Motor. Vom Start weg eroberte sich Kohlrausch die Führung und behielt sie unangefochten bis zum Schluss. Direktor Kandt, der ebenfalls startete, durfte sich nur das Spitzheck des schnellen weißen BMW ansehen und erreichte Platz zwei. Das war immerhin die beste Möglichkeit, sich von der Leistung seines neuen Schützlings einen Eindruck zu verschaffen.

Bei einem Ausflug zum bekanntesten Bergrennen der Tschechoslowakei in König-sal-Jilowischt konnte Kohlrausch dem interessierten Publikum nicht nur die junge deutsche Automarke vorstellen, sondern sie mit einem Sieg in neuer Rekordzeit gleich auch von deren Qualität überzeugen. Zurück in Bayern ging es am 14. Juni wieder zum Kesselberg, wo er im Vorjahr seine Rennfahrerkarriere so überzeugend begann. Und in diesem Jahr war die Konkurrenz sehr zahlreich erschienen: sechs DKW und

Bobby Kohlrausch bei rasanter Kurvenfahrt am Kesselberg ...

... das Heck drängt gefährlich nach außen ...

... Drehung zwischen zwei engen Begrenzungen ...

... jetzt geht's wieder geradeaus!

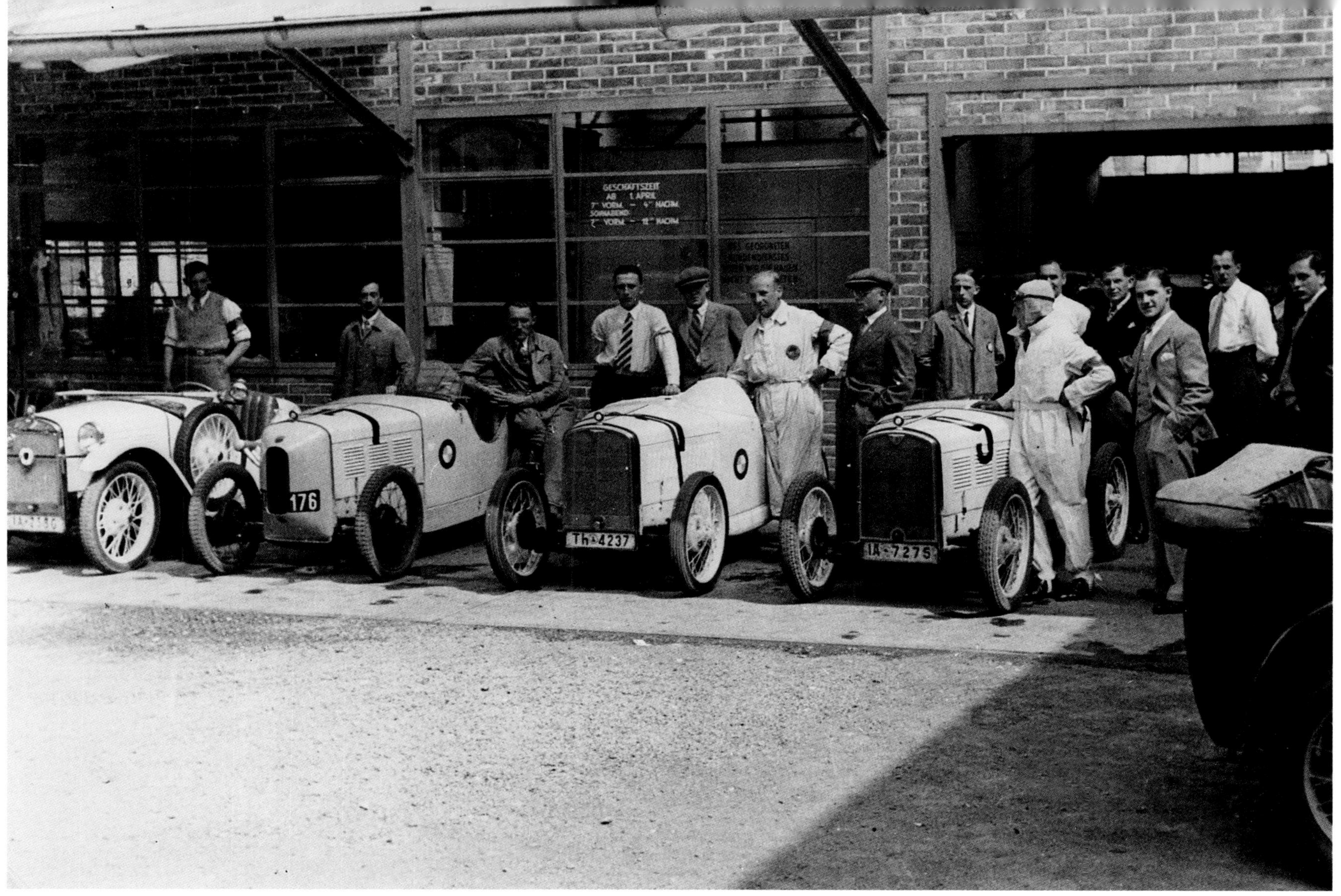

AVUS-Rennen 1931. Das Bild zeigt den Unterschied zwischen Serienmodell (links) und drei unterschiedlichen Versionen als Rennwagen.

sieben BMW kämpften in der 750er-Sportwagenklasse. Offenbar wollte Kohlrausch es dieses Mal besonders gut machen, doch in einer schnellen Kurve verlor er für einen kurzen Moment die Kontrolle über seinen Wagen. Mit einer filmreifen Pirouette zwischen den engen Geländern der Bergpiste hielt er den BMW auf Kurs, doch es kostete ihn den Sieg. Den erntete überraschend der Münchner Eugen Stößer, der hier erstmals auf einem BMW »Wartburg« startete.

Die Dinge gerade rücken konnte Kohlrausch dann wieder beim Bergrennen in Baden-Baden und beim größten deutschen Bergrennen, dem ADAC-Bergrekord am Schauinsland im Schwarzwald am 26. Juli. Hier hatten sich rekordverdächtige 16 Teilnehmer in der kleinsten Klasse gemeldet. Doch die BMW Fahrer ließen nichts anbrennen, und so siegte Kohlrausch in neuer Rekordzeit mit 15 Sekunden Vorsprung vor seinen Markenkollegen Eugen Stößer und Fritz Hedderich.

Ganz neue Herausforderungen gab es beim Rennen auf der Berliner AVUS am 2. August, denn das Rennen war nur für Rennwagen ausgeschrieben. Doch wie macht man aus einem serienmäßigen Sportwagen einen Rennwagen? Die Lösung war sehr einfach. Es wurden einfach alle nicht benötigten Teile wie Windschutzscheibe, Kotflügel und Lampen abmontiert und schon hatte man einen reglementkonformen Rennwagen. Dieses Prozedere war in umgekehrter Form allerdings ein jahrelanger Streitpunkt gewesen, wenn reinrassige Rennwagen durch Anschrauben von Alibi-Kotflügeln zu Sportwagen mutierten. Beim AVUS-Rennen war das anders, denn die schärfsten Konkurrenten waren die neuen Frontantriebs-Stromlinienwagen von DKW mit ihren hochgezüchteten 2-Takt-Motoren, die durch horrende Lärmentwicklung und das Verbreiten undurchschaubarer Rauchwolken bei den normalen Viertakt-Fahrern nicht gerade auf große Gegenliebe stießen. Um dem zu entkommen, wählte Bobby Kohlrausch die Flucht nach vorne. Er lieferte sich einen rundenlangen Kampf mit Gerhard Macher im DKW, wobei der BMW mit Heckantrieb zwar auf den Geraden schneller war, der DKW mit Frontantrieb aber in den Kurven

Rennwagen statt Rennpferde kämpfen auf der Galopprennbahn München-Riem 1931, zweiter von rechts: Bobby Kohlrausch.

den Rückstand immer wieder aufholen konnte. Kohlrausch fuhr mit einem Durchschnitt von 122,1 km/h auch die schnellste Runde, doch im Ziel musste er sich mit 20 Metern Rückstand dem schnelleren DKW geschlagen geben. Weiter hinten in der Siegerliste auf den Plätzen 6 und 8 finden wir die BMW Fahrer Ernst von Delius und Walter Bäumer, die uns in Zukunft noch öfter begegnen werden.

Der Rest der Saison liest sich fast wie eine One-Man-Show, denn Bobby Kohlrausch siegte im österreichischen Gaisbergrennen, im Riesengebirge und beim Ratisbona-Bergrennen, auf der Rundstrecke in Hohensyburg, beim Thierseerennen in Österreich und auf der Grasbahn in München-Riem, fast immer in neuer Rekordzeit. Bei 15 Rennen im In- und Ausland stand er 12-mal ganz oben auf dem Siegerpodest, nur in drei Rennen musste er sich mit Platz 2 begnügen. Auch wenn es damals noch keine offizielle Meisterschaft gab, wurde Kohlrausch damit zum erfolgreichsten deutschen Fahrer aller Klassen. Die Kombination aus einem schnellen zuverlässigen Sportwagen und einem begnadeten Fahrertalent sollte für BMW zu einem unschätzbaren Prestigegewinn werden. Innerhalb kürzester Zeit war es gelungen, aus der neuen Marke einen Daueranwärter auf spektakuläre Rennerfolge zu machen.

Nach der Aufhebung des RDA-Verbots von werksmäßigen Beteiligungen an Motorsport-Veranstaltungen wollten die Eisenacher auch auf dem Gebiet der Langstreckenfahrten wieder aktiv werden. Den Anfang machte Max Rudat bei der Rallye Monte Carlo vom 17. bis 21. Januar 1931 in einem neuen Zweisitzer mit der umstrittenen vorderen Schwingachse. Seinen Erfolg vom Vorjahr konnte er wegen einer geringen Zeitüberschreitung zwar nicht wiederholen,

BMW Direktor Rudolf Schleicher gratuliert seinem talentierten Fahrer Bobby Kohlrausch zum Sieg in München-Riem.

Auch erfolgreiche Privatfahrer wie Walter Bäumer hatten gegen Kohlrauschs schnellen Werkswagen keine Chance.

Max Rudat fuhr bei der Rallye Monte Carlo 1931 die schnellste Zeit der Kleinwagen.

Start zur 10.000-Km-Fahrt des A.v.D. 1931. Von r.n.l.: Weichelt/Rauchmaul, Rudat/Knappe, Salbach/Ortschitt vor dem Eingang der BMW Fabrikniederlassung in Berlin-Charlottenburg am Salzufer.

Die Strecke verlief kreuz und quer durch Europa.

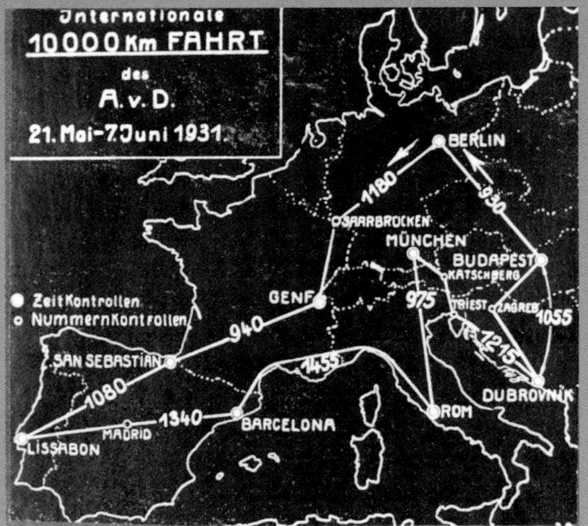

Erschöpfte Teilnehmer an der spanisch-portugiesischen Grenze.

Ehrenrunde der BMW Zweisitzer auf der Berliner AVUS nach Beendigung der 10.000-Km-Fahrt. Im ersten Wagen Erna Glöckler mit Bruder Helm, die auch den Damenpreis gewann.

dafür fuhr er bei der Sonderprüfung auf der Bergstrecke die beste Zeit aller Kleinwagen. Bei der Brandenburgischen Dauerprüfungsfahrt Ende März waren vier Zweisitzer am Start. Doch dieses Mal waren die Anforderungen wohl etwas zu hoch angesetzt, denn kein einziger der Teilnehmer schaffte es ohne Strafpunkte ins Ziel. Paul Köppen konnte immerhin den zweiten Platz belegen, während die übrigen BMW weit hinterherfuhren oder ausfielen.

Zu einer Langstreckenfahrt der besonderen Art lud der Automobilclub von Deutschland vom 21. Mai bis 7. Juni ein: Eine Fahrt über 10.000 Kilometer, die durch halb Europa führte, mit Kontrollpunkten in Genf, San Sebastián, Lissabon, Barcelona, Rom, München, Dubrovnik, Budapest und Berlin. In dem überraschend großen Starterfeld von 88 Teilnehmern waren vier in der deutschen Rennfarbe Weiß lackierte BMW Zweisitzer. Drei davon waren sorgfältig im Werk vorbereitet worden und mit den erfahrenen Langstreckenfahrern Max Rudat/Polizeileutnant Knappe, Curt Weichelt/H. Rauchmaul sowie Carl Salbach/Josef Ortschitt besetzt worden. Die vierte Meldung kam aus dem Hause des Frankfurter BMW Händlers Wilhelm Glöckler: Seine Kinder Erna und Helm nahmen als private Nennung teil. Allgemein war erwartet worden, dass die Kleinwagen mit der Bewältigung der enormen Strecke ihre größten Schwierigkeiten haben würden. Doch die Zweifler sollten bald eines Besseren belehrt werden, denn für die BMW Teilnehmer war es eher eine »Spazierfahrt« wie die renommierte Allgemeine Automobil Zeitung schrieb. Ohne Strafpunkte erreichten die Werkswagen das Ziel in Berlin, nur Erna Glöckler musste sich wegen einer Kotflügelreparatur mit dem zweiten Preis zufriedengeben. Somit hatten die BMW eindrücklich unter Beweis gestellt, dass sie nicht nur auf der Rennstrecke, sondern auch auf der Langstrecke zu den Erfolgreichen gehören.

Abenteuerliche Drifts auf dem zugefrorenen Eibsee waren stets ganz nach dem Geschmack des Publikums.

1932 – Auf dem falschen Weg

Nach nur 150 ausgelieferten Fahrzeugen wurde die Produktion des BMW »Wartburg« zum Jahresende 1931 eingestellt. Damit schwand werksseitig natürlich die Bereitschaft, die Fahrer dieser Wagen weiterhin zu unterstützen. Es war zunächst unklar, wie es mit BMW im Motorsport weitergehen sollte. Ungeachtet dessen machten die Fahrer einfach weiter wie bisher. Kohlrausch eröffnete die Saison wie gewohnt mit Siegen bei den Eisrennen auf dem Eibsee und dem Titisee. Auf der Grasbahn in Wiesbaden ließ er nicht nur alle Konkurrenten auf BMW, DKW und Austin hinter sich, sondern gewann auch das Vergleichsrennen mit einem Sportflugzeug. Beim Internationalen AVUS-Rennen am 22. Mai verließ ihn zum ersten Mal das Glück. Durch einen Verteilerdefekt musste er schon nach zwei Runden ausscheiden. Was er dann von den Boxen aus beobachten konnte, muss ihn nachdenklich gestimmt haben. Dort waren zwei Engländer mit den neuesten Austin-Werksrennwagen dabei, selbst den doppelt so großen Rennwagen das Fürchten zu lehren. Donald Barnes wurde mit dem 750er Zweiter in der 1.500er-Klasse mit einem beängstigenden Durchschnitt von 140,6 km/h. Das waren fast 20 km/h mehr als bei Kohlrauschs Rennen im letzten Jahr.

Am folgenden Wochenende, dem 29. Mai beim Eifel-Rennen auf dem Nürburgring waren die Engländer wieder gemeldet, erschienen aber nicht zum Start. Doch half das wenig, denn Bobby Kohlrausch überschlug sich mit dem BMW, ohne allerdings verletzt zu werden, genau an der Stelle, an der im Training der beliebte Bugatti-Fahrer Heinrich Joachim von Morgen bei einem Unfall tödlich verunglückte. Die anderen BMW hatten ebenso wenig Glück und der Sieg ging an die schnellen DKW.

Zwei Wochen später beim Rennen an Kohlrauschs »Hausberg«, dem Kesselberg am

Bobby Kohlrausch im Duell mit einem Flugzeug auf dem Flughafen Wiesbaden. Auch hier war er der Schnellere!

Mit Kompressortechnik demonstrierten die Engländer, welches Potenzial noch in dem Austin-Seven-Motor steckte.

Programm zum AVUS-Rennen 1932.

Eifelrennen 1932. Nach Kohlrauschs Unfall machten die DKW das Rennen unter sich aus.

Bobby Kohlrausch auf seiner Hausstrecke, dem Kesselberg, 1932.

Mit Kompressor bezwang Kohlrausch den Schauinsland 1932 in neuer Rekordzeit.

Auf gleicher Strecke zeigte sich sein neuer Austin leistungsmäßig überlegen.

12. Juni, waren Fahrer oder Fahrzeug wohl noch nicht wieder ganz fit, denn es reichte nur für Platz 2, während Fritz Hedderich ihm nicht nur den Sieg, sondern auch den Rekord wegnahm. Unterdessen hatte er beschlossen, den BMW mit einer Radikalmaßnahme noch schneller zu machen und verpasste ihm einen Kompressor. Bei zwei kleineren Veranstaltungen konnte er ihn ohne großes Risiko testen. Bei den Bergrennen in Lückendorf und Würgau schien er seine alte Form wieder gefunden zu haben mit zwei Siegen und neuen Rekordzeiten. Beim Großen Preis von Deutschland auf dem Nürburgring am 17. Juli sollte der BMW dann seine richtige Feuertaufe erleben. Zum Glück fielen die meisten Konkurrenten, so auch die schnellen Austin, aus. Dennoch reichte es nur für einen zweiten Platz. Der Engländer Hugh Hamilton auf einem Kompressor-betriebenen MG fuhr ihm auf und davon. Damit war die Laune des sonst stets zu Späßen aufgelegten Bobby an einem Tiefpunkt angekommen. Kurz entschlossen fuhr er nach England und klagte Sir Herbert Austin sein Leid. Dieser schien auf diese Gelegenheit schon fast gewartet zu haben und stellte ihm einen seiner neuesten Werksrennwagen zur Verfügung. Beim Großen Bergpreis am Schauinsland am 17. Juli sollte die Entscheidung fallen. Kohlrausch machte die Probe aufs Exempel und meldete beide Wagen, den BMW in der Sportwagenklasse und den Austin in der Rennwagenklasse. Zuerst gingen die Sportwagen an den Start und Kohlrausch jagte den Kompressor BMW in neuer Rekordzeit den Berg hinauf. Wenig später kamen die Rennwagen an die Reihe. Den Austin kannte er noch nicht so gut und so ging er vielleicht etwas übermütig ans Werk, mit der Folge, dass er sich in einer Kurve überschlug. Zur großen Überraschung der Zuschauer stellte er den Wagen schnell wieder auf die Räder und fuhr weiter, um noch den zweiten Platz zu erzielen. Doch die Würfel waren längst gefallen und Kohlrausch fuhr von nun an für die englische Marke. Damit

hatte BMW nicht nur seinen besten Fahrer, sondern auch seinen populärsten Markenbotschafter verloren.

Ohne werksmäßige Unterstützung ging in der zunehmend professionalisierten Rennwagenszene bald nichts mehr. Die Kosten für Entwicklung und Unterhalt eines konkurrenzfähigen Rennwagens waren für Privatpersonen nicht mehr zu stemmen.

Die Hoffnungen der deutschen Sportfahrer auf eine Fortführung des werksunterstützten Motorsports wurden bereits im März 1932 zunichte gemacht, als BMW sein erstes komplett eigenständig entwickeltes Modell, den BMW 3/20 PS, vorstellte. Zwar lag die Konstruktion mit dem Zentralrohrrahmen durchaus im modischen Trend, doch die Ausbildung von Front- und Hinterachse als Schwingachsen mit ständiger Spur- und Sturzänderung war keineswegs das, was man von einem Sportwagen erwartete. Dass die BMW Ingenieure die Federung ohne Stoßdämpfer auslegten und nur auf die Verzögerungswerte der Blattfedern vertrauten, trug wesentlich zu der unbefriedigenden Straßenlage bei.

Das höhere Gewicht (3/15-Chassis: 300 kg, 3/20 Chassis: 480 kg) versuchte man durch den stärkeren Motor zu kompensieren. Basierend auf den Erfahrungen des Prototypen-Motors, den Kohlrausch in seinem »Wartburg« erprobt hatte, bekam der neue Serienmotor eine viel stärker dimensionierte Kurbelwelle mit stabileren Pleueln, einen Zylinderkopf mit hängenden Ventilen und eine seitliche Nockenwelle, die durch eine Duplex-Kette statt der bisherigen Stirnräder angetrieben wurde. Ein größerer Hub bedeutete zwar besseres Drehmoment und eine Leistungssteigerung auf 20 PS, doch erhöhte sich das Gesamtvolumen nun auf 782 ccm. Und das bedeutete, dass der Wagen nicht mehr in die 750-ccm-Rennklasse passte und sich deshalb in der nächst höheren Klasse bis 1.100 ccm behaupten musste. Das aber war ein völlig aussichtsloses Unterfangen.

In der Folge sah man den BMW 3/20 auch höchst selten in Geschwindigkeitswettbewerben. Nur bei kleinen Provinzveranstaltungen ohne ernsthafte Konkurrenz konnte man den neuen BMW auch im Renneinsatz sehen.

Die schwammige Straßenlage hatte allein den Vorteil, dass der 3/20 überdurchschnittliche Nehmerqualitäten bewies, wenn es auf schlechten Untergrund ging. Bei den überaus populären Orientierungsfahrten, Langstrecken- und Geländeprüfungen, wie z.B. der 3-Tage-Harzfahrt oder der Ostpreußenfahrt, kam es in erster Linie darauf an, den Wagen strafpunktfrei ins Ziel zu bringen, Motorleistung und Höchstgeschwindigkeit spielten eine untergeordnete Rolle. Hier konnte der BMW mit unbedingter Zuverlässigkeit und Durchhaltewillen punkten. Aber auch das ließ sich sofort in der Werbung ausnutzen, ging es doch in erster Linie darum, dem potenziellen Käufer, der einen normalen Serienwagen erwerben wollte, die unter härtesten Bedingungen erprobte Zuverlässigkeit dieses Produktes zu vermitteln. Oder, um es mit den Worten des BMW Werbetexters auszudrücken: »Bemerkenswert sind alle diese Erfolge deshalb, weil sie ein wichtiger Fingerzeig für den Interessenten sind, dass er für den Preis, den er für ein BMW Erzeugnis bezahlt, Mark für Mark seinen Gegenwert durch die hohe Quali-

Im Renneinsatz sah man den BMW 3/20 PS nur bei kleinen Veranstaltungen, hier beim Luisenburg Bergrennen 1932.

Auf schlechter Wegstrecke ein Vorteil: die weiche Federung des BMW 3/20 PS. Albert Kandt bei der Harzfahrt 1932.

tät der Fahrzeuge findet. Die Hochwertigkeit von BMW bezieht sich nicht nur auf die Fahreigenschaften oder auf die äußere Form oder eine gewisse Spitzenleistung – sondern sie wird durch die Gesamtheit der überragenden Vorteile gekennzeichnet.« Schöne Worte für den Durchschnittskäufer, aber Begeisterung für Motorsport sieht ganz anders aus.

Zum Glück war die Wartezeit auf einen neuen sportlichen BMW Wagen nicht von langer Dauer.

1933 – Der erste Sechszylinder

Wie weit man sich konstruktiv in eine Sackgasse manövriert hatte, ist den Verantwortlichen bei BMW bald klar geworden. Sie lösten das Dilemma durch eine drastische Maßnahme: durch die Abwerbung zweier Konstrukteure von Horch, Rudolf Schleicher und Fritz Fiedler. Mit ihren neuen Ideen

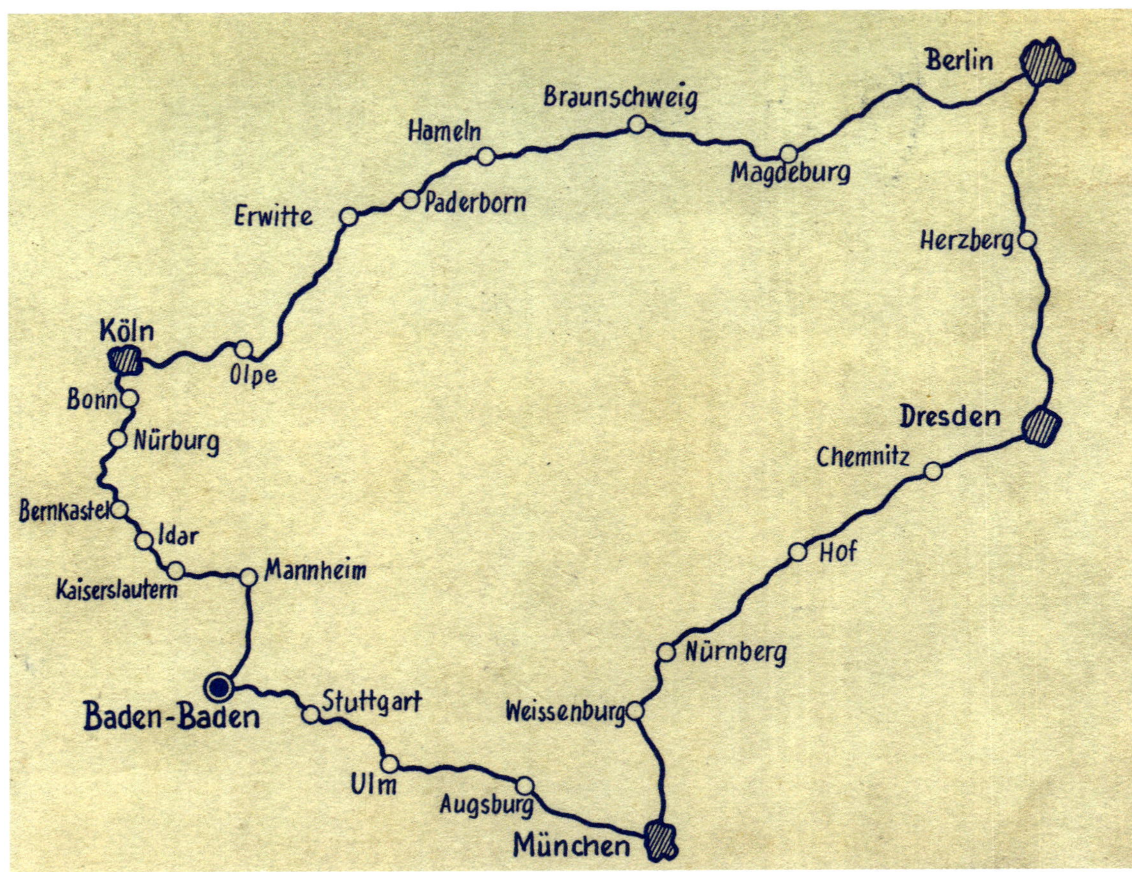

Streckenverlauf der 2000 km durch Deutschland 1933.

Max Buchner mit Beifahrer Erich Koch auf BMW 303 konnten die 2.000-Km-Strecke deutlich schneller als in der geforderten Sollzeit beenden.

stellten sie die Konstruktionsabteilung auf den Kopf und läuteten so etwas wie eine Zeitenwende bei BMW ein.

Das bereits ausführlich beschriebene Rohrrahmenchassis sollte die Basis bilden für eine ganze Generation von sportlichen BMW Limousinen bis hin zu reinrassigen Rennwagen. Zunächst ging es darum, das neue Modell BMW 303 landesweit durch Sporterfolge bekannt zu machen. Und wieder war es eine spektakuläre Veranstaltung, bei der BMW mit dem neuen Wagen auftrumpfen wollte: »2.000 km durch Deutschland«. Nach dem Vorbild der italienischen »Mille Miglia« brauchte auch das Deutsche Reich eine solche Großveranstaltung, an der nicht nur Wagen, sondern auch Motorräder und Beiwagenmaschinen teilnehmen sollten. Organisiert von AvD und NSKK unter Mitwirkung von ADAC und DMV (ein

Der wunderschöne BMW 303 mit Weinberger-Karosserie von C. A. Freiherr von Aretin.

letztes Mal vor der »Gleichschaltung« bzw. Ausschaltung der etablierten Clubs durch die Nationalsozialisten) ging es vom 21.–23. Juli 1933 mit Start und Ziel in Baden-Baden auf mehr oder weniger abgesperrten Straßen kreuz und quer durchs gesamte Reichsgebiet. Insgesamt 486 Teilnehmer waren am Start, davon fuhren 191 auf Wagen, der noch überwiegende Teil auf Motorrädern. BMW hatte drei BMW 303-Limousinen als Werksteam gemeldet: BMW Motorrad-Weltrekordler Ernst Henne mit dem Münchner Reparaturleiter Richard Brenner als Copilot, Ernst von Delius mit dem Münchner Fritz Roth, sowie der erste BMW Vertreter Max Buchner mit dem Eisenacher Werksmechaniker Erich Koch. Eine weitere private Nennung kam von Carl Adam Freiherr von Aretin mit E. Graf von Görtz, der seinen BMW 303 mit einer hübschen Weinberger-Karosserie an den Start brachte. In ihrer Klasse waren die vier BMW die Hubraumschwächsten, die konkurrierenden Adler, Hanomag, Röhr und Stoewer nutzten die dort zugelassenen 1.500 ccm vollständig aus. Der geforderte Durchschnitt von 70 km/h war schon eine gewaltige Herausforderung. Das sollte die BMW Wagen allerdings nicht daran hindern, alles zu geben. Alle vier BMW 303 kamen vor ihrer Sollzeit ins Ziel und erhielten den »Preis der 2.000 km«, das Werksteam zudem noch den »Mannschaftspreis«. Ernst Henne fuhr

Der große Erfolg des neuen BMW 6 Zylinders

B M W

„2000 km durch Deutschland"

Drei 6 Zylinder Serien-Limousinen starteten als kleinste Wagen ihrer Gruppe. Als erster und zweiter Wagen seiner Gruppe trifft BMW mit über 2½ Stunden Zeitvorsprung und einem Stundendurchschnitt von 76,6 km (verlangt waren 70 km/Std.) am Ziel ein und erringt den „Mannschaftspreis der 2000 km" durch Deutschland. 14 BMW-Wagen und -Motorradfahrer erringen außerdem den „Preis der 2000 km".

„Wo ganz besondere Leistungen verlangt werden - da bewährt sich BMW". Dies gilt nicht nur für all die Zuverlässigkeitsfahrten, Geländeprüfungen und Rennen, bei denen BMW-Wagen und BMW-Maschinen stets überragende Erfolge erringen - gerade in der Hand des Besitzers, beim täglichen Gebrauch, da zeigt sich, daß BMW-Erzeugnisse härtester Dauerbeanspruchung gewachsen sind. Daher gehören BMW-Wagen und -Motorräder zu den hochwertigsten Fahrzeugen, bei denen sich jede angelegte Mark durch Wirtschaftlichkeit und Zuverlässigkeit bezahlt macht.

7. 33. Kld.

Wo ganz besondere Leistungen verlangt werden - da bewährt sich BMW

◄ **Eugen Stößer mit seinem kompressorbetriebenen Rennwagen auf Basis BMW 303 vor dem AVUS-Rennen 1933.**

einen Schnitt von 76 km/h und unterbot als Schnellster seiner Klasse die Sollzeit sogar um mehr als 2,5 Stunden!

Dieser schöne Erfolg war der Zuverlässigkeit des neuen 6-Zylinder-Motors, vor allem aber den überragenden Fahreigenschaften des modernen Fahrgestells zu verdanken.

Leider gab es in der Folge kaum Gelegenheiten, an diesen Erfolg anzuknüpfen. Nach wie vor gab es vom BMW 303 keine Sportversion, die sich zum Einsatz bei Rennveranstaltungen eignete.

Einen bemerkenswerten Versuch hat es dennoch gegeben: Der Münchner Privatrennfahrer Eugen Stößer kam auf eine verwegene Idee: Er kaufte sich im März 1934 im Werk ein Fahrgestell des BMW 303 mit dem Ziel, daraus einen richtigen Rennwagen zu bauen. Den auf 1.100 ccm zurück gebuchsten Motor setzte er im Rahmen weit nach hinten, um ein ausgewogeneres Gewichtsverhältnis zu erzielen. Neben diversem Feintuning setzte er vor den Motor noch einen großen Zoller-Kompressor, der die Leistung von ursprünglich 30 PS mehr als verdoppelte. Mit einer schmalen 2-sitzigen Karosserie versehen, setzte er den BMW zwei Jahre lang wechselweise als Renn- oder Sportwagen ein. So richtig gelaufen ist dieser Eigenbau allerdings nie, sodass es nur zu ein paar Achtungserfolgen reichte.

In der Szene der kleinen Sport- und Rennwagen bis 750 ccm ging es weiter munter zu. Hier war BMW in den letzten Jahren führend gewesen. Auch waren immer noch genügend BMW Wartburg in den Händen ambitionierter Privatfahrer. Einige der später bekannten Rennfahrer hatten sich hier

Ernst von Delius auf dem Ex-Kohlrausch-Wartburg-Sport beim Würgauer Bergrennen 1933. Durch den Einbau des Kompressors musste der Auspuff nach oben verlegt werden.

erste Lorbeeren erfahren. Ernst von Delius, der unterdessen Kohlrauschs BMW mit dem Kompressor-Motor übernommen hatte, konnte mit einigen Siegen an die Tradition seines Vorgängers anknüpfen. Doch die Entwicklung des BMW 3/15 war werksseitig beendet und so mussten sich die meisten Fahrer selbst darum kümmern, aus dem kleinen Motörchen mehr als die offiziellen 18 PS herauszuholen, um konkurrenzfähig zu bleiben. Eugen Stößer montierte einen Kompressor seitlich am Motor, Willy Zinn vor dem Kühler, andere optimierten die Ansaug- und Auspuffsysteme, jedoch waren einer Leistungssteigerung enge Grenzen gesetzt. Und so verwundert es nicht, dass sich einige der Protagonisten auf die Suche nach Schnellerem machten. Sehr begünstigt wurde dieser Trend durch den auf den Kontinent ausgeweiteten Wettbewerb der zwei englischen Marken Austin und MG um die Vormachtstellung in der 750er-Klasse. 1933 hatte Walter Bäumer einen schnellen Austin 7 »Ulster« bekommen, während man Bobby Kohlrausch einen waschechten Austin-Werksrennwagen zur Verfügung stellte. 1934 übernahm Bäumer diesen Werksrennwagen, während Kohlrausch gleich drei Rennwagen von MG bekam, um mit Sport- oder Rennwagen in der 750er- und der 1.100er-Klasse antreten zu können. Auch in den Folgejahren sollten beide Fahrer das jeweils beste Maschinenmaterial an den Start bringen können. Seit dem ersten Auftreten der kraftstrotzenden englischen Übermacht hatten die wenigen überlebenden Privat-

▲ Willy Zinn wählte eine Einbauposition vor dem Kühler.

◄ Eugen Stößer baute den Kompressor seitlich an den Motor.

fahrer mit ihren veralteten BMW 3/15 nicht mehr den Hauch einer Chance. Doch BMW hatte mittlerweile einen ganz anderen Kurs eingeschlagen.

1934 – Es wird sportlich

Nur ein Jahr blieb der BMW 303 im Fertigungsprogramm, dann spendete man ihm einen größeren Motor mit 1.490 ccm, wodurch BMW mit dem jetzt »315« genannten Modell in den Kreis der Mittelklassewagen vorstieß und den Anschluss an vergleichbare Konkurrenzprodukte fand. Gegenüber dem Vorgänger gab es außer dem Motor keine großen Veränderungen, mit einer Ausnahme: Jetzt bot das Werk erstmalig ein ausgesprochenes Sportmodell an, den BMW 315/1. Das Modell hatte alles, was den Sportwagen-Liebhaber erfreuen konnte, eine von Reutter hinreißend schön konzipierte Karosserie mit eleganten Formen und dem stilistisch extravaganten »Entenbürzel«.

Auch durch Optimierung von Ein- und Auslasskrümmern ließen sich noch einige Mehr-PS erzielen.

Wie geschaffen für kurvige Passstraßen, der neue BMW Sechszylinder-Sportwagen vom Typ 315/1. Hier Kitty von Falkenhausen auf Erprobungsfahrt.

Zudem verfügte das Sportmodell über eine Motorleistung von 40 PS gegenüber 34 PS des Basismodells. Die hatten mit dem nur 750 kg wiegenden Roadster leichtes Spiel und verliehen ihm eine Höchstgeschwindigkeit von 120 km/h. Mit 5.200 RM allerdings kein Schnäppchen, fanden sich trotzdem sofort etliche Käufer für den langersehnten Sportwagen.

Einer der ersten Kunden war Felix Graf Spiegel-Diesenberg, ein typischer Vertreter der Gattung »Herrenfahrer«. Seit den späten 1920er-Jahren hatte er mit gutem Erfolg eine große Anzahl von Langstreckenfahrten hauptsächlich in Österreich absolviert. Am 11. Juni 1934 holte er seinen neuen, für seine Verhältnisse eher kleinen BMW 315/1 in Eisenach ab. Auf der Heimfahrt ins mährische Visnove musste er sich noch sehr zurückhalten, schließlich sollte der Motor erst behutsam eingefahren werden. Nur fünf Tage später, der Wagen hatte jetzt gerade 1.680 Kilometer auf dem Tacho, ging er in seinen ersten Wettbewerb: die II. Internationale Fahrt durch die österreichischen Alpen. 1.770 Kilometer über alle Arten von Straßen, von der ausgebauten Chaussee bis zum schmalen Gebirgsweg inklusive 12 Pässe. Für den routinierten Sportfahrer keine unlösbare Aufgabe. Graf Spiegel kommt nicht nur als einer der ersten durch die Zielkontrolle, er schafft es auch ohne Strafpunkte und sichert so dem neuen BMW den ersten motorsportlichen Erfolg.

Felix Graf Spiegel-Diesenberg erzielt 1934 den ersten sportlichen Erfolg für den BMW 315/1 bei der »Internationalen Fahrt durch die Österreichischen Alpen«.

Mittlerweile war die Produktion des Sportwagens richtig in Fahrt gekommen und es konnten schon über 60 Fahrzeuge ausgeliefert werden, als sich die nächste Möglichkeit zur motorsportlichen Betätigung ergab. Nach dem großen Erfolg im Vorjahr, gab es eine Neuauflage der »2.000 km durch Deutschland«, die vom 21.–22. Juli 1934 zur Austragung kam. Schon im Vorfeld war unglaublich viel Propaganda für dieses nationale Großereignis gemacht worden, als »Tag der deutschen Kraftfahrt« wurde es hochstilisiert. Als Veranstalter fungierte die »Oberste Nationale Sportbehörde für die deutsche Kraftfahrt« (ONS), die mittlerweile auch ihre Unabhängigkeit verloren hatte und ins Nationalsozialistische Kraftfahr-Korps (NSKK) eingegliedert war. Die sportliche Durchführung oblag dem Deutschen

Sorgfältige Anbringung der Startnummern am BMW 315/1 von Liliane Roehrs.

Automobil-Club (DDAC) als Einheitsclub der »gleichgeschalteten« Automobilclubs. Damit war der Motorsport endgültig in die Organisationsstruktur der Nationalsozialisten integriert. Motorsport außerhalb des parteistaatlichen Reglements zu betreiben, war ab jetzt nicht mehr möglich. Und so wuchs der Druck auf die Automobilhersteller, sich der »nationalen Sache« anzuschließen. In der Folge ließ es sich kein Hersteller entgehen, seine Produkte zu dieser Veranstaltung zu schicken, teils mit extra dafür gebauten Modellen. Nicht nur die Werke, sondern auch unzählige Parteigruppierungen, Militäreinheiten, sowie Vertreter aus fast allen europäischen Ländern hatten ihre Abordnungen zum Start nach Baden-Baden geschickt. Insgesamt verzeichnete die Nennungsliste über 600 Wagen und 1.000 Motorräder. Die Teilnehmerliste liest sich wie das »Who-is-who« des deutschen Motorsports, ob Grand Prix Pilot, Kleinwagen-Rennfahrer, Geländespezialist oder Langstrecken-Routinier, alle wollten dabei sein.

Auch BMW hatte ein Werksteam aus drei BMW 315/1 Sportwagen gemeldet. Man griff zumeist auf die erfahrenen Fahrer des Vorjahres zurück. So starteten mit der Nr. 357 Richard Brenner mit dem Motorrad-

Exaktes Timing: Die BMW Werksmannschaft bei der Durchgangskontrolle in Berlin während der 2.000-Km-Fahrt 1934.

◄ Der Präsident des DDAC, Günter Freiherr von Egloffstein, mit einem BMW Werkswagen bei der 2.000-Km-Fahrt 1934. Zusammen mit seiner Gattin erhielt er eine goldene Plakette.

▼ Gold auch für das BMW Werksteam: Von l. n. r.: Brenner/Gall, Kandt/Koch und von Delius/Roth

Profi Karl Gall, mit der Nr. 358 der Eisenacher Direktor Albert Kandt mit Mechaniker Erich Koch und mit der Nr. 359 Ernst von Delius mit Fritz Roth. Insgesamt waren in dieser Klasse 45 BMW gemeldet, außer dem Werksteam noch 18 weitere 315/1 Sportwagen, 35 BMW 315 Cabriolets und Limousinen, neun BMW 303, sowie in der kleinen Klasse noch 16 weitere BMW 3/15, 3/20 und 309. Nie zuvor oder danach hat man so viele BMW bei einer Motorsport-Veranstaltung gesehen. Interessant bei den Teilnehmern war, dass einige aus den BMW Vertretungen im gesamten Reichsgebiet kamen. Eine ideale Möglichkeit, vor einem Millionenpublikum für die neuen Produkte zu werben. Und wie erhofft, wurde die Veranstaltung zu einem vollen Erfolg für BMW. In der Wertungsgruppe bis 1.500 ccm bekamen 28 BMW Fahrer eine goldene Plakette, ein Teilnehmer die silberne Plakette. Schon beinahe selbstverständlich kam die Werksmannschaft nicht nur ohne Strafpunkte und weit vor ihrer Sollzeit ins Ziel, sie sicherte sich auch noch den Titel für die schnellste Mannschaft aller Wertungsgruppen. Und selbst in der kleinen Klasse bis 1.000 ccm, in der vornehmlich die älteren Modelle an den Start gingen, konnten noch weitere 5 goldene, eine silberne und eine bronzene Plakette gewonnen werden.

Zeit, um sich auf den Lorbeeren auszuruhen, hatten die BMW Fahrer allerdings nicht, denn nur zwei Wochen später stand das nächste große Ereignis im Terminkalender: die Internationale Alpenfahrt. Mit dieser Veranstaltung hatte die BMW Renngeschichte im Jahr 1929 ihren vielversprechenden Anfang genommen und so war es klar, dass BMW dieses Jahr mit konkurrenzfähigem Material wieder dabei sein musste.

Internationale Alpenfahrt 1934. Der BMW 315/1 ist prädestiniert für schnelle Passfahrten.

Gegenüber der Veranstaltung von vor fünf Jahren hatte sich einiges geändert. Start war dieses Mal in Nizza und in sechs Tagen mussten die Teilnehmer insgesamt 2.929 Kilometer bis zum Ziel in München zurücklegen. Dabei ging es auf nicht abgesperrten Straßen durch Frankreich, Schweiz, Italien, Jugoslawien, Österreich und Deutschland. Sonderprüfungen gab es am Galibier und dem Stilfser Joch. Die geforderte Durchschnittsgeschwindigkeit für die Gesamtstrecke betrug für die Klasse, in der die BMW starteten, 43 km/h. Eine Über- oder Unterschreitung wurde mit Strafpunkten geahndet. Dies sollte verhindern, dass die Teilnehmer ein Rennen durch die Berge veranstalteten (was einige dennoch taten). Dennoch galt es, flott zu fahren, denn der geforderte Durchschnitt war gemessen am schlechten Zustand der Bergpisten als durchaus »ambitioniert« zu bezeichnen. Reglementbedingt durfte niemand fremde Hilfe in Anspruch nehmen und es durften keinerlei Teile ausgetauscht werden, selbst das Nachfüllen von Kühlwasser war unterwegs verboten.

Das Feld der Teilnehmer war in diesem Jahr wirklich international: 45 Engländer, 36 Deutsche, 17 Franzosen, 12 Holländer, fünf Schweizer sowie Fahrer u.a. aus Österreich, Ungarn, der Tschechoslowakei und Rumänien. Die Autohersteller hatten auch die Möglichkeit, Mannschaften mit drei Fahrzeugen zu melden, wovon rege Gebrauch gemacht wurde, denn der »Alpenpokal« war eine unter den Autoherstellern heiß begehrte Trophäe. BMW hatte die drei selben Fahrzeugen gemeldet, wie schon bei der 2.000-Kilometer-Fahrt. Die Fahrerpaarungen bestanden aus Richard Brenner mit Werkstattleiter Werberger, Albert Kandt und Erich Koch. Neu im Team war der 23 Jahre alte Ernst von Delius mit Beifahrer Leiden-

Kurze Rast der BMW Werksmannschaft während der Internationalen Alpenfahrt 1934.

Die siegreiche BMW Werksmannschaft: Von l.n.r.: Koch, Kandt, Brenner, von Delius, Leidenberger und Werberger.

Die erfolgreiche weibliche Teilnehmerin Liliane Roehrs mit Beifahrer.

Ankunft in München am frühen Abend nach dem Sieg und dem Gewinn des Mannschaftspreises und des Internationalen Alpenpokals.

berger. Von Delius war schon ein paar Jahre mit BMW 3/15 erfolgreich gewesen, zuletzt auf dem kompressorbetriebenen Rennwagen von Bobby Kohlrausch. Jetzt hatte er seinen ersten Start auf dem BMW 315/1. Außerdem waren noch fünf weitere Privatfahrer auf BMW gemeldet. Die stärkste Konkurrenz in der 1.500er-Klasse kam aus England: Die Londoner Firma AFN hatte eine Mannschaft aus drei Frazer Nash TT Replicas gemeldet, dazu noch vier weitere Einzelfahrer, darunter Harold John Aldington, den Firmenchef, der in den Jahren zuvor schon die Alpenfahrt siegreich absolviert hatte. Die Frazer Nash-Sportwagen waren recht spartanische, unverkennbar britische Fahrzeuge. Technisch eher konservativ, mit Starrachsen vorne und hinten, doch mit drehmomentstarken 4-Zylinder-Meadows-Motoren. Auch wenn die Leistungsangabe von 70 englischen PS vielleicht etwas übertrieben war, so stellten sie zumindest für die leichtgewichtigen BMW einen sehr ernst zu nehmenden Gegner dar. Die Fahrzeuge dieser Marke hatten damals schon

Graf Spiegel-Diesenberg konnte einen Gletscherpokal gewinnen und freut sich über seinen Präsentkorb.

einen verschworenen Kreis von Liebhabern, die sich in Anspielung auf das skurrile Kettengetriebe »Chain Gang« nannten. Da der Großteil der Kunden sich im Motorsport betätigte, fiel nicht weiter auf, wie klein die Firma eigentlich war. Die Gesamtproduktion des gesamten Jahres 1934 betrug gerade mal 39 Stück!

In den frühen Morgenstunden des 7. August machten sich 127 Automobile auf den Weg in die französischen Alpen. Die erste Bergprüfung am Galibier musste wegen Sturmschäden ausfallen, doch es gab noch genug Passfahrten auf zumeist sehr schmalen und steinigen Bergpisten. So ging es jeden Tag zwischen 500 und 600 Kilometer, so dass die Fahrer jeweils 12 bis 15 Stunden ununterbrochen unterwegs waren. Bei der Sonderprüfung am 2.759 Meter hoch gelegenen Stilfser Joch mit den nicht enden wollenden Kehren zeigte sich, welche Fahrzeuge wirklich die Kraft hatten, die lange Passstraße in der vorgegebenen Zeit zu schaffen. Der letzte Tag war zugleich die längste Etappe von Jugoslawien durch Österreich, über die gefürchtete Turracher Höhe bis nach München, wo die Fahrer am Abend des 12. August am Ende ihrer Kräfte ankamen. Die BMW Sportwagen und ihre Fahrer hatten eine mustergültige Leistung gezeigt, immer zusammen fahrend, ohne jegliche Pannen, hatten sie die anstrengende Fahrt ohne Fehlerpunkte bewältigt. Das BMW Team gewann den begehrten Mannschaftspreis, den Internationalen Alpenpokal und auch zwei der Einzelfahrer waren strafpunktfrei ins Ziel gekommen: Felix Graf Spiegel-Diesenberg und Liliane Roehrs durften sich über ihre Gletscherpokale freuen. Knapp geschlagen geben musste sich die englische Mannschaft mit ihren Frazer Nash, da sie sich ein paar Strafpunkte geleistet hatte. Aldington und ein weiterer Fahrer dagegen hatten es auch ohne Fehler geschafft und einen Gletscherpokal gewonnen. Und da Aldington schon mal in München war, lag es nahe, die Firma zu besuchen, deren Team sie knapp geschlagen hatte. Die Folgen dieses Besuchs haben wir im Kapitel »British Connection« eingehend beschrieben.

Außer bei diesen zwei Langstreckenfahrten konnte sich der BMW 315/1 in seinem ersten Jahr kaum bei echten Rennveranstaltungen profilieren. Die Veranstalter hatten bei ihren Ausschreibungen zumeist nicht auf die seit Jahren anhaltenden Forderungen reagiert, die serienmäßigen Sportwagen

Werbeplakat zum Sieg bei der Internationalen Alpenfahrt 1934.

Alex von Falkenhausen mit Ehefrau Kitty bei der Fahrt durch Bayerns Berge, 1934. Hier errang er seinen ersten Sieg auf einem BMW Automobil.

von den verkappten Rennwagen zu trennen. Und so dominierten weiterhin die Bugattis mit Alibi-Kotflügeln und -Beleuchtung die Klasse bis 1.500 ccm. Lediglich bei den Novizen, den sogenannten »Ausweisfahrern«, gab es Chancen auf einen Sieg bei kleineren Veranstaltungen wie z. B. den beliebten Bergrennen, die es überall gab, wo es in Kurven einen Berg hoch ging. Und so konnten der junge Kurt Illmann aus Schweidnitz beim Kesselbergrennen nahe München und im schlesischen Riesengebirge, sowie der Altenaer Herbert Berg beim Hohensyburger Dreiecksrennen erste Plätze belegen und so notwendige Punkte zum Erwerb einer Rennfahrerlizenz sammeln.

Einer der Fahrer, die bei den vielen regionalen Veranstaltungen ihre BMW an den Start brachten, war Alexander Freiherr von Falkenhausen. Der junge Ingenieur, der als Konstrukteur im Fahrgestellbau für BMW Motorräder tätig war, hatte einen der Alpenfahrt-Wagen vom Werk gekauft und im Oktober 1934 bei der beliebten »Fahrt durch Bayerns Berge« teilgenommen. Mit einer goldenen Siegerplakette ausgezeichnet, begann er seine Sportkarriere auf vier Rädern. Als Renn- und Rekordfahrer, Chef der Motorenkonstruktion und Rennleiter sollte er die Geschichte der Marke BMW bis 1975 entscheidend mitprägen.

1935 – BMW wird erwachsen

Pünktlich zur IAMA in Berlin im Februar 1935 präsentierte BMW ein neues Sportmodell, den BMW 319/1, der zunächst parallel zum BMW 315/1 gebaut wurde. Es handelte sich um einen 2-Liter-Sportwagen, der aus 1.911 ccm eine Leistung von 55 PS erzielte. Die Höchstgeschwindigkeit war mit 135 km/h angegeben. Optisch unterschied er sich nur geringfügig vom kleineren Bruder, lediglich drei Chromstreifen seitlich auf der Motorhaube deuteten die Mehrleistung unter der Haube an. Mit 5.800 RM bewegte er sich schon im oberen Preissegment. Für die 600 RM Mehrpreis gab es nicht nur deutlich mehr Leistung, sondern auch die

Für jede Rennklasse das passende Fahrzeug: BMW 319/1 und BMW 315/1.

Start zum Eifelrennen 1935. Noch sind die BMW 315/1 in der Minderheit.

besonders sportlichen Räder mit Zentralverschluss. Mit seiner Modellpolitik orientierte sich BMW als einziger deutscher Hersteller am Regelwerk der internationalen Rennveranstaltungen, bei denen die Sport- und Rennwagen in Kubik-Klassen eingeteilt waren. Die Klasse bis 1.500 ccm war über viele Jahre hin stark besetzt gewesen, international ging die Tendenz aber eindeutig zur Zweiliter-Klasse als die bedeutendste Klasse für Sportwagen im internationalen Wettstreit. Für beide Klassen hatte BMW jetzt die passenden Fahrzeuge im Angebot.

Unterdessen war die Produktion des BMW 315/1 richtig angelaufen, auch wenn man die geringen Produktionszahlen eher als Kleinserie bezeichnen könnte, denn insgesamt wurden ganze 230 Sportwagen produziert. Der Bedarf für ein solches Sportgerät war naturgemäß nicht besonders groß. Außerdem wurde der allergrößte Teil der Produktion von ihren Besitzern als normales sportliches Alltagsfahrzeug genutzt. Der Anteil derjenigen, die sich aktiv damit am Motorsport beteiligten, war vergleichsweise gering. Maximal dürften das nicht mehr als 10 % gewesen sein. Deshalb war die Anzahl der Rennfahrer durchaus überschaubar und man begegnete den bekannten Namen in den nächsten Jahren immer wieder. Im April des Jahres 1935 waren bereits 150 BMW 315/1 ausgeliefert worden, während vom BMW 319/1 noch kein einziges Fahrzeug in Kundenhand gelangt war.

Die erste Gelegenheit, die neuen BMW Sportwagen im echten Rennbetrieb zu testen, ergab sich am 16. Juni 1935 auf dem Nürburgring. Der Veranstalter des traditionellen »Eifelrennens« hatte die lange überfällige Forderung von Rennfahrern und Fachpresse nach einer gezielten Förderung des deutschen Sportwagenbaus ernst genommen und die Klassen der Renn- und der Sportwagen getrennt. Sie fuhren zwar mangels Masse in einem Rennen zusammen mit den kleinen Rennwagen, wurden aber getrennt in den jeweiligen Klassen gewertet. Bei den 1.500er-Sportwagen überließ BMW den Privatfahrern das Feld und so waren die drei BMW 315/1 des Partenkirchener Juristen und Kaufmanns Dr. Fritz Werneck, von Eugen Krings aus Aachen und Ralph Roese aus Düsseldorf am Start. Noch mussten sie sich in dieser Reihenfolge dem draufgängerischen Fahrer eines Aston Martin geschlagen geben. Aber ein erster Anfang war gemacht. Das Werk selbst entsandte einen der ganz neuen 2-Liter BMW 319/1 mit Ernst von Delius am Steuer. Zum großen Bedauern hatten die Adlerwerke die Meldung für ihre zwei neuen Sportwagen zurückgezogen. Von Delius gewann daher mühelos mit mehr als 5 Minuten Vorsprung vor dem Zweitplatzierten in seiner Klasse und wurde gleichzeitig Schnellster aller Sportwagen, eine überaus gelungene Vorstellung vor 300.000 Zuschauern. Seine Durchschnittsgeschwindigkeit betrug 101,4 km/h, ein Wert, den vor wenigen Jahren nur

Plakat zum Internationalen Eifelrennen auf dem Nürburgring.

die großen Rennwagen schafften. Hierbei sah man deutlich, welche Fortschritte die normale Wagenentwicklung in den vergangenen Jahren erzielt hatte. Eine Geschwindigkeit, die früher großen, schweren und leistungsstarken Wagen vorbehalten war, konnte nun von einem 790-kg-Leichtgewicht mit 55 PS und einem hervorragenden Fahrwerk erreicht werden.

Südlich von München zwischen Kochel- und Walchensee liegt die bekannte Kesselbergstraße, nicht nur von Lokalpatrioten als schönste Bergrennstrecke Deutschlands tituliert. Hier wurde seit Jahren ein international gut besetztes Bergrennen ausgetragen. Dieses Mal schickte BMW gleich zwei Werkswagen. Ernst von Delius und Ernst Henne konnten sich die ersten Plätze in der 2-Liter-Klasse sichern. Und da H.J. Aldington, der frischgebackene BMW Importeur für England sich gerade in München befand, nahmen sie ihn mit zum Rennen. Dort startete er mit seinem privaten rechtsgelenkten Frazer Nash-BMW 319/1 und konnte sich noch über einen vierten Platz freuen. Bei den Nachwuchsfahrern fiel Paul Heinemann aus Geilenkirchen auf, der mit seinem BMW 315/1 sein erstes Bergrennen bestritt und prompt seine Klasse gewann. Auch im weiteren Verlauf des Jahres konnten BMW Fahrer bei weiteren Berg- und Rundstreckenrennen beste Ergebnisse erzielen, doch es blieben vereinzelte Einsätze von ganz wenigen Fahrern. Noch steckte der Sportwagenbau in den Kinderschuhen, was sich aber bald ändern sollte. Denn bei den Nachwuchsfahrern zeichnete

Ernst von Delius mit dem BMW 319/1 gewann seine Klasse mühelos.

BMW

Das Nationale Rennen für Sportwagen auf dem Nürburgring am 16. Juni 1935
ein großer Triumph für BMW
v. Delius auf BMW 6 Zyl. Sportwagen erringt den

1. Preis

der Sportwagenklasse bis 2000 ccm und fährt die
beste Zeit aller Sportwagenklassen!
In der Klasse bis 1500 ccm erringen 3 BMW-Sport
den **2., 3. und 4. Preis!**
BMW ist einzigartig in Qualität und Leistung.
BMW bleibt unerreicht!

BAYERISCHE MOTOREN WERKE A.G. MÜNCHEN

Vertreter für Bezirk München: Ernst Henne, Hauptgeschäft und Reparaturwerkstätte Khidlerstraße 36-38, Verkaufs- und Ausstellungsräume Sonnenstraße 5, Telefon 74931. — Automag m. b. H., Verkauf Briennerstraße 55, Reparatur Landsbergerstraße 143, Telefon 569024-26. — Verkaufsniederlage der Bayerische Motoren Werke A. G.: Briennerstraße 50b, Telefon 22749

16

▼ Ernst Henne konnte am Kesselberg hinter Ernst von Delius den zweiten Platz erreichen.

H. J. Aldington mit seinem Frazer Nash-BMW 319/55 Sportwagen am Start zum Kesselbergrennen.

sich ab, dass einige der Novizen bald eine reguläre Rennfahrerlizenz bekommen und so den Kreis der Fahrer in den kommenden Jahren erweitern könnten.

Weiterhin sehr beliebt waren natürlich die sportlichen Aktivitäten, bei denen es nicht so sehr um das Erreichen von Höchstgeschwindigkeiten ging, sondern eher um die Beherrschung des Fahrzeugs in Geschicklichkeits- und leichten Geländeprüfungen, bei Orientierungs- und Zuverlässigkeitsfahrten. Das waren die Veranstaltungen, bei denen auch ambitionierte Laien mitmachen konnten, nachdem sie einen Fahrerausweis der Obersten Nationalen Sportbehörde beantragt hatten. Im Gegensatz zur Lizenz waren für die Ausweisfahrer keine besonderen Bedingungen zu erfüllen. Das wichtigste war, dass BMW möglichst oft in den Siegerlisten genannt wurde, denn viele Motorsport-Interessierte lasen gerne die Berichte über motorsportliche Veranstaltungen, wenn auch den meisten die finanziellen Mittel fehlten, um sich diesem schönen Sport widmen zu können.

Besonders haben sich die Herren der Werbeabteilung natürlich gefreut, wenn Meldungen über sportliche Erfolge aus dem Ausland kamen, denn viele der oft vermögenden ausländischen Käufer hatten sich ihre teuren und exotischen Sportwagen extra zugelegt, um aktiv Rennsport zu betreiben. So gab es z.B. interessante Meldungen aus Ungarn, wo die Baroness Auguste Kohner ihren BMW 315/1 nicht nur bei Tourenfahrten und Bergrennen mit großem Erfolg einsetzte, zwischendurch zeigte sie den blankpolierten Sportwagen auch bei Schönheitswettbewerben, bei denen sie zahlreiche Preise gewann. Solche privaten Werbeaktionen sollten ihre Wirkung nicht verfehlen und trugen dazu bei, BMW selbst in entlegeneren Gebieten Europas einem interessierten Publikum bekannt zu machen. Felix Graf Spiegel-Diesenberg hatte sich auch noch einen der ersten BMW 319/1 zugelegt, mit dem er die Österreichische Höhenstraßenfahrt gewann und beim legendären Tschechischen 1.000-Meilen-Rennen seine Klasse souverän anführte.

Erfreuliche Neuigkeiten gab es auch aus England. HJ Aldington war nicht nur selbst ein passionierter Rennfahrer, der gerne jedes Wochenende auf einer ande-

Ralph Roese und Eugen Krings beim Hohensyburg Dreieckrennen, 1935.

Feldbergrennen 1935. Dr. Fritz Werneck ging im Training etwas zu ambitioniert zur Sache. Die Folge: Totalschaden am BMW 315/1.

ren Rennstrecke oder bei den beliebten Gelände-Trials zu sehen war, er hatte es geschafft, einige BMW Sportwagen in seinem verschworenen Kreis der Frazer Nash-Enthusiasten unterzubringen, die damit ebenso fleißig bei den unzähligen Rennveranstaltungen, die es damals in England gab, höchst erfolgreich um Plätze und Pokale kämpften.

1936 – Geburt einer Legende

Das Jahr 1936 stand ganz im Zeichen der Olympischen Spiele in Deutschland. Die nationalsozialistischen Machthaber hatten mit einem gigantischen Aufwand die Spiele organisiert, die Maßstäbe setzen, die aber auch das Ausland von der Friedlichkeit und Weltoffenheit des Landes überzeugen sollten. Man ließ nichts unversucht, um die vielen Gäste von nah und fern zu beeindrucken. In den meisten Orten waren die »Juden unerwünscht«-Schilder an Ortseingängen oder Parkanlagen vorübergehend entfernt worden. Ein weit gefächertes Programm mit kulturellen und sportlichen Highlights war geboten, um die vielen ausländischen Besucher zu unterhalten. Und auch im Motorsport sollte sich einiges tun. Ein paar der traditionellen Bergrennen waren aus dem Rennkalender verschwunden, dafür gab es regional neue Veranstaltungen. Besonders deutlich wurde das bei den Rundstreckenrennen, denn neben den bisherigen Rennen bei den Wiesbadener Motorsportkämpfen, dem Eifelrennen auf dem Nürburgring oder dem Hohensyburger Dreiecksrennen gab es drei neue Rennen auf regulären Straßenkursen in Köln, Zittau und München.

Bei der »Hochleistungsprüfung« in Wiesbaden konnten die BMW Fahrer in drei Klassen siegen, Dr. Adolf Noll aus Gießen erzielte mit seinem BMW 319/1 die schnellste Zeit des Tages. Beim Kölner Stadtwaldrennen zeigte sich deutlich die gezielte Nachwuchsförderung des Vorjahres,

Weltrekordfahrer Ernst Henne am Steuer des neuen BMW 328.

Vor dem Start zum Eifelrennen 1936. Henne gelang der erste Sieg auf dem neuen Sportwagen.

denn nicht weniger als sieben BMW 315/1 waren gemeldet. Mit Ralph Roese, Paul Heinemann und Kurt Illmann gingen die ersten drei Plätze an BMW.

Der traditionelle Höhepunkt im Kalender der Sportfahrer war das Eifelrennen auf dem Nürburgring am 14. Juni 1936. In der 1.500er-Klasse hatten neun Privatfahrer mit ihren BMW 315/1 gemeldet, als Konkurrenten gab es den schnellen Aston Martin vom Vorjahr, sowie je einen Adler, Röhr und MG. In der 2-Liter-Klasse standen vier BMW 319/1 neben einem Adler und einem Bugatti. Die Bayerischen Motoren Werke hatten aber noch einen weiteren Wagen gemeldet, den bisher noch niemand zu Gesicht bekommen hatte: einen BMW 328. Mit Bedacht hatte man den neuen Sportwagen nicht auf einer der großen Automobilausstellungen präsentiert. Man wählte extra eine renommierte internationale Rennveranstaltung aus, von der auch in der ausländischen Presse immer ausführlich berichtet wurde. Von den bisherigen BMW Sportwagen unterschied er sich äußerlich durch eine wesentlich straffere Linienführung, auch waren die Scheinwerfer in die Kotflügel integriert, um den Luftwiderstand zu verringern. Der Motor hatte mit dem neuen Zylinderkopf eine deutlich höhere Leistungsausbeute von 80 PS zu bieten und neue hydraulische Bremsen verhalfen dem Fahrer dazu, vor den Kurven erst viel später bremsen zu müssen als die Konkurrenz. Mit einer Höchstgeschwindigkeit von 150 km/h brauchte er keine Gegner zu fürchten. Alles in allem ein Sportwagen, der die Herzen der Sportfahrer höher schlagen lassen sollte als je ein BMW zuvor.

Der neue BMW war in der deutschen Rennfarbe Weiß lackiert. Damit konnte ein deutliches Signal gesetzt werden. Nachdem Deutschland auf dem Feld der Grand-Prix-Wagen in den letzten Jahren so dominierende Leistungen gezeigt hatte, sollte deutlich werden, dass nun auch auf dem Gebiet der Sportwagen Deutschland an die Spitze wollte. Als Fahrer hatte man den Münchner Mercedes- und BMW Händler Ernst Jakob Henne ausgewählt, der vor allem durch seine Weltrekordfahrten auf BMW Motorrädern internationale Anerkennung erfahren hatte. Den leicht spöttischen Spitznamen »Gradaus-Ernstl« trug er allerdings völlig zu Unrecht, denn er hatte bei vielen Motorradrennen und bei den Internationalen Sechstagefahrten durchaus bewiesen, dass ihm Kurvenfahren genauso lag. Die Nordschleife des Nürburgrings mit ihren schier unendlich vielen, oft nicht einsehbaren Kurven war also das beste Terrain, um der Welt zu zeigen, dass auch im Sportwagen mit ihm zu rechnen war. Bei typisch nasskaltem Eifelwetter vor einer Kulisse mit mehr als 250.000 Zuschauern wurde das Starterfeld mit 43 Renn- und Sportwagen ins Rennen geschickt. Vom Start weg dominierte Henne nicht nur seine Klasse mühelos, sondern fuhr bessere Zeiten als die kompressorbetriebenen Sportwagen. Es

◀ Eine Viertel Million Zuschauer verfolgten Ernst Hennes Triumph.

▶ Höchste Konzentration vor dem Start zum Eifelrennen 1936. Die BMW 315/1 starteten in der 1,5-Liter-Klasse.

fiel ihm auch nicht schwer, in die Gruppe der zwei Minuten vorher gestarteten kleinen Rennwagen vorzudringen. Mit mehr als drei Minuten Vorsprung zum Zweitplatzierten seiner Klasse kam Henne ins Ziel. Sein Durchschnitt von 101,5 km/h war zwar nicht schneller als von Delius' Zeit vom Vorjahr, doch ein kluger Fahrer fährt eben nur so schnell wie es sein muss, um die Konkurrenz in Schach zu halten. Mit der schnellsten Zeit der Sportwagen fuhr Henne den ersten Erfolg für den BMW 328 ein. Kaum jemand konnte damals ahnen, wie sehr dieser Wagen in den folgenden Jahren die europäische Sportwagenszene dominieren sollte. Bei all der Begeisterung ging fast unter, dass in der 2-Liter-Klasse die BMW 319/1 die Plätze drei, vier und fünf belegten, während die BMW 315/1 in der 1.500er-Klasse das Rennen fast unter sich ausmachten. Bis auf den drittplatzierten Adler gingen alle Plätze an BMW. Ralph Roese und Eugen Krings waren hier die Schnellsten, Roese erzielte einen Durchschnitt von 93 km/h.

25
27
25

Der Sieger Ralph Roese, im Hintergrund die Nürburg.

In München kannte die Euphorie keine Grenzen. Was sich auf dem Nürburgring bewährt hatte, sollte auch bei größeren Herausforderungen gelingen. Nur zwei Wochen später, am 28. Juni, schickte BMW seine einzigen drei BMW 328-Prototypen zum Großen Preis von Frankreich, der auf der südwestlich von Paris gelegenen Rennbahn in Montlhéry ausgetragen wurde. In Ermangelung konkurrenzfähiger Rennwagen hatte man den Großen Preis nur für Sportwagen ausgeschrieben, die eine Strecke von 1.000 Kilometern zu bewältigen hatten. Die BMW 328-Prototypen unterschieden sich von der späteren Serie vor allem durch die fehlenden Türen und das Reserverad, sowie die kurze Rennscheibe. Zwei Wagen waren in Weiß lackiert für die Fahrerteams Ernst Henne /Bobby Kohlrausch und den Münchner Fritz Roth mit Walter Kautz als zweitem Fahrer. Den dritten Wagen hatte man als Frazer Nash-BMW gemeldet, mit Rechtslenkung versehen und in British-Racing-Green lackiert. Ihn sollten AFN Chef HJ Aldington und AFN-Mitbesitzer A.F.P. Fane fahren. Vom Start weg ging es zunächst auch seinen gewohnten Gang. Alle drei BMW konnten sich an die Spitze ihrer Klasse setzen. Das war das Ziel gewesen, denn ein Gesamtsieg kam aufgrund der größeren, stärkeren und schnelleren Sportwagen aus Italien und Frankreich ohnehin nicht in Frage. Doch nach 160 Kilometern blieb Henne draußen auf der Strecke stehen, Aldington und Roth kamen öfters an die Boxen. Bald danach musste Aldington aufgeben und nach der Hälfte des Rennens musste auch Roth kapitulieren. Die technischen Probleme, gebrochene Motoraufhängungen, Schäden an Getrieben und Hinterachsen, waren typische Kinderkrankheiten, wie sie eben bei unerprobten Fahrzeugen auftreten. Die Münchner waren zwar enttäuscht, aber die Konstrukteure machten sich sofort an die Arbeit.

Erster Auslandseinsatz für den BMW 328 in Montlhéry 1936. Man beachte die Zusatztanks unter der Motorhaube.

▲ **Gemeinsamer Auftritt von BMW und Frazer Nash in Montlhéry.**

◀ **Der dritte BMW 328 wurde als rechtsgelenkter Frazer Nash gebaut.**

▶ **Ernst Henne vor dem Rennen in Montlhéry.**

Unterdessen waren die Privatfahrer weiterhin fleißig gewesen. Ob Ausweis- oder Lizenzfahrer, beim Hohensyburger Bergrennen, dem Hochwald-Rennen bei Bad Salzbrunn und dem Spaichinger Dreifaltigkeits-Bergrennen, fast ausnahmslos gewannen sie ihre Klassen. Am 9. August des Jahres 1936 kam ein ganz neues Rennen in den Terminkalender. Fritz Roth, der Sportleiter des DDAC Gaues Hochland, hatte es geschafft, vor den Toren Münchens ein Rundstreckenrennen aus der Taufe zu heben. Das Münchner Dreiecksrennen, angekündigt als »Das Motorsport-Ereignis des Münchner Olympia-Sommers« wurde auf einem 10,65 Kilometer langen Kurs mit Start und Ziel in Schleißheim ausgetragen. Dazu nutzte man auch einen Teil der Ingolstädter Landstraße, auf der Ernst Henne seine Rekordfahrten ausgetragen hatte. Dieser startete aber nicht im Sportwagenrennen, denn er führte auf zwei Demonstrationsrunden dem begeisterten Publikum den Mercedes-Benz Grand-Prix-Rennwagen vor. Das BMW Werk hatte in der 2-Liter-Klasse H. J. Aldington auf einem der weißen 328-Prototypen und Alex von Falkenhausen auf einem 319/1 gemeldet. Dass der Engländer selbst mit einem linksgelenkten Fahrzeug keine Probleme hatte, zeigte er mit der schnellsten Zeit aller Sportwagen. Mit fast drei Minuten Vorsprung verwies er von Falkenhausen auf den zweiten Platz. Bei den 1.500ern war die Sache ganz einfach: Nach Ausfall eines Adler wurde der Lauf zum Markenpokal. Die Plätze eins bis fünf gingen an BMW. Gerade dieser Sieg vor der eigenen Haustür machte die Münchner stolz, nur einige Zuschauer waren leicht irritiert, dass ein Engländer gewonnen hatte. (Exakt zur gleichen Zeit feierte auch ein anderer »Ausländer« einen überwältigenden Sieg in Deutschland: Jesse Owens gewann in Berlin mit der 4 x 100 Meter Staffel seine vierte olympische Goldmedaille in neuer Rekordzeit.) Für einige BMW

Münchener Dreiecksrennen 1936. H. J. Aldington im BMW 328 und Alex von Falkenhausen im BMW 319/1.

H. J. Aldington überquert die Ziellinie als Sieger.

Mitarbeiter war es hingegen völlig normal, einen Ausländer auf dem eigenen Werkswagen siegen zu sehen, denn sie pflegten, unabhängig von allen politischen Differenzen ihrer Regierungen, ein ausgesprochen freundschaftliches Verhältnis zu ihrem englischen Importeur. Unter diesem Aspekt ist auch eine Aktion zu verstehen, die sich am 5. September auf dem Ards Circuit nahe der nordirischen Hauptstadt Belfast ereignete. Aldington hatte ein Rennteam zum legendären Tourist Trophy Race gemeldet und bekam dafür die drei BMW 328-Prototypen gestellt. Alle drei wurden als Frazer Nash-BMW deklariert und in British Racing Green lackiert (einschließlich der Münchner Kennzeichen, deren Farbe im Rennen von Runde zu Runde weiter runtergewaschen wurde!). Als Fahrer stand Aldington selbst zur Verfügung, dazu noch A. F. P. Fane, der bereits in Montlhéry dabei war, sowie der siamesische Prinz Birabongse Bhanutej Bhanubhandhu, der unter dem Pseudonym B. Bira zu den steil aufsteigenden Talenten der englischen Rennszene gehörte. Mit zwei der neuen Aston Martin-Sportwagen standen den BMW aber äußerst zähe Gegner gegenüber, besonders wenn man bedenkt, dass einer der Fahrer Richard Seaman war, der spätere Merce-

Englischer Sieg in München: Aldington mit Siegerkranz.

Vor dem Start zur Tourist Trophy im nordirischen Ards. Die drei BMW sind in British Racing Green lackiert.

Der Siamesische Prinz Bira erzielte den zweiten Platz.

des-Grand-Prix-Pilot und Schwiegersohn von BMW Generaldirektor Franz Josef Popp. Das Rennen über 660 Kilometer wurde bei strömendem Regen ausgetragen und war wohl die spannendste Veranstaltung des ganzen Jahres. Die Fahrer gaben alles, wurden trotz der widrigen Wetterverhältnisse von Runde zu Runde schneller und spornten sich gegenseitig an, neue Rundenrekorde zu brechen. Das gelang Bira und Seaman je zweimal, Fane dagegen fuhr wie entfesselt und brachte es auf sechs Rekordrunden. Doch den schnellen Aston Martin passierte das gleiche Missgeschick wie BMW in Montlhéry: beide fielen mit technischen Problemen aus. Somit war der Weg frei für einen 1-2-3-Klassensieg der englischen BMW Crew (Fane, Bira, Aldington), die sich zudem noch über den Teampreis freuen konnte. Aldington hatte alles auf eine Karte gesetzt und gewonnen. Einen besseren Einstieg in den englischen Motorsport und eine bessere Werbung für die von ihm vertriebenen BMW konnte man sich schwerlich vorstellen. Fane und Bira waren von ihren BMW 328 so begeistert, dass sie in den folgenden Jahren zu den führenden BMW Protagonisten in England werden sollten.

Drei BMW 2 Ltr.-Sportwagen, die unter der
Führung von H. J. Aldington, A. F. P. Fane und
Prinz Birabongse an der Tourist Trophy in Ulster,
Irlands klassischem Sportwagen-Rennen, am
5. September 1936 teilnahmen, gingen aus
diesem harten Wettkampf, der über eine Strecke
von 650 km ging, mit dem

1., 2. und 3. Preis

in der Zweiliterklasse hervor. Für ihren Gemein-
schaftsstart und Sieg wurden sie mit dem

einzigen Mannschaftspreis

ausgezeichnet. In der Gesamtwertung (mit Wagen bis 8000 ccm) lag BMW an dritter Stelle.
Immer klarer heben sich BMW-Wagen, durch
die ununterbrochene Kette ihrer Großerfolge,
aus der Reihe der Sportfahrzeuge hervor.

BMW-Qualität bleibt unübertroffen.

Ein BMW Sport auf der kurvenreichen Rundstrecke beim Überholen eines Wettbewerbers

BAYERISCHE MOTOREN WERKE A. G. MÜNCHEN 13

A 185 2/9. 36.

THE AUTOCAR. ADVERTISEMENTS. SEPTEMBER 18TH, 1936. 35

TOURIST TROPHY RACE

The most remarkable performance of the day—three 2-litre FRAZER-NASH-B.M.W.'s were entered and three finished—gaining more successes than any other make of car.

TEAM PRIZE
the most coveted award
(7 teams were nominated)

3RD IN RACE
A. F. P. FANE, at an average speed of **77.32 M.P.H.**

1ST, 2ND & 3RD
(2-litre Class)

A. F. P. FANE . . . . . . 77.32 M.P.H.
"B. BIRA". . . . . . . 76.89 M.P.H.
H. J. ALDINGTON . . . . . 76.34 M.P.H.

NEW CLASS "G" LAP RECORD . 80.61 M.P.H.
(old record 73.07 m.p.h.) (Subject to official confirmation)

The Class Record was actually broken by the FRAZER-NASH-B.M.W.'s on eight occasions, with lap speeds of

77.08, 77.81, 78.55 (twice), 78.81, 79.18, 79.57, 80.61.

ALL THREE CARS put up faster lap times than any other car in the 2-litre Class and were the only cars to finish in this class. These cars are **standard** and are now in production—a model of this type will be on our Stand at the Motor Show. We shall be pleased to supply further details and delivery dates to anyone interested.

A.F.N. Ltd., Falcon Works, London Road, Isleworth
and 32, Grosvenor Street, W.1

C21 MENTION OF "THE AUTOCAR" WHEN WRITING TO ADVERTISERS WILL ENSURE PROMPT ATTENTION.

▲ Frazer Nash feiert den Frazer Nash-Sieg.

◄ BMW feiert den BMW Sieg.

Weniger spektakulär waren jetzt Veranstaltungen wie die nach einjähriger Pause wieder durchgeführte Internationale Alpenfahrt, bei der nicht weniger als 15 BMW 315/1 und 319/1 an den Start gingen. Das Werk konzentrierte sich jetzt ausschließlich auf die Sportwagenrennen und überließ die Langstrecken- und Zuverlässigkeitsfahrten den Privatfahrern. Diese führten die erfolgreiche BMW Teilnahme allerdings mit großem Ehrgeiz fort und konnten 6 Gletscherpokale, sowie 3 goldene, 1 silberne und 2 bronzene Gletscherplaketten gewinnen. Auch bei der Langstreckenfahrt, die vom Bodensee bis an den ungarischen Plattensee führte, konnte das DDAC-Team mit den Fahrern Günter Freiherr von Egloffstein, Carl Max Graf Sandizell und Fritz Roth goldene Plaketten und den Teampreis erringen. Bei den zwei Bergrennen am Ende der Saison, dem Großen Bergpreis am Schauinsland bei Freiburg und beim Feldbergrennen im Taunus konnten die BMW Sportwagen noch einige gute Platzierungen herausfahren. Es war klar, dass sich BMW als Hersteller jetzt neu ausrichten musste. Die Produktion des

Internationale Alpenfahrt 1936. Mit der Nummer 33 Briem/Scherer, die eine Gletscherplakette in Gold gewannen. Dahinter das Team Emminger/Brecht, die die Plakette in Silber erhielten.

▶ ▲ Tankstopp während der Alpenfahrt.

BMW 315/1 war bereits im Juli 1935 ausgelaufen, das Ende des 319/1 kam im Juli 1936. Somit war der BMW 328 der einzige verbliebene Sportwagen im Programm. Die wenigen Einsätze im Jahr 1936 waren zumeist höchst erfolgreich verlaufen, nun galt es, die Kapazitäten zu nutzen und den BMW 328 zur Serienreife zu bringen.

1937 – Eroberung neuer Märkte

Mit einer neuen Taktik begann BMW die Rennsaison des Jahres 1937: der gezielten »Eroberung« von neuen Absatzmärkten, für die man sich bisher nicht sonderlich stark gemacht hatte. Die neuen BMW Sportwagen in ausländische Rennen zu schicken, natürlich verbunden mit der Gewissheit, dort auch zu siegen, sollte zum einen für eine positive lokale Berichterstattung sorgen, zum anderen sollten potenziellen Käufern, nämlich den unterlegenen Konkurrenten, die überlegenen Fahrzeuge gleich im besten Licht vorgeführt werden. Die Taktik ging auf, denn gerade im Ausland wurde der BMW 328 in erster Linie als Sportgerät angesehen und von den meisten Besitzern auch aktiv eingesetzt, während er in Deutschland von den allermeisten Besitzern eher als Sportwagen im Alltag genutzt wurde. Die Anzahl der tatsächlichen Rennfahrer war vergleichsweise gering.

Fritz Roth als Sieger beim Sportwagenrennen in Helsinki 1937.

Ernst Henne siegte beim Großen Grenzpreis im belgischen Chimay.

Ernst Henne siegte ebenso beim Großen Preis von Bukarest, im Hintergrund das berühmte Fliegerdenkmal.

Zwei Minuten bis zum Start des Eifelrennens 1937. In der ersten Reihe von l.n.r.: A.F.P. Fane, Ernst Henne, Uli Richter und Paul Greifzu.

Den Anfang machte Fritz Roth beim Sportwagenrennen im Park von Eläintarha im finnischen Helsinki am 9. Mai 1937. Roth konnte die anderen Fahrer weit hinter sich lassen und einen überlegenen Sieg feiern. Mit von der Partie war auch der Altenaer Herbert Berg mit einem spezial-karossierten BMW 319/1, der trotz geschlossenem Verdeck den 4. Platz erzielen konnte. Dieser Wagen war übrigens sein Reisewagen, während der Alfa-Romeo-Rennwagen, mit dem er in der Rennwagenklasse an den Start ging, im Transporter zu den Rennen gefahren wurde. Aber warum sollte man mit dem Reisewagen nicht auch mal Rennen fahren?

Gleich am nächsten Sonntag, dem 16. Mai war Ernst Henne wieder an der Reihe. Beim Grand Prix des Frontières im belgischen Chimay ging er mit dem zweiten Werkswagen ins Rennen. Mit von der Partie waren der privat gemeldete BMW 328 von Ralph Roese, sowie wiederum der 319 von Herbert Berg. Von Konkurrenten konnte kaum die Rede sein, denn trotz des hochtrabenden Namens war das Rennen eher mäßig besetzt. Nur ein altmodischer belgischer FN stellte sich in der 2-Liter-Klasse, sonst gab es nur 1.100er. Dennoch lieferten die BMW ein gutes Rennen ab und entschädigten so die Zuschauer. Ernst Henne konnte souverän gewinnen und in der letzten Runde mit 122 km/h auch noch einen neuen Streckenrekord aufstellen, Roese und Berg folgten auf den Plätzen zwei und drei. Am 30. Mai ging es in eine ganz andere Richtung, denn Henne startete beim Großen Preis von Bukarest. Hier stieß er überraschenderweise auf zwei graue BMW 328, die erst wenige Tage zuvor an ihre rumänischen Besitzer ausgeliefert wurden, einen BMW 315/1 und weitere rumänische Fahrer auf diversen Fahrzeugen. Erwartungsgemäß siegte Henne auch hier mit der schnellsten Zeit aller Sportwagen. Zweiter wurde der Rumäne Nicoulescou und ein Ford V8 schaffte den dritten Platz. Sein Fahrer war Petre Cristea, der daraufhin beschloss, unbedingt auch solch einen BMW zu fahren.

S-Kurve am Hatzenbach. Im Hintergrund sieht man Hennes BMW im Straßengraben.

In Deutschland begann die Saison erst am 13. Juni mit dem Internationalen Eifelrennen auf der Nürburgring-Nordschleife. BMW hatte wieder Ernst Henne auf dem ersten Werkswagen gemeldet. In der Startaufstellung neben ihm stand A.F.P. Fane, zwar privat gemeldet, aber deutlich erkennbar auf dem zweiten Werkswagen. Außer ihnen gab es sieben weitere BMW 328 in Weiß, Grau, Grün und den schönen beigerot lackierten Wagen von Uli Richter. Die im letzten Jahr noch erfolgreichen BMW 319/1 sah man jetzt nicht mehr, da sie im Wettstreit mit den BMW 328 natürlich keinerlei Chancen mehr hatten. Die zwei weißen Werkswagen gingen sofort mit deutlichem Abstand an die Spitze des Feldes. Fane erwies sich als überlegener Fahrer, denn trotz mangelnder Streckenkenntnis erwies er sich als ebenbürtiger Gegner. Zwei Runden jagten sich die beiden mit Rundendurchschnitten von 112 km/h durch die Eifel. Doch plötzlich sahen die Zuschauer am Hatzenbach eine Staubwolke aufsteigen. Henne hatte sich an der steilen Böschung mehrfach überschlagen und wurde verletzt ins Krankenhaus abtransportiert. Für ihn bedeutete das das Ende seiner Karriere als Wagenfahrer.

Korpsführer Adolf Hühnlein und der Sieger des Eifelrennens A.F.P. Fane.

Fanes typisches Outfit unterschied sich deutlich von dem der deutschen Fahrer.

Fane lässt es jetzt ruhiger angehen und fährt nur noch so schnell, wie er seine Verfolger auf Distanz halten kann. Er gewinnt das Rennen vor Uli Richter und Paul Heinemann. Für die obligatorische Ehrenrunde nimmt NSKK-Führer Adolf Hühnlein neben ihm Platz. Leider ist uns nicht überliefert, welche Gedanken diesem durch den Kopf gingen, von einem siegreichen Engländer, bekleidet mit einem weißen Poloshirt und dem Wappen des British Racing Drivers Club auf der Brust, vor 250.000 Zuschauern herumkutschiert zu werden. Von seinen eigenen Leuten verlangte er, bei Auslandseinsätzen »unbedingte militärische Haltung« zu zeigen. Fane und seine Frau Evelyn Mary, die ihn nicht zuletzt wegen ihrer guten Deutschkenntnisse begleitete, waren durchaus in der Lage, im Fahrerlager markante modische Akzente zu setzen. Der smarte »Dandy« mit einer Vorliebe für bunt karierte Sportsakkos, seinem geliebten Tiroler-Hut, einer auf der Nasenspitze sitzenden Sonnenbrille und dem riesigen gelben Sonnenschirm war schon ein ziemlicher Paradiesvogel unter den Rennfahrern dieser Zeit.

Für BMW war das wiederum ein großartiger Erfolg, doch gab es auch einige kritische Stimmen, die eine Chancengleichheit in Frage stellten, wenn im Rennen Privatfahrer gegen Werksfahrer antraten. An diesem Vorwurf war sicherlich etwas dran, denn die Werkswagen waren rollende Versuchslabore, an denen man ständig Verbesserungen durchführte, die einem Privatfahrer natürlich verwehrt blieben. Die Münchner nahmen sich die Kritik zu Herzen und meldeten von nun an keine Werkswagen mehr zu Rennen, die in Deutschland ausgetragen wurden.

Die 1.500er-Sportwagenklasse des Eifelrennens war dagegen noch nicht zum »Markenpokal« geworden, neben sechs BMW

Start der 1.500er-Sportwagenklasse. Mit der Nummer 61 der spätere Sieger Dr. Fritz Werneck. An seinem Wagen erkennt man die kleinen, mitlenkenden Vorderkotflügel im Vergleich zu den Serienfahrzeugen im Hintergrund.

Der erste Siegerkranz beim Eifelrennen 1937 für Dr. Fritz Werneck.

Anton Neumaier (2. von rechts) beim Schauschrauben für den Fotografen mit seinem selbstgebauten Neumaier BMW.

315/1 gab es immerhin noch zwei Aston Martin und einen MG. Bei den BMW war allerdings zu beobachten, dass einer in der ersten Startreihe etwas anders aussah. Dr. Fritz Werneck hatte vorne ganz kurze Kotflügel angebracht, um die Aerodynamik zu verbessern; ob das voluminöse Spitzheck diesen Zweck in gleicher Weise erfüllte, mag dahingestellt bleiben. Jedenfalls gewann Werneck das Rennen mit deutlichem Vorsprung vor seinen Markenkollegen Ralph Roese und Eugen Krings.

Aufmerksamen Beobachtern war nicht entgangen, dass in der 1.100er-Klasse zwei Wagen als BMW gemeldet waren, obwohl das Werk entsprechende Fahrzeuge seit einigen Jahren schon nicht mehr baute. Der kleine silberne Wagen mit der Startnummer 74 hatte auch äußerlich wenig von einem BMW. Sein Erbauer und Fahrer war Anton Neumaier, ein Automechaniker aus dem Örtchen Busenbach in der Nähe von Karlsruhe. Er hatte schon im Vorjahr einige Bergrennen auf einem stark modifizierten BMW Wartburg gewonnen. Was er hier an den Start brachte, war allerdings etwas ganz anderes. Zwar basierte die gesamte Technik auf BMW Teilen unterschiedlicher Typen, doch kaum ein Teil entsprach der Serienausführung. Alles war verändert und rennmäßig optimiert. Die schlanke Karosserie erinnerte vorne mit ihren tief angebrachten Scheinwerfern an französische Sportwagen, das Heck war ein elegant geformtes Spitzheck. Neumaier konnte mit Recht für sich in Anspruch nehmen, als Erster Spezial-Rennsportwagen auf BMW Basis gebaut zu haben. So unkonventionell seine technischen Modifikationen auch oft waren, seine Fahrzeuge (es sollte insgesamt ein knappes Dutzend werden!) waren sehr schnell und wendig, doch er selbst war denkbar schlecht in der öffentlichkeits-wirksamen Selbstvermarktung seiner Fähigkeiten. Obwohl jedes seiner Fahrzeuge als Hersteller »Neumaier« im Kraftfahrzeugbrief stehen hatte, fuhren doch alle unter dem Namen »BMW«. Nur wenige Insider wussten damals, was tatsächlich dahintersteckte. Beim Eifelrennen kam er zwar wegen Motorproblemen nicht ins Ziel, doch das sollte sich sehr bald ändern.

Bei BMW war man jetzt von der Zuverlässigkeit des BMW 328 so überzeugt, dass

Anton Neumaier beim Training zum Eifelrennen.

man ihn für reif erachtete, bei einem der längsten und Material mordenden Rennen einzusetzen, die der Terminkalender zu bieten hatte: beim 24-Stunden-Rennen von Le Mans, das am 19. und 20. Juni zur Austragung kam. Nachdem der ursprünglich gemeldete Henne noch immer im Adenauer Krankenhaus lag, sprang Uli Richter für ihn ein, als zweiter Fahrer war Fritz Roth gelistet. Ein zweiter Werkswagen war zwar weiß lackiert, aber als Frazer Nash gemeldet mit H. J. Aldington und A. F. P. Fane als Fahrer. Aus England kam noch eine Meldung für einen grünen Frazer Nash, der von David Murray und Pat Fairfield gefahren werden sollte. Murray war ein wohlhabender Schotte und Hobbyrennfahrer, der selbst Anteile an Frazer Nash hielt, mit dem gebürtigen Südafrikaner Pat Fairfield hatte er sich einen Profi als Co-Piloten gesucht. Der war in diesem Jahr der erfolgreichste Rennfahrer auf dem ERA-Rennwagen und sollte hier zur Abwechslung in einem Sportwagenrennen starten. Das weitere Feld in der 2-Liter-Klasse war äußerst gut besetzt. Die Adlerwerke hatten zwei mit geschlossenen stromlinienförmigen Karosserien versehene 1,7-Modelle gemeldet, Aston Martin stellte jene zwei Modelle, die bei der Tourist Trophy im Vorjahr den BMW das Leben schwer gemacht hatten. Peugeot nannte drei Darl'Mat-Sportmodelle mit elegant geschwungenen Karosserien. An einen Gesamtsieg war natürlich nicht zu denken, aber zumindest war ein Klassensieg ein aussichtsreiches Ziel. Das bekannte Startprozedere, bei dem die Fahrer erst von der gegenüberliegenden Straßenseite zu ihren Fahrzeugen spurten mussten, ging trotz des Gewühls von 49 Startern reibungslos vor sich. Doch auf der Strecke wurde es öfters eng, besonders, wenn es an das Überholen langsamerer Teilnehmer ging. Auch waren einige der Fahrer eher

24-Stunden-Rennen von Le Mans 1937. Im Vordergrund der BMW 328 von Pat Fairfield, dahinter die BMW von Fritz Roth und Fane/Aldington.

Der BMW 328 von Fritz Roth neben der Strecke nach dem Überschlag.

Der schwer beschädigte BMW 328 von Pat Fairfield.

Der sympathische Südafrikaner Pat Fairfield erlag einen Tag nach dem Unfall seinen Verletzungen.

ambitionierte Laien als erfahrene Rennfahrer. Und so kam es, dass in einer engen unübersichtlichen Kurvenkombination der französische Fahrer René Kippeurt die Gewalt über seinen Bugatti verlor. Er überschlug sich mehrere Male, wobei der Fahrer herausgeschleudert wurde und mitten auf der Fahrbahn liegen blieb, während sein Wagen die Fahrbahn blockierte. Die nachfolgenden Fahrer hatten keine Chance, der Katastrophe zu entkommen und dennoch unternahmen sie alles menschenmögliche, um Schlimmeres zu verhindern. Roth sah den leblosen Körper Kippeurts direkt vor sich liegen und riss das Steuer zur Seite, trat gleichzeitig voll auf die Bremse, um ihn nicht zu überrollen. Sein BMW durchschoss die Hecke und überschlug sich im angrenzenden Feld, blieb auf dem Rücken liegen und begrub den Fahrer unter sich. Fairfield versuchte, an der anderen Seite vorbeizukommen und rammte den Bugatti in vollem Tempo. Ein nachfolgender Delahaye rammte dann Fairfields BMW und schleuderte ihn weit in das Feld hinaus. Weitere Rennfahrzeuge konnten einer Kollision ebenso wenig entgehen. Einige beherzte Helfer zogen Roth unter dem kopfüber liegenden BMW hervor. Der Fahrer hatte mit unwahrscheinlichem Glück nur leichtere Verletzungen davongetragen, stand allerdings unter Schock und hielt immer noch sein abgerissenes Lenkrad in den Händen. Doch für Fairfield kam jede Hilfe zu spät, er erlag am nächsten Tag seinen schweren Verletzungen. Der einzig verbliebene BMW von Aldington/Fane dagegen wurde von Runde zu Runde schneller. Zwar hatte Fane bemerkt, dass die anderen BMW nicht mehr im Rennen waren, doch Näheres wusste er nicht, da die Strecke inzwischen geräumt war. Einige Runden später kam er jedoch an die Boxen, konnte aber die aufgetretenen Zündprobleme nicht beseitigen, so dass auch er das Rennen vorzeitig beenden musste. Für BMW endete das hoffnungsfroh begonnene Rennen in einer Katastrophe und vor allem die Engländer waren geschockt vom Tod ihres Freundes. Dennoch konnte das BMW Team aus dem Rennen interessante Schlüsse ziehen. Die 2-Liter-Klasse gewonnen und einen bemerkenswerten sechsten Platz hatte ein anderes deutsches Team erzielt. Die Frankfurter Adlerwerke hatten sehr ungewöhnliche Fahrzeuge an den Start gebracht: Diese hatten übermäßig langgestreckte, geschlossene Aufbauten, strömungsgünstig optimiert nach den Prinzipien des Schweizer Aerodynamikers Paul Jaray. Diese »Rennlimousinen« waren zwar alles andere als schön, auch litten sie noch unter diversen Kinderkrankheiten, doch sie hatten eines gezeigt: Obwohl sie die Grenzen ihrer Klasse mit dem 1,7-Liter-Motor nicht ausgeschöpft hatten und leistungsmäßig den meisten Konkurrenten haushoch unterlegen waren, konnten sie dank der aerodynamischen Karosseriegestaltung unerwartet hohe Geschwindigkeiten erreichen. Doch noch waren sie eher skeptisch betrachtete Exoten unter den ganzen offenen Sportwagen.

In Deutschland hingegen gab es den ganzen Sommer lang Bergrennen in den unterschiedlichsten Regionen. So beherrschten BMW Fahrer beim Wartbergrennen in Heilbronn am 20. Juni alle drei Klassen: Heinrich Müller auf einem Neumaier BMW die 1.100er, Dr. Fritz Werneck die 1.500er und Paul Greifzu die 2.000er. Beim Pforzheimer Bergrennen am 27. Juni holten sich zwei Neumaier BMW von Anton Neumaier und Heinrich Müller die Plätze 1 und 2 in der kleinen Klasse, während bei den größeren Klassen die BMW Fahrer nur zweite und dritte Plätze holten. Lediglich die Ausweisfahrer konnten mit zwei Klassensiegen für Erfolge sorgen. Beim Taubensuhlrennen bei Landau waren wieder die zwei kleinen Neumaier BMW erfolgreich, während bei den 2.000ern Uli Richter und Paul Heinemann die Pokale holten. Auf seiner Hausstrecke, dem Riesengebirgsrennen bei Schreiberhau konnte Altmeister Adolf Brudes einen ersten Sieg auf seinem neuen BMW 328 feiern. Den traditionellen Höhepunkt der Bergrennsaison bildete der Große Bergpreis von Deutschland, letztmalig auf der schönen Strecke am Schauinsland bei Freiburg ausgetragen. Bei den 1.100ern können die zwei Neumaier BMW die immer größer werdende Meute von FIAT Balillas auf die Plätze verweisen, bei den 1.500ern muss sich Dr. Werneck knapp geschlagen geben. In der 2-Liter-Klasse ist Kurt Illmann der Schnellste und auch alle weiteren acht Platzierungen gehen an BMW. Bei dem kleinen Dreifaltigkeits-Bergrennen in Spaichingen dominieren bei den »Kleinen« wiederum die Neumaier BMW, während sich Dr. Werneck

Paul Greifzu gewann in Heilbronn die Zweiliter-Klasse.

▲ Anton Neumaier siegte beim Pforzheimer Bergrennen in der kleinen Sportwagenklasse.

◄ Dr. Fritz Werneck am Start zum Wartbergrennen in Heilbronn, bei dem er den ersten Platz in der 1.500er-Sportwagenklasse gewann.

Aufstellung der Renn- und Sportwagen zum Großen Bergpreis am Schauinsland 1937. Im Vordergrund der BMW von Dr. Fritz Werneck.

Kurt Illmann mit Siegerkranz. Er gewann am Schauinsland die Klasse bis 2000 ccm.

Heinrich Graf von der Mühle-Eckart am Start zum Ratisbona-Bergrennen. Mit seinem Sieg konnte er als Ausweisfahrer wertvolle Punkte gewinnen.

in der mittleren Klasse von Bobby Kohlrausch auf seinem schnellen MG geschlagen geben muss. Bei den »Großen« ist wieder Uli Richter der Schnellste. Beim nächsten Bergrennen der Saison, dem Ratisbona Bergrennen bei Kelheim, traditionell ein »Münchner« Rennen, siegten Dr. Werneck und Uli Richter.

Jetzt stand aber noch ein Rundstreckenrennen auf dem Programm. Das Hohensyburger-Dreieck-Rennen, strategisch günstig gelegen zwischen Hagen und Dortmund am Rande des Ruhrgebietes, hatte zunehmend an Bedeutung gewonnen und konnte schon beeindruckende Starterfelder bieten. Bei den 1.500ern konnte Eugen Krings die Oberhand behalten, die folgenden Platzierungen von Hanomag, Aston Martin und MG zeigten jedoch, dass sich die Konkurrenz in dieser Klasse immer noch gut gegen die BMW behaupten konnte, wenn auch die schnelleren Fahrer dieses Mal nicht »in den Norden« gekommen waren. Wie nicht anders zu erwarten, gingen alle Plätze in der 2-Liter-Klasse an BMW, wobei Adolf Brudes, Uli Richter und Ralph Roese die Schnellsten waren.

Start der Zweiliter-Klasse beim Dreieckrennen in Hohensyburg 1937. Links der spätere Sieger Adolf Brudes, rechts der zweitplazierte Uli Richter.

Die zu Beginn der Saison vom BMW Werk gestartete »Auslands-Offensive« führten nun meistens die Privatfahrer weiter. Paul Heinemann begab sich nach England in die Höhle des Löwen zum «kürzesten Bergrennen der Welt« in Shelsley Walsh. Hier wurde das Bergrennen zum Kultstatus und einige Fahrer bauten sonderliche Spezialrennfahrzeuge, die nur auf dieser nur 1.000 Yards entsprechend 910 Meter kurzen Bergstrecke zum Einsatz kamen. Paul Heinemann mit seinem England-freundlich grün lackierten BMW 328 trat bei beiden Rennen im Juni und im September an und konnte in seiner Klasse einen hervorragenden 2. Platz erzielen, und das mit einem völlig serienmäßig ausgestatteten Sportwagen. Gegen Lokalmatador Fane hatte er aber keine Chance.

Am 4. September war die Tourist Trophy erstmals auf dem Kurs im mittelenglischen

Lokalmatador A. F. P. Fane siegte auf seiner Hausstrecke beim Bergrennen in Shelsley-Walsh.

Donington Park ausgetragen worden. Nun war kein Platz mehr für nationale Empfindlichkeiten. Alle vier Werkswagen traten in der deutschen Rennfarbe Weiß an, wurden aber ausschließlich durch Fahrer mit englischer Lizenz bewegt. Prinz Bira und H. J. Aldington konnten die ersten zwei Plätze in ihrer Klasse erzielen, da spielte es kaum noch eine Rolle, dass die anderen zwei ausgefallen waren. Für die englischen Motorsportfreunde war das schon ein denkwürdiger Auftritt, vor allem wenn man an den Donington GP zurück denkt, der nur wenige Wochen später stattfand, als eine Armada deutscher Silberpfeile die Engländer in Grund und Boden fuhr.

Zum Saisonausklang begaben sich zwei Bayern noch in das bei den deutschen Fahrern wegen seiner herzlichen Gastfreundschaft geschätzte Ungarn. Beim Dobogókö-Bergrennen (17. Oktober) und beim Kilometer- und Meilenrennen auf der

Fanes Ehefrau Evelyn Mary beglückwünscht Paul Heinemann zu seinem Erfolg.

Tourist Trophy in Donington, jetzt dominiert die deutsche Rennfarbe Weiß.

▲ Der Donington-Sieger Prinz Bira gönnt sich stilgerecht eine Tasse Tee.

◄ Dobbs und Aldington im Kampf um die beste Position in Donington 1937.

Betonpiste bei Gyon konnten Uli Richter und Dr. Fritz Werneck ihre Klassen gewinnen. Den fliegenden Kilometer schaffte Dr. Werneck mit dem BMW 315/1 mit 145,884 km/h, Uli Richter mit dem BMW 328 mit 160,857 km/h. Das waren so etwa die Spitzengeschwindigkeiten, die ein guter Privatfahrer aus seinem Fahrzeug herausholen konnte.

1938 – Politische Verstrickungen

Es waren nicht nur Sportfahrer oder Rennfahrer, die Gefallen an dem neuen BMW Sportwagen fanden. Zunehmend stieg auch bei Behörden und ähnlichen Organisationen das Bedürfnis, einen oder mehrere BMW 328 zu besitzen. So hielten z.B. das Oberkommando des Heeres (vier Stück), die Reichspost (neun Stück), der Reichsführer SS (zwei Stück) oder der Inspekteur der Kraftfahrt (ein Stück) solche Sportwagen im Fuhrpark, die teilweise bei motorsportlichen Veranstaltungen, wie z.B. den Alpenfahrten zum Einsatz kamen. Ansonsten standen sie wohl nur höheren Dienstgraden zur Verfügung. Selbst das Nationalsozialistische Kraftfahrkorps (NSKK), verantwortlich für alle motorsportlichen Aktivitäten, hatte BMW schon frühzeitig im Blickfeld. Durch die NSKK-Motorschulen war der Bedarf an Fahrzeugen groß und besonders auf dem Motorradsektor konnte BMW hier einen mengenmäßig bedeutenden Kunden beliefern. Über die Verwendung der ersten zwei BMW 315/1, die das NSKK von BMW als Spende erhielt, wissen wir nichts. Im August 1936 kaufte man über Ernst Henne als BMW Händler drei 319/1 und setzte sie bei Geländefahrten und der Alpenfahrt 1936 ein. Der erste BMW 328 wurde im Juni 1937 ebenfalls über Henne gekauft. Das widersprach allerdings den neuen Einkaufsbedingungen, denn BMW wollte alle Behördengeschäfte selbst abwickeln und die BMW Händler durften das nicht aus den ihnen zugeteilten Kontingenten abzweigen. Verantwortlich für die Fahrzeugbeschaf-

NSKK-Korpsführer Adolf Hühnlein und sein Stellvertreter Erwin Kraus organisierten den Motorsport im Sinne der Nationalsozialisten.

fung war der in München tätige Inspekteur für technische Ausbildung und Geräte des NSKK, Obergruppenführer Erwin Kraus. Dieser wies das Ansinnen der BMW allerdings in unverschämtem Ton zurück, er ließe sich grundsätzlich von niemandem vorschreiben, mit wem er Geschäfte machen würde, und drohte BMW, seine Fahrzeuge künftig bei einem anderen Hersteller zu kaufen. Im Fall des BMW 328 war das natürlich anders nicht möglich. Nachdem BMW auch bei Henne deutliche Worte finden musste, fügten sich beide. Kraus nahm dies allerdings zum Anlass, einen endlosen Kleinkrieg mit BMW anzuzetteln, der über zwei Jahre andauern sollte.

Dieser erste BMW 328 des NSKK wurde dem Prinzen Max zu Schaumburg-Lippe zur Verfügung gestellt, der den dunkelgrün lackierten Wagen 1937 bei verschiedenen Veranstaltungen auf Herz und Nieren prüfte. Im Februar 1938 wurde er in der deutschen Rennfarbe Weiß umlackiert und technisch auf den neuesten Stand gebracht, zudem wurden zwei weitere weiße BMW 328 nun direkt beim Werk gekauft, für je 7.400 RM abzüglich 10% Behördenrabatt. Doch für BMW war das kein Grund zur Freude. NSKK-Korpsführer Adolf Hühnlein hatte sich in den Kopf gesetzt, eine eigene Sportwagenmannschaft für das NSKK ins Leben zu rufen, die das Korps bei Renneinsätzen im In- und Ausland vertreten sollte. Der Prinz wurde zum Führer dieser Mannschaft bestimmt. Er selbst war Ende der 1920er/Anfang der 1930er-Jahre ein guter Kunde für hochkarätige Mercedes-Sportwagen gewesen, mit denen er selbst zahlreiche Wett-

Prinz Schaumburg-Lippe testet den neuen BMW 328 bei der Österreichischen Höhenstraßenfahrt 1937.

Abschrift

Aktennotiz

Besprechung mit Seiner Durchlaucht, Prinz zu Schaumburg-Lippe im Auftrage des Obergruppenführer K r a u s über Sportwagen 328.

Von BMW waren zugegen:

Herr Direktor Schleicher
Herr Direktor Kandt
Herr Oberingenieur Brenner

Das NSKK beabsichtigt, neben den bereits vorhandenen BMW-Sportwagen 328 weitere zwei Fahrzeuge anzuschaffen, um diese 1938 evtl. im Verband ausschliesslich für die ONS und das Korps starten zu lassen.

Die Bayerischen Motorenwerke erklären sich bereit, diese Fahrzeuge auf den technischen Stand zu bringen, der auf Grund der Erfahrungen der Fabrik im letzten Sportjahr für Rennveranstaltungen als richtig befunden wurde und sie vor Übergabe einer eingehenden Durchsicht zu unterziehen. Gleichzeitig erklären sich die Bayerischen Motorenwerke bereit, auch weiterhin die Fahrzeuge technisch in der Weise zu vervollkommnen, soweit es sich auf Grund der Erprobungen der Fabrikfahrzeuge verantworten lässt.

Das Korps beabsichtigt, drei Monteure auf diese Fahrzeuge spezialisieren zu lassen, wobei BMW untersuchen wird, einen Monteur von sich aus namhaft zu machen, der hierfür geeignet ist und der von der Korpsführung übernommen wird, während die beiden anderen Monteure von der Korpsführung beigebracht werden. Die Monteure sollen bei der Herrichtung und Vorbereitungszeit der Fahrzeuge in der Fabrikreparaturwerkstätte München tätig sein, um sie dabei für den gedachten Sonderzweck vollkommen auszubilden. Wird einer dieser Wagen im weiteren Ablauf zu Instandsetzungen in das Werk verbracht, so wird er von einem zugeteilten Monteur begleitet, um die Weiterausbildung der oben genannten Monteure auf diese Weise sicher zu stellen, wobei zur Durchführung der Arbeiten selbstverständlich das Personal der Reparaturabteilung bevorzugt eingesetzt wird.

Während die Korpsführung die Instandhaltung, jeweilige notwendige Herrichtung der Fahrzeuge kostenmässig übernimmt, erklären sich die Bayerischen Motorenwerke bereit, ihr Interesse an diesen Fahrzeugen dadurch zum Ausdruck zu bringen, in Sonderfällen die notwendigen Abänderungen zu übernehmen.

Die Anlieferung der zwei zu bestellenden Wagen nach München zwecks weiterer Herrichtung würde in der zweiten Hälfte des Januar möglich sein.

Als Sonderausrüstung erhalten die Fahrzeuge: Einen vergrösserten Benzintank, sowie ein zweites Ersatzrad. Nach Anlieferung in München erhalten die Wagen erhöhte Kolben und Verdichtung und werden dann der Korpsführung zum Einfahren zur Verfügung gestellt. Die Einfahrzeit soll mit der Ausbildungszeit der Monteure zweckmässigeweise zusammenfallen.

Vereinbarung zwischen BMW und dem NSKK über den Einsatz der korpseigenen BMW 328 vom Dezember 1937.

bewerbe bestritt. Als Mitglied der ONS sollte er mit BMW die Verhandlungen führen, was sich aber als schwierig gestaltete. BMW pflegte zum Bayerischen Landadel traditionell beste Beziehungen, doch mit diesem »preußischen Junker« kamen sie nicht zurecht. Vor allem die ihm durch Hühnlein verliehene Autorität und sein dementsprechend forsches Auftreten stießen auf wenig Gegenliebe. Intern hatte er schnell den Titel »Schaumprinz« erhalten, doch aller Widerstand war zwecklos. Es schien für BMW nicht ratsam, sich mit der höchsten sportlichen Behörde ernsthaft anzulegen. So kam es zu einem Abkommen, das BMW verpflichtete, die NSKK-Wagen auf den gleichen technischen Stand wie die Werkswagen aufzurüsten und »auch weiterhin die Fahrzeuge technisch in der Weise zu vervollkommnen, soweit es sich auf Grund der Erprobungen der Fabrikfahrzeuge verantworten lässt«. Als Sonderausrüstung erhielten die Fahrzeuge einen vergrößerten Benzintank, sowie ein zweites Ersatzrad. Nach einer Einfahrzeit sollten die Motoren durch Einbau höherer Kolben eine deutlich höhere Verdichtung erhalten. Weiterhin sollte BMW einen geeigneten Monteur abstellen, den das Korps übernimmt und zwei weitere Monteure, die das Korps selbst stellt, intensiv auf diesen Wagen schulen.

Im Vorjahr hatte man bei BMW bekundet, im Sinne eines fairen sportlichen Wettkampfes zumindest im Inland nicht mehr mit werksunterstützten Wagen anzutreten, nun war man durch äußeren politischen Druck gezwungen, doch wieder mitzumischen. Selbst wenn die Fahrzeuge nominell vom NSKK eingesetzt wurden, so war doch klar und das fand sich oft dann in der Berichterstattung wieder, dass in der Außenwirkung ein »BMW Team« an den Start ging. BMW sollte so die Selbstbestimmung über einen Teil der Renneinsätze weitgehend verlieren. Vielleicht hatte sich auch die Anschauung durchgesetzt, dass diese Verbindung durchaus von Vorteil sein konnte. Das NSKK sah sich bei seinen Auslandseinsätzen als Repräsentant des Deutschen Reiches, so dass man durchaus von einer deutschen »Nationalmannschaft« sprechen konnte. Die Auto Union und Mercedes hatten sich in den letzten Jahren bei den Grand-Prix-Rennen eine klare Vormachtstellung auf den Rennstrecken Europas erkämpft. Warum sollte das auf dem Sportwagensektor nicht ebenso möglich sein? Für BMW würde das zudem einen beträchtlichen Prestigegewinn bedeuten. Und das NSKK kam für sämtliche Kosten auf. Nicht zuletzt rechnete man auch mit weit höheren staatlichen Fördergeldern. Vielleicht war die Pille, die BMW schlucken musste, am Ende doch nicht so bitter.

Korpsführer Hühnlein hatte stets betont, dass der Motorsport für ihn eine Fortsetzung der Politik mit anderen Mitteln sei. Dabei hatte er so seine eigenen Vorstellungen zum Thema Sportlichkeit: »Die Männer, die wir in unseren Einheiten zusammenstellen, haben wir daraufhin zu prüfen, wie sie im täglichen Leben, im Berufe und im Sturmdienst ihren Mann stehen. Ob sie hier echte und wahre Nationalsozialisten sind. Und wenn wir sie auf dieser Grundlage erprobt haben, dann erst treiben wir mit ihnen Sport. Diese Reihenfolge ist die richtige.« Ob die Fahrer die Meinung ihres Korpsführers nun bedingungslos teilten, mag dahingestellt bleiben. Letzten Endes eröffnete das »Mitmachen« für sie die einmalige Chance, ohne jeglichen persönlichen Kapitaleinsatz international Motorsport auf höchstem Niveau betreiben zu können. So machte sich Prinz Schaumburg sogleich auf die Suche nach geeigneten Fahrern. Als einen der Ersten fragte er den Grafen von der Mühle-Eckart, von dem er aber eine höfliche Absage erhielt, die ihn so erzürnte, dass er ihm mit Entzug der Fahrerlizenz und weiteren Konsequenzen drohte. Doch der Graf hatte nicht vergessen, dass er vier Jahre zuvor in dem gleichen Landsberger Gefängnis sitzen durfte, in dem auch der »Führer« nach seinem gescheiterten Putschversuch seine »Festungshaft« verbüßte. In vermeintlich vertrauter Runde hatte er ihn als Kriegstreiber bezeichnet, wofür er zu sechs Monaten Haft verurteilt wurde. Andere Fahrer hielten es für eine Ehre, sich an vorderster Front in den Dienst des NSKK zu stellen. Letzten Endes bestimmte der »Führer der NSKK.-BMW.-Sportwagen-Mannschaft« Prinz Schaumburg als weitere Fahrer den Ludwigsburger Fahrlehrer Willy Briem, seit Jahren bewährter Stammfahrer für Mercedes bei Gelände- und Zuverlässigkeitsfahrten und äußerst erfolgreicher Bergrennfahrer auf seinem Amilcar C6, sowie Paul Heinemann aus Geilenkirchen, der zwar relativ neu im Renngeschehen war, in den beiden letzten Jahren aber durch erfolgreiche Einsätze mit seinen eigenen BMW 315/1 und 328 auf sich aufmerksam machen konnte. Doch noch sollte es bis zum ersten Start der NSKK-Mannschaft etwas dauern.

Südlich der Alpen begann die Rennsaison etwas früher als im kühlen Norden und man war emsig mit den Vorbereitungen für ein Ereignis beschäftigt, das seit seiner Erstaufführung im Jahr 1927 zu den legendärsten Langstreckenrennen in Europa zählte, der »Mille Miglia«.

Die Strecke durch Oberitalien hatte in etwa die Form einer Acht. Der Start fand in Brescia statt, von dort ging es über Piacenza bis Bologna zur ersten Durchgangskontrolle. Dann bis Florenz, über Livorno bis an den Stadtrand von Rom. Von hier fuhr man wieder nördlich über Perugia bis zur Adriatischen Küste. Hinter Rimini führte der Weg wieder ins Landesinnere bis Bologna. Von hier ging es jedoch erst einmal über

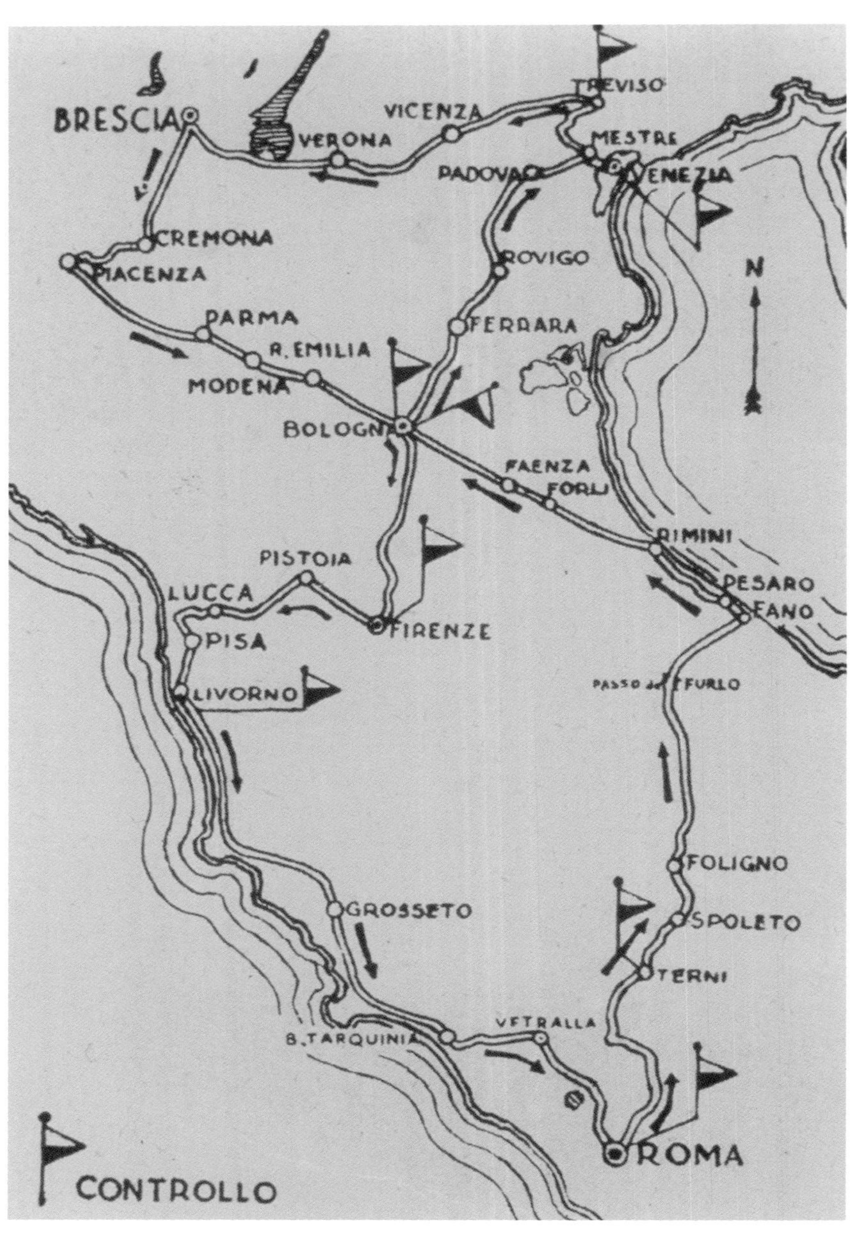

Streckenführung der Mille Miglia 1938.

Padua nach Venedig und über Vicenza und Verona zurück zum Ausgangspunkt Brescia. Die Gesamtlänge der Strecke betrug 1.640 Kilometer, was 1.019 Meilen entsprach.

Der Veranstalter hatte für dieses Jahr die Klassen-Einteilungen neu überarbeitet. Die 2-Liter-Klasse war in Sportwagen mit und ohne Kompressor unterteilt. Die Abtrennung der Kompressormotoren war übrigens kein Entgegenkommen des Veranstalters gegenüber den deutschen Teilnehmern, sondern diente dazu, die Chancen der italienischen Fahrer zu wahren, die alle auf älteren Kompressor-Modellen angetreten waren. Für die kompressorlose Klasse kamen vier Teilnehmer aus Deutschland.

Die ONS meldete als Fahrer den Prinzen Max zu Schaumburg-Lippe und als dessen Co-Pilot den italienischen Grafen und Mille-Miglia-Kenner Giovanni Lurani. Das BMW Werk schickte zwei seiner Werkswagen ins Rennen. Als Fahrer wurden der bereits vielfach bewährte A. F. P. Fane mit William James als beifahrendem Mechaniker und Navigator, sowie das Privatfahrerteam Uli Richter und Dr. Fritz Werneck genannt. Diese drei Wagen bildeten zusammen eine Mannschaft, gemanagt von Ernst Loof, dem Leiter der BMW Sportabteilung. Eine weitere, allerdings private Nennung kam von Heinrich Graf von der Mühle-Eckart, der Theodor Holzschuh von der BMW Sportwagen-Reparaturabteilung als Mechaniker mitnahm. Er fuhr allerdings seinen privaten BMW 328.

Weiterhin waren ein FIAT, ein Riley sowie ein schneller Aston Martin gemeldet. Mit sieben Teilnehmern war diese Klasse also nicht besonders stark besetzt.

Training zur Mille Miglia 1938. Von l. n. r.: A. F. P. Fane, Rennleiter Ernst Loof, Prinz Schaumburg-Lippe und Conte Giovanni Lurani.

Aufstellung zur Abnahme der Fahrzeuge auf der Piazza della Vittoria in Brescia.

Geduldiges Warten auf die Fotografen. Von l. n. r.: Gerda Werneck, Dr. Fritz Werneck und Uli Richter.

In der Nacht auf den 3. April fanden sich im Zentrum von Brescia Tausende von Schaulustigen ein, um bei diesem großartigen Spektakel dabei zu sein. Um zwei Uhr morgens wurden die ersten Fahrzeuge der kleineren Klassen ins Rennen geschickt. Als die 2-Liter-Klasse an die Reihe kam, war es noch finstere Nacht. Punkt 4 Uhr 30 ging Prinz Schaumburg auf die Strecke, gefolgt von Uli Richter, den drei weiteren Konkurrenten, sowie Fane und von der Mühle-Eckart.

Schon von Anbeginn an legten die BMW auf den nicht abgesperrten Straßen ein enorm hohes Tempo vor. Bis zur Hälfte der Strecke in Rom waren zwei ihrer direkten Konkurrenten bereits ausgeschieden, der letzte musste bald danach aufgeben.

Doch jetzt begann der Angriff auf die größeren Klassen, wobei die Fahrer auf die Haltbarkeit ihrer perfekt vorbereiteten Rennmotoren vertrauen konnten. Dabei fuhren die deutschen Fahrer mit einer uhrwerkmäßigen Präzision, denn es trennten sie immer nur wenige Minuten voneinander.

Am späten Nachmittag, keine zwölf Stunden nach dem Start, kamen die schnellsten Fahrer wieder in Brescia an. Erwartungsgemäß waren die großen Alfa Romeo, die Delahaye und Talbot als erste im Ziel. Die große Überraschung folgte aber gleich, denn bereits als achter im Gesamtklassement und als Sieger der 2-Liter-Klasse folgte Fane auf dem BMW 328, der die gesamte Strecke ohne Ablösung gefahren war. Mit einem Gesamtschnitt von fast 120 km/h hatte er zudem den größten Teil der größeren Kompressorwagen abgehängt. Dann folgten Schaumburg-Lippe/Lurani als Klassenzweite (10. gesamt), Richter/Werneck (11. gesamt) und von der Mühle-Eckart (12. gesamt), der ebenfalls ohne Fahrerwechsel fuhr. Die Mannschaftspreise für Gleichmäßigkeit und die besten ausländischen Starter gingen ebenfalls an das BMW Team. Zu Recht war

Evelyn Mary Fane und Gerda Werneck auf der Suche nach den dekorativsten Preisen.

Graf von der Mühle-Eckart auf einer Küstenstraße im Westen Italiens.

▲ Durchfahrtskontrolle: Uli Richter lässt sich das Bordbuch abstempeln, während Dr. Fritz Werneck sich auf die Weiterfahrt konzentriert.

◀ Erschöpft aber glücklich im Ziel: der Klassensieger A. F. P. Fane mit Beifahrer William James.

210 J·C·C GAZETTE April, 1938

"MILLE MIGLIA"

THE FAMOUS ITALIAN 1,000 MILES ROAD RACE

MR. A. F. P. FANE

FIRST

INTERNATIONAL SPORTS CATEGORY UP TO 2,000 c.c.
(also 2nd, 3rd and 4th—only finishers in 2-litre class)

AVERAGING 74.05 M.P.H.

DRIVING SINGLE-HANDED A 16.2 H.P. FULLY EQUIPPED UNSUPERCHARGED

FRAZER-NASH-B.M.W.

4 STARTED — 4 FINISHED

Affording irrefutable proof of amazing reliability under conditions of abnormal stress.

WINNING INTERNATIONAL TEAM PRIZE

AGAINST TEAMS OF GRAND PRIX FORMULA RACING CARS

OF 140 STARTERS

the four type 328 models were

7th, 9th, 10th and 11th in GENERAL CLASSIFICATION

finishing ahead of all the supercharged 2-litre cars and many supercharged cars of greater engine capacity. Only six cars finished before Mr. Fane—all maximum capacity Formula cars—four 3-litre supercharged Alfa-Romeos, a 4½-litre Talbot-Darracq and a 4½-litre Delahaye.

For descriptive literature of the type 328 T.T. model, please write to A.F.N. Ltd., Falcon Works, London Road, Isleworth, Middlesex. Price, £695. Demonstrations gladly arranged.

BMW und Frazer Nash waren gleichermaßen stolz auf den ersten großen, internationalen Erfolg.

man bei BMW stolz auf den bisher größten Sieg seiner Renngeschichte, hatte er doch bewiesen, dass es mit dem BMW 328 möglich war, ein enorm hohes Tempo auch über lange Distanzen klaglos durchzustehen und weitaus stärkere Konkurrenten in die Knie zu zwingen. Für BMW bedeutete dieser Erfolg den internationalen Durchbruch auf den Rennstrecken Europas.

Interessante Beobachtungen ließen sich in den kleinen Sportwagenklassen machen, die als Nationale Gruppen den italienischen Privatfahrern überlassen waren. Die hier gestarteten Fahrzeuge hatten oft wenig mit serienmäßigen Modellen zu tun. Es war eine Spielwiese für Bastler und kleinere Karosseriebaubetriebe, die teilweise abenteuerliche Kreationen an den Start brachten. Mit offenen tropfenförmigen Aluminiumkarosserien, mit rundlichen Glaskuppeln versehen oder gleich mit exzellent durchgebildeten Limousinen zeigte sich eine deutliche Tendenz, der man bei der künftigen Entwicklung von Sportwagen Beachtung schenken musste: absoluter Leichtbau und aerodynamische Durchgestaltung der Karosserieformen.

Im deutschen Rennkalender hatten sich unterdessen tiefgreifende Veränderungen vollzogen. Von den letztjährigen Veranstaltungen waren lediglich das Eifelrennen, das später abgesagt wurde, sowie zwei kleine Provinzveranstaltungen in Kelheim und Spaichingen geblieben. Der Rest der Veranstaltungen war deutlich gestrafft und durch völlig neue Veranstaltungen ersetzt, doch das sollte den Sportwagenrennen durchaus zu Gute kommen. Denn die früher regional verstreuten Rennen kamen nun viel näher an die Zuschauer heran, teilweise wurden sie direkt in die Großstädte geholt. Den An-

Hamburger Stadtparkrennen 1938. Aufstellung der trainingsschnellsten Zweiliter-Wagen. Im Vordergrund Uli Richter und Carl Albert Freiherr von Langen-Parow.

Paul Heinemann, Sieger der Zweiliter-Klasse in Hamburg, 1938.

fang machte das Hamburger Stadtparkrennen am 8. Mai 1938. Durch umfangreiche Maßnahmen hatte die Stadt die Wege innerhalb des Parks, sowie weite Teile des Parkrings zu einer rennfähigen sechs Kilometer langen Rundstrecke ausgebaut. Ausnahmsweise ließ man die Lizenzfahrer zusammen mit den Ausweisfahrern starten, was für volle Starterfelder sorgen sollte. Zudem wurden alle drei Sportwagenklassen kurz hintereinander gestartet, so dass für reichlich Betrieb auf der Strecke gesorgt war. Die Sportwagenfahrer hatten sich erst langsam bei den Zuschauern die ihnen gebührende Aufmerksamkeit erarbeiten müssen. Eine solch spektakuläre Veranstaltung wie in Hamburg trug sicherlich wesentlich dazu bei, diese Art von Rennen populärer zu machen. Die 2-Liter Klasse war mit 15 gemeldeten Teilnehmern so stark wie nie zuvor. Nur ein einzelner BMW 319/1 hatte sich in das Rudel der BMW 328 gewagt, allerdings ohne große Chancen. Das Publikum war natürlich gespannt darauf, die in der Mille

Ende der 1930er-Jahre galt Kopfsteinpflaster-Belag als hervorragend ausgebaute Rennstrecke.

Miglia erfolgreichen Fahrer wie Uli Richter oder den Grafen von der Mühle-Eckart zu sehen, doch auch andere namhafte Fahrer waren am Start. Gleich zu Beginn setzte sich Uli Richter, der Trainingsschnellste, mit seinem knallroten BMW an die Spitze. Schon in der ersten Runde setzte er den Wagen unsanft in den Wald, blieb aber weitgehend unverletzt. Paul Heinemann und Carl Albert Freiherr von Langen-Parow kämpften Runde um Runde um jeden Zentimeter. Im Ziel trennten sie gerade mal neun Zehntelsekunden. Auch in der 1.500er-Klasse ging es zur Sache. Dr. Fritz Werneck hatte seinen BMW 315/1 mit einer leichten strömungsoptimierten Leichtmetallkarosserie versehen, mit der er im Training die zweitschnellste Zeit herausfahren konnte. Doch es zeigte sich, dass in dieser Klasse die Konkurrenten mächtig aufgeholt hatten. Es waren vor allem englische Fabrikate wie Aston Martin, HRG, sowie ein nach allen Regeln der Kunst hergerichteter MG, die den BMW Paroli bieten konnten. Nachdem Werneck am Randstein seine Felge onduliert hatte, war das Rennen entschieden, für BMW blieb ein magerer, weit abgeschlagener dritter Platz.

Schon zwei Wochen später, am 22. Mai gab es im Rahmen des Internationalen AVUS-Rennens auch einen Lauf für Sportwagen, allerdings nur für die 2-Liter-Klasse. Diese traditionsreiche Rennstrecke am südwestlichen Berliner Stadtrand hatte schon große Rennwagenrennen um den Großen Preis von Deutschland, sowie zahlreiche Rekordfahrten erlebt. Jetzt sollte sie ihr vorerst letztes Rennen erleben, denn ein Umbau als

Start der 1.500er-Klasse im Hamburger Stadtpark 1938. Der neue BMW Special von Dr. Fritz Werneck umringt von englischen Konkurrenten der Marken MG, H. R. G. und Aston Martin.

Zubringerstraße für den Berliner Ring des Autobahnnetzes war geplant.

Fahrerisch bot sie recht wenig Reize, denn sie bestand eigentlich nur aus zwei endlos langen Geraden, die im Süden mit einer Spitzkehre verbunden waren, die nördliche Verbindung bildete die erst im Jahr zuvor gebaute optisch grandiose Steilkurve. Für das Sportwagenrennen hatte man den Kurs durch Nutzung der »Motorradschleife« auf lediglich 8,3 Kilometer gekürzt. Eigentlich war sie eine reine Hochgeschwindigkeitsstrecke, die dem fahrerischen Können nicht allzu viel abverlangte, zumal wenn es sich nur um identische Fahrzeuge handelte.

Einige der Fahrer hatten deswegen etwas größere Reifen gewählt, um auf den Geraden etwas schneller zu werden. In der Steilkurve wurde der Anpressdruck allerdings so groß, dass die Reifen in den hinteren Kotflügeln scheuerten und den Lack auf der Außenseite schmoren ließen.

Der Termin war erst nach dem Hamburger Rennen von Korpsführer Hühnlein bestimmt worden und passte vielen Fahrern nicht in den Kalender, sodass nur neun Teilnehmer gemeldet waren. Nur sechs beendeten das Rennen, was bedeutete, dass die Zuschauer nicht viel zu sehen bekamen. Kurt Illmann und Graf von der Mühle lieferten sich einen

▶ Start zum AVUS-Rennen 1938 auf der rund vier Kilometer langen Geraden.

▼ An der südlichen Spitzkehre wurden die unterschiedlichen fahrerischen Talente deutlich.

Aus dieser ungewöhnlichen Perspektive besonders eindrucksvoll: die berühmte Steilkurve der Berliner AVUS.

Korpsführer Hühnlein überreicht dem AVUS-Sieger Kurt Illmann den Siegerkranz.

rundenlangen Kampf, der erst entschieden wurde, als beim Grafen wenige hunderte Meter vor dem Ziel, der überhitzte Hinterreifen seinen Geist aufgab. Illmann siegte mit einem Durchschnitt von 154,1 km/h, was zeigte, wie sich die Motoren durch Feintuning verbessern ließen, lag doch die nominelle Höchstgeschwindigkeit des BMW 328 bei seinem Erscheinen noch bei 150 km/h. Jetzt wurde geschätzt, dass auf den langen Geraden bis zu 180 km/h möglich waren.

Die mangelnde Teilnehmerzahl beim Avusrennen lag vielleicht daran, dass am selben Tag ein wichtiges Rennen stattfand, bei dem die neugegründete NSKK-Mannschaft ihren ersten Einsatz absolvieren sollte: der Große Sportwagenpreis im belgischen Antwerpen. Hier hatte man einen nicht besonders anspruchsvollen Kurs festgelegt, der immerhin 84-mal zu umrunden war, um die Gesamtdistanz von 500 Kilometern zu schaffen. Prinz Schaumburg, Paul Heinemann und Willy Briem waren auf den drei BMW des NSKK gemeldet, Ralph Roese war als Privatfahrer auf seinem eigenen BMW 328 angetreten. Die Konkurrenz war nicht groß, zwei Aston Martin, ein MG, ein Riley, ein Bugatti und drei kleinere Lancias.

Nachdem sich Roese im Training als weitaus schnellster Fahrer gezeigt hatte, wurde die

Erster Einsatz der NSKK-Mannschaft beim Großen Sportwagenpreis von Antwerpen, 1938.

Der »Formationsflug« wurde zum Markenzeichen der NSKK-Mannschaft.

Devise ausgegeben, dass dieser seine Gegner niederringen und um den Klassensieg kämpfen sollte, während die anderen unbedingt ruhig fahren sollten, um den angestrebten Mannschaftssieg nicht zu gefährden. Im Rennen wurde genau das umgesetzt, Roese gewann seine Klasse mit zwei Runden Vorsprung und erzielte im Gesamtklassement den dritten Platz. Eine bessere Platzierung wäre vielleicht möglich gewesen, hätte er nicht so oft tanken müssen. Denn gegenüber den Teamwagen mit ihren 110-Liter-Tanks hatte Roese nur den Serientank mit 50 Litern eingebaut. Die NSKK-Fahrer Heinemann, Briem und Prinz Schaumburg hatten ihre Fahrzeuge geschont, während die Konkurrenz zumeist ausgefallen war, und belegten in ihrer Klasse die Plätze zwei, drei und fünf. Prinz Schaumburg hatte noch für eine Extraportion Unterhaltung gesorgt, als ihm direkt vor der Haupttribüne mit lautem Knall ein Reifen platzte. Nach ein paar akrobatischen Einlagen konnte er den Wagen zwar heil an die Boxen bringen, verlor dadurch aber wertvolle Zeit. Als einzig verbliebene Mannschaft erhielt das NSKK-Team auch den begehrten Mannschaftpreis. Dies war dem Korpsführer wichtig, denn er wollte seine Mannschaft vor allem als geschlossene Einheit präsentieren, bei der der individuelle Siegeswunsch unbedingt hinter der Einheit der Mannschaft zurücktreten musste.

Das traditionelle Eifelrennen am 12. Juni wurde kurzfristig aus dem Kalender gestrichen. Als Gründe wurden diverse Schwierigkeiten bei den Vorbereitungen der ausländischen Teams in der Rennwagenklasse genannt, was aber die Sportwagen nicht betraf. Dass in Europa zu diesem Zeitpunkt extreme Nervosität herrschte, da die erste Eskalation der Sudetenkrise die Angst vor einem Krieg schürte, findet in der Sport-Berichterstattung keinen Niederschlag. Nach kurzer Pause ging es im Rennbetrieb weiter. Zwischenzeitlich hatten Ralph Roese beim GP in Chimay und Paul Heinemann beim GP von Bukarest wichtige Auslandssiege für BMW erringen können.

Ralph Roese, der Sieger beim Grand Prix des Frontières in Chimay 1938.

Am 9. und 10. Juli stand die NSKK-Mannschaft vor ihrer nächsten Bewährungsprobe, dem 24-Stunden-Rennen im belgischen Spa-Francorchamps. Aufgrund der Länge des Rennens mussten zwei Fahrer pro Fahrzeug genannt werden und so wurden drei weitere Fahrer für die NSKK-Mannschaft verpflichtet. Prinz Schaumburg fuhr mit Ralph Roese, Paul Heinemann mit Adolf Brudes, sowie Willy Briem mit Rudolf Scholz. Ernst Loof, der Leiter der BMW Rennabteilung, hatte wieder die Organisation übernommen und Willy Huber, seinen besten Mechaniker mitgebracht. BMW stieß in diesem Rennen auf einen sehr ernst zu nehmenden Gegner in der 2-Liter-Klasse. Die Firma Adler hatte drei Stromlinien-Limousinen gemeldet, jetzt mit stärkeren 2-Liter-Motoren ausgerüstet, die den begehrten Mannschaftspreis, den »Königspokal« bereits zweimal mit nach Hause nehmen konnten. Vom Start weg regnete es in Strömen und machte die Strecke zur Rutschpartie. 24 Stunden im offenen Sportwagen schnell zu fahren, war sicher kein Vergnügen, doch der Adler-Mannschaft in den geschlossenen Fahrzeugen ging es keineswegs besser, denn sie konnten durch die beschlagenen Scheiben kaum etwas sehen. Die BMW Fahrer hatten in den ersten Stunden bereits einen so großen Vorsprung, dass sie den Rest des Rennens gemäßigter fahren konnten und nur darauf achten mussten, die Adler auf Distanz zu halten. Ohne jegliche Zwischenfälle und mit uhrwerkmäßiger Präzision drehten sie ihre Runden. Nach 2.675 Runden und einem Schnitt von 111,5 km/h überquerten die drei weißen BMW nebeneinander fahrend die Ziellinie. Die Plätze 1, 2 und 3 waren geschafft und der Königspokal ging dieses Mal nach München.

Etwas mehr Glück mit dem Wetter hatten am selben Tag die Fahrer, die sich im ober-

◄ Großer Preis von Bukarest. Paul Heinemann tritt gegen sehr unterschiedliche Gegner an.

▼ 24-Stunden-Rennen in Spa-Francorchamps 1938. Die siegreiche Mannschaft von l. n. r.: Paul Heinemann, Prinz Schaumburg-Lippe, Ralph Roese, Rudolf Scholz, Adolf Brudes und Willy Briem.

Stets eng beieinander:
das NSKK-Team in den Ardennen.

Der Gewinn des Mannschaftspreises hatte für Korpsführer Hühnlein immer höchste Priorität.

hessischen Schotten trafen. Die abwechslungsreiche Strecke hatte von den Motorradfahrern den Beinamen »kleiner Nürburgring« bekommen. Jetzt sollten zum ersten Mal Sportwagen an den Start gehen, allerdings nur in den kleinen Klassen bis 1.100 und bis 1.500 ccm. Letztere war seit einiger Zeit fest in der Hand der BMW 315/1 gewesen, doch mittlerweile waren einige sehr schnelle Konkurrenten u.a. auf perfekt hergerichteten MG-Sportwagen ihre harten Gegner. Im Rennen selbst lieferte sich Dr. Fritz Werneck auf seinem BMW »special« einen rundenlangen Kampf mit zwei MG der Offenburger Renngemeinschaft. Ein Sieg war zum Greifen nahe, als er in der letzten Runde beide überholen konnte. Doch diese drehten den Spieß schnell um und überließen ihm nur noch den dritten Platz.

Am 24. Juli zog es die Fahrer doch wieder zum Nürburgring. Als Ersatz für das ausgefallene Eifelrennen, hatte man im Rahmen des Großen Preises von Deutschland auch ein Rennen für Sportwagen ausgeschrie-

Rund um Schotten 1938. Die englischen MG-Sportwagen werden zur zunehmenden Bedrohung für die BMW 315/1.

Nürburgring 1938, Startaufstellung der Zweiliter-Sportwagen. Im Vordergrund der graue BMW 328 des späteren Siegers Paul Greifzu.

ben. Nach so langer Wartezeit war die Anzahl der eingegangenen Meldungen auf Rekordniveau und es war genau so, wie die Fahrer ihren Sport liebten, denn es waren nur Privatfahrer am Start. In der 2-Liter-Klasse gingen 12 BMW 328 ins Rennen und alle kamen ins Ziel. Dabei zeigte sich, dass die Farbe Weiß nicht zwangsläufig die Farbe des Siegers ist, denn Paul Greifzu brachte seinen grauen BMW als erster ins Ziel, gefolgt von Fritz Huschke von Hanstein und Paul Heinemann. Auch bei den 1.500ern gab es großen Anlass zur Freude, denn Dr. Fritz Werneck hatte es dieses Mal geschafft, die »englische Konkurrenz« hinter sich zu lassen. Und selbst bei den kleinen 1.100ern sah man wieder ein bekanntes Gesicht, denn Toni Neumaier konnte mit dem schnellen Neumaier BMW mit nur fünf Sekunden Rückstand den zweiten Platz erzielen. Anlässlich des großen BMW Erfolges gab es ein Werbeplakat, auf dem die Siege von Greifzu und Werneck mit jeweiligem neuen Rekord gefeiert wurden. Neumaier schaffte es zumindest ins Kleingedruckte.

Gut einen Monat später, am 28. August, traf man sich wieder, allerdings zu einem Bergrennen. Der Schauinsland bei Freiburg war über viele Jahre hinweg Austragungsort des Großen Bergpreises von Deutschland, des bedeutendsten Bergrennens in Deutschland, gewesen. Dieses Mal waren es politische Gründe, die eine Verlegung bedingten. Seit dem März hatte sich das Deutsche Reich das

österreichische Staatsgebiet »eingegliedert« und so war es nötig, auch hier ein bedeutendes Rennen stattfinden zu lassen. Und was bot sich da besser an, als der Großglockner, der nun Großdeutschlands höchster Berg geworden war. Das Rennen sollte vom Mauthaus Ferleiten über 33,5 km bis zur Franz-Josefs-Höhe gefahren werden, was einen Höhenunterschied von 2.030 Metern und eine Maximalsteigung von 12 % bedeutete. Es war eine ziemlich absurde Idee, die Korpsführer Hühnlein sich da ausgedacht hatte, sollten doch Teile der Strecke im Renntempo bergab gefahren werden. Letztendlich zwangen schlechte Straßenbeschaffenheit und unwirtliche Wetterverhältnisse dazu, nur den untersten Teil der Strecke zu nutzen, das aber in zwei Rennläufen. Viele Fahrer konnte diese Idee nicht motivieren und so blieb die Zahl der gemeldeten Fahrer eher mager. Das schlechte Wetter führte zu einigen Aus- und Unfällen, doch einige Unverzagte schafften es, die Tortur heil zu überstehen. Der schnelle Toni Neumaier setzte sich bei den 1.100ern durch und auch zwei 1.500er schafften es beschämend langsam ins Ziel. Etwas besser sah es in der 2-Liter-Klasse aus. A. F. P. Fane hatte von den Münchnern einen Werkswagen bekommen und brachte diesen als Schnellster über die Ziellinie. Dicht auf folgten der Rumäne Petre Cristea und Fritz Huschke von Hanstein. Zur Förderung des Motorsports hatte Korpsführer Hühnlein extra für dieses Rennen den Titel eines »Deutschen Bergmeisters für Sportwagen« gestiftet, der aber bestimmungsgemäß nur an Deutsche verliehen werden konnte. Und so kam es zu dem Kuriosum, dass mit von Hanstein ein Drittplatzierter den Titel erhielt.

Den Abschluss der Saison am 16. Oktober bildete wieder ein Rennen auf einer »neuen« Strecke: Erstmals durften die Sportwagen in Hockenheim starten. Ralph Roese hatte sich seinen BMW 315/1 als »special« umgebaut. Die schmale strömungsgünstige Aluminium-Karosserie sah schon im Stand ziemlich schnell aus und als begnadeter Tüftler dürfte er auch aus dem Motor ein paar mehr PS gezaubert haben. Seinen ersten Einsatz beim »Kurpfalzrennen« krönte er mit einem deutlichen Sieg. Wie nicht anders zu erwarten, blieb der Sieg in der 2-Liter-Klasse den BMW 328 überlassen. Otto Unzner und Uli Richter waren hier die schnellsten Fahrer.

◀▲ Dr. Fritz Werneck freut sich über seinen zweiten Sieg am Nürburgring.

◀ Anton Neumaier konnte die FIAT und Neander in der kleinen Klasse lange in Schach halten.

▶▲ Anton Neumaier, der schnellste 1.100er am Großglockner 1938.

▶ A.F.P. Fane als Schnellster bei den Zweiliter-Sportwagen.

Fritz Huschke von Hanstein erzielte den Titel des Deutschen Bergmeisters für Sportwagen 1938.

Erster Einsatz des schnellen 1,5-Liter BMW »special« von Ralph Roese in Hockenheim.

Das Jahr 1938 war das mit Abstand erfolgreichste der ganzen bisherigen BMW Renngeschichte. Mehr als 61-mal standen Fahrer von BMW Sportwagen oder ihrer Abkömmlinge auf der obersten Stufe des Siegerpodestes. Ob in Deutschland oder England, Belgien, Frankreich oder der Schweiz, in Portugal, Italien, Ungarn, Bulgarien und Rumänien, überall konnte BMW Erfolge feiern. Bei den englischen Fahrern war es natürlich A. F. P. Fane, der BMW zu einigen Erfolgen verhalf. Im Laufe der Saison war auch der Rumäne Petre Cristea öfters in den Berichten zu finden. Er hatte einen betuchten Sponsor gefunden, der ihm einen BMW 328 zur Verfügung stellte. Diesen hatte er mit einer ultraleichten Karosserie versehen und leistungsmäßig verbessert. Er setzte ihn wahlweise als Renn- oder als Sportwagen ein und gewann im Großen Preis von Bukarest, dem Großen Preis von Kronstadt/Brașov, beim Feleac Bergrennen und selbst im portugiesischen Vila Real.

Otto Unzner gewann überraschend die Zweiliter-Klasse in Hockenheim.

Vila Real in Portugal: Petre Cristea (rechts) neben zwei älteren Rennboliden.

Fritz Roth mit Beifahrer Willy Huber, die Gewinner von Alpenpokal, Edelweiß und Goldmedaille, bei der deutschen Alpenfahrt 1938.

Auch bei den klassischen Zuverlässigkeitsfahrten waren die BMW 328 immer noch in ihrem Element. Bei der französischen Alpenfahrt ließ Heinrich Graf von der Mühle-Eckart der Konkurrenz keine Chance und kam mit neun Pokalen nach Hause. Und bei der Deutschen Alpenfahrt holte Fritz Roth zusammen mit Willy Huber Alpenpokal, Edelweiß und Goldmedaille.

1939 – Der Weg zur Stromlinie

Ende 1938 beschloss NSKK Korpsführer Hühnlein, die rennsportlichen Aktivitäten noch weiter auszubauen und bestellte drei weitere BMW 328 beim Münchner Werk. In der gemeinsamen Vereinbarung vom 7. November 1938 findet sich der beachtenswerte Satz: »Mit Rücksicht auf den Einsatzzweck erklärt sich BMW bereit hinsichtlich der Leistungen und Ausrüstung die drei Fahrzeuge laufend auf dem neuesten Stand zu halten, der den neuesten Erfahrungen der Fabrik entspricht, d.h. BMW verpflichtet sich, das NSKK-Team in der Leistung jeweils so zu halten, wie es den neuesten Erfahrungen entspricht und keinem Dritten in der Leistung bessere Fahrzeuge zu liefern.« Tatsächlich wichen die gelieferten BMW 328 deutlich von den Kundenfahrzeugen ab. Nicht nur, dass die Motoren durch eine Erhöhung der Verdichtung auf 1:8,4 und weitere Detailmaßnahmen eine deutlich höhere Leistung boten, auch am Gewicht wurde gespart, indem man die ursprünglich aus Stahl gefertigten Karosserieteile wie die Kotflügel durch solche aus Aluminium ersetzte. Der 110 Liter fassende Tank sorgte für eine größere Reichweite und modifizierte Ausführungen der Bremsen mit Leichtmetalltrommeln und belüfteten Bremsankerplatten, verstärkten Blattfedern, verstärkten Stoßdämpfern, Getrieben und Hinterachsen sollten die technische Zuverlässigkeit erhöhen. Zudem gab es vor der Windschutzscheibe Klappen zur zusätzlichen Belüftung des Innenraumes. Weiteres Gewicht konnte durch Weglassen des Verdecks, Scheiben aus Plexiglas, leichtere Sitze und spezielle Leichtmetallräder eingespart werden. Das Ganze hatte natürlich auch seinen Preis. Neben dem Kaufpreis von 6.703 RM (7.400 RM abzüglich 740 RM Behördenrabatt, zuzüglich 43 RM Gummipreisaufschlag) kalkulierte BMW pro Fahrzeug einen Mehrpreis von 2.128,80 RM zuzüglich 491 RM für Nacharbeiten nach der Einfahrzeit von 4.000 km. So musste das NSKK für seinen ehrgeizigen wie unsportlichen Anspruch, immer die Führungsrolle zu übernehmen, fast 2.000 RM mehr bezahlen als die Privatfahrer. Allerdings darf nicht vergessen werden, dass jeder Privatfahrer, der ernsthaft vorne mitfahren wollte, noch sehr viel Zeit und Geld investieren musste, um sein Serienfahrzeug konkurrenzfähig schnell zu machen.

Die Rennsaison 1939 startete nicht, wie im letzten Jahr, mit der Mille Miglia in Italien. Aufgrund verheerender Unfälle mit mehreren Opfern unter den Zuschauern, hatten die Behörden die Austragung von Straßenrennen in Italien untersagt. Als Ersatz organisierte der Königlich Italienische Automobil-Club dafür ein Rennen in der italienischen Kolonie Libyen, das am 26. März stattfand. Mit Start in Tobruk ging es bei der »Corsa sulla Litoranea« auf der 1.500 km langen Küstenstraße bis nach Tripolis, wo das Rennen auf der Mellaha-Rennstrecke endete. Üppige Preisgelder sollten die Teilnehmer dazu animieren, die vergleichsweise aufwendige Logistik einer Verschiffung der Rennfahrzeuge ins nördliche Afrika in Kauf zu nehmen. Erwartungsgemäß hielt sich die Anzahl der Teilnehmer in Grenzen. So waren nur 34 Rennfahrerteams gemeldet, vorzugsweise aus Italien. Doch das Deutsche Reich wollte seinen politischen Bündnispartner nicht im Stich lassen und so meldete das NSKK die gerade neu erstandenen drei BMW 328. Als Fahrer hatte Prinz Schaumburg Ralph Roese als seinen Co-Piloten bestimmt, die weiteren Fahrerpaarungen bildeten Paul Heinemann mit Uli Richter, sowie Willy Briem mit Theodor Holzschuh von der BMW Reparaturabteilung. Nach dem Start der Wagen im 5-Minuten-Abstand kam zunächst eine kurze Bergetappe, bevor es in die Wüste ging, auf eine kaum befestigte Gerade mit 500 km Länge. Nur das letzte Drittel der Gesamtstrecke war einigermaßen ausgebaut und hier kamen die BMW auf Spitzengeschwindigkeiten von 175 km/h. Rennen fahren im Sandsturm und kreuzende Kamelherden waren wohl für die meisten Fahrer eine völlig neue Erfahrung, in einem offenen Wagen wie dem BMW 328 hatte das schon einen besonderen Reiz. Erwartungsgemäß dominierten die hubraumstärkeren Alfa Romeo das Rennen, doch Willy Briem, der als einziger die gesamte Strecke ohne Fahrerwechsel fuhr, konnte sich mit einem Durchschnitt von 140 km/h auf den dritten Platz in der Gesamtwertung vorarbeiten. Prinz Schaumburg/Roese und Heinemann/Richter folgten auf den Plätzen fünf und sechs. Somit hatte das Rennjahr verheißungsvoll begonnen.

Ankunft des NSKK-Teams in Tobruk im März 1939.

Ein Trainingswagen beim Tanken vor malerischer Kulisse.

Wer ist der Favorit im Wettbüro?
»Brien« scheint gute Chancen zu haben.

Typisch für das Wüstenrennen: einsamer Zuschauer am Rande der rund 500 km langen Geraden.

Ankunft des Klassensiegers auf der Mellaha Renn-strecke in Tripolis nach 1.500 km nonstop und einer Durchschnittsgeschwindigkeit von 140 km/h.

Der Klassensieger Willy Briem nimmt vom Kommandeur von Tripolis, Signore Benni, die ersten Glückwünsche entgegen.

Die Saison in Deutschland begann erst wieder am 7. Mai, als sich die Fahrer zum zweiten Mal im Hamburger Stadtpark trafen. Diese Veranstaltung hatte bereits eine erstaunliche Attraktivität erreicht, denn diese Rennen inmitten einer Großstadt waren beim Publikum sehr beliebt geworden. Die Anzahl der Meldungen übertraf alle Erwartungen, doch tatsächlich erschienen viele Fahrer nicht zum Rennen. Einige der jungen Männer hatten ihre Einberufung zum Militärdienst schon erhalten. In der 1.500er-Klasse waren nur drei BMW gestartet, darunter Ralph Roese mit seinem schönen 315 »special« und Alex von Falkenhausen mit einem BMW 328, für den er einen Kurzhubmotor gebaut hatte, damit er in der kleineren Klasse starten durfte. Ein silbergrauer MG-Sportwagen, der Sieger des letzten Jahres, fuhr allerdings auf und davon und ließ den beiden nur die Plätze zwei und drei. In der 2-Liter-Klasse hatten 19 Fahrer gemeldet, doch nur 10 erschienen am Start. Im Training war schon einiges schiefgelaufen. Bei den drei NSKK-Wagen (es waren die Fahrzeuge aus dem Vorjahr, die gerade für 8.000 RM auf den neuesten Stand gebracht waren) gingen reihenweise die Motoren kaputt, auch erreichten sie angeblich nicht die erwünschte Leistung. BMW Rennleiter Ernst Loof hatte alle Hände voll zu tun, um die Dinge wieder zu richten. Immerhin schafften die NSKK-Fahrer letztlich doch hervorragende Trainingszeiten. So richtig schnell hingegen waren Dr. Fritz Werneck, der über den Winter mit enormem Aufwand einen rassigen BMW 328 »special« bauen ließ, mit einer schlanken torpedoförmigen Karosserie und freistehenden Rädern, sowie Fritz Huschke von Hanstein, der auf dem äußerlich serienmäßigen schwarzen BMW 328 die schnellsten Runden fuhr. Doch am Ende des Trainings unterlief einem unerfahrenen jungen Piloten mit einem geliehenen BMW 328 das Missgeschick, eine Kollision zu verursachen, bei der er den BMW von Werneck so schwer beschädigte, dass dieser am Rennen nicht mehr teilnehmen konnte.

Hamburger Stadtparkrennen 1939. Ralph Roeses BMW »special« vor Falkenhausens BMW 328 mit Kurzhub-Motor.

Dr. Fritz Werneck konnte seinen schönen, neuen Zweiliter-»Special« nur im Training zeigen.

◄ Walter Schlüter hatte im Winter 1938/39 seinen BMW 328 mit einer besonders strömungsgünstigen Aluminiumkarosserie versehen.

▼ Beeindruckende Startaufstellung in der Zweiliter-Klasse im Hamburger Stadtpark.

Auch von Hanstein hatte seinen BMW bei einem mehrfachen Überschlag stark lädiert, ohne selbst ernsthaft verletzt zu werden. Interesse erweckte indes ein besonderer BMW 328, der so ähnlich wie ein Serienfahrzeug aussah, aber eine viel niedrigere Karosserie hatte. Walter Schlüter aus Essen (unter dem Pseudonym »Retülsch« gemeldet) hatte einen seiner BMW 328 zu diesem flachen silbernen Sportwagen umbauen lassen. Im Rennen setzte sich Heinemann zunächst an die Spitze, dicht gefolgt von H. J. Aldington auf seinem Frazer Nash-BMW und Willy Briem. Nach sechs Runden hatte Aldington die Führung übernommen, kollidierte dann mit den Strohballen und fiel aus. Kaum bemerkt hatte sich ein Fahrer nach vorne gearbeitet, mit dem vorher keiner gerechnet hatte. Der junge Berliner Helmut Polensky fuhr hier sein erstes Sportwagenrennen und fuhr gleich den alten Hasen um die Ohren. Mit seinem überraschenden Sieg sammelte er die ersten wertvollen Punkte in der in diesem Jahr erstmals ausgeschriebenen »Deutschen Sportwagen-Meisterschaft«. Willy Briem, der Zweitplatzierte, lag mit deutlichem Abstand hinter ihm. Dann folgte Paul Greifzu im einzigen grauen BMW im Starterfeld. Die weiteren NSKK-Fahrer Brudes und Heinemann lagen abgeschlagen auf Platz vier und sieben. Für Korpsführer Hühnlein war dieses Ergebnis völlig unakzeptabel. In einem Beschwerdebrief an BMW Generaldirektor Popp wies er auf diesen unhaltbaren Zustand hin und verdächtigte das Werk, die Privatfahrer und insbesondere die SS (Huschke von Hanstein) dem NSKK gegenüber zu bevorzugen. Leider ist die Antwort seitens BMW nicht überliefert. Vielleicht hat man ihm in wohlgewählten Worten auch versucht zu erklären, dass Geld und straffe Führung nicht automatisch ein Garant für sportliche Erfolge sein müssen.

Zuschauer in Hamburg erleben hautnah den Kampf um Positionen. Von l. n. r.: mit der Nr. 42 Willy Briem, Nr. 41 H. J. Aldington und Nr. 43 Paul Heinemann.

Nur zwei Wochen später, am 21. Juni ging es wieder zum traditionellen Eifelrennen. Dem interessierten Beobachter wurde immer deutlicher, dass sich in der deutschen Sportwagenszene einiges deutlich verändert hatte. Die Zeit der serienmäßigen Sportwagen näherte sich ihrem Ende. Fahrzeuge, die unter der Bezeichnung »BMW« im Programm oder in der Ergebnisliste aufgeführt wurden, hatten äußerlich immer weniger Ähnlichkeit mit dem Ausgangsprodukt. Auch von der technischen Seite her hatten sie eine ganz eigenständige Entwicklung genommen. Teilweise verfügten sie, wie die Neumaier BMW, über völlig andere Fahrgestelle. Seine Rennsportwagen des Jahrgangs 1939 hatten einen Doppelrohrrahmen, der in der Fahrzeugmitte so eng zusammenlief, dass die Fahrer sehr tief daneben sitzen konnten, statt wie bei den Serienmodellen darüber. Dadurch konnten die Fahrzeuge viel flacher gebaut werden. Im Programm des Eifelrennens gibt es auch zum ersten Mal dezente Hinweise wie etwa »BMW – Spezial« oder »BMW Eigenbau«.

Der Überraschungssieger Helmut Polensky.

In der kleinen 1.100er-Klasse startete als einziger BMW der kleine Neumaier, den mittlerweile Josef Hummel erworben hatte. Mit einem eindrucksvollen 2. Platz gab er einen hervorragenden Einstand.

In der 1.500er-Klasse war kein Fahrzeug mehr am Start, das äußerlich einem normalen BMW 315/1 entsprach. Der schlanke Spezial von Ralph Roese machte dieses Mal das Rennen, während die zwei von vorne fast identischen Neumaier BMW von Kathrein und Spindler ihr Potenzial noch nicht zeigten.

In der 2-Liter-Klasse dominierten die serienmäßigen BMW 328 allein von ihrer Anzahl her das Starterfeld. Auffällig am Start war allerdings, dass die zwei Trainingsschnellsten in der ersten Reihe nicht dazu passten. Es waren der schlanke zigarrenförmige BMW »special« von Dr. Fritz Werneck und der Leichtbau 328 des Rumänen Petre Cristea, in der nächsten Reihe stand der »Flachmann« von Walter Schlüter und weiter hinten erstmals der neue 2-Liter mit Neumaier selbst am Steuer. Das Rennen verlief zumindest für die Zuschauer sehr unterhaltsam, denn Werneck und Cristea fuhren über die

▲▲ Zweiliter-Neumaier BMW mit interessanter Fahrgestellkonstruktion. Der Fahrer sitzt tief neben dem Rahmen.

▲ Josef Hummel im Neumaier BMW auf dem Weg zum 2. Platz in der 1.100er-Klasse beim Eifelrennen auf dem Nürburgring.

◄ Hermann Kathrein auf Neumaier BMW passiert die Haupttribüne am Nürburgring.

▼ Fahrerappell beim Eifelrennen. Cristeas Haltung zeigt deutlich seine distanzierte Einstellung zum »Strammstehen«.

sechs Runden Nordschleife fast ein Privatrennen. Der Rumäne ließ sich aber zu keiner Zeit von der Spitze verdrängen und siegte mit knappem Vorsprung vor Werneck. Dritter wurde Briem von der NSKK-Mannschaft, während die zwei anderen Teamfahrzeuge ausfielen. Korpsführer Hühnlein war stets bemüht, den deutschen Fahrern ein gleichförmiges, uniformähnliches Aussehen mit weißen Fahreranzügen zu verordnen. Nach Fanes Sieg beim Eifelrennen 1937 war es dieses Mal ein Rumäne im dunklen Wollpullover und Schiebermütze, der der deutschen Fahrerelite nach Nachsehen gegeben hatte.

Mit einer ganz neuen Veranstaltung im Kalender holte man die Sportwagenfahrer am 11. Juni zum Höhenstraßenrennen nach Wien. Bei den 1.100ern erzielte Heinrich Müller einen dritten Platz mit seinem Neumaier BMW, während die BMW in der 1.500er-Klasse dieses Mal ganz leer ausgingen. Bei den 2-Litern siegte Dr. Werneck vor Huschke von Hanstein.

Die Veränderungen in der Sportwagenszene waren den Verantwortlichen bei BMW natürlich von Anfang an bewusst geworden und sie arbeiteten mit Hochdruck an weiteren Entwicklungen, aber eher im Verborgenen. Es hatte sich gezeigt, dass der Leistung des BMW Motors irgendwann Grenzen gesetzt waren. Die Erhöhung von 80 PS auf ca. 110 PS hatte zwar eine merkliche Steigerung der Höchstgeschwindigkeit gebracht, durch Weglassen der Windschutzscheibe, Abdeckung des Beifahrersitzes und einer Verkleidung des Unterbodens konnte der Luftwiderstand auch deutlich verringert werden, es wurde aber deutlich, dass die Form der Serienkarosserie einer wesentlichen Steigerung im Wege stand. Eine umfassende Lösung des Problems konnte nur die Entwicklung einer völlig neuen Karosserieform sein, die den aktuellen Erkenntnissen der Aerodynamik-Forschung Rechnung tragen musste. Bei Modellversuchen im Windkanal hatte sich herausgestellt, dass eine geschlossene Variante deutlich effektiver gestaltet werden konnte, als ein offener Wagen. Stromlinien-Limousinen, die nach den Prinzipien der Aerodynamik gestaltet wurden, erzielten daher weitaus bessere Werte.

Vor allem bei den Langstreckenrennen hatten die BMW Techniker feststellen können, dass die Adler-»Rennlimousinen« ihre motorische Unterlegenheit durch die Stromlinie durchaus kompensieren konnten. In Zusammenarbeit mit Prof. Wunibald Kamm, dem Leiter des Forschungsinstituts für Kraftfahrwesen und Fahrzeugmotoren an der Technischen Hochschule Stuttgart (FKFS), waren erste Windkanalversuche mit kleinen BMW Modellen durchgeführt worden. Durch den Beschluss der deutschen und italienischen Sportbehörden, zur Manifestation der politischen Achse Berlin – Rom, im Oktober 1938 eine Hochgeschwindigkeitsfahrt auf den neu gebauten Autobahnen zwischen den beiden faschistischen Metropolen auszutragen, gerieten die BMW Techniker unter Handlungs-

Große Rivalen und beste Freunde: Dr. Fritz Werneck und Petre Cristea.

Am Berg unschlagbar schnell: Dr. Fritz Werneck beim Wiener Höhenstraßenrennen 1939.

druck, einen Sportwagen mit realistischer Chance auf den Gesamtsieg zu entwickeln.

Den ersten Schritt in diese Richtung unternahm Rudolf Flemming, der auf der Basis des BMW 328 einen filigranen Gitterrohrrahmen konstruierte, der mit einer dünnen Aluminiumhaut überzogen wurde. Dieses intern als Projekt AM 1007 bezeichnete Fahrzeug konnte jedoch die Erwartungen nicht erfüllen. Zum einen war die in Eisenach gefertigte Karosserie aus handwerklicher Sicht wenig überzeugend, weit gravierender war das bedenkliche Fahrverhalten. Der Wagen zeigte sich bei Testfahrten zwar erstaunlich schnell, war aber so instabil, dass er die gesamte Autobahnbreite benötigte. Dem NSKK waren diese Versuche nicht verborgen geblieben und so wuchs der Druck auf BMW, dem NSKK einen Stromlinienwagen zu bauen. Es wurde bald klar, dass das mit diesem Projekt nicht gelingen konnte, denn die aerodynamischen Probleme dieses Wagens gestalteten sich komplexer als bisher angenommen. Um den Zeitdruck aus dem Projekt zu nehmen und um sich intensiver damit zu befassen, nutzte Fritz Fiedler, der Leiter der Fahrzeugentwicklung, seine guten Beziehungen nach Italien, um von der in Mailand ansässigen »Carrozzeria Touring« ein Angebot für den kurzfristigen Aufbau einer Stromlinienkarosserie einzuholen. Bei Touring nahm man den Auftrag gerne an, hatte man doch ein ganz ähnliches Projekt für Alfa Romeo bereits in Arbeit. Auch konnte man auf Erfahrungen mit einer gleichartigen Karosserie aus dem Vorjahr zurückgreifen. Tatsächlich schafften es die italienischen Blechkünstler in nur vier Wochen, die Karosserie fertig zu stellen, denn die für den Alfa konzipierte Stromlinie in der patentierten »Superleggera«-Bauweise ließ sich ohne größere Probleme an das BMW Fahrgestell anpassen. Die Karosserieform, nach Patenten des Schweizer Aerodynamikers Paul Jaray konzipiert, war zwar nicht im Windkanal erprobt, die Italiener hatten sie eher intuitiv und durch empirische Vorgehensweise gefunden.

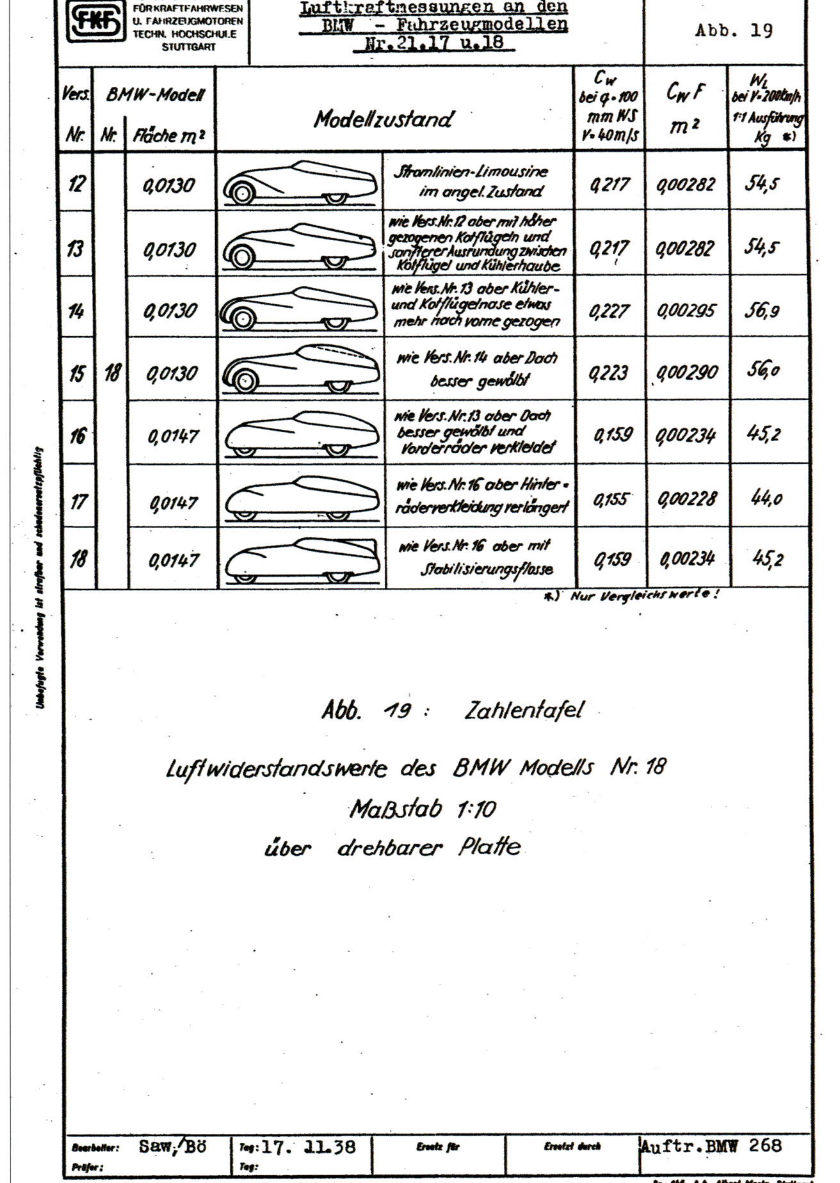

FORSCHUNGSINSTITUT FÜR KRAFTFAHRWESEN U. FAHRZEUGMOTOREN TECHN. HOCHSCHULE STUTTGART

Luftkraftmessungen an den BMW – Fahrzeugmodellen Nr. 21.17 u. 18

Abb. 19

Vers. Nr.	BMW-Modell Nr.	Fläche m^2	Modellzustand	C_w bei q = 100 mm WS V = 40 m/s	$C_w F$ m^2	W_L bei V = 200 km/h 1:1 Ausführung Kg *)
12	18	0,0130	Stromlinien-Limousine im angel. Zustand	0,217	0,00282	54,5
13		0,0130	wie Vers. Nr. 12 aber mit höher gezogenen Kotflügeln und sanfterer Ausrundung zwischen Kotflügel und Kühlerhaube	0,217	0,00282	54,5
14		0,0130	wie Vers. Nr. 13 aber Kühler- und Kotflügelnase etwas mehr nach vorne gezogen	0,227	0,00295	56,9
15		0,0130	wie Vers. Nr. 14 aber Dach besser gewölbt	0,223	0,00290	56,0
16		0,0147	wie Vers. Nr. 13 aber Dach besser gewölbt und Vorderräder verkleidet	0,159	0,00234	45,2
17		0,0147	wie Vers. Nr. 16 aber Hinterräderverkleidung verlängert	0,155	0,00228	44,0
18		0,0147	wie Vers. Nr. 16 aber mit Stabilisierungsflosse	0,159	0,00234	45,2

*) Nur Vergleichswerte!

Abb. 19 : Zahlentafel

Luftwiderstandswerte des BMW Modells Nr. 18

Maßstab 1:10

über drehbarer Platte

Bearbeiter: Saw./Bö | Tag: 17. 11.38 | Ersatz für | Ersetzt durch | Auftr. BMW 268

Prüfer: | Tag:

◂ BMW legte großen Wert auf die wissenschaftliche Erforschung der Aerodynamik.

Der neue, in der deutschen Rennfarbe weiß lackierte Wagen überzeugte nicht nur ästhetisch. Bei Testfahrten hatte das nur 780 kg schwere Coupé die 200-km/h-Marke deutlich überschreiten können. Das Fahrverhalten war zwar etwas kritisch, besonders bei Seitenwind, dennoch ließ sich der Wagen mit etwas Übung gut beherrschen. Zu einer ersten Bewährungsprobe kam es am 17./18. Juni in Le Mans. Zu diesem weltberühmten

▾ Das Eisenacher Projekt AM 1007 erwies sich als nicht zielführend.

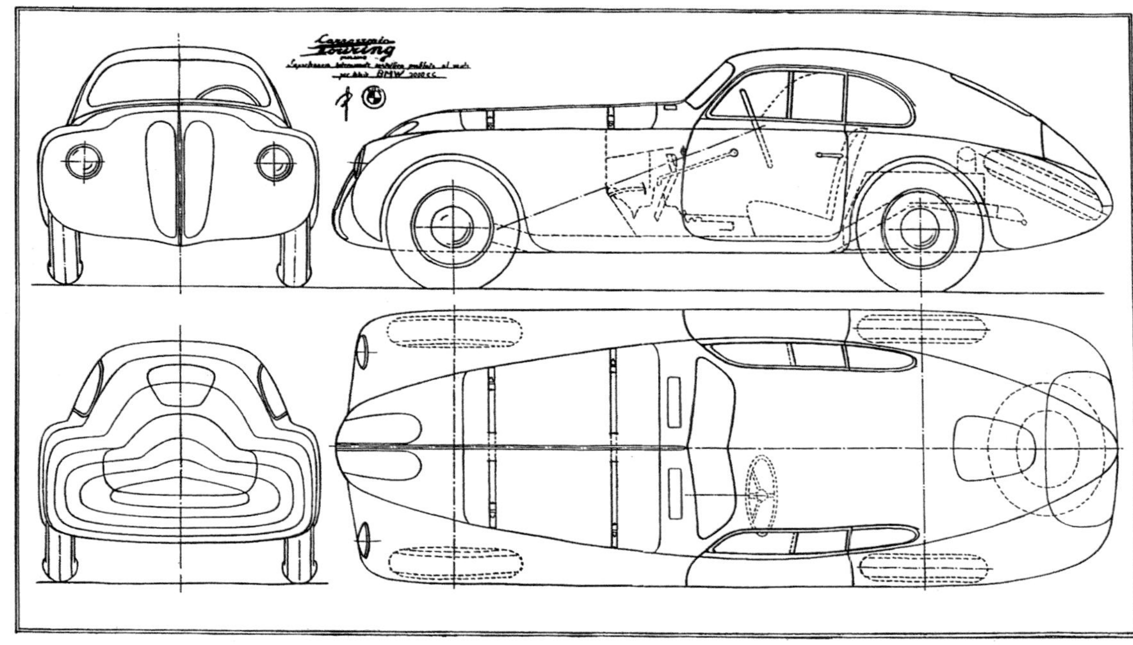

Entwurf der Carrozzeria Touring/Milano für ein Stromliniencoupé auf Basis des BMW 328.

Italienischer Karosseriebau in Reinkultur. Das Anfang Mai 1939 fertiggestellte BMW 328 Touring-Coupé in Mailand.

24-Stunden-Rennen hatte das NSKK drei BMW Wagen als Mannschaft gemeldet. Das Touring-Coupé sollten Prinz Schaumburg und der Münchner Ingenieur Hans Wencher fahren, die zwei offenen BMW 328 Roese/Heinemann und Briem/Scholz. Mit einem sensationellen Durchschnitt von 132,8 km/h überquerte das Coupé nach einem Kampf über 24 Stunden und 3.188 Kilometer die Ziellinie als Sieger in der 2-Liter-Klasse und Fünfter im Gesamtklassement. Die zwei offenen Sportwagen, mit halbverdecktem Cockpit und nur einer Rennscheibe ebenfalls etwas strömungsgünstiger gestaltet, sicherten in ihrer Klasse die Plätze zwei und drei. Auch sie erzielten enorm hohe Durchschnitte von 129 und 125 km/h und konnten sich im Gesamtklassement mit dem 7. und 9. Platz gegenüber motorisch größeren Gegnern hervorragend behaupten.

Zurück auf heimischem Terrain ging es am 9. Juli auf die Berg- und Talbahn zum Rennen »Rund um Schotten«. Schon im Vorjahr war bei den 1.500ern nur Dr. Werneck auf einen 3. Platz gekommen, da die Konkurrenten in dieser Klasse einfach zu schnell waren. 1939 sah es ähnlich aus. Roese war im Training verunglückt und konnte nicht starten. Artur Rosenhammer konnte mit seinem BMW »special« hinter einem MG nur Platz zwei erzielen, vor Kathrein auf dem Neumaier BMW und dem Fahrer Böhme, der den letztjährigen BMW von Dr. Werneck übernommen hatte.

Im Gegensatz zum Vorjahr durften dieses Mal auch die 2-Liter-Sportwagen mit dabei sein, was das aufstrebende Rennen in der hessischen Provinz noch deutlich attraktiver machen sollte. Dieses Mal war es Fritz Huschke von Hanstein, der seinen schwarzen BMW 328 als erster ins Ziel brachte, gefolgt von den NSKK-Fahrern Briem und Heinemann. Als Favorit hatte man eigentlich auf Dr. Werneck gesetzt, der durfte sich das Rennen aber nur aus der Zuschauerperspektive ansehen, weil die Rennleitung ihn wegen eines kurzzeitig eingezogenen Führerscheins nicht antreten ließ. Im Vorfeld war es an diesem Tag zu einer höchst ungewöhnlichen Begebenheit gekommen: Der Sieger vom Hamburger Stadtpark, Helmut Polensky, bemerkte im Training, dass Toni Neumaier in seinem neuen Eigenbau deutlich schnellere Zeiten fuhr, als er selbst. Doch da ihn der Ehrgeiz gepackt hatte und er sich weitere Punkte für die Sportwagenmeisterschaft sichern wollte, kaufte er Neumaier den Wagen kurzerhand ab und wechselte vom serienmäßigen 328 auf den schnelleren Neumaier BMW. Nachdem er im Rennen die schnellste Runde gefahren hatte, zwang ihn ein lächerlicher Defekt zum Ausscheiden.

Als vierter Meisterschaftslauf zählte das einzige Bergrennen im Terminkalender, der Große Bergpreis von Deutschland am Großglockner. Zum Rennen am 6. August erschienen wieder deutlich weniger Teilnehmer als erwartet. Vielleicht hatten sich die schlechten Bedingungen vom Vorjahr herumgesprochen oder die Fahrer hatten keine Lust, nur gegen die Uhr zu fahren, anstatt sich Rad an Rad mit den Konkurrenten zu messen. Bei den 1.100ern waren zwei Neumaier BMW am Start, von denen einer durch Unfall ausschied. Heinrich Müller im zweiten Fahrzeug erzielte den dritten Platz gegen zwei schnelle FIAT. Die 1.500er-Klasse wurde eine klare Sache für Hermann Kathrein. In der 2-Liter-Klasse war die Konkurrenz groß, doch Polensky konnte sich mit Abstand an die Spitze setzen vor von Hanstein und Dr. Werneck. Die NSKK-Fahrer hatten keine Chance und mussten sich mit den Plätzen sechs, sieben und acht zufriedengeben. Damit waren auch die Chancen für einen Gewinn der Meisterschaft dahin.

Für Toni Neumaier, der selbst nicht gestartet war, muss das Ergebnis ein stiller Triumph für sich und seine selbst gebauten Rennsportwagen gewesen sein. Ein dritter

Startaufstellung zum 24-Stunden-Rennen in Le Mans, 1939.

Selbst die sieggewohnten, offenen BMW 328 konnten dem schnellen Touring-Coupé kaum folgen.

Vom schwersten Sportwagenrennen der Welt

Dreifacher BMW Sieg in LE MANS

Die erfolgreiche NSKK.-Mannschaft mit ihren treuen BMW-Wagen nach dem Rennen. Foto: Lafoy

▲ Im Training für das Rennen »Rund um Schotten« 1939 war Anton Neumaier noch mit der Startnummer 7 unterwegs, im Rennen fuhr Helmut Polensky dessen Neumaier BMW mit der Startnummer 6.

◀ Startaufstellung zum Rennen »Rund um Schotten«. Otto Unzner mit der Startnummer 9 hat vorne ganz kleine, mitlenkende Kotflügel montiert.

Großer Bergpreis von Deutschland 1939 am Großglockner. In der 1.500er-Klasse errang Hermann Kathrein im Neumaier BMW den 1. Platz ...

Platz bei den 1.100ern und überzeugende Siege sowohl in der 1.500er wie auch in der 2-Liter-Klasse, besser hätte es nicht laufen können. Spätestens jetzt werden sich bei BMW einige gefragt haben: wer ist eigentlich dieser Neumaier? Für den bescheidenen Konstrukteur, der nie eine höhere Schule von innen gesehen hatte, gab es werksseitig keinerlei Anerkennung, doch schmückte man sich in der Werbung gerne mit seinen Erfolgen. Für Neumaier bedeutete das mindestens vier neue Kundenaufträge. In jeder freien Minute, selbst bei den Heimaturlauben während des Krieges, baute er an seinen Rennfahrzeugen. Erst sein gewaltsamer Tod am 12. Juli 1944 in Südfrankreich beendete die Schaffenskraft dieses genialen Talentes. Aber seine Fahrzeuge überlebten ihn und prägten noch bis in die 1950er-Jahre die deutsche Rennszene.

Eigentlich war als Saisonabschluss am 15. Oktober das Kurpfalzrennen in Hockenheim vorgesehen. Mit Beginn des Zweiten Weltkrieges am 1. September wurden jedoch sämtliche motorsportlichen Aktivitäten in Deutschland eingestellt. Somit blieb für die Wertung der deutschen Sportmeisterschaft nur der Stand nach dem Großglocknerrennen. Ralph Roese sicherte sich den Titel in der 1.500er-Klasse vor Hermann Kathrein und in der 2-Liter-Klasse wurde der 23-jährige Helmut Polensky im ersten Jahr seiner Rennkarriere gleich Deutscher Sportwagenmeister. Fritz Huschke von Hanstein und Willy Briem belegten die weiteren Plätze.

Trotz der angespannten politischen Situation ließen es sich einige deutsche Fahrer nicht nehmen, ihre BMW Sportwagen auch

... das Gleiche gelang Helmut Polensky im Neumaier BMW in der Zweiliter-Klasse.

NEUE KRAFTFAHRER-ZEITUNG

NKZ

FACHZEITSCHRIFT FÜR DAS KRAFTFAHRWESEN

Dr. Werneck, der mit seinem BMW-Sportwagen beim La Turbie-Bergrennen die schnellste Zeit des Tages fuhr Abb. 9680 PBZ

Stuttgart . 27. April 1939 14. Jahrgang . Seite 473-496 Nr. 17

▲ **Versöhnliches Duell in Kronstadt/ Brasov: Dr. Fritz Werneck schlägt Petre Cristea.**

◀ **BMW Eigenbau als Star auf dem Titel der Zeitschrift NKZ vom 27. April 1939 mit Dr. Fritz Werneck beim La-Turbie-Bergrennen.**

bei Rennen im Ausland an den Start zu bringen, meist mit großem Erfolg. So gewann Alex von Falkenhausen die Fernfahrt von Paris nach Nizza, beim anschließenden Bergrennen in La Turbie (14. April) musste er Dr. Werneck den ersten Platz überlassen. Uli Richter siegte in Helsinki (7. Mai) und Ralph Roese mit privater Meldung im belgischen Chimay (28. Mai). Beim Großen Preis von Bukarest (25. Juni) war Paul Heinemann bei den Sportwagen der Schnellste, während Cristea seinen 328 in der Rennwagenklasse gemeldet hatte und siegte. So konnten beide mit einem Pokal nach Hause gehen, ohne sich gegenseitig Konkurrenz zu machen. Zum Showdown kam es noch im rumänischen Brașov/Kronstadt am 13. August, denn Dr. Werneck konnte die Schmach vom Eifelrennen nicht auf sich sitzen lassen und forderte seinen Freund Petre Cristea auf heimischem Terrain heraus. Nach einem packenden Duell auf dem Stadtkurs ging er dieses Mal als Sieger hervor.

Die NSKK-Mannschaft war noch spät unterwegs, um am Stadtrennen im jugoslawischen Belgrad am 3. September teilzunehmen. Trotz des Kriegsausbruches zwei Tage zuvor, wurde das Rennen dennoch ausgetragen. Erwartungsgemäß erfüllte das Team seine Aufgabe und Briem siegte vor seinen Kollegen Roese und Wencher. Damit war die Rennsaison des Jahres 1939 endgültig beendet.

Trotz der unruhigen Zeiten im Vorfeld des Krieges war die Weiterentwicklung des BMW 328 mit großem Elan vorangetrieben worden. Zunächst ging es darum, zu analysieren, warum das eigene Stromlinienprojekt AM 1007 vom Vorjahr gescheitert war. Dafür intensivierte man die Zusammenarbeit mit Professor Wunibald Kamm und seinem Stuttgarter Institut. Versuche im Windkanal zeigten, dass der Stromlinienaufbau nicht mit dem Fahrgestell harmonierte. Die Relation von Massenschwerpunkt zur Karosseriefläche war bei Flemmings Entwurf nicht genügend berücksichtigt worden.

In der Abteilung »Künstlerische Gestaltung« unter der Leitung von Wilhelm Meyerhuber ging man nun daran, unter der Projektnummer AM 1008 eine neue Stromlinienkarosserie zu entwerfen, die die von Kamm analysierten Prinzipien der Stromlinie besser umsetzen sollte. Dazu wurde zunächst das vorhandene Chassis um 20 cm verlängert. Man versprach sich davon eine deutliche Verbesserung des Geradeauslaufs. Darauf baute man einen ultraleichten Gitterrohr-

Stadtrennen in Belgrad am 3. September 1939. Auch hier siegte die NSKK-Mannschaft.

rahmen aus Elektron, der gerade mal 30 Kilogramm auf die Waage brachte. Das Ganze wurde dann mit einer Aluminium-Außenhaut verkleidet. Im Vergleich zu dem bei Touring eingekleideten Coupé war das »Kamm-Coupé« zwar deutlich länger und voluminöser, doch um 20 Kilogramm leichter. Damit hatten die BMW Techniker ihr eigenes Konzept einer »ultraleichten« Karosserie in die Tat umgesetzt. Aufgrund der begrenzten Kapazitäten im Prototypenbau zog sich die Fertigstellung allerdings einige Monate hin. Danach hatten die Techniker aber die Möglichkeit, ihre »Rennlimousine« auf Herz und Nieren zu erproben. Die Autobahn zwischen München und Salzburg wurde dafür als Teststrecke genutzt. Auf die Karosserie wurden Wollfäden geklebt, die bei den Testfahrten den Strömungsverlauf an der Karosserie darstellen sollten. Ein parallel dazu fahrender Kamerawagen hielt die Ergebnisse im Film fest. So konnten noch viele Details am Karosseriekörper optimiert werden. Die intensiven Bemühungen waren letztlich von Erfolg gekrönt, denn das Fahrverhalten des Kamm-Coupés war deutlich besser, als das der Touring-Variante. Bei der Richtungsstabilität und der Seitenwindempfindlichkeit war die eigene Konstruktion klar im Vorteil. Mit einem Cw-Wert von 0,25 im Modellversuch lag man deutlich unter dem des Touring-Coupés mit etwa 0,35. Folglich konnten auch bei der Höchstgeschwindigkeit mit 230 km/h neue Maßstäbe gesetzt werden.

Auch bei den offenen BMW hatte es zahlreiche Windkanaluntersuchungen gegeben. Letztlich hatte sich gezeigt, dass die Karosserieform des serienmäßigen BMW 328 nur durch eine umfassende Überarbeitung den strömungstechnischen Anforderungen gerecht werden konnte. Bei Meyerhuber entstanden deshalb, auch im Hinblick auf einen Nachfolger des 328, Entwürfe für eine deutlich gestrecktere Karosserielinie. Die finale Version interpretierte die originale Form auf geniale Weise, denn die neue Karosserie war von einer hinreißenden Eleganz mit weichen,

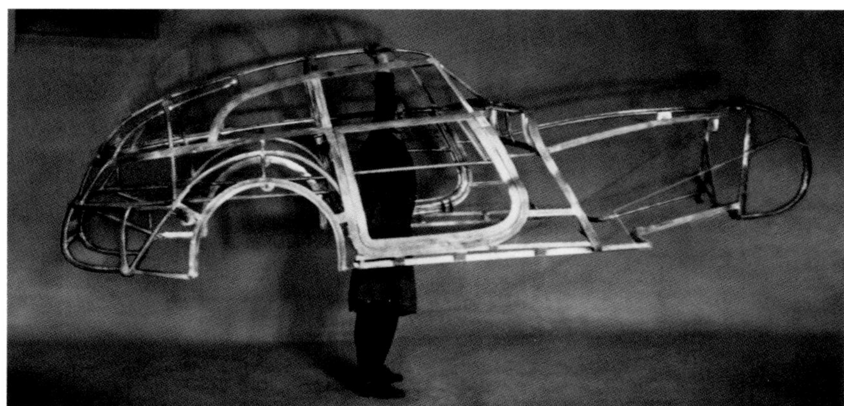

Superleggera auf deutsch. Der Elektron-Rahmen der Kamm-Rennlimousine wog nur 30 kg.

Die fertige Kamm-Rennlimousine auf dem Münchner Werksgelände.

Durch Wollfäden wurden Luftverwirbelungen sichtbar gemacht. Die Kamm-Rennlimousine bei Testfahrten auf der Autobahn München-Salzburg, 1939.

fließenden Linien und verlieh dem neuen Sportwagen schon im Stand den Eindruck von Dynamik und Geschwindigkeit. Der erste Wagen wurde im Herbst 1939 fertig gestellt. Aufgrund seiner markanten Kanten in den Kotflügeln erhielt er schnell den Beinamen »Bügelfalten-Roadster«. Bei den Autobahntests mit dem Münchner Rennfahrer Uli Richter stand der offene Sportwagen seinen geschlossenen Versionen nur ein wenig nach, denn auch er erreichte Geschwindigkeiten deutlich über der 200-km/h-Marke. Zwei weitere Gitterrohrrahmen waren unterdessen für neue Fahrgestelle vorbereitet worden, doch geriet man in München langsam in Zeitnot und musste befürchten, die zwei Fahrzeuge nicht rechtzeitig zum Frühjahr fertigstellen zu können. Als Retter in der Not fungierten die Blechkünstler von Touring, die es aufgrund ihrer großen Erfahrung mit der Verarbeitung von Aluminiumblechen in kürzester Zeit schafften, die Karosserien fertig zu stellen.

Erreicht wurden die erstaunlich guten Höchstgeschwindigkeiten jedoch nur im Zusammenspiel mit einer technischen Weiterentwicklung. Bei umfangreichen Prüfstandversuchen hatte man das kritische Schwingungsverhalten der Kurbelwelle analysiert und verschiedene Varianten mit unterschiedlichen anschraubbaren Gegengewichten getestet. Dadurch konnte das Verhalten der Motoren bei höheren Drehzahlen deutlich verbessert werden. Durch stark gewölbte Elektronkolben konnte die Kompression auf 10 : 1 bei den Roadstern und 11,4 : 1 bei den Coupés gesteigert werden, auch wurden Vergaser mit 32 mm Bohrung verwendet. Zusammen mit anderen Detailverbesserungen führte das zu einer Leistungsausbeute von 130 PS (Roadster) bis 136 PS (Coupés). Ein verstärktes Getriebe, eine längere Hinterachsübersetzung und größere Räder sollten den Leistungszuwachs optimal auf die Straße bringen. Eine leichte Tieferlegung des Rahmens und Verbesserungen an Federung und Dämpfung ergaben eine straffere Fahrwerksabstimmung und optimierte Duplex-

BMW Gitterrohrrahmen für die neuen Stromlinien-Roadster.

Der »Bügelfalten-Roadster« ist fertig zur Erprobung.

Uli Richter bei intensiven Testfahrten mit dem neuen Roadster.

Die zweite Karosserie bereit zur Lackierung.

Auch die Roadster Nummer 2 und 3 wurden ausgiebigen Tests auf der Autobahn unterzogen.

Bremsen mit Aluminium-Bremstrommeln und Bremsankerplatten aus Magnesium sorgten für eine wesentlich verbesserte Fahrsicherheit.

Damit war BMW optimal gerüstet für einen Renneinsatz, der als Meilenstein in die Geschichte der Marke eingehen sollte.

Den durch das Touring Coupé neu gewonnen Kontakt zur Carrozzeria Touring nutzten das NSKK und BMW sogleich für ein weiteres Projekt. Bereits für das Jahr 1938 hatte man ein Rennen geplant, dass zur Stärkung des Bündnisses der beiden faschistischen Staaten beitragen sollte. Für diese »Fernfahrt« von Berlin nach Rom hatten andere Hersteller bereits spezielle Rennfahrzeuge gebaut oder zumindest in Planung, nur BMW nicht. Durch die Sudetenkrise und die angespannte politische Lage war das Rennen jedoch auf einen unbestimmten Termin verschoben worden. Das NSKK bat nun die italienischen Karosseriekünstler um stromlinienförmige Roadster-Karosserien in »Superleggera«-Ausführung, die sich für ein solches Hochgeschwindigkeitsrennen eignen sollten. Die Italiener legten umgehend Pläne vor, auf denen eine völlig glatte schnörkellose Pontonkarosserie zu sehen war. Diese war zwar nicht im Windkanal getestet, die Italiener vertrauten eher ihrem Gefühl für Formgebung. Das NSKK gab BMW den Auftrag, von den beiden 1938 erworbenen BMW 328 Roadstern die Karosserien zu entfernen und BMW schickte die Fahrgestelle per Eilfracht nach Mailand. Unverrichteter Dinge kamen sie aber im Frühjahr 1940 wieder zurück. Es verging ein weiteres

Zeichnung von Carrozzeria Touring für eine Stromlinienkarosserie in Pontonform.

▼◄ Der erste Ponton-Roadster wird in Mailand fotografiert.

▼ Der zweite Ponton-Roadster bei einer Rast am Gardasee.

Jahr, denn erst im März 1941 wurden die Karosserien für nunmehr drei Fahrzeuge fertig. Für einen Renneinsatz war es jetzt zu spät. Erst 1949 sollte eines dieser Fahrzeuge auf der Rennstrecke zu sehen sein. Walter Assenheimer hatte den Wagen zum Rennen in Hockenheim als »BMW Eigenbau« gemeldet. Doch zwischen den Veritas RS im Starterfeld fiel er durch einen geänderten Grill nicht auf. Kaum einer der Zuschauer wird gewusst haben, dass hier Original und »Nachbauten« nebeneinander standen.

1940 – Finale furioso in Italien

Frühjahr 1940: Europa befindet sich im Krieg, doch in Deutschland merkt kaum einer etwas davon. Nach dem schnellen Ende des Polenfeldzuges war eine längere Atempause eingetreten. Deutsche und Franzosen lagen sich an der Maginot-Linie gegenüber und beschallten sich mit Musik und Propaganda, sonst blieb es ruhig. Die Italiener, die sich bisher aus allem herausgehalten hatten, waren sogar wieder dabei, ein großes Rennen zu veranstalten. Die im Vorjahr ausgefallene »Mille Miglia« sollte nun doch wieder stattfinden, allerdings unter geänderten Bedingungen. Statt des traditionellen Kurses in Form einer Acht durch Norditalien wählte man jetzt einen 167 Kilometer langen Dreieckskurs, dessen abgesperrte Strecke insgesamt neunmal zu umrunden war, was besonders die Zuschauer erfreute, denn früher sah man die Rennfahrzeuge nur ein einziges Mal vorbeifahren. Der traditionelle Start sollte wieder in Brescia stattfinden, doch dann ging es auf kürzestem Wege über Cremona und Mantua zurück zum Startort. Natürlich war der neue Kurs längst nicht mehr so abwechslungsreich wie früher, die spektakulären engen Ortsdurchfahrten und die kurvenreichen Straßen des Apennins wurden aus Sicherheitsgründen untersagt. Dafür fuhren die Teilnehmer jetzt durch ebene Landschaften auf gut ausgebauten Straßen mit vielen unendlich langen Geraden. Das ließ zwar weitaus höhere Geschwindigkeiten erwarten, das Rennen hatte aber wesentliche seiner volksnahen Aspekte verloren. Anknüpfend an die Tradition erhielt das Rennen nun den Namen »I. Gran Premio Brescia delle Mille Miglia«.

Im März 1940 war es nördlich der Alpen noch bitterkalt, als Rennleiter Ernst Loof sich mit einem kleinen Tross Fahrzeuge in Richtung Italien auf den Weg machte. Die Planung des Einsatzes sollte wie bisher generalstabsmäßig erfolgen. Zunächst ging es darum, die Strecke kennenzulernen, mögliche Orte für die Anlage von Depots auszukundschaften und eine Strategie für das Rennen auszutüfteln. Loof ging von einem durchschnittlichen Benzinverbrauch von 20 Litern auf 100 Kilometer aus, also reichte eine Tankfüllung für gut 500 Kilometer. In Castiglione, einem kleinen Ort 25 km vor Brescia, fand man einen idealen Platz zum Nachtanken des speziellen Rennbenzins und gegebenenfalls Reifenwechsel, den die BMW Fahrer also zweimal anfahren mussten. Zum Training hatte man das Kamm-Coupé und das Touring-Coupé mitgebracht, letzteres trug noch immer die weiße Lackierung

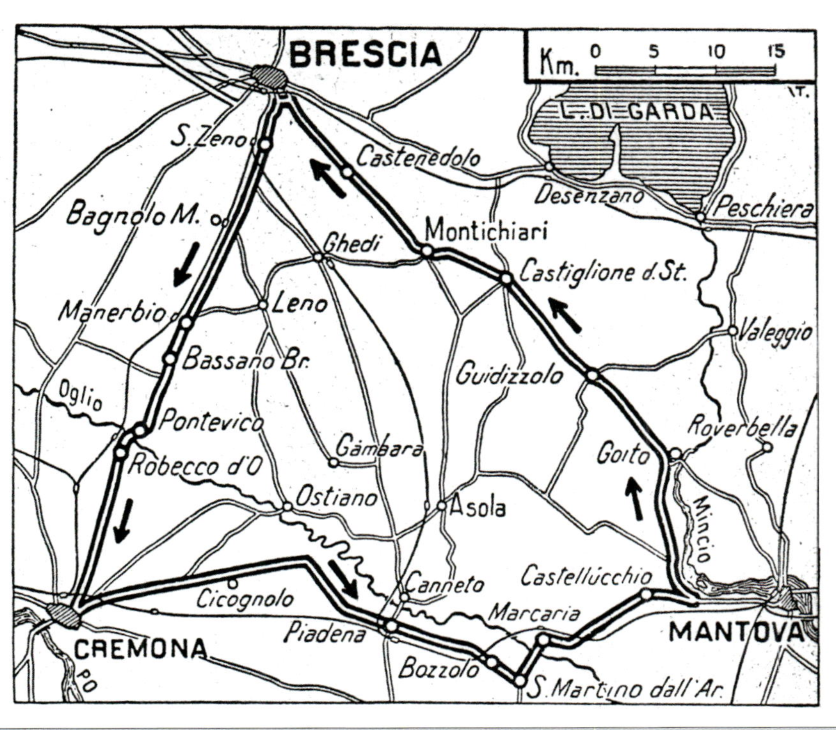

◀ Die neue Streckenführung der Mille Miglia 1940.

▶ Veranstaltungsplakat zum »Großen Preis von Brescia«.

▲ Die drei Trainingswagen bei einer Rast in Oberitalien.

◄ Gruppenbild während des Trainings. Von l. n. r.: Im schwarzen Anzug Fritz Huschke von Hanstein, Uli Richter, Willy Briem, Ralph Roese, Rudolf Scholz, Adolf Brudes, Walter Bäumer, Giovanni Lurani, Hans Wencher, und Franco Cortese.

Aufstellung der BMW Sportwagen auf der Piazza della Vittoria in Brescia.

vom letzten Einsatz in Le Mans. Auch der »Bügelfalten-Roadster« und ein serienmäßiger BMW 328 waren dabei und die Fahrer erprobten die Strecke in wechselnden Besetzungen. Danach ging es schnell wieder zurück nach München, um die Testfahrzeuge nochmals gründlich durchzusehen und die zwei weiteren Roadster, die im Training noch nicht dabei sein konnten, fertigzustellen. Das Touring Coupé wurde jetzt silbern lackiert.

Und in »Silber« erschienen alle fünf BMW dann auch zur traditionellen Fahrzeugabnahme auf der Piazza della Vittoria im Herzen Brescias. Ursprünglich war die deutsche Rennfarbe Weiß, doch hatte man bei den Grand-Prix-Wagen der Auto-Union und Mercedes schon seit 1934 Silber als Erkennungsmerkmal genutzt. So entstand im allgemeinen Sprachgebrauch der Begriff »Silberpfeile«, der in kürzester Zeit zum Inbegriff der Unbesiegbarkeit werden sollte. Jetzt traten auch die BMW in dieser

Die BMW Kamm-Rennlimousine und zwei der Roadster.

Farbe an, um von vornherein den Anspruch auf einen Sieg kund zu tun. Der Rest des Starterfeldes bestand erwartungsgemäß aus Italienern, die zumeist in ihrer Landesfarbe »Rot« antraten. Selbst zwei »Blaue« waren mit von der Partie, doch kamen die zwei Delage nur von einem französischen Hersteller, die Fahrer waren natürlich Italiener. Neben den verbündeten Deutschen und Italienern hatten es sämtliche andere Nationen vorgezogen, dem Rennen fern zu bleiben.

Nun standen die fünf silbernen Rennsportwagen auf der Piazza und wurden von den zahlreichen Zuschauern ebenso bestaunt, wie von den anwesenden Pressefotografen, denn so etwas Beeindruckendes hatte man hier noch nicht gesehen. Die Meldung für die drei Stromlinien-Roadster war im Namen des NSKK abgegeben worden. Sie sollten mit den erprobten Fahrern der letzten zwei Jahre besetzt werden. Den »Bügelfalten-Roadster« mit der Startnummer 71 fuhren Hans Wencher und Rudolf Scholz, die zwei weiteren noch rechtzeitig fertig gewordenen Roadster mit den geglätteten Kotflügeln waren Willy Briem und Uli Richter (Startnummer 72) und Adolf Brudes mit Ralph Roese (Startnummer 74) zugeteilt worden. Diese drei Wagen waren zudem als Team gemeldet, um den Mannschaftspreis zu gewinnen.

Die zwei Coupés hingegen waren von der Obersten Nationalen Sportbehörde ONS gemeldet worden, sicher auch, um dem Einsatz etwas die politische »Parteilastigkeit« zu nehmen. Denn das schnellere »deutsche« Kamm-Coupé hatte man ganz im Sinne der Waffenbrüderschaft zwischen den Achsenmächten zwei italienischen Fahrern zur Verfügung gestellt. Der Graf Giovanni Lurani Cernuschi hatte BMW bereits bei der 1938er Mille Miglia wertvolle Hilfe als erfahrener Kenner und Fahrer geleistet, mit Franco Cortese stand ihm ein »alter Hase« zur Seite, der seit 1927 fast jede Mille Miglia mitgefahren war und sehr gute Erfolge erzielt hatte. Das Touring-Coupé mit der »italienischen« Karosserie dagegen hatte man zwei erfahrenen deutschen Piloten anvertraut: Fritz Huschke von Hanstein, der in den letzten zwei Jahren durch hervorragende Leistungen von sich reden machte, und Walter Bäumer, der nach seiner erfolgreichen Zeit als Rennfahrer in der 750er-Klasse nun als Nachwuchsfahrer im Mercedes-Team angekommen war. Beide Coupés waren technisch auf Höchstleistung getrimmt und sollten in aller sportlichen Fairness um den Gesamtsieg kämpfen. Denn daran gab es von deutscher Seite keine Zweifel, während die Italiener natürlich vom traditionellen Sieg ihrer Alfa Romeo-Mannschaft überzeugt waren. Diese startete mit ihren 2,5-Liter-Motoren in der nächst höheren Klasse bis 3.000 ccm und verfügte über mehrere Mille-Miglia-erprobte Fahrerpaarungen. Ihre vier Roadster hatten gut gestylte »Superleggera«-Karosserien von Touring und ein ebenso von Touring gebautes Coupé, das wie der große Bruder des BMW Touring-Coupés aussah.

Am frühen Morgen des 28. April 1940 wurden in Brescia die Teilnehmer im Minutenabstand ins Rennen geschickt. Um 6 Uhr 40 kamen die großen Klassen dran und das Coupé von Hanstein/Bäumer ging auf die Strecke, gefolgt von seinen BMW Teamkollegen und den italienischen Fahrern in der größten Klasse. Im Vertrauen auf

Das elegant geschwungene Heck des Mille Miglia Roadsters.

Die Alfa Romeo-Rennsportwagen der italienischen Gegner beeindruckten mit ihren elegant geformten Touring-Karosserien. Das Touring-Coupé von Alfa Romeo diente als Vorbild für die Gestaltung des BMW Touring-Coupés.

◄ Touring-Coupé und Kamm-Coupé lassen die Unterschiede zwischen deutschem und italienischem Design erkennen.

Das BMW Touring-Coupé mit Hanstein/Bäumer am Start.

Am Anfang fuhren die BMW Roadster noch auf Sichtweite.

Das BMW Depot in Castiglione.
Alles steht bereit für den Boxenstopp.

Lurani und Cortese bei der Vorbeifahrt an der Haupttribüne in Brescia.

sein fahrerisches Können und die Leistung seines BMW Coupés setzte von Hanstein alles auf eine Karte. Von der ersten Runde an legte er ein Tempo vor, mit dem keiner der Konkurrenten auch nur im Ansatz gerechnet hätte. Das Kamm-Coupé konnte zunächst noch mithalten und rangierte in der zweiten Runde noch auf Platz zwei. Die drei Roadster sollten, um den Mannschaftssieg nicht zu gefährden, schnell und materialschonend zugleich fahren. Zwar waren auch gute Platzierungen angestrebt, das Hauptaugenmerk lag aber auf dem gemeinsamen Ankommen im Ziel. Trotz der zurückhaltenden Fahrweise wurden sie bald schon in Zweikämpfe mit den schnellsten der Alfa Romeo verwickelt, denn deren Höchstgeschwindigkeit lag deutlich unter der der kleineren BMW. Das Kamm-Coupé fing bald an, die Geduld seiner italienischen Besatzung auf die Probe zu stellen. Die Vergasereinstellung erwies sich bei dem hohen Tempo als zu mager und der Motor wurde heiß. Als dann noch Probleme mit der Ölversorgung auftraten, fiel der Wagen immer mehr zurück. In der siebten Runde mussten die Fahrer schweren Herzens aus dem Rennen ausscheiden. Von Hanstein im Touring-Coupé hingegen hatte keine Probleme. Er fuhr die schnellste Runde mit einem Durchschnitt von 174 km/h, ein Wert, der zuvor noch nie bei einem Sportwagenrennen erreicht wurde. Mittlerweile hatte er einen uneinholbaren Vorsprung gegenüber seinen nächsten Verfolgern herausgefahren und konnte das Tempo etwas drosseln. Bisher hatte er das Rennen im Alleingang bewältigt und sein Beifahrer Walter Bäumer hatte sich auf den ausdrücklichen Befehl des Korpsführers Hühnlein mit der Rolle des Beifahrers zufriedengeben müssen. Kurz vor dem Ziel allerdings hielt der Wagen unvermittelt auf der Strecke und die zwei Fahrer tauschten im Rekordtempo die Plätze. So kam Bäumer zu der unverhofften Ehre, als Gesamtsieger das kleine silberne Coupé über die Ziellinie fahren zu dürfen. Doch den Sieger erwartete kein jubelndes Publikum, vielmehr waren die Italiener eher geschockt: Wo waren die ›Roten‹ geblieben? Die Ratlosigkeit dauerte über eine Viertelstunde, bis der rote Alfa von Farina/Mambelli als Zweiter ins Ziel kam. Der schnellste der

Suche nach dem Fehlerteufel in der Kamm-Rennlimousine.

Von Hanstein/Bäumer im Touring-Coupé fuhren der gesamten Konkurrenz uneinholbar davon.

Enttäuschung bei den Italienern: Wo bleiben die Roten?! Walter Bäumer fährt den Siegerwagen über die Ziellinie.

BMW Roadster, gefahren von Brudes und Roese kam als Dritter, nur wenige Sekunden vor dem Alfa von Biondetti/Stefani. Briem/Richter und Wencher/Scholz brachten die weiteren BMW Roadster auf den Plätzen fünf und sechs ins Ziel.

Aus deutscher Sicht war der Triumph perfekt. Mit dem Gesamtsieg, dem Gewinn der 2-Liter-Klasse, dem Mannschaftssieg und der schnellsten Rennrunde hatten die BMW alles gewonnen, was es an Pokalen und Geldpreisen zu gewinnen gab. Vielleicht lag es am plötzlich einsetzenden Regen, dass eine offizielle Siegesfeier nicht mehr stattfand, wir wissen es nicht. Lediglich bei der Rückkehr nach München bot der Odeonsplatz vor der Residenz die passende Kulisse, um dem Münchner Publikum die siegreichen Wagen zu präsentieren. Für BMW bedeutete dieser Sieg die Krönung seiner bisherigen Renngeschichte. In einem Zeitraum von knapp über 10 Jahren war es dem aufstrebenden Automobilhersteller gelungen, sich von der kleinsten 750-ccm-Klasse an die Spitze des europäischen Sportwagen-Rennsports vorzuarbeiten, eine Erfolgsgeschichte, die mit der Mille Miglia allerdings ihr jähes Ende fand, denn nur wenige Tage später überrollten die deutschen Panzer die Grenze zu den Niederlanden, Belgien und Luxemburg, der sogenannte Westfeldzug mit dem Ziel der Eroberung Frankreichs hatte begonnen.

Erschöpft, aber glücklich: Walter Bäumer und Fritz Huschke von Hanstein kurz nach dem Rennen.

Die Siegermannschaft: Von l. n. r.: Uli Richter, Hans Wencher, Rudolf Scholz, Willy Briem, Adolf Brudes, Ralph Roese, Fritz Huschke von Hanstein und Walter Bäumer.

Somit war der Krieg auch im Westen Europas angekommen. Im Südosten dagegen war es noch immer ruhig geblieben, so dass es einige wenige Rennveranstaltungen in Jugoslawien gab, bei denen einheimische BMW Fahrer zu Erfolgen kamen. Ganz wie in Friedenszeiten wähnte sich wohl der Königlich Rumänische Automobilclub, als er deutsche Sportwagenfahrer zum Großen Preis von Kronstadt/Braşov am 1. September 1940 einlud. Die ONS hatte zugesagt, die drei Mille-Miglia-Roadster zu schicken. Als Fahrer hatte sie von Hanstein, Briem und Bäumer gemeldet. Dr. Fritz Werneck, der sich noch gut an sein Rennduell mit Rumäniens Meisterfahrer Petre Cristea vom letzten Jahr erinnerte, schloss sich unvermittelt an. Und da zudem am Wochenende darauf ein Großer Preis von Bukarest stattfinden sollte, hatte sich auch die Auto Union bereit erklärt, einen der Grand-Prix-Rennwagen zu schicken. So machte sich aus Deutschland ein größerer Konvoi auf in Richtung Südosten. Das Training war bereits im vollen Gange, als ungarische Truppen die Grenze Rumäniens überschritten. Nun war also auch hier Krieg und die deutschen Fahrer mussten schnellstens das Land verlassen. Die Rückreise auf eigener Achse über schlechte Landstraßen war ein Abenteuer für sich.

Für BMW bedeutete der fortschreitende Krieg das Ende jeglicher motorsportlichen Betätigung oder Weiterentwicklung der Fahrzeuge. Die Rennabteilung wurde aufgelöst und die meisten Mitarbeiter, wie auch die meisten der Rennfahrer, mussten den weißen Fahreranzug mit der feldgrauen Uniform tauschen. Die BMW Werke wurden ganz auf Kriegsproduktion umgestellt. Die Fabrikationsstätten in Eisenach gerieten nach der Kapitulation in sowjetische Hände. Im weitgehend zerstörten Münchner Werk standen die Alliierten bereit, auch noch die letzten Reste der Fabrikationsunterlagen zu demontieren. Das Ende der Bayerischen Motoren Werke schien besiegelt.

Auf der Rückfahrt aus Kronstadt/Braşov dominierten Militärtransporte das Straßenbild.

Beim verregneten Training in Kronstadt/Brașov:
Walter Bäumer im Mille-Miglia-Roadster
vor Dr. Fritz Werneck.

SPORTWAGEN-EIGENBAUTEN AUF BMW BASIS

Gegen Ende der 1930er-Jahre wichen die Sportwagen im Renneinsatz immer mehr von ihrem serienmäßigen Ausgangsprodukt ab. Mit den BMW 3/15 PS Typ »Wartburg« gab es in der 1.100er-Klasse ab 1933 nichts mehr zu gewinnen. Erst die Eigenbauten von Anton Neumaier brachten den Namen BMW ab 1937 zurück in die Starterlisten.
In der 1.500er-Klasse wurden die englischen Konkurrenten so stark, dass die Privatfahrer ihre BMW 315/1 nach allen Regeln der Kunst aerodynamisch und leistungsmäßig stark verbessern mussten.
In der 2-Liter-Klasse fuhren zunächst nur serienmäßige BMW 328 gegeneinander. Auch hier gab es bald leistungsverbesserte Fahrzeuge des NSKK-Teams und einiger Privatfahrer. Ab 1939 hatten komplett umgebaute Spezial-Rennsportwagen mit BMW Komponenten kaum mehr Ähnlichkeit mit dem ursprünglichen Serienfahrzeug.
Hier eine Übersicht dieser »Specials«, die unter dem Namen »BMW« ab 1937 an den Start gingen.

SPORTWAGEN BIS 1.100 CCM

Anton Neumaier mit einem seiner 1.100er Rennsportwagen (1937)

SPORTWAGEN BIS 1.500 CCM

BMW 315/1 von Dr. Fritz Werneck (1937)

BMW 315/1 von Dr. Fritz Werneck (1938)

Neumaier BMW von W. Spindler und H. Kathrein

Neumaier BMW von Hermann Kathrein

BMW 315/1 von Artur Rosenhammer

BMW 315/1 von Ralph Roese

SPORTWAGEN BIS 2.000 CCM

BMW 328 von Walter Schlüter

BMW 328 von Petre Cristea

Neumaier BMW von Helmut Polensky

BMW »spezial« von Eduard Kratz

BMW 328 von Dr. Fritz Werneck (1939)

THE MODERN MOTOR CAR
FRAZER-NASH
-B·M·W-
14

4

The British Connection

Die enge Verknüpfung der Bayerischen Motoren Werke mit der britischen Automobilindustrie ist seit Übernahme der Rover Group im Jahr 1994 und dem spektakulären Scheitern dieser Verbindung sechs Jahre später allgemein bekannt. Heute profitiert die BMW Group mit den Marken Rolls-Royce und MINI sehr eindrucksvoll von zwei legendären Namen der britischen Automobilgeschichte.

Doch gemeinsame Wege reichen bis an die Wurzeln des BMW Automobilbaus zurück. Die erste kleine Limousine mit dem weißblauen Markenzeichen, die im Frühjahr 1929 eine Montagehalle in Berlin-Johannisthal verließ, war eine technisch behutsam verbesserte Variante des erfolgreichen englischen Kleinwagens Austin 7 mit neuer Karosserie. BMW in Eisenach baute dieses Modell in verschiedenen Stadien der Weiterentwicklung bis 1932 in Lizenz und in, für damalige Verhältnisse, respektablen Stückzahlen, ehe eine erste BMW Eigenentwicklung, der Typ 3/20 PS, präsentiert werden konnte.

◀ Eine von Bill Aldington gestaltete Werbeanzeige in »The Aeroplane« vom 15. Juli 1936. Originaltext: »As with B.M.W. Aero engines the Frazer Nash BMW combines outstanding performance with unfailing reliability.«

▶ Werbebroschüre für den Austin 7 von 1926: »Autofahren zum Straßenbahn-Tarif«.

Nur zwei Jahre später kam es erneut zu nachhaltigen Kontakten zwischen BMW und einem britischen Autohersteller, jedoch diesmal mit umgekehrten Vorzeichen – eine Geschichte, die nur wenigen Kennern der Markenhistorie bekannt ist.

Während ihrer Ausbildung an der Finsbury Technical School in London lernten sich zwei junge Männer kennen, die von Kindheit an vom Automobil begeistert waren. Archibald »Archie« Goodman Frazer Nash erblickte das Licht der Welt 1889 in Indien als Sohn wohlhabender Eltern. Zu Beginn des zwanzigsten Jahrhunderts kehrte die Familie nach England zurück und bezog ein Anwesen in einem nördlichen Vorort von London.

Der Londoner Henry Ronald »Ron« Godfrey, geboren 1887, wurde schon früh mit den Reizen der Technik vertraut, sein Vater

Archie Frazer Nash 1927 auf der Brooklands Bahn im 1,5-Liter-Frazer Nash »The Slug«.

Ron Godfrey 1918 auf dem Dach der Etna Works in der Albert Road, Hendon, NW London.

war begeisterter Hobby-Mechaniker und förderte gern den Wunsch seines Sohnes, eine Technikerlaufbahn einzuschlagen. Auf der Finsbury Technical School (Technischen Hochschule) freundeten sich Archie und Ron an und machten noch während ihrer Studienzeit Pläne für einen eigenen kleinen Sportwagen.

In Europa waren die 1910er- sowie 1920er-Jahre die Ära der sogenannten Cyclecars, einer schwer exakt zu definierenden Klasse von Fahrmaschinen mit zumeist vier Rädern, die autobegeisterten Zeitgenossen die Möglichkeit boten, für relativ wenig Geld ein Auto zu erwerben, und war es auch noch so primitiv. In der Regel handelte es sich beim Cyclecar um offene Zweisitzer mit rudimentärer Karosserie und ohne jeglichen Komfort, starren Achsen und einer Vielzahl von ein- bis vierzylindrigen Einbaumotoren verschiedener Hersteller.

Trotz ihrer Primitivität gehörten einige Cyclecars aufgrund ihrer Leichtigkeit zu den ernst zu nehmenden Sport- und Rennfahrzeugen ihrer Zeit. In England, aber auch in Frankreich und Deutschland, gab es hunderte kleine und kleinste Hersteller solcher Konstruktionen, oft nur Hinterhofbetriebe mit einem Ausstoß von weniger als einem Dutzend Wagen. Viele mehr oder weniger begabte Konstrukteure versuchten ihr Glück mit Cyclecars, nur sehr wenige Marken existierten länger als ein paar Jahre.

Drei Beispiele für typische Cyclecars: Der französische Bédélia von 1913 mit Tandem-Sitzanordnung, das englische Morgan-Dreirad von 1914 mit JAP-Motor und das Münchner Minimus Cyclecar von 1921, auf Wunsch mit BMW Boxermotor.

Archie Frazer Nash und Ron Godfrey bauten ihr erstes Cyclecar in einem Schuppen hinter dem Anwesen »The Elms« von Archies Eltern zusammen. 1911 konnten sie den ersten Wagen unter der Bezeichnung »Godfrey & Nash«, gebaut von den »Elms Motor Works«, verkaufen und starteten dadurch ermutigt eine sehr bescheidene Serienfabrikation. Der Verkauf der leichten Zweisitzer lief problemlos und noch vor dem Ersten Weltkrieg bezog die kleine Manufaktur größere Werkstätten, nannte sich GN Ltd. und bot ihre Erzeugnisse von nun an auch unter dem Markennamen GN an. Während des Ersten Weltkriegs trat Archie in die Armee ein, während Ron die Firma mit Rüstungsaufträgen am Laufen hielt.

Nach Kriegsende zog die Nachfrage nach den mittlerweile auch im Motorsport recht erfolgreichen GN-Cyclecars merklich an und wieder war der Umzug der Firma in eine neue, größere Produktionsstätte notwendig. 1919 wurde man im südlich der Themse liegenden Londoner Stadtteil Wandsworth fündig und bezog eine Fabrik, die der British Gregoire Agency Company gehörte. Im Gegenzug erwarb Gregoire einen größeren Anteil an der GN Ltd.

Ein Godfrey & Nash-Tourenmodell von 1912, noch mit dem typischen »Garnrollenantrieb« und Kraftübertragung durch Riemen auf die Hinterachse.

▼ Titelseite der Zeitschrift »The Cyclecar« vom 16. Juli 1913 mit einem Bericht über den 1. Cyclecar Grand Prix in Amiens. Archie Frazer Nash auf einem G.N. mit der Nummer 18 fiel leider aus.

Durch die erfeulich guten Geschäfte war mittlerweile die Belegschaft der kleinen Autofirma deutlich angewachsen. Mit rund zwei Dutzend Mitarbeitern wurden die kleinen Sport-Zweisitzer ohne Vorderradbremsen mit außen liegendem Schalthebel und einem von Chefkonstrukteur Ron Godfrey entwickelten, luftgekühlten Zweizylinder-V-Motor in Serie gebaut, wobei täglich etwa ein Wagen fertig wurde. Auch der Rest der Technik war höchst einfach gehalten.

Die Kraftübertragung auf das an Viertelelliptik-Ausleger-Federn hängende starre Hinterachsrohr erfolgte dabei über eine konventionelle Trockenkupplung ohne Differenzial auf eine Art Vorgelegewelle, die starr im Rahmen montiert war. Auf dieser Welle liefen rechts und links des Teller- und Kegelradantriebs frei fliegende Kettenräder unterschiedlicher Größe, die wiederum über ständig mitlaufende Ketten mit entsprechenden Kettenrädern auf der dahinter liegenden starren Hinterachse verbunden waren.

Vorstellung des neuen Grand-Prix-G.N. in »The Cyclecar« vom 9. April 1913. Jetzt mit quer eingebautem 1.090 ccm V-Motor und optionalem 3-Gang-Kettengetriebe.

9TH APRIL, 1913. The Cyclecar 515

THE GRAND PRIX G.N.

A New Model, under Test for Some Time, now Adopted as Standard, with a New 90 Degrees Engine, Combined Shaft and Belt Drive over Big Pulleys.

Front and side views of the new Grand Prix G.N., showing the engine projecting from each side of the bonnet.

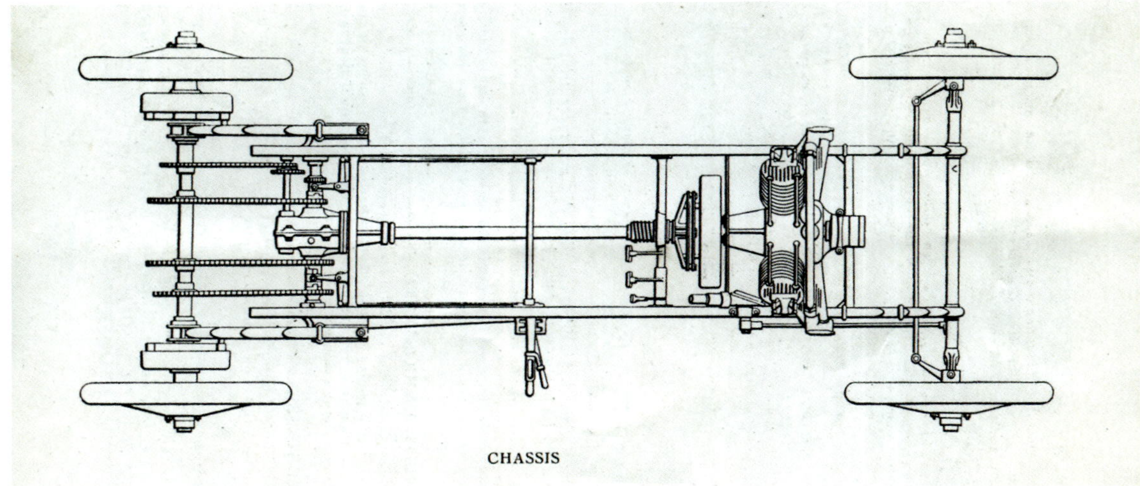

GN-Cyclecar als Tourenmodell von 1921. Rechts das Chassis mit dem GN-typischen Kettengetriebe mit Klauenkupplung. Bereits Ende des Jahres musste GN aufgeben.

Geschaltet wurde nun über simple Klauenkupplungen zwischen jeweils zwei Kettenräderpaaren, die beim Eingriff den Kraftschluss zwischen Vorgelegewelle und dem angewählten Kettenrad herstellten. Diese sehr effektive Konstruktion hatte den großen Vorteil, keine teuren Zahnräder zu benötigen, sehr schnell schaltbar zu sein und sehr einfache Übersetzungsänderungen zu ermöglichen.

Unter den neuen Mitarbeitern war ein Lehrling mit Namen Harold John (H. J.) Aldington, von allen »Aldy« genannt, der die Geschicke des kleinen Unternehmens in nicht allzu ferner Zukunft lenken sollte.

HAROLD JOHN »ALDY« ALDINGTON

»Aldy«, wie sich Aldington stets nennen ließ, wurde 1902 in Camberwell, London geboren und startete seine Karriere als Lehrling beim Cyclecar-Hersteller GN, wo er in seiner Freizeit erste Rennerfahrungen sammelte. Wenig später arbeitete er für einen Autohändler in London, der auch Archie Frazer Nashs neue Autos vertrieb und 1925 wechselte er zu diesem Hersteller. Schon zwei Jahre später ging diese Firma jedoch in Konkurs.

Mit Aldington als Direktor und seinen beiden Brüdern in der Geschäftsleitung wurde das Unternehmen als AFN wiedergeboren und dessen Sportwagen mit Kettenantrieb, weiterhin als Frazer Nash angeboten, waren das Maß aller Dinge für Bergrennen in England. 1932 wurde Aldington Hauptaktionär und entwickelte sich zu einer angesehenen Persönlichkeit in der britischen Autoindustrie der 1930er-Jahre.

Als Rennfahrer war Aldington aber nicht nur in England aktiv, sondern trat auch bei Rennen auf dem Kontinent an, wo er auf die neuen Sechszylinder-Sportwagen von BMW traf, die ihn so beeindruckten, dass er 1934 eine enge Geschäftsbeziehung mit dem bayerischen Hersteller einging. Schon bald wurden BMW Automobile teils mit Karosserien britischer Fertigung als Frazer Nash-BMW im Vereinigten Königreich angeboten.

Bis 1949 war Aldy noch im internationalen Rennsport aktiv, bevor ihn Probleme mit der Sehkraft an einer längeren Rennkarriere hinderten. Doch seine Wagen waren weiterhin im Rennsport erfolgreich, unter anderem bei der Targa Florio und in Sebring.

1956 wurde AFN alleiniger Importeur für Porsche in Großbritannien und stellte ein Jahr später die eigene Autoproduktion ein. »Aldy« Aldington verstarb 1976, sein Unternehmen wurde von Porsche übernommen und ist bis heute als Porsche Cars Great Britain aktiv.

Nach diesem heftigen, aber kurzen Auto-Boom in der Nachkriegszeit verebbte die Nachfrage nach GN-Sportwagen um 1920 deutlich. Nicht zuletzt durch das leidenschaftliche und aufwendige Engagement ihrer Gründer im Motorsport geriet die Firma rasch in finanzielle Schwierigkeiten und ein Zwangsverwalter musste eingesetzt werden. Fortan firmierte man unter GN Motors Ltd. Doch die Probleme hielten an, sodass Frazer Nash und Godfrey die Firma verließen und ihre Autos künftig unter dem Markennamen Frazer Nash in einer neuen Fabrik in Kingston-upon-Thames fertigten. »Aldy« H. J. Aldington hatte sich inzwischen zu einem brillanten Auto- und Motorradverkäufer entwickelt und übernahm die Vermarktung der Frazer Nash-Sportwagen, die sich in der Zwischenzeit, zumindest was den Antrieb betraf, weiterentwickelt hatten und jetzt in der Regel mit wassergekühlten Anzani-Vierzylindermotoren an den Start gingen.

Godfrey befasste sich nunmehr in einer eigenen kleinen Firma mit dem Service und der Verbesserung von GN- und Frazer Nash-Sportwagen.

H. J. Aldington trug von nun an wesentlich zum Überleben der kleinen, exklusiver gewordenen Sportwagenschmiede bei. Während Archie Frazer Nash eher der Auffassung war, potenziellen Kunden ein besonderes Privileg zu erweisen, wenn sie einen Wagen ordern durften, ging H. J. geschickt auf alle möglichen Wünsche der meist sportbegeisterten Kundschaft ein.

Doch Anfang 1927 gab es erneut Finanzprobleme, neue Teilhaber mussten die Firma retten und unter dem Namen AFN (Archie Frazer Nash) Ltd. ging es mit geringen Stückzahlen weiter, manchmal entstanden

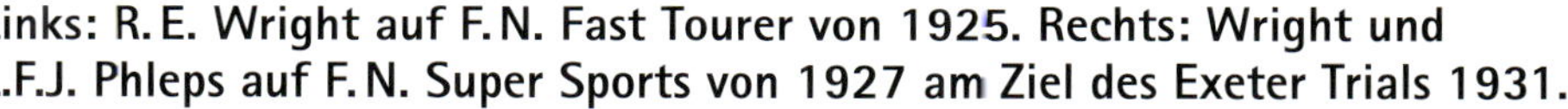

Links: R.E. Wright auf F.N. Fast Tourer von 1925. Rechts: Wright und L.F.J. Phleps auf F.N. Super Sports von 1927 am Ziel des Exeter Trials 1931.

THREE-SEATER WITH HOOD ERECTED.

THREE-SEATER SUPER SPORTS.

Engine developing 47 b.h.p. R.A.C. Rating 11.9.
Gear Ratios: Top: 3.8 to 1. 1st: 11.6 to 1.
2nd: 5.8 to 1. Reverse: 12 to 1.
Alternative gear ratios can be supplied.

Wheelbase 8ft. 9in. Track 3ft. 6in. Ground Clearance 7½in.
Rudge-Whitworth Wheels. 710×90 or Well base Dunlop Tyres.

EQUIPMENT comprises 2-panel flat windscreen, set at slight rearward slope, with all-metal nickel frame and mounting, light hood with black covering, fitting closely to screen, black hood envelope, pneumatic cushions, Smith's rear-driven speedometer reading to 100 m.p.h. with trip and total mileage recorder, Smith's revolution indicator reading to 5,000 r.p.m., with positive drive from engine, C.A.V. lighting set and electric starter, two large head lamps, two small side lamps and tail lamp, electric horn, Hartford shock absorbers to both axles, tool roll and pump, Tecalemit grease gun (which fits instantly to all greasers on car), Rudge wheel spanner, spare wheel and tyre, etc.

Speed—80 m.p.h. *Petrol Consumption*—35 m.p.g.

PRICE: £390.

Note.—The above price includes four-wheel brakes and starter, which were formerly extras on this model.

11

◀ Seite aus einem Frazer Nash-Prospekt von 1926 über den »Three-Seater Super Sports« mit 1,5-Liter-Anzani-SV-Motor mit ca. 48 PS.

▲ L.F.J. Phleps auf Frazer Nash-Super Sports beim Edinburgh Trial 1935. Man beachte die schmale Spur der differenziallosen Hinterachse.

"A Famous Sports Car's New Home"

(By courtesy of "The Light Car and Cyclecar").

"MOTOR SPORT," of May, 1930, in describing " a visit to the new Frazer-Nash Works at Isleworth," said : " For many years Frazer-Nash cars have been famous among owners of sports cars for their remarkable road performance, and it is very gratifying to know that they now have a works worthy of the marque, and with all the advantages of a proper system of production. We recently visited their commodious and up-to-date quarters, with showrooms extending the length of the frontage, offices, etc., and found everyone very busy. Now that Mr. H. J. Aldington is in charge of the whole destiny of the Frazer-Nash car, his experience of the marque from its earliest days will be immensely valuable to owners and should assure its steady success, while his keenness is one of the firm's greatest assets. The secret of Frazer-Nash performance (if it is a secret) is a high power to weight ratio, and the latest models carry on this tradition. In addition, however, they show a huge improvement in detail refinements over anything the firm has ever done before. Modifications of materials in the chassis and equipment of both chassis and body, have now put the finishing touches to what was always an exhilarating motor-car. Plenty of previous Frazer-Nashs had made us familiar with their performance and ease of handling on the road (which has to be experienced to be fully realised), but the great surprise was the amazing silence. Not a sound from the transmission or from any part of the chassis, and, of course, on this job the lower gears are as silent as top, all being direct. Another point dealt with is the proper standardisation of all parts, while the equipment of the works with a complete outfit of jigs will enable a steady production to be maintained. General repairs, tuning and modernisation of older models are, naturally, all handled by the service department. The Frazer-Nash is a real sports car at a reasonable price, and the new works will help considerably towards meeting the demand."

Page Fifteen

Bericht aus der Zeitschrift »Motor Sport« vom Mai 1930 über die neuen »Falcon Works« in Isleworth, London Road, in einer Werbebroschüre von AFN Ltd. 1930.

nur zwei, drei Wagen pro Monat. Als gegen Ende des Jahrzehnts auch noch Archie Frazer Nash, immer noch technischer Kopf der Firma, gesundheitlich angeschlagen war, wurde die Leitung der Firma neu aufgestellt, Direktoren wurden jetzt H.J. Aldington und sein Bruder Don (Donald Arthur, D.A.), Archie Frazer Nash verblieb in der Firma als technischer Berater.

Als neuer, dynamischer »Generaldirektor« nahm Aldington personelle Veränderungen vor, wählte einen neuen Motor der Firma Meadows für die immer noch Frazer Nash genannten Sportwagen und schmiedete Pläne für ein neues Fabrikgebäude, das schließlich im Frühjahr 1930 südlich der Themse, an der 400 London Road im Londoner Vorort Isleworth, unter der Bezeichnung »Falcon Works« bezogen wurde. Frazer Nashs Einfluss auf die Geschicke des Unternehmens schwand indes zusehends.

Wenig später trat auch H.J.s Bruder Bill (William Henry, W.H.) in die Firma ein,

Donald Arthur (D.A.) Aldington. Mit seinem Bruder H.J. bildete er ab 1929 das neue Direktorium der reorganisierten AFN Ltd.

▲ **Ansicht der Falcon Works aus der Nachkriegszeit, am Erscheinungsbild hatte sich fast nichts geändert. Zweites Auto von links: ein Bristol 400 von 1949.**

▼ **Bill (W.A.) Aldington mit Bruder H.J. und einem F.N. TT Replica 1952 vor den Falcon Works. Bill war für die Werbekampagnen der dreißiger Jahre zuständig.**

►▼ **H.C. Hunter 1934 in seinem F.N. TT Replica mit Sechszylinder-Blackburne-Motor, das mit 83 Exemplaren meistgebaute Frazer Nash-Modell.**

der sich zuvor in Frankreich als geschickter Werbefachmann einen Namen gemacht hatte.

Unter der Leitung der drei Aldington-Brüder begannen für die kleine Firma bessere Zeiten. Bill sorgte für eine intensive und lebhafte Öffentlichkeitsarbeit, während H. J. und Don die Autos ständig verbesserten und sich daneben sehr intensiv dem Rennsport widmeten. Das Dreiganggetriebe wurde durch eines mit vier Gängen, aber weiterhin mit Kettenübertragung (!) ersetzt, und trotz vehementen Protestes von Archie Frazer Nash gab es nun sogar Bremsen an den Vorderrädern. Neue Karosserien wurden entworfen und gebaut, darunter die berühmte »TT Replica« und 1934 konnte man unter drei verschiedenen, leistungsstarken Motoren wählen. Weiterhin waren es fast ausschließlich rennsportbegeisterte Fahrer, die sich in Isleworth einen Frazer Nash nach ihren Wünschen bauen ließen. Inzwischen hatten sich die kantigen Roadster einen hervorragenden Namen bei den populären Clubrennen in England erworben und hat-

H.J. Aldington bei der Internationalen Alpenfahrt 1933 am Stilfser Joch.

H.J. Aldington mit Beifahrer Neil A. Berry nach ihrer strafpunktfreien Ankunft in Nizza.

ten eindrucksvolle Vorstellungen selbst auf der berühmten »Brooklands«-Rennstrecke oder der Alpenfahrt geboten, nicht selten mit den Aldington-Brüdern am Steuer. 1934 sollten Eindrücke während dieser harten Prüfung zu einer entscheidenden Wende in der Firmengeschichte führen.

Schon 1932 hatten H.J. Aldington und A.G. Gripper und ihre Beifahrer mit zwei F.N. TT Replica sehr erfolgreich in der Klasse bis 1.500 ccm an der Internationalen Alpenfahrt teilgenommen und zwei der begehrten »Gletscherpokale« errungen. Doch im Folgejahr war man trotz »Masseneneinsatz« gescheitert. Seit 1925 galt diese durch mehrere Alpenländer und über zahlreiche Pässe führende Rallye als eine der schwersten Prüfungen dieser Art für Mensch und Maschine in Europa.

Im Bewusstsein ihrer Überlegenheit gingen somit auch im Sommer 1934 sechs Fahrer, darunter Aldy Aldington mit Beifahrer Neil Berry und ein AFN-»Werksteam« aus drei Wagen, alles TT Replicas, an den Start in San Remo. Doch zur Überraschung der siegessicheren Briten musste man feststellen, dass ernsthafte Konkurrenz aus Deutschland erwachsen war. Drei brandneue 1,5-Liter-Sportwagen der Marke BMW fuhren den Frazer Nash nicht nur bergauf davon, sondern ließen den Engländern auch auf der Geraden und bergab kaum eine Chance. Im Gegensatz zu den immer noch altertümlichen Frazer Nash waren die BMW Roadster technisch und auch stilistisch auf der Höhe der Zeit. Einzelradaufhängung vorne, hydraulische Stoßdämpfer rundum, ein leichter und verwindungsarmer Rohrrahmen, sowie ein 40 PS starker Sechszylindermotor und eine schnittige, moderne Karosserie, die den Insassen im Vergleich zu den spartanischen Frazer Nash

Die F.N.-Werksmannschaft am Ziel der Internationalen Alpenfahrt 1933 in Nizza. V.l.n.r.: A. Thorpe, A. Marshall, L. Butler-Henderson, R. Marker, H.J. Aldington mit N.A. Berry. Lediglich Aldington und Berry blieben strafpunktfrei, deshalb kein Pokal für das Team.

HA/IA. 28th September 1934.

Bayerische Motorenwerke,
Eisenach,
Thuringia,
GERMANY.

Dear Sirs,

We would appreciate your informing us whether you would be prepared to consider the manufacture under licence of your 1½-litre model B.M.W. at our works with the object of developing its sales in Great Britain.

Obviously you would require to discuss the matter in detail; and our Managing Director, Mr.H.J.Aldington, would be delighted to see your representative here in London or alternatively, he would be glad to visit you, if you preferred him to do so, or considered it necessary.

We might take this opportunity of mentioning briefly one or two points for your consideration.

In the first place, we are members of The Society of Motor Manufacturers, and our financial standing is absolutely sound.

Secondly, we have a unique market in catering as we do almost exclusively for the wealthy sports car owner who is usually an enthusiastic trials and racing competitor - the type of buyer who likes to own a car of individual characteristics.

To put the matter in a nutshell, we have for some little while been made cognisant of the fact that a large demand exists quite definitely for a Frazer Nash model with an orthodox transmission system, independent springings, et cetera.

(2)

Our first experimental model is in fact on the way towards completion, but should our proposal meet with your approval and we build the B.M.W. under licence, we should, of course, cancel the production of the above mentioned model.

As you are probably aware the Frazer Nash has an unorthodox transmission system inasfar as present day ideas are concerned in that the final drive is by chains with a solid back axle.

Mr. H. J. Aldington was very interested in the B.M.W's in this year's Alpine Trial, which is why we have written to put forward this suggestion. We would like you to appreciate the definite fact that your car if manufactured in this Country by us would not be a rival to the Frazer Nash from a sales point of view - there is a market for our chain drive model which will always exist, but which at the same time is a restricted market by reason of the fact that chain drive does not have a general appeal, particularly to buyers without engineering knowledge. We have such a high reputation in the competition world in England that we had, as previously mentioned, decided to produce an additional Frazer Nash model which would appeal to a wider market who prefer a car, still individual in its design and performance but of more orthodox construction.

All the aspects of the matter, however, can be discussed with you in greater detail should you care to entertain the suggestion we have put forward. The matter is rather urgent, because we are desirous of either pushing ahead with our new model or manufacturing the B.M.W. at our works under licence, and in this connection we would like to add that provided we can conclude negotiations to this end of a mutually satisfactory nature - which we do not doubt - we would say that you can accept this letter as a definite offer to manufacture and sell your cars in England.

Awaiting your comments with much interest.

Yours faithfully,

p.p. A. F. N. LTD.

H.J. Aldingtons Brief an BMW Eisenach vom 28. September 1934 mit der forschen Bitte, BMW Wagen in Lizenz bauen zu dürfen.

so etwas wie ein Mindestmaß an Komfort bot, ließen die kernigen britischen Rennsportwagen im wahrsten Sinne des Wortes »alt« aussehen.

Doch Aldington und seine Mitstreiter erkannten sehr schnell, dass solch ein moderner und alltagstauglicher Sportwagen genau das war, was im Angebot von AFN fehlte. Aldington hatte längst geahnt, dass die Epoche der beinharten Rennsportwagen à la Frazer Nash langsam aber sicher zu Ende ging. Freilich gab es weiterhin Unerschrockene, die solch ein Modell auch noch in den nächsten Jahren für Sportzwecke ordern würden, doch mittelfristig konnte die Firma mit einer Produktion von 20 bis 30 Wagen pro Jahr kaum überleben und für Konstruktion und Produktion eines wirklich neuen Modells für einen breiteren Käuferkreis waren weder Geld noch Kapazitäten vorhanden. Zurück in Isleworth und nach kurzer interner Beratung kam man zu dem Beschluss, den Deutschen ein Angebot zu machen.

Anfang Oktober 1934 flatterte der Direktion des BMW Zweigwerks Eisenach ein Brief einer Firma AFN Ltd. in England auf den Tisch, adressiert an »Bayerische Motorenwerke, Thuringia, Germany«. Ohne einen Ansprechpartner zu kennen und zu wissen, dass die BMW Unternehmensleitung in München angesiedelt war, hatte Bill Aldington, zuständig für »public relations«, sein Schreiben verfasst.

Nach einigen Tagen landete das Schreiben beim BMW Direktorium in München und man war nicht wenig erstaunt. Da fragte ein kleiner, fast unbedeutender britischer Sport- und Rennwagenhersteller schon

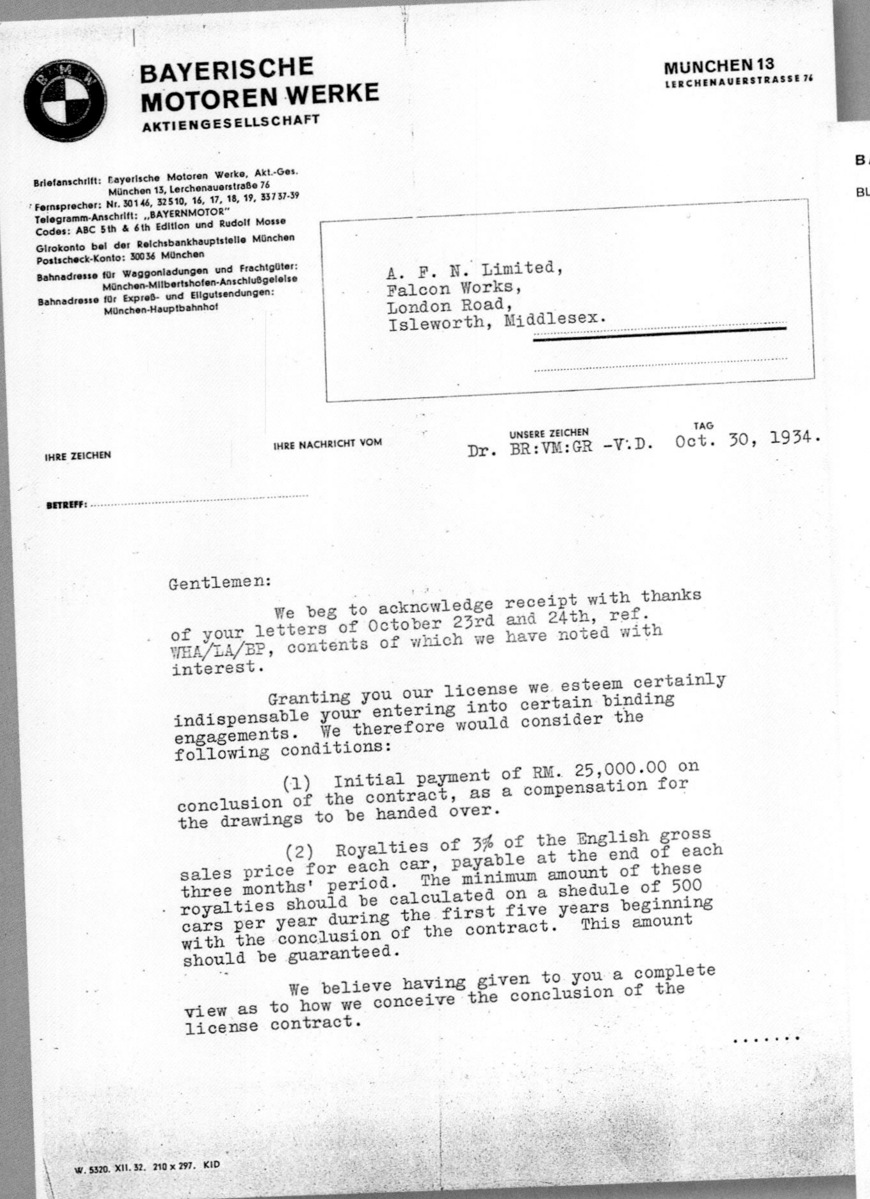

BAYERISCHE MOTOREN WERKE
AKTIENGESELLSCHAFT

MUNCHEN 13
LERCHENAUERSTRASSE 76

Briefanschrift: Bayerische Motoren Werke, Akt.-Ges. München 13, Lerchenauerstraße 76
Fernsprecher: Nr. 30146, 32510, 16, 17, 18, 19, 33737-39
Telegramm-Anschrift: „BAYERNMOTOR"
Codes: ABC 5th & 6th Edition und Rudolf Mosse
Girokonto bei der Reichsbankhauptstelle München
Postscheck-Konto: 30036 München
Bahnadresse für Waggonladungen und Frachtgüter: München-Milbertshofen-Anschlußgeleise
Bahnadresse für Expreß- und Eilgutsendungen: München-Hauptbahnhof

A. F. N. Limited,
Falcon Works,
London Road,
Isleworth, Middlesex.

IHRE ZEICHEN | IHRE NACHRICHT VOM | UNSERE ZEICHEN Dr. BR:VM:GR -V.D. | TAG Oct. 30, 1934.

BETREFF:

Gentlemen:

We beg to acknowledge receipt with thanks of your letters of October 23rd and 24th, ref. WHA/LA/BP, contents of which we have noted with interest.

Granting you our license we esteem certainly indispensable your entering into certain binding engagements. We therefore would consider the following conditions:

(1) Initial payment of RM. 25,000.00 on conclusion of the contract, as a compensation for the drawings to be handed over.

(2) Royalties of 3% of the English gross sales price for each car, payable at the end of each three months' period. The minimum amount of these royalties should be calculated on a shedule of 500 cars per year during the first five years beginning with the conclusion of the contract. This amount should be guaranteed.

We believe having given to you a complete view as to how we conceive the conclusion of the license contract.

....

W. 5520. XII. 32. 210 x 297. KID

BAYERISCHE MOTOREN WERKE A. G.

BLATT 2 ZU BRIEF AN A. F. N. Limited, Isleworth, Middlesex.

Should you agree with the above main terms we would be very pleased to discuss with you the matter in greater details, the best would be here in Munich.

Should you not be in a position to overlook the situation of the introduction of our cars in England, we would suggest to take first the sole agency of our cars in order to convince yourselves by the sale of same that they they meet the English buyers' wishes. We believe that we can quote you favourable prices for the introduction of our cars. Later on you can decide on taking our license.

We shall be very pleased to discuss this question with you here in Munich and would be glad to see your Mr. Aldington in our works within the next week or the days following. We would appreciate your informing us by telegraph a few days before.

Yours faithfully,

BAYERISCHE MOTOREN WERKE
Aktiengesellschaft

Brief von BMW an H.J. Aldington vom 30. Oktober 1934. Die euphorischen Erwartungen Aldingtons werden gedämpft.

im ersten Satz an, ob man sich bei BMW vorstellen könnte, ihnen die Lizenz zum Bau des neuen 1,5-Liter-Sportwagens (Typ 315/1) zu übertragen. Weiter wurde versichert, dass die Firma AFN finanziell gesund war, aber einen Sportwagen baute, der über einen »unorthodoxen Kettenantrieb« zur Starrachse verfügt, was auf viele potenzielle Kunden eher abschreckend wirke. Man arbeite zwar an einem modernen Nachfolger, der fast fertig sei, doch falls BMW sich interessiert zeigen sollte, würde man lieber deren Sportwagen in Lizenz herstellen ... Alles Weitere könne man kurzfristig bei einem Treffen der Direktoren klären.

Man kann sich leicht vorstellen, dass die BMW Leitung nun zwischen Amüsement und Freude schwankte. Sicher hatten einige Mitglieder des BMW Direktoriums die kleinen spartanischen Frazer Nash während der Alpenfahrten wahrgenommen, aber war das ein standesgemäßer Partner für ein Unternehmen wie die renommierten Bayerischen Motoren Werke, Hersteller von Flugmotoren, Motorrädern und Automobilen höchster Qualität? Andererseits war ein BMW Standbein in einem riesigen Markt wie Großbritannien und dem Commonwealth durchaus verlockend – das Auslandsgeschäft mit Automobilen hatte bei BMW bislang kaum Bedeutung.

Am 30. Oktober formulierten die BMW Direktoren Kandt und Trötsch einen Brief an AFN mit dem Inhalt, dass man durchaus Interesse an deren Wunsch hätte, diesen aber nur unter bestimmten Bedingungen wie einer ersten Abschlagszahlung für Konstruktionszeichnungen in Höhe von 25.000 RM

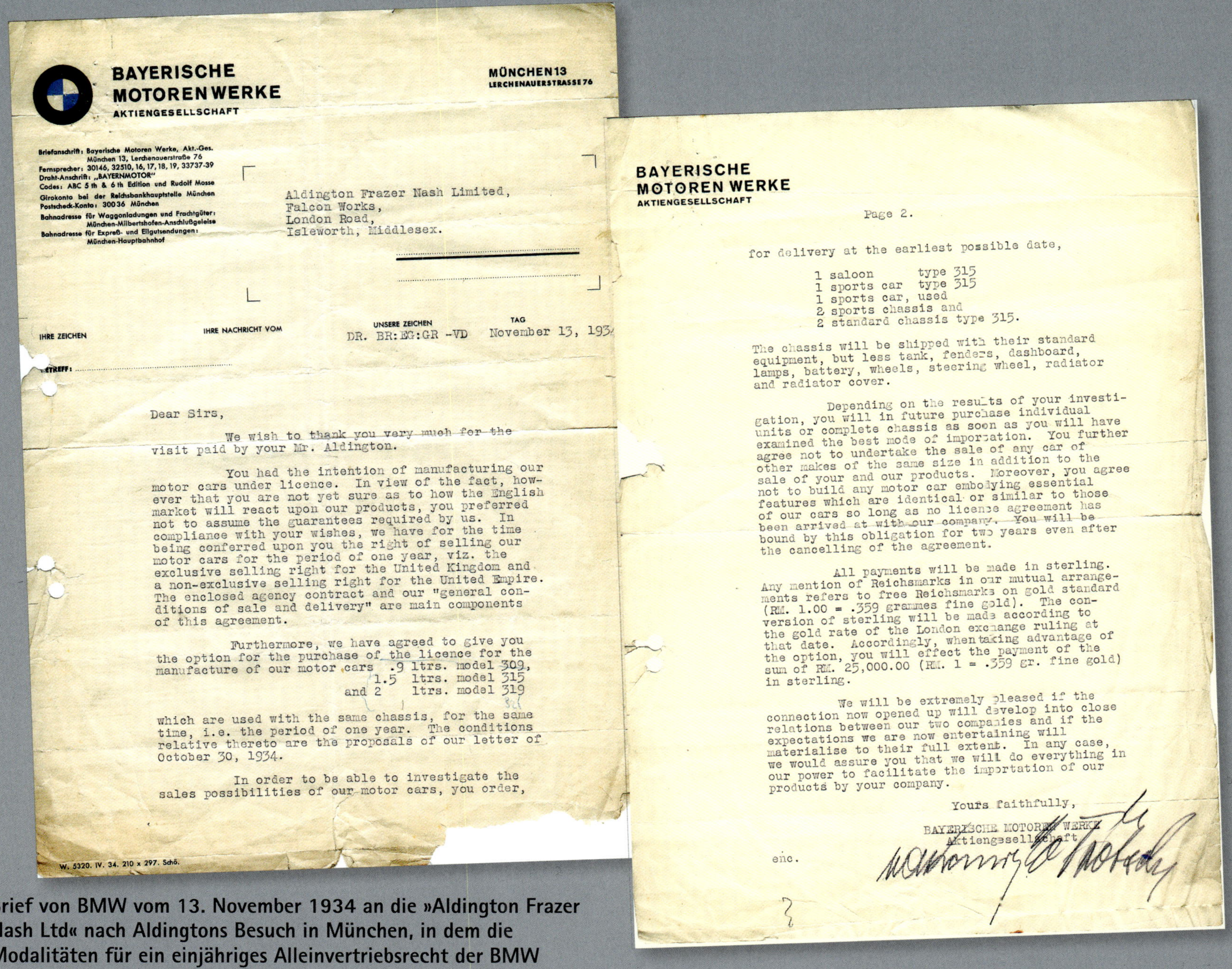

BAYERISCHE MOTOREN WERKE AKTIENGESELLSCHAFT

MÜNCHEN 13 LERCHENAUERSTRASSE 76

Briefanschrift: Bayerische Motoren Werke, Akt.-Ges. München 13, Lerchenauerstraße 76
Fernsprecher: 30146, 32510, 16, 17, 18, 19, 33737-39
Draht-Anschrift: „BAYERNMOTOR"
Codes: ABC 5 th & 6 th Edition und Rudolf Mosse
Girokonto bei der Reichsbankhauptstelle München
Postscheck-Konto: 30036 München
Bahnadresse für Waggonladungen und Frachtgüter: München-Milbertshofen-Anschlußgeleise
Bahnadresse für Expreß- und Eilgutsendungen: München-Hauptbahnhof

Aldington Frazer Nash Limited,
Falcon Works,
London Road,
Isleworth, Middlesex.

IHRE ZEICHEN | IHRE NACHRICHT VOM | UNSERE ZEICHEN DR. BR:EG:GR -VD | TAG November 13, 1934

BETREFF:

Dear Sirs,

We wish to thank you very much for the visit paid by your Mr. Aldington.

You had the intention of manufacturing our motor cars under licence. In view of the fact, however that you are not yet sure as to how the English market will react upon our products, you preferred not to assume the guarantees required by us. In compliance with your wishes, we have for the time being conferred upon you the right of selling our motor cars for the period of one year, viz. the exclusive selling right for the United Kingdom and a non-exclusive selling right for the United Empire. The enclosed agency contract and our "general conditions of sale and delivery" are main components of this agreement.

Furthermore, we have agreed to give you the option for the purchase of the licence for the manufacture of our motor cars .9 ltrs. model 309,
1.5 ltrs. model 315
and 2 ltrs. model 319

which are used with the same chassis, for the same time, i.e. the period of one year. The conditions relative thereto are the proposals of our letter of October 30, 1934.

In order to be able to investigate the sales possibilities of our motor cars, you order,

W. 5320. IV. 34. 210 x 297. Schö.

BAYERISCHE MOTOREN WERKE AKTIENGESELLSCHAFT

Page 2.

for delivery at the earliest possible date,

1 saloon type 315
1 sports car type 315
1 sports car, used
2 sports chassis and
2 standard chassis type 315.

The chassis will be shipped with their standard equipment, but less tank, fenders, dashboard, lamps, battery, wheels, steering wheel, radiator and radiator cover.

Depending on the results of your investigation, you will in future purchase individual units or complete chassis as soon as you will have examined the best mode of importation. You further agree not to undertake the sale of any car of other makes of the same size in addition to the sale of your and our products. Moreover, you agree not to build any motor car embodying essential features which are identical or similar to those of our cars so long as no licence agreement has been arrived at with our company. You will be bound by this obligation for two years even after the cancelling of the agreement.

All payments will be made in sterling. Any mention of Reichsmarks in our mutual arrangements refers to free Reichsmarks on gold standard (RM. 1.00 = .359 grammes fine gold). The conversion of sterling will be made according to the gold rate of the London exchange ruling at that date. Accordingly, when taking advantage of the option, you will effect the payment of the sum of RM. 25,000.00 (RM. 1 = .359 gr. fine gold) in sterling.

We will be extremely pleased if the connection now opened up will develop into close relations between our two companies and if the expectations we are now entertaining will materialise to their full extent. In any case, we would assure you that we will do everything in our power to facilitate the importation of our products by your company.

Yours faithfully,

BAYERISCHE MOTOREN WERKE
Aktiengesellschaft

enc.

Brief von BMW vom 13. November 1934 an die »Aldington Frazer Nash Ltd« nach Aldingtons Besuch in München, in dem die Modalitäten für ein einjähriges Alleinvertriebsrecht der BMW Wagen in England bestätigt werden.

und einer Beteiligung am Verkaufspreis von 3 % bei Lieferung von 500 Autos jährlich erfüllen könne. Auch würde man vorschlagen, zunächst einmal nur den Alleinvertrieb von BMW Wagen in England zu übernehmen, um die Absatzmöglichkeiten einschätzen zu können, bevor man Autos in England in Lizenz fertigte. Am besten wäre es, Einzelheiten bei einem Besuch von Mr. Aldington in München zu besprechen.

Wenig später traf ein enthusiastischer H.J. Aldington mit dem Zug in München ein und wurde von dem zum Glück sehr gut Englisch sprechenden BMW Verkaufsdirektor Fritz Trötsch empfangen. Man verstand sich auf Anhieb gut und kam bei anschließenden Verhandlungen übereinstimmend zu dem Schluss, dass AFN zuerst einmal mit importierten BMW Modellen den britischen Markt für ein Jahr sondieren sollte, bevor man die Option für einen Lizenzvertrag in die Tat umsetzen könnte. Nach Aldingtons Abreise wurde in einem Schreiben vom 13. November angeboten, AFN fürs Erste eine BMW 315 Limousine, zwei Sportwagen 315/1, davon einen gebrauchten, und je zwei Fahrgestelle Standard und Sport der Baureihe 315, jedoch ohne Tank, Kotflügel, Armaturenbrett, Beleuchtung, Batterie, Rädern, Lenkrad, Kühler und Kühlermaske schnellstmöglich zu liefern. Ein alle wichtigen Punkte regelnder Vertrag wurde im Anschluss daran am 19. November 1934 von BMW aufgesetzt und unterzeichnet. Als Vertragspartner setzte man bei BMW originellerweise die Firma »Aldington Frazer Nash Ltd.« ein, offenbar in Unkenntnis der Tatsache, dass die Buchstaben AFN immer

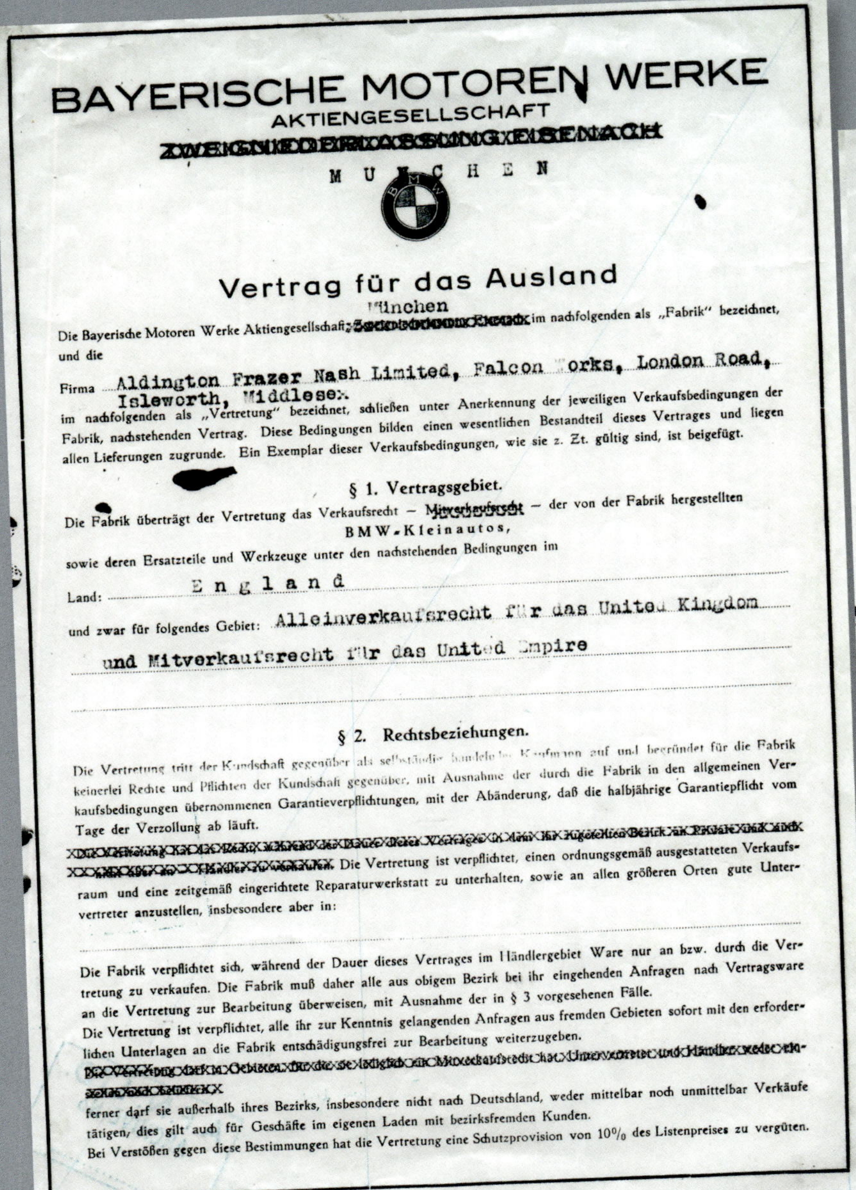

BAYERISCHE MOTOREN WERKE
AKTIENGESELLSCHAFT

MÜNCHEN

Vertrag für das Ausland

Die Bayerische Motoren Werke Aktiengesellschaft, München im nachfolgenden als „Fabrik" bezeichnet, und die

Firma Aldington Frazer Nash Limited, Falcon Works, London Road, Isleworth, Middlesex. im nachfolgenden als „Vertretung" bezeichnet, schließen unter Anerkennung der jeweiligen Verkaufsbedingungen der Fabrik, nachstehenden Vertrag. Diese Bedingungen bilden einen wesentlichen Bestandteil dieses Vertrages und liegen allen Lieferungen zugrunde. Ein Exemplar dieser Verkaufsbedingungen, wie sie z. Zt. gültig sind, ist beigefügt.

§ 1. Vertragsgebiet.

Die Fabrik überträgt der Vertretung das Verkaufsrecht – der von der Fabrik hergestellten BMW-Kleinautos, sowie deren Ersatzteile und Werkzeuge unter den nachstehenden Bedingungen im

Land: England

und zwar für folgendes Gebiet: Alleinverkaufsrecht für das United Kingdom und Mitverkaufsrecht für das United Empire

§ 2. Rechtsbeziehungen.

Die Vertretung tritt der Kundschaft gegenüber als selbständig handelnder Kaufmann auf und begründet für die Fabrik keinerlei Rechte und Pflichten der Kundschaft gegenüber, mit Ausnahme der durch die Fabrik in den allgemeinen Verkaufsbedingungen übernommenen Garantieverpflichtungen, mit der Abänderung, daß die halbjährige Garantiepflicht vom Tage der Verzollung ab läuft.

Die Vertretung ist verpflichtet, einen ordnungsgemäß ausgestatteten Verkaufsraum und eine zeitgemäß eingerichtete Reparaturwerkstatt zu unterhalten, sowie an allen größeren Orten gute Untervertreter anzustellen, insbesondere aber in:

Die Fabrik verpflichtet sich, während der Dauer dieses Vertrages im Händlergebiet Ware nur an bzw. durch die Vertretung zu verkaufen. Die Fabrik muß daher alle aus obigem Bezirk bei ihr eingehenden Anfragen nach Vertragsware an die Vertretung zur Bearbeitung überweisen, mit Ausnahme der in § 3 vorgesehenen Fälle.

Die Vertretung ist verpflichtet, alle ihr zur Kenntnis gelangenden Anfragen aus fremden Gebieten sofort mit den erforderlichen Unterlagen an die Fabrik entschädigungsfrei zur Bearbeitung weiterzugeben.

ferner darf sie außerhalb ihres Bezirks, insbesondere nicht nach Deutschland, weder mittelbar noch unmittelbar Verkäufe tätigen, dies gilt auch für Geschäfte im eigenen Laden mit bezirksfremden Kunden.

Bei Verstößen gegen diese Bestimmungen hat die Vertretung eine Schutzprovision von 10% des Listenpreises zu vergüten.

BMW. 17/12. 200. GME. 11. 31.

übernehmen einschließlich Pressepropaganda..

Katalog- und Reklamematerial liefert die Fabrik gratis unverzollt, frei Vertreterstadt – Versandart nach Wahl der Fabrik – in deutscher Sprache.

Da die Fabrik bezüglich Automobil-Ausstellungen, Fahrwettbewerben und Inseratreklame an die Vorschriften des Reichsverbandes der Automobil-Industrie, Berlin, gebunden ist, so verpflichtet sich auch die Vertretung, diese Vorschriften einzuhalten.

Im Zuwiderhandlungsfalle hat die Vertretung die Vertragsstrafe, welche die Fabrik zu entrichten hätte, an den Reichsverband der Automobil-Industrie, Berlin, unmittelbar als Schuldner zu bezahlen, und die Fabrik von allen Verpflichtungen aus einer solchen Zuwiderhandlung freizuhalten.

§ 10. Vertragsübertragung.

Die Vertretung kann ihre Rechte aus diesem Vertrag – abgesehen von Garantieansprüchen – ohne schriftliche Zustimmung der Fabrik nicht an Dritte übertragen.

Die Vertretung ist verpflichtet, vor Bestellung von Untervertretern deren genaue Anschrift der Fabrik schriftlich mitzuteilen. Die Fabrik ist berechtigt, der Einsetzung eines ihr nicht genehmen Untervertreters ohne Angabe von Gründen zu widersprechen und die Auswahl eines anderen Vertreters zu verlangen.

Die Untervertreter sind auf die Bedingungen dieses Abkommens zu verpflichten, die Vertretung haftet der Fabrik für die Erfüllung und Einhaltung dieser Bedingungen durch die Untervertreter selbstschuldnerisch.

§ 11. Kündigung.

Kommt die Vertretung ihren Vertragsverpflichtungen trotz Mahnung nicht nach, oder verstößt sie in gröblicher Weise gegen die Interessen der Fabrik, oder gerät sie in Vermögensverfall, so kann die Fabrik den Vertrag jederzeit aufheben, unter Aufrechterhaltung aller ihr zustehenden gesetzlichen Schadenersatzansprüche.

Als Eintritt des Vermögenverfalls gilt es schon, wenn Wechsel der Vertretung zu Protest gehen oder wenn sie einen gerichtlichen oder außergerichtlichen Ausgleich mit ihren Gläubigern einleitet. Das gleiche Recht steht der Vertretung gegenüber der Fabrik zu, wenn diese ihren Vertragsverpflichtungen nicht nachkommt.

Wird die Vertreterfirma aufgelöst oder scheidet einer der bisherigen Inhaber aus, oder ändert sich die Rechtsform, so bleiben die Firma und ihre sämtlichen Gesellschafter für die vertraglichen Verpflichtungen haftbar. Die Fabrik behält sich das Recht vor, binnen 3 Monaten nach erhaltener Kenntnis der Änderung zu erklären, daß sie den Vertrag aufhebt, oder nur mit bestimmten Gesellschaftern fortsetzen will. Dasselbe gilt, wenn neue Gesellschafter eintreten.

§ 12. Erfüllungsort.

Erfüllungsort und ausschließlicher Gerichtsstand für alle beiderseitigen Ansprüche aus diesem Vertrage sowie auch alle in Zahlung gegebenen Wechsel und Schecks ist Eisenach. Die Fabrik ist berechtigt, auf in Zahlung gegebenen Wechseln und Schecks der Vertretung den Vermerk „Gerichtsstand Eisenach" anzubringen.

Die Auslegung des Vertrages erfolgt nach deutschem Recht.

§ 13. Vertragsdauer.

Dieser Vertrag beginnt am 13.11.1934 und endet am 31. Dezember 1935.

Der Vertrag erlischt bei Nichterneuerung von selbst. Wird über die Vertragsdauer hinaus der Geschäftsverkehr zwischen der Firma und dem Vertreter stillschweigend fortgesetzt, so gelten die Bestimmungen des vorliegenden Vertrages, beide Parteien haben aber jederzeit das Kündigungsrecht mit sofortiger Wirkung.

§ 14. Vertragszusätze.

Zusätze oder Abänderungen dieses Vertrages bedürfen der schriftlichen Bestätigung der Fabrik.

München, den 19.11.34.

Bayerische Motoren Werke
Aktiengesellschaft
München

Anlagen: Verkaufsbedingungen

(Stempel und Unterschrift der Vertretung)

Zwei Seiten des Alleinvertretungsvertrages zwischen »Aldington Frazer Nash Ltd« und den Bayerischen Motoren Werken vom 19. November 1934 über den Vertrieb von BMW Wagen im Vereinigten Königreich.

noch für »Archibald Frazer Nash« standen, dem geistigen Vater der Frazer Nash-Rennsportwagen.

Doch »Aldy« war so begeistert von der neuen Geschäftsverbindung und den BMW Wagen, dass er noch im November, vor Lieferung der ersten in Eisenach auf Rechtslenkung umgebauten BMW, mit dem nicht ganz unvermögenden und befreundeten Rennfahrer A.F.P. Fane, der seit 1934 auch Teilhaber bei AFN Ltd war und dort als Testfahrer arbeitete, nach München reiste, um ein 315 Cabriolet und einen der 315/1 Sportwagen, die an der Alpenfahrt teilgenommen hatten, zu übernehmen und auf der Rückfahrt nach Isleworth einem intensiven Test zu unterziehen. Noch vor Ende des Jahres informierte AFN die Öffentlichkeit über die neue Geschäftsbeziehung mit BMW und bot in Annoncen deren Produkte unter der Markenbezeichnung »Frazer Nash-BMW« an. Diese Bezeichnung führten die aus Deutschland importierten Wagen fortan auch in einem Markenzeichen, das die weiß-blauen Farben mit dem neuen, briti-

▶▲ Nirgends erwähnt wurde, dass die von AFN verkauften BMW Wagen komplett in Eisenach gefertigt wurden, einschließlich der Kühlerembleme mit dem Schriftzug »Frazer Nash-BMW«.

▶ Bereits knapp drei Wochen nach Vertragsunterzeichnung startete Bill Aldington eine aufwendige Werbeaktion in den beiden wichtigsten englischen Automobilzeitschriften – »A Frazer Nash Enterprise«.

Und auch das gab es: Englische Kunden, die Embleme ohne »BMW« bevorzugten!

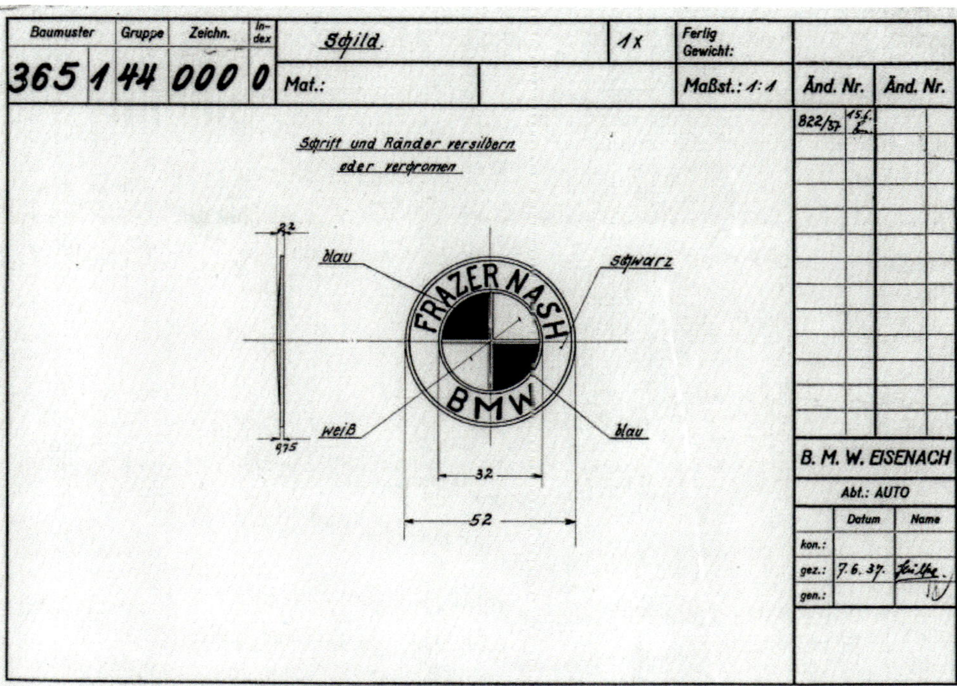

Reprinted from

The Autocar

December 7th, 1934

The Autocar

A FRAZER NASH ENTERPRISE

Co-operation With the Firm of B.M.W. in Making Available in This Country a Car of Good Performance and Superlative Road-holding Qualities, as an Extension of Frazer Nash Activities

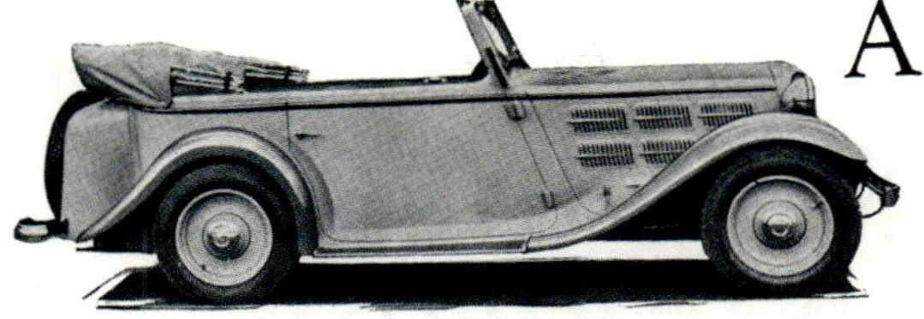

A drop-head cabriolet all-weather type of body, as is very popular on the Continent.

A MOST interesting announcement is to be made in connection with the Frazer Nash Company. Briefly, arrangements have been made in the fullest co-operation with the B.M.W. firm in Germany—manufacturers of cars, motor cycles, and aircraft engines which possess a considerable reputation—to assemble and sell B.M.W. cars in this country.

It is intended in due course to manufacture components here and to fit English bodies, the whole scheme being naturally with the approval of the German concern, and manufacture in this country, when it is commenced, being carried out under licence.

The causes which have led up to this development are every bit as important as the bare announcement itself. On the Continent the B.M.W., especially lately the 1½-litre six-cylinder model, has been doing remarkably well in competitions, though not of itself essentially a competition type of car. These cars won a team prize in this year's Alpine Trial, as well as individual awards this year and last year, and have attracted notice from those who recognise merit in a car.

Frazer Nash cars themselves have performed outstandingly well in the Alpine Trial. Mr. H. J. Aldington, managing director of A.F.N., Ltd., their makers, himself a very successful competitor in this strenuous event, has for a long while been watching the behaviour of these B.M.W.s.

The idea gradually grew on him that it was a machine he could like very much indeed for its performance and its handling, and that there might well be many other people in this country who would think similarly.

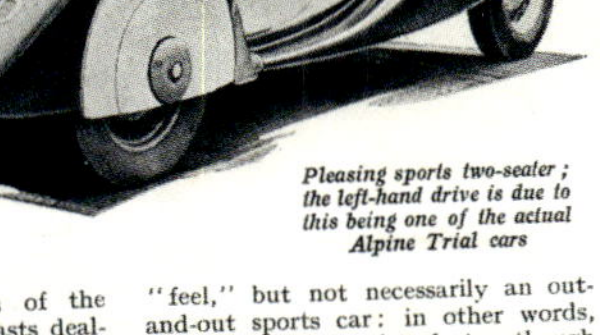

Pleasing sports two-seater; the left-hand drive is due to this being one of the actual Alpine Trial cars

Those who know the aims of the Frazer Nash firm as enthusiasts dealing with enthusiasts in cars will agree it is not too much to say that a design which appeals to them has something in it out of the ordinary. They believe in the cars they sell.

With the resources of the very large works of the Bayerische Motoren Werke, at Eisenach, in South Germany, exhaustive testing and experimental work are possible; Aldington himself has put the B.M.W. through extremely severe tests in various parts of the Alps, and on the Continent generally, so there is not the least question of the design being untried.

The idea is that an English version shall be made available, to be known as the Frazer Nash-B.M.W., consisting basically of the German design, but incorporating features acceptable to our kind of driver, in an orthodox car with performance and the right "feel," but not necessarily an out-and-out sports car: in other words, a car with a high safety factor, though of touring appearance and comfort.

One of the most important points in regard to these negotiations is that they in no way interfere with the production or development of the various Frazer Nash models at the Isleworth works. The intention is to amplify the scope of the company and to give them a car which will meet the needs of the owner who wants a full four-seater or a closed car—maybe a car which the womenfolk will favour, too. The Frazer Nash-B.M.W. will have an individual sales organisation and London showrooms.

Of the several types which B.M.W. produce, the model that is being taken up is the six-cylinder of 58 by 94 mm. (1,490 c.c., 12.51 h.p. rating), whilst there is an alternative two-litre six-cylinder coming along. There are two variations of this 1,500 c.c. model—one a touring type with two carburetters, and the other a sports with three carburetters and other differences; the touring model is obtainable also with three carburetters.

Main points of the design are the use of a frame having tubular side- and cross-members, the side-members being arranged in the usual manner, not as a centre backbone. They are upswept over the rear axle, and taper inwards markedly to the front, where there is no ordinary axle.

The B.M.W. independent front suspension, with a single transverse leaf spring.

Suspension of the front wheels is independent by means of a single transversely placed half-elliptic spring, supported at the centre on a steel pressing. A triangulated member on each side, below, carries the lower part of the steering swivels, and with them the stub axles and wheels. Each of the triangular struts has built into it a hydraulic shock absorber assembly. The front wheels are steered independently. Rear wheel suspension is normal by means of half-elliptics.

The engine has push-rod-operated overhead valves, a compression ratio of 5.6 to 1 being used for the touring engine and of 6.5 to 1 for the sports engine. A striking point is that the maintained power outputs are comparatively low, being 34 b.h.p. from the touring and 40 b.h.p. from the sports engine. Performance is obtained by virtue of a comparatively low total weight—15 cwt. in the case of the sports two-seater.

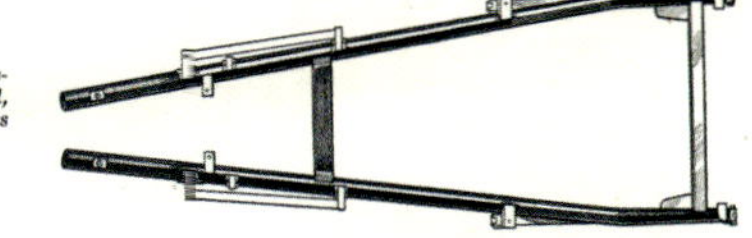

Tubular frame side-members are used, and the frame tapers to the front.

The four-door saloon, one of the several closed models of the Frazer Nash-B.M.W.

In unit with the engine are a single-plate clutch and a straightforward four-speed gear box which has silent helical-toothed pinions in constant mesh for third and top, between which gears the engagement is by synchromesh. Second is a gear which can be used for starting; first is in the nature of an emergency ratio.

Extremely efficient cooling is provided by an impeller type of pump incorporated in the fan bearing housing; engine and gear box mountings are in rubber, giving a degree of flexibility in the interests of smoothness. The sports chassis has the engine mounted several inches farther back than in the normal model. There is one-shot chassis lubrication.

The rear axle casing is a particularly fine piece of work; the final drive is orthodox, through an open propeller-shaft to a spiral bevel. Brake operation is by means of cables. Bosch electrical equipment is fitted, almost needless to say.

Trial of both models—one of the Alpine cars in the case of the sports two-seater, which was driven some three hundred miles—showed remarkable stability, with an entire absence of side-sway even under violent cornering, and extraordinary safety on wet, treacherous surfaces. Acceleration also is very good, yet it is a quiet, smooth and flexible type of engine. The steering is high-geared and positive, but very light.

It is a car with a remarkable capacity for making a very fine average without using a high maximum speed, because of the acceleration and cornering abilities. The gear change helps a lot, too, in this direction, being extremely quick, but not at all tricky; it invites frequent use. The comfort of riding is exceptional; on good roads there is soft up-and-down movement, and really bad surfaces can be taken fast without shock in an extraordinary manner.

The price fixed for the touring chassis is £275, and for the sports chassis £330. The various models on the touring chassis include a saloon at £350, a pillarless four-door saloon at £395, a cabriolet at £425, and a drop-head coupé at £375. The open sports two-seater ranges in price from £425 to £450, according to equipment and requirements.

The three-carburetter sports engine. Neat, clean design is evident.

Printed in Great Britain by The Cornwall Press Ltd., Paris Garden, London, S.E.1.

Erster Frazer Nash-BMW Prospekt vom Frühjahr 1935.

Reprinted from The Motor April 2, 1935.

"THE MOTOR" RATIONALIZED ROAD TESTS

THE FRAZER-NASH-B.M.W. SALOON

A Surprisingly Agile Touring Car with an Outstandingly Good Suspension

Showing the neat appearance of the saloon model tested.

▲ **Test einer BMW 315 Limousine in »The Motor« vom 2. April 1935: Die Kombination von 40 PS Sportmotor und Speichenrädern gab es in Deutschland nicht zu kaufen. Fazit: 120 km/h Höchstgeschwindigkeit und hervorragende Straßenlage.**

schen Markennamen verband, diese Veränderung des Markenzeichens übrigens ein Einzelfall in der BMW Geschichte (für etwas weniger deutschfreundliche Briten gab es das Frazer Nash-Markenzeichen inoffiziell auch ohne die Buchstaben BMW).

Als Anfang 1935 die ersten rechtsgelenkten BMW als komplette Limousinen, Sportwagen oder Fahrgestelle für AFN per Fähre ab Bremen in England ankamen, hatte Bill Aldington in zahlreichen Werbekampagnen bereits darauf hingewiesen, dass AFN von nun an Automobile für jeden Geschmack im Programm führte. Für kompromisslose Liebhaber urwüchsiger Sportgeräte auf vier Rädern wurden die Frazer-Nash-Modelle »Shelsly« und »TT Replica« in kleinster Stückzahl weitergebaut, während moderner eingestellte und komfortbewusstere Kunden jetzt eine Vielzahl von Frazer Nash-BMW Modellen, zunächst nur mit dem 1,5-Liter-Motor, zur Auswahl hatten.

Anders als die Eisenacher Originale mit dem 40-PS-Motor für den Roadster 315/1 und dem 34-PS-Sechszylinder für die Limousinen und offenen Varianten, konnte bei AFN jede Karosserievariante mit beiden Motoren bestückt werden. Es gab die Frazer Nash-BMW Typen »34« und »40« zudem mit den originalen Werkskarosserien, oder auf Wunsch mit in England hergestellten Aufbauten. Besonders begehrt waren hier neben den obligatorischen »Drop Head Coupés« die viertürigen Limousinen- Karosserien der Firma E.D. Abbott, eines Rennsportfreundes von H.J. Aldington in Farnham, nicht weit von Isleworth. Dabei handelte es sich um einen »pillarless saloon«, was bedeutet, dass Fahrer- und Beifahrertür vorne und die Fondtüren hinten angeschlagen waren und dazwischen keine B-Säule existierte, sodass bei geöffneten Türen der gesamte Innenraum offenstand und leicht zugänglich war. Insgesamt wurden 39 BMW Fahrgestelle der Baumuster 315 und 319 mit diesen in England entwickelten Karosserien komplettiert. 19 weitere Fahrgestelle erhielten Karosserien der weniger bekannten Firma Whittingham & Mitchell in Fulham bei London. Darüber hinaus wurden im Laufe der nächsten Jahre noch ca. 10 BMW Sportwagen mit in England gebauten Karosserien ausgestattet.

Um mehr Präsenz zu zeigen, eröffnete AFN im Mai 1935 einen Showroom in der Gros-

FRAZER NASH-BMW 315 MODELLE

Frazer Nash-BMW 315/34 Cabriolet

Frazer Nash-BMW 315/34 Tourenwagen

Frazer Nash-BMW 315/40 Drauz Sport Cabriolet

Frazer Nash-BMW 315/34 Reutter-Sport-Cabriolet

Frazer Nash-BMW 315/40 Sport Cabriolet

Frazer Nash-BMW 315/40 Roadster auf der Internationalen Motor Show, in London, 1935

Coachbuilt four-door pillarless Saloon

◀ ▲ Frazer Nash BMW 315/34 Fourdoor Pillarless Saloon von Abbott.

▲ A. F. P. Fane, seit 1935 Teilhaber bei AFN Ltd und »Salesman and Demonstrator«. hier in seinem Lieblings-Outfit Sportjacket und Tirolerhut.

◀ Intervarsity Speed Trials, Syston Park, 23. März 1935:
A. F. P. Fane mit dem ersten, noch im November 1934 importierten, linksgelenkten BMW 315/1 »demonstrator« – einer der drei originalen Alpenfahrt-Roadster von 1934.

Geschickt begeisterte Bill Aldington in seinen Werbekampagnen Kunden sowohl für die beinharten »chain-gang-roadster« als auch für die eher kultivierten BMW Sportwagen. Auf dem Foto im Vordergrund ein F.N. TT Replica mit Gough OHC-Motor, dahinter ein Frazer Nash-BMW 319/55.

venor Street im feinen Londoner Westend, wo stets Frazer Nash- und Frazer Nash-BMW Modelle Seite an Seite präsentiert wurden.

Im Vergleich zu den damals eher etwas altbacken wirkenden britischen Mittelklassewagen vom Schlage eines Austin, Morris oder Lanchester hatten die Frazer Nash-BMW von Anfang an das Image des Modernen, Sportlichen und Besonderen, was jedoch leider auch durch einen deutlich höheren Preis zum Ausdruck kam. Um dennoch die Begehrlichkeiten zu wecken und weiter zu erhöhen, wurde der Rennfahrer A. F. P. Fane als Freund des Hauses intensiv eingesetzt. Er nahm nicht nur an Rennsportveranstaltungen mit den neuen Modellen teil, sondern überzeugte auch potenzielle Kunden durch ausgiebige Demonstrationsfahrten, vorzugsweise auf schlechten Straßen, um die Vorzüge der BMW Bauweise mit vorderer Einzelradaufhängung und komfortabler Federung zu verdeutlichen.

Zum Leidwesen vieler britischer Puristen ging der Erfolg von AFN Ltd. mit den BMW Derivaten natürlich auf Kosten des Engagements mit den alten Rennsportmodellen. So entstanden 1935 nur noch 18 Frazer Nash-Roadster und diese Zahl halbierte sich jeweils in den folgenden vier Jahren bis zur kriegsbedingten Einstellung der Produktion.

Mittlerweile hatte Aldington zudem den Vertrieb von BMW Motorrädern, die allgemein als die modernsten und zuverlässigsten galten, in Großbritannien übernommen und der Münchner BMW Direktion – H. J. korrespondierte häufig und intensiv mit Generaldirektor Popp – zusätzlich sein großes Interesse an einer Lizenz für den Bau von BMW Flugmotoren bekundet. H. J. witterte hier offenbar ein interessantes Geschäft mit der britischen Air Force, hatten die BMW Flugmotoren doch international einen hervorragenden Ruf. Wie aus damaliger Korrespondenz hervorgeht, zeigte sich BMW zwar grundsätzlich in dieser Angelegenheit interessiert, vertröstete Aldington jedoch stets mit dem Hinweis, dass die Vergabe einer solchen Lizenz zuvor mit der Reichsregierung abgestimmt werden müsse. Trotz wiederholter Nachfragen von AFN wurde aus diesem Projekt nichts. Aldington, selbst ein begeisterter Flieger, konnte später dennoch ein Luftfahrtprojekt verwirklichen, indem er 1939 die Vertretung von Messerschmitt-Flugzeugen für Großbritannien übernahm.

Unterdessen tauchten größere Probleme mit dem Export der BMW Wagen und Fahrgestelle auf. BMW verschickte die vertraglich vereinbarten Einheiten per Bahn nach Bremen, von dort ging es per Frachtschiff nach London, wo die »Ware« in einem Zolllager deponiert wurde, um später von AFN ausgelöst und nach Isleworth transportiert zu werden. Mitte Juli 1935 meldete sich die Münchener Interkontinentale GmbH Spedition bei BMW. Deren Partner, das Sammellager im Londoner Hafen, quoll über mit über 100 nicht abgeholten BMW Wagen. Auch nach mehreren Nachfragen lehnte AFN ab,

Frazer Nash-BMW 319/45 »Limo/Cabriolet«

Frazer Nash BMW 319/55 Roadster (noch ohne die typischen Chromleisten seitlich an der Motorhaube)

▲▶ Frazer Nash BMW Reutter-Sport-Cabriolet

The EARL of COTTENHAM, writing in the *Sunday Pictorial* (July 26, 1936), said :

" Comfortable, handsome, economical, fast and patently thoroughbred, these FRAZER-NASH-B.M.W's are kindly to novices as well as being the answer to many a connoisseur's prayer.

" It might be a personification of the best features selected from a dozen other cars.

" It has an almost perfect driving position (how rare!) a gear change which is a joy, steering which I would hesitate to say could be improved, independent front wheel springing (and steering), the right number of instruments —well-lit and splendidly positioned *in front of the driver*, sensibly spaced pedals, unusually good acceleration, with no flat spot whatever, a high but easy cruising speed, entirely adequate brakes which give a positive yet smooth feel, one-shot lubrication, and a soundly-built body which is practical as well as good looking, and a beautifully made hood. Moreover—and this is rare, indeed—it is as pleasant to drive in the rain as on a dry road.

" The result of putting highly efficient engines into such perfectly sprung and finely balanced chassis is to make these cars faster and safer from point to point than most sporting cars. Yet they are only claimed to be touring cars, which they are—and *par excellence* at that figure.

" I can only recall one other car which inspires such an uncanny degree of confidence on a wet road, but that one cost over £2,000. Rough surfaces, also, are as contemptuously treated as slippery ones by these modest-looking but incredibly road-worthy cars."

Prices from **£298.** *Fully illustrated catalogue on request. Demonstration runs at any time, anywhere, without obligation.*

▶ Frazer Nash BMW Anzeige in »The Autocar« vom August 1936. Oben das Werks-Sport-Cabriolet, unten das Reutter-Sport-Cabriolet

Der wohl letzte Frazer Nash-Gesamtprospekt von 1937 mit allen Colmor, TT-Replica, Ulster und Shelsley-Modellen, inkl. des glücklosen Falcon (rechts) mit BMW Motor.

The "Falcon" Model

The "Falcon" sports roadster—one of the lightest models in the range—is particularly suitable for club competitions and trials.

ENGINE. 6-cylinders. Bore 65 mm. Stroke 96 mm. Capacity 1,911 c.c. Treasury rating 15.71 h.p. Annual tax £12.0.0.

Cylinders cast *en bloc*. Cylinder head, detachable—material, special close grain seasoned grey iron; overhead valves actuated by pushrods; dynamically balanced 4-bearing crankshaft of Chrome-Vanadium steel; aluminium alloy pistons; steel connecting rods—special section with positive lubrication of little ends; overlap camshaft; large inlet valves; special aero valve springs; three Solex carburetters, each fitted with a quick-starting device; two air filters; lubrication by rotary gear-type oil pump; large and accessible oil filler in valve cover; large capacity sump; pressure feed to all main bearings and overhead valve gear; accessible oil filter fitted with automatic cleaning device; impeller-type pump and fan; patented cushioned engine mounting. Ignition—Bosch coil and distributor.

CHASSIS. Short chassis—side members downswept below the rear axle; rear 10-gallon petrol tank with "quick-action" filler cap—electrical pump feed.

Extremely efficient springing is provided by the stiff, flat quarter-elliptic springs (with safety leaves) front and rear; all cornering and braking torque taken by radius rods on both front and rear axles; duplex Hartford shock-absorbers to both axles.

12-inch diameter internal expanding brakes all round—cable-operated, and individually adjustable. The foot-brake acts on all four wheels, and the hand-brake on the rear wheels (*all models*).

Wide front axle of tubular construction. Back axle of high tensile steel, heat treated (1⅝″ in diameter).

Single dry-plate clutch, Ferodo lined—very smooth in action. Tubular clutch shaft with ball-centred Hardy joint—spiral bevels. Final drive by chains with dog clutch engagement. Four forward speeds and reverse (*all models*).

Gear ratios to choice—standard 3.8, 4.8, 7.0 and 11.6 to 1 (*all models*). Frazer-Nash high-geared steering—adjustable for rake and height, and degree of caster action. Spring-spoked steering wheel. The drag rod from steering bevel box to front axle has spring-loaded ball joints, completely absorbing any shocks, even over the roughest roads. New type radiator with "quick-action" filler cap. "Vee"-type integral stone-guard. The spare wheel is substantially mounted at the rear. Aluminium undershields are fitted the complete length of the chassis. Right-hand (outside) chromium-plated gear lever and ratchet racing type hand-brake (*all models*).

COACHWORK. Two-seater sports body, hand-built throughout at our works; frame of English ash panelled in best aluminium; body cut-away both sides. The wings afford excellent protection in inclement weather, and are immediately detachable for competition work. Hand-buffed leather upholstery—pneumatic air cushions. Carpets to match colour scheme. The flat-folding chromium-plated windscreen has Triplex plate safety glass. An efficient detachable hood and rigid side-curtains give full weather protection.

"Cheap at the price, with a performance which is almost impossible to equal."—"The Motor"

Page Five

Vom Frazer Nash Falcon wurde 1936 nur ein einziges Modell gebaut, das den Motor eines BMW 319 erhielt, der bei der Karosseriefirma Abbott einem Großbrand zum Opfer gefallen war. Die Kombination, obwohl stilistisch eigenständig, erwies sich als Flop, der Roadster wurde erst 1938 verkauft.

mehr als ein bis vier Wagen pro Woche zu entnehmen. Nach Rückfrage durch BMW bei AFN musste H. J. eingestehen, dass man die eigenen Kapazitäten wohl überschätzt hätte und dass es aber vor allem an den hohen Einkaufspreisen der BMW Modelle läge, dass der Absatz doch schleppend vorangehe. Man versprach jedoch, durch eine in drei Monaten fertiggestellte, neue Halle hier Abhilfe zu schaffen. Zum Ende des Jahres 1935 hatte AFN erst 109 Frazer Nash-BMW verkauft.

Als BMW die Typen 319 und 319/1 mit 45 bzw. 55 PS in Produktion nahm, wurden diese natürlich liebend gerne von den leistungsbewussten AFN-Leuten als Frazer Nash-BMW Typen »45« und »55« übernommen und nach demselben Verfahren

Rechtsgelenkte Versionen des Frazer Nash-BMW 329 Cabriolets - links das viersitzige Werks-Cabriolet, rechts das Reutter »De Luxe«-Sport-Cabriolet von 1936/37.

modifiziert wie die 315er Modelle. Versuchshalber rüstete man sogar einen Frazer Nash Roadster mit einem 55-PS BMW Sechszylindermotor aus, doch blieb dieser »Repley« genannte Mischling ein Einzelstück.

Ende 1935, nach fast einem Jahr der Kooperation, waren sowohl AFN als auch BMW, trotz einiger Anlaufprobleme, vom positiven Verlauf ihrer Geschäftsbeziehung überzeugt. Doch H. J. Aldington hatte sich einen noch größeren Verkaufserfolg der Frazer Nash-BMW Wagen erhofft. Zwar hatte es auch ein paar kleinere technische Probleme gegeben, doch meist war der hohe Preis der britischen BMW Modelle der Grund dafür gewesen, dass mancher Interessent wieder abgesprungen war und sich bei günstigeren Modellen vergleichbarer britischer »light cars« von Riley oder Humber umgesehen hatte, die zudem größer und feiner ausgestattet waren.

In einem ausführlichen Brief an den BMW Generaldirektor Franz Josef Popp legte Aldington diese Problematik dar und fragte an, ob er die Wagen nicht zu einem güns-

◀ H. J. Aldington im Frühjahr 1936 unterwegs in Bayern mit einer der neuen F. N.-BMW 326 Ganzstahl-Limousinen.

▶ Entwurf der Vertragsverlängerung zwischen BMW und AFN vom Februar 1936. Exklusiv soll die Lizenz zum Nachbau aller künftigen Modelle durch AFN oder eine andere Firma im Vereinigten Königreich erteilt werden.

DRAFT

1. That the Bayerische Motoren Werke Aktiengesellschaft give to A. F. N. Limited the exclusive selling right of their cars in the United Kingdom and a non-exclusive selling right for the British Empire as from January 1st 1936 for a period of five years.
2. That A. F. N. Limited on their part will undertake that they will only distribute B.M.W. and Frazer Nash Cars and none other and that they will not build any motor cars embodying the essential features which are identical or similar to those of the B.M.W. Cars, as long as no licence agreement has been reached with Bayerische Motoren Werke Aktiengesellschaft.
3. That A. F. N. Limited will take 200 cars per annum until such time as they commence the manufacture.
4. That the Bayerische Motoren Werke Aktiengesellschaft will grant A. F. N. Limited the option for the purpose of the licence for the British Empire as from 1st January 1936 for a period of five years for £ X for models 315, 319, and all future models.
5. That A. F. N. Limited will have the right to exercise this option of the manufacturing licence themselves or transfer it to another Company to be approved by the Bayerische Motoren Werke Aktiengesellschaft.
6. In the case of A. F. N. Limited exercising their right of the manufacturing licence they will agree to pay Bayerische Motoren Werke Aktiengesellschaft £X for the licence and a Royalty X% on gross sales of cars per annum.
7. That Bayerische Motoren Werke Aktiengesellschaft will undertake to supply cars complete or in parts to A. F. N. Limited until such time as A. F. N. Limited can arrange to manufacture.
8. That the Bayerische Motoren Werke Aktiengesellschaft will grant A. F. N. Limited the option to renew this licence at the end of the five year period.

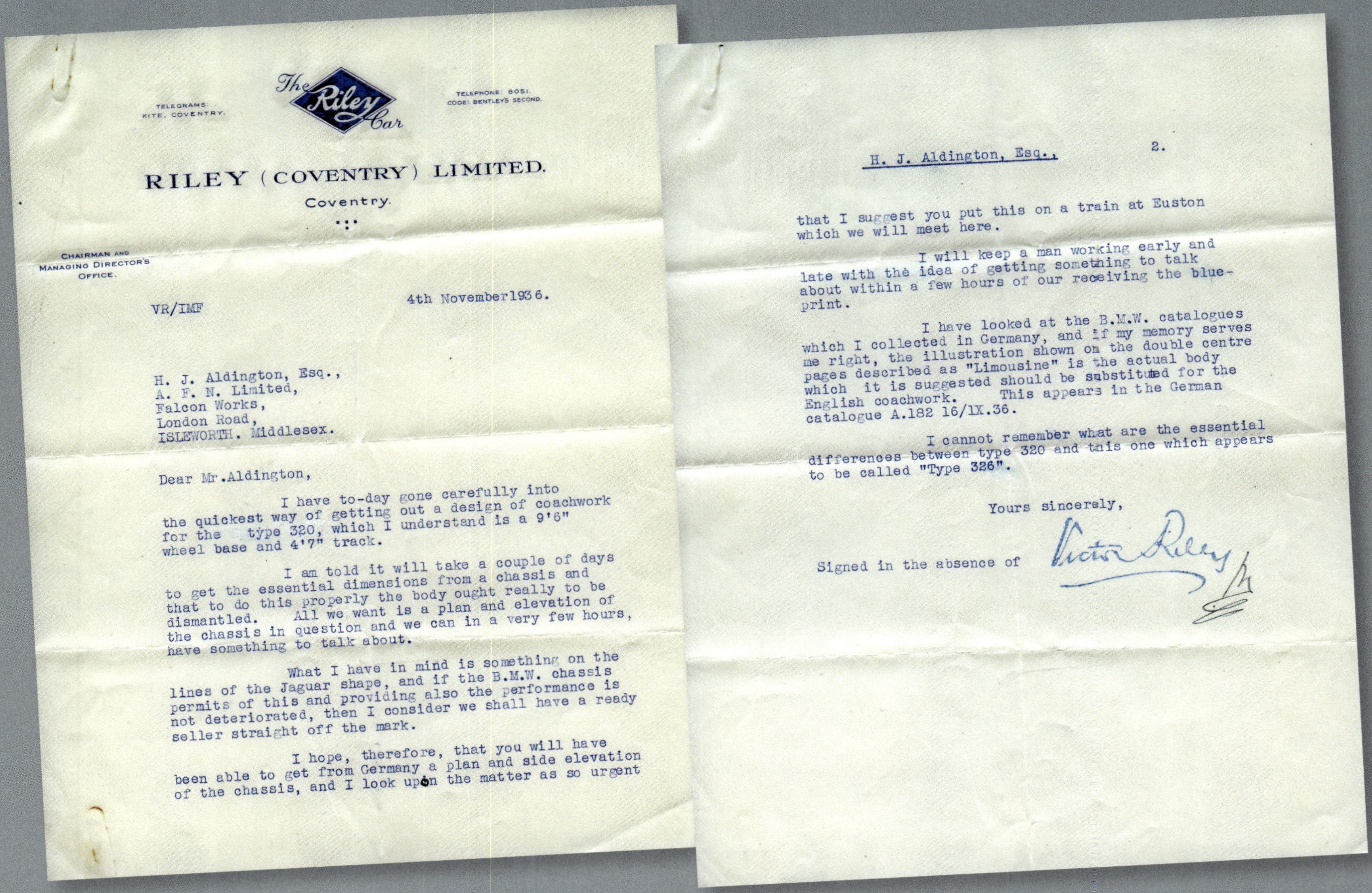

The Riley Car

TELEGRAMS: KITE, COVENTRY.

TELEPHONE: 8051. CODE: BENTLEYS SECOND.

RILEY (COVENTRY) LIMITED.
Coventry.

CHAIRMAN AND MANAGING DIRECTOR'S OFFICE.

VR/IMF

4th November 1936.

H. J. Aldington, Esq.,
A. F. N. Limited,
Falcon Works,
London Road,
ISLEWORTH. Middlesex.

Dear Mr.Aldington,

I have to-day gone carefully into the quickest way of getting out a design of coachwork for the type 320, which I understand is a 9'6" wheel base and 4'7" track.

I am told it will take a couple of days to get the essential dimensions from a chassis and that to do this properly the body ought really to be dismantled. All we want is a plan and elevation of the chassis in question and we can in a very few hours, have something to talk about.

What I have in mind is something on the lines of the Jaguar shape, and if the B.M.W. chassis permits of this and providing also the performance is not deteriorated, then I consider we shall have a ready seller straight off the mark.

I hope, therefore, that you will have been able to get from Germany a plan and side elevation of the chassis, and I look upon the matter as so urgent

H. J. Aldington, Esq., 2.

that I suggest you put this on a train at Euston which we will meet here.

I will keep a man working early and late with the idea of getting something to talk about within a few hours of our receiving the blue-print.

I have looked at the B.M.W. catalogues which I collected in Germany, and if my memory serves me right, the illustration shown on the double centre pages described as "Limousine" is the actual body which it is suggested should be substituted for the English coachwork. This appears in the German catalogue A.182 16/IX.36.

I cannot remember what are the essential differences between type 320 and this one which appears to be called "Type 326".

Yours sincerely,

Signed in the absence of Victor Riley

Brief von Victor Riley an H.J. Aldington über die Möglichkeiten, bei Riley den geplanten BMW 320 mit englischer Karosserie in Lizenz zu bauen. Lediglich ein Testwagen wurde realisiert.

tigeren Preis erwerben könne, um sie in England besser verkaufen zu können. Doch in München zeigte man wenig Interesse an einem Entgegenkommen dieser Art. Auch bei einem Besuch Aldingtons bei BMW im Februar 1936 in freundschaftlicher Atmosphäre stellte man klar, dass ein günstigerer Abgabepreis nicht möglich sei, doch der bestehende Vertrag wurde gern um weitere drei Jahre verlängert.

Mittlerweile war mit dem BMW 320 ein etwas biederes Nachfolgemodell des Typs 319 auf den Markt gekommen, das auch von AFN verkauft wurde. Immer noch vom Wunsch beseelt, BMW Modelle auch in größeren Stückzahlen in England in Lizenz zu produzieren – die relativ geringen Verkäufe von AFN rechtfertigten einen solchen Schritt in Isleworth in keiner Weise – nahm Aldington Kontakt zum mit schwindenden

BMW Werksfoto des Typs 320 mit vorgetäuschter Rechtslenkung. Laut Aldington: »An ordinary motorcar with good performance but the appearence is awful and the equipment is meagre.«

»The finest touring car in the world« – Bill Aldingtons Werbeprospekt für die FN-BMW 320-Modelle von 1937. Offensichtlich entsprachen die viersitzigen Reutter-Cabriolets (oben rechts) dem englischen Geschmack besser als die Standardangebote aus Eisenach.

Absatzzahlen kämpfenden Hersteller Riley in Coventry auf und versuchte, Firmenchef Victor Riley dazu zu überreden, dieses Modell, eventuell sogar mit dem aktuellen 1,5 Liter 12/4 hp Riley-Motor in Lizenz zu bauen. Diese Maßnahme und größere Stückzahlen würden den Preis senken und so gute Chancen auf dem hartumkämpften Markt der Mittelklasselimousinen versprechen. Doch Victor Riley, obwohl durchaus angetan von dieser Idee, konnte das Riley-Direktorium nicht überzeugen und nur wenig später wurde die Firma in den Markenverbund von Viscount Nuffield verkauft.

Während eines Aufenthaltes Anfang 1936 in München hatte man Aldington Informationen zu einem faszinierenden Sportwa-

Start zum International Tourist Trophy Race des RAC auf dem Ards Circuit am 5. September 1936 in Nordirland. Phänomenaler Erfolg der drei grün lackierten BMW 328-Prototypen aus München – Gewinner des Team Price und der Plätze 1, 2 und 3 in der Zweiliter-Klasse.

▲ Prinz »Bira« aus Siam und A.F.P. Fane als F.N.-Werksfahrer vor dem Start des Tourist Trophy Race in Ards, 1936.

Der erste Frazer Nash-BMW 328-Prototyp mit Rechtslenkung, nach der Ards TT wieder weiß lackiert, auf der London Motor Show, Oktober 1936.

▼ Anerkennungsschreiben von BMW an H.J. Aldington zum Erfolg bei der Tourist Trophy, 1936.

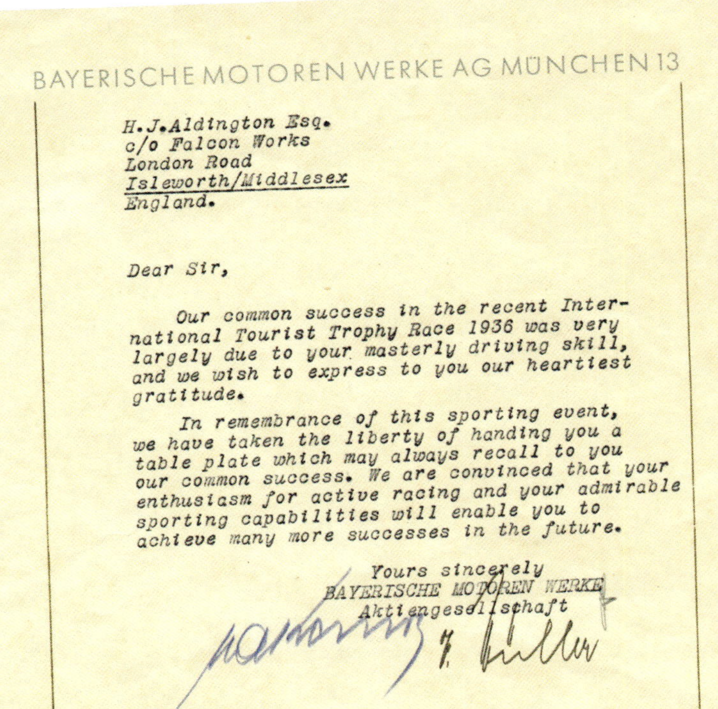

BAYERISCHE MOTOREN WERKE AG MÜNCHEN 13

H.J.Aldington Esq.
c/o Falcon Works
London Road
Isleworth/Middlesex
England.

Dear Sir,

Our common success in the recent International Tourist Trophy Race 1936 was very largely due to your masterly driving skill, and we wish to express to you our heartiest gratitude.

In remembrance of this sporting event, we have taken the liberty of handing you a table plate which may always recall to you our common success. We are convinced that your enthusiasm for active racing and your admirable sporting capabilities will enable you to achieve many more successes in the future.

Yours sincerely
BAYERISCHE MOTOREN WERKE
Aktiengesellschaft

Munich, September 12th 1936.

genprojekt zukommen lassen. In Eisenach arbeitete BMW an der Fertigstellung von drei neuen Zweiliter Rennsportwagen, um die Führung in der populären Zweiliterklasse zu übernehmen und den Enthusiasten einen überlegenen Sportwagen zu offerieren. Man hatte schon ein Informationsblatt gedruckt und Aldington war von Technik und Konzeption dieses neuen Modells sofort begeistert. Bald sollte dieser Typ 328 zu einer der größten Legenden des Motorsports werden.

Ernst Hennes Sieg beim ersten öffentlichen Auftritt des BMW 328 ließ Erstaunliches erwarten und bald danach landeten drei der Wagen in England und errangen mit H.J. Aldington, Werksfahrer A.F.P. Fane und dem siamesischen Prinz Birabongse, genannt »Bira«, den Mannschaftssieg bei der RAC Tourist Trophy in Nordirland. Der Ruf von AFN, außergewöhnliche Automobile für Rennfahrer und eine fast ausschließlich sportlich orientierte Kundschaft anzubieten, festigte sich durch den ab Juni 1937 erhältlichen Frazer Nash-BMW 328 nachhaltig.

Die letzten drei Jahre bis zum Beginn des Zweiten Weltkriegs entwickelten sich zu den vielleicht glücklichsten des Unternehmens von H.J. Aldington. Hier und da wurde noch auf besonderen Kundenwunsch einer der mittlerweile schon legendären Frazer Nash Roadster gebaut und man befasste sich in Isleworth nach wie vor intensiv mit dem Service und der Rennvorbereitung dieser urbritischen, spartanischen Roadster. Die Beziehungen zu BMW waren freundschaftlich, trotz einiger Versuche Aldingtons, doch noch bessere Preise für den Ankauf zu erzielen. Und es gab neue, attraktive Modelle. Mit dem Frazer Nash-

Frazer Nash-BMW 328 Prospekt über das neue Grand-Prix-Sportmodell vom Oktober 1936 mit Szenen des grandiosen Erfolgs beim Tourist Trophy Race in Ards, 1936.

The 1936 T.T.—the 2-litre cars get away at the start

The Type 328 model made its debut at the Nurburg Ring on June 14th, 1936—winning the 2-litre class, and achieving the Fastest Time of the Day in all sports classes up to unlimited—the field including supercharged Alfa-Romeo and Bugatti cars. The car even caught up and ran with the 1½-litre racing cars which had been sent off before the sports cars. The world-famous Nurburg course is probably the most difficult racing circuit in Europe, with at least 60 difficult corners on each lap of 14 miles.

On August 9th, in the Munich Road Circuit, Mr. H. J. Aldington won the 2-litre class and made Fastest Time of the Day in all classes, including the supercharged unlimited class, averaging 85 m.p.h.

On September 5th three cars were entered for the Tourist Trophy Race, and achieved a considerable measure of success.

Tremendous interest was evinced in the cars, further enhanced by their remarkable times in practice, resulting in many experts talking of an outright win. Our plans, however, were centred on the coveted Team Award, for which 7 teams were nominated, and the three cars convincingly demonstrated their speed and reliability by winning the Team Prize at a higher average speed than in any previous T.T., including teams of supercharged cars.

In addition, Mr. A. F. P. Fane was Third in the actual race, at an average speed of 77.32 m.p.h., while the three cars were 1st, 2nd and 3rd in the 2-litre class. Between them they broke the existing 2-litre class lap record on eight occasions, finally leaving it at 80.61 m.p.h.

The general consensus of opinion was that the Frazer-Nash-B.M.Ws. were the most standard cars in the race. The Editor of " The Autocar " said : " The Frazer-Nash-B.M.W. team not only thoroughly earned their " third " and the team prize, but deserved more. The T.T. is for production cars; Of course, all the cars in the race are basically fast touring cars, but the Frazer-Nash-B.M.Ws. seemed to be the same as sold to the public, and completed with the bodies, avec valance guards and running boards one sees on them in showrooms. They gave an impression of being the type of car originally intended by the title of the 'Trophy.' Most of the other cars looked as if they had been prepared for racing; the Frazer-Nash-B.M.Ws. did not."

The three cars finished the race in perfect condition and, in fact, the following Saturday Mr. A. F. P. Fane drove one of the cars at Shelsley Walsh, winning the T.T. Challenge Trophy for the fastest climb of the day by an actual car entered or driven in the 1936 T.T.

At Brooklands, in the M.C.C. Members' Day Meeting on September 26th, Mr. H. J. Aldington made the Fastest Time of the Day in the High-Speed Trial, putting in 98.52 miles in the hour, fully equipped, two-up, from a standing start, and in the afternoon racing programme won the Fourth Two-lap handicap (from scratch) at an average speed of 91.89 m.p.h. and the One-lap Handicap (for cars up to 2,000 c.c.) at an average speed of 86.77 m.p.h., after being re-handicapped to owe the field 8 secs. In each series of races—5 Two-lap Handicaps and 6 One-lap Handicaps—the Frazer-Nash-B.M.W. achieved the fastest winning speed.

"Bira's" mechanics making the quickest refuel of the race

(COPY)

ROYAL AUTOMOBILE CLUB

Report of Trial No. 778.

(UNDER THE CODE SPORTIF INTERNATIONAL OF THE A.I.A.C.R. AND THE GENERAL COMPETITION RULES OF THE R.A.C.)

FRAZER NASH—B.M.W. CAR

15th April, 1937.

Entry.—Messrs. A. F. N., Limited, of Falcon Works, London Road, Isleworth, Middlesex, submitted for trial a Frazer Nash-B.M.W. car.

Object of Trial.—As in all Officially Observed Trials, the object of the trial was declared by the entrants, who indicate the points they wished to be recorded, and was to demonstrate the number of miles covered in one hour, using standard fuel.

Description of Vehicle.

Makers' description	Type 328, Grand Prix Sports
Chassis and Engine No.	85003
Size of Engine (6-cylinder)	66 mm. × 96 mm.
R.A.C. Rating	16.2
Cubic Capacity	1,971 c.c.
Gear ratios	3.9, 5.1, 7.1, and 12.2 to 1
Engine revs. on top gear at 102 m.p.h.	4,900 per min.
Body	2-seater
Weight of vehicle unladen	1,536 lb. (13¾ cwt. approx.)
Weight of load (driver only)	155 lb.
Total running weight	1,691 lb. (15 cwt. approx.)
Equipment	Single-panel windscreen, concealed hood, mudguards, running boards, headlamps recessed in wing valances.
Engine controls available to driver	Ignition (semi-automatic and throttle.

Description of Trial.—The car used was submitted by the entrants. The trial was held on Brooklands Track. The weather was dull and the surface of the track dry. The fuel used was a marketed brand of alcohol fuel, obtained from a filling station chosen by the Club.

Record of Trial.—The car covered a distance of 102.226 miles in one hour, from a standing start. With the exception of the 1st (standing) lap the maximum and minimum lap speeds were at the rate of 103.97 m.p.h. and 101.02 m.p.h. respectively. There were no stops and no work was done upon the car. About one-third of the radiator grille was blanked off. The driver only was carried, and a metal covering was fitted over the passenger's seat.

(*Signed*) F. P. ARMSTRONG, *Secretary*.
Pall Mall, London, S.W.1.
22nd *April*, 1937.

(*Signed*) J. SEALY CLARKE, *Chairman*.
(*Signed*) G. H. BAILLIE, *Chairman of Technical Committee*.

(*Copyright*)

Der ehemalige Le Mans-Sieger und Sportredakteur von The Autocar, S. C. H. Sammy Davis absolvierte am 15. April 1937 mit dem F.N.-BMW 328-Prototyp eine Rekordfahrt auf der Brooklands-Rennstrecke. Auch BMW München zeigte sich erfreut über die erzielten 164,51 km/h und ehrte Davis mit einer Ehrenplakette.

Extracts from

"The AUTOCAR" Road-Test of the Type 328 Model FRAZER-NASH-B.M.W.

"Something Different – A True Enthusiast's Car which also is Surprisingly Flexible."

IT is difficult to think of this machine in terms that apply to the more ordinary type of car. Very nearly unique, it is certainly a most unusual motor car.

It can be discussed from different, and, indeed, widely conflicting angles. During a test of more than 500 miles it has given its striking maximum speed of well over 100 m.p.h. on Brooklands track, has been driven along with the usual traffic on main roads, handled in town streets, and has been taken along country lanes where high speed is impossible and steep climbs are encountered.

The whole "feel," handling and performance are far apart from their behaviour of the general run of machines. The acceleration is really fierce, as the figures show—THE THROUGH-THE-GEARS ACCELERATIONS ARE THE BEST YET RECORDED IN THESE TESTS. In achieving these the surge forward is almost electrifying, certainly on the first few occasions. The car seems to be alive, and responsive to a driver's ability to treat it as it should be treated. Indeed, there is a strong suggestion of the engine being supercharged—which, of course, it is not—so exceptionally rapidly does it gain revs on the indirect gears, or gather speed on top gear from the middle range onwards, even against gradient.

Also there was not the least trouble with starting, and at no time was any difficulty encountered with plugs.

Out on the main road, what this car can be made to do is entirely a measure of the driver himself, and the traffic conditions. Phenomenally good average speeds for anywhere but a closed race circuit can be obtained.

Driving of this sort does not entail the use of the maximum speed or anywhere near it. The secret lies in the high general speed this amazing car keeps up, round curves, up hills, and in its acceleration. Yet the engine does not attain excessive revs, for top gear is really high.

Substantial gradients can be

Photograph of engine showing the three carburettors, o.h.v. rocker shafts and stowage of tools and battery.

Extracts from "The Autocar" Road Test

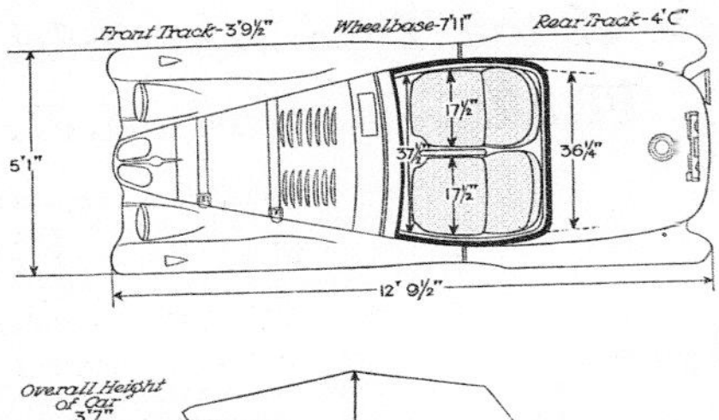

climbed with zip on third, and the usual 1 in $6\frac{1}{2}$ hill, treated in the nature of a speed climb at a quiet hour of night, was taken at just about 50 m.p.h. on second gear, the engine still not over-revving.

This extremely fast and light car is most comfortably sprung; independent front wheel suspension by means of a transverse leaf spring is employed. A distinctly bad stretch, where, for instance, resurfacing is being carried out, can be taken at 60 m.p.h., and no shock or disturbance of the steering be felt, whilst also a badly pot-holed byway track does not "shiver" the occupants.

IN THESE RESPECTS IT IS A REMARKABLE CAR OF ITS TYPE, FOR FEW SPORTS MACHINES HAVE SPRINGING COMFORT AS A STRONG POINT. Round Brooklands at well over 100 m.p.h. the "ride" was exceedingly smooth, as well as safe-feeling to the passenger.

Firm respect grows for the brakes, which are hydraulically operated. They act in the only way that could make a car of this description safe to use, real braking power being easily applied, and the action does not become fierce or affect the steering from speed. They stood up to some hard work extremely well, and gave an exceptional emergency stop result.

For the gear change there is synchromesh between top and third, which works most satisfactorily, though the natural method on a car such as this is to accelerate the engine as though the synchromesh were not there. Third is almost dead-quiet, and second very little more noticeable. All upward changes can be made rapidly.

The seats proved extremely comfortable and gave excellent support. The general driving position for an average-height man was about as near perfect as could be, regarding both the position of the controls and visibility.

The Autocar, July 16th, 1937.

DATA FOR THE DRIVER

PRICE with sports open two-seater body, **£695.** Tax, **£12 15s.**
RATING: 16.2 h.p., six cylinders, o.h.v., 66×96 mm., 1,971 c.c.
TANK CAPACITY: 11 gallons; approx. normal fuel consumption 18—22 m.p.g.
TURNING CIRCLE: 29 ft. GROUND CLEARANCE: 8 in.

ACCELERATION FIGURES

From 10 to 30 m.p.h.	**2.5** secs.
From rest to 30 m.p.h.	**3.4** secs.
From rest to 50 m.p.h.	**6.9** secs.
From rest to 60 m.p.h.	**9.5** secs.
From rest to 70 m.p.h.	**13.5** secs.

25 yards of 1 in 5 gradient from rest, **4.4** sec.
Speed from rest up 1 in 5 Test Hill (on 1st and 2nd gears) **27.29** m.p.h.

SPEED

Mean maximum timed speed over ½ mile ...	**100.00** m.p.h.
Best timed speed over ½ mile	**103.45** m.p.h.

BRAKE TEST: Mean stopping distance from 30 m.p.h., **30 ft.** (Dry concrete.)

Performance figures for acceleration and maximum speed are the means of several runs in opposite directions.

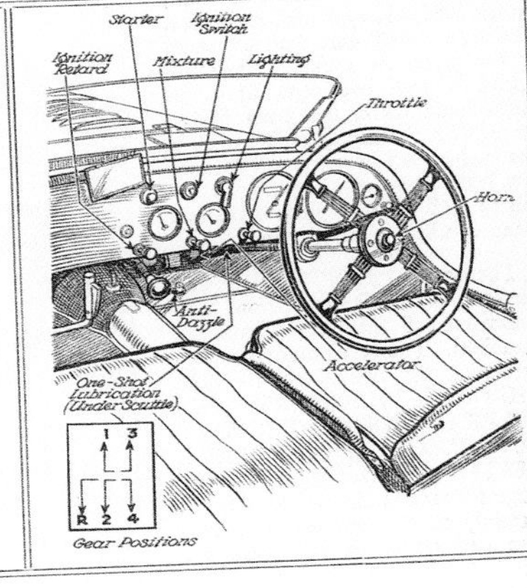

All photos and illustrations by courtesy of "The Autocar."

Der einzige jemals veröffentlichte Test eines BMW 328 erschien interessanterweise in der Zeitschrift »The Autocar« in England am 17. Juli 1937. Getestet wurde allerdings kein Serienmodell, wie in dem obenstehenden Reprint suggeriert, sondern der Prototyp von 1936 mit geringerem Gewicht und höherer Motorleistung.

18 THE AUTOCAR. ADVERTISEMENTS. APRIL 16TH, 1937.

THE FINEST SPORTS CARS

In Production

With a PROVEN Reputation for Performance and Reliability

The genuine sports car is a unique machine—it should be capable of high maximum speeds, possess outstanding accelerative powers, an exceptional power-to-weight ratio, the stability of a racing car, and yet at the same time be as tractable and comfortable as a touring car. Possessing all these attributes it must also be suitable for serious competition work without extensive preparations being necessary.

1½-litre (Type 40) and 2-litre (Type 55) FRAZER-NASH-B.M.W.

Both models have achieved an extraordinarily fine reputation in trials, while their unique suspension system has earned for them an equal reputation as the most comfortable sports cars in production. The 1½-litre is available as a two-seater, as illustrated (as a four-seater to order), and as a four-door sports saloon, all at £398—the 2-litre as a two-seater only (as illustrated) at £475.

FRAZER-NASH

The true enthusiast's sports car, with its famous chain-drive transmission, the Frazer-Nash is probably the most famous of all British sports cars, with a long and enviable record of worth-while successes in every sphere of motoring sport, being particularly famed for its achievements in hill-climbs and speed trials. Models range from the new 1½-litre model recently introduced at £395 to the supercharged "Shelsley" model.

2-litre Grand Prix Sports FRAZER-NASH-B.M.W.

Undoubtedly the fastest production sports car in this country, this model is still available in limited numbers. Its many outstanding achievements on the Continent were followed up by the remarkable success of the three cars entered in the Tourist Trophy in winning the coveted Team Prize (7 teams nominated), 3rd in the actual race at 77.32 m.p.h., 1st, 2nd and 3rd in the 2-litre class, and new class record at 80.61 m.p.h. The general concensus of opinion was that they were the most standard cars in the T.T.

★ The entry of a type 328 model in the Brooklands Easter Meeting again evoked widespread comment on the fact that it ran in full road trim, with even the windscreen raised, and in the Easter Long Handicap was Second—its official speeds being Standing Lap at **91.05** m.p.h. and Flying Lap at **104.19** m.p.h.

Price (as illustrated) £695.

★ 104.19 m.p.h. (flying lap) fully equipped.

Illustrated Catalogue available on request.

FRAZER-NASH CARS · FALCON WORKS · ISLEWORTH · Hounslow 0011·2·3·4

A24

The Advertisement Index is on the page facing inside back cover.

The Motor December 28, 1937.

FRAZER-NASH B.M.W.

The Car with a Dual Personality

If you will think about it for a moment, you will realise this is a most unusual claim.

Essentially a touring car—effortless to drive, smooth, flexible and amazingly comfortable, the Frazer-Nash-B.M.W. at the same time possesses the best features of the thoroughbred sports car—high performance, road-holding, stability and outstanding acceleration. In springing, steering and other important features of chassis design, it is years ahead of its contemporaries.

You may not be interested as a prospective owner of a touring car in the successes Frazer-Nash-B.M.Ws. have gained in competition, but, even so, you cannot fail to recognise the fact that these successes constitute an invaluable guide to performance and reliability under conditions which would normally never be experienced in every-day motoring. In other words, they afford unquestionable proof of the car's ability to give many years of eminently satisfactory service to the private owner.

18

FRAZER-NASH CARS • FALCON WORKS • ISLEWORTH

Werbeanzeigen von AFN Ltd in »The Autocar« und »The Motor« von April bzw. Dezember 1937 für den neuen Frazer Nash-BMW 328. Die Autocar-Anzeige zeigt den ersten Serien-328, Chassisnummer 85004, von der IAMA in Berlin im Februar. Die Auslieferungen nach England begannen allerdings erst im Juni 1937.

Zwei Frazer Nash-BMW 328 beim JCC-Brooklands-Rennen am 16. Juli 1938. D.H. Murray auf 85035, dem Unfallwagen von Pat Fairfield in Le Mans 1937, vor H.C. Hunter auf der 85087.

BMW 326 (AFN übernahm jetzt die BMW Typenbezeichnungen) hatte man ab Ende 1936 einen großen, viertürigen Wagen im Angebot und ab Sommer 1937 wurden AFN die Zweiliter-Sportwagen 328 förmlich aus den Händen gerissen, obwohl sie mit einem Preis von 695 Pfund Sterling sehr teuer waren. Doch wer einen der nach dem in England berühmten Bergrennen von Shelsley Walsh benannten, altertümlichen Frazer Nash-Roadster orderte, musste sogar mit 850 Pfund rechnen! Somit war der BMW fast ein Sonderangebot ...

Im Laufe des Jahres 1937 wurde endgültig klar, dass das Thema der Lizenzferti-

Deckblatt eines Frazer Nash-BMW Faltprospektes von 1937 mit der neuen BMW 326 Ganzstahl-Limousine, fotografiert auf einer von H.J. Aldingtons Reisen nach München vor dem Rheinfall von Schaffhausen.

Ein interessanter Hybrid, den es so in Deutschland nicht zu kaufen gab: Ein Frazer Nash-BMW 326 Reutter Sport-Cabriolet mit BMW 328 Motor. Besitzer war Werksfahrer und AFN-Teilhaber A. F. P. Fane.

Die neue Auslieferungshalle im Erweiterungsbau der Falcon Works 1938. Rechts mehrere Frazer Nash-BMW Kundenfahrzeuge.

18th March, 1938.

HJA/FS

Herrn. Director A. Kandt,
Messrs. Bayerische Motoren Werke A.G.,
Lerchenauerstrasse 76,
MUNCHEN 13.

Dear Mr. Kandt,

I regret the delay in advising you of my decision regarding sales policy for the remainder of the season, but this has been due to the difficulties I have had with our Agents in addition to trying to overcome the present poor state of business.

You will also excuse me if I repeat, or modify statements I made in Berlin, but this is unavoidable if I am to give a fair summary of the position in England.

I would also say that another reason for the delay in sending this letter is that I was awaiting the respective reports of my New Wholesale Manager and his assistant after their investigations regarding the possibility of obtaining more trade support for your products. The report confirms my own opinioh and knowing you will be interested, I attach them herewith.

The time has arrived when I must state quite frankly that it is impossible to sell any quantity of cars in England unless we are willing to compete on equal terms with our competitors. This can be done only by reducing prices and making the cars more attractive - the first is probably beyond our control, but it must be realised that our retail prices in England are about 25% fictitious, due to rate of exchange and import duties.

Regarding appearance, all cars must at leat conform

-4-

Type 326 Cabriolet: Prices to remain at £575, Reutter
£595, Autenrieth.
but we will add without extra charge the following:-

Adjustable steering columns and new spring steering wheels.
2. Bosch foglamps.
Luggage grid.
Reserve petrol supply and tap.
Carpet interior of scuttle.

Type 326 Saloon:	Existing Prices	New Prices
	£495 Cloth £525 Leather	£495 - cloth or leather optional

Leather upholstery
Alter seats, especially front ones, to increase comfort.
Cover complete interior in best quality carpet.
Give choice of six colour schemes.
Adjustable steering columns and new spring steering wheel.
2. Bosch foglamps.
Luggage grid.
Reserve petrol supply and tap.
Carpet interior of scuttle.

Geherally improve by adding extra sun visor for passenger, supply additional ashtrays, arm rests for front and rear seats, etc.

Type 320 Reutter Cabriolet: Price £495: No change in price.

Fit spring steering wheel
Bosch fog light.
Extra sun visor.
Spare wheel cover.
Carpet interior of scuttle.
Fit clock.
Arm rest for front and rear seats.
Reserve petrol supply with tap.

Type 320 Saloon in standard form:	Present Price	Reduced now to
	£398	£375

This model will only be sold whilst we are getting rid of existing stocks.

gung von BMW Wagen in England einer tragfähigen Grundlage entbehrte. AFN spielte zwar einige Möglichkeiten der Finanzierung eines solchen Unternehmens durch und BMW entwarf vorsorglich einen auf sieben Jahre befristeten Vertrag, der vorsah, dass AFN jährlich 5.000 Wagen produzierte, für eine einmalige Lizenzgebühr von 300.000 RM. Später wurde dieser Vorschlag, was die Lizenzgebühren betraf, zwar zugunsten AFN deutlich nachgebessert, doch letztlich verliefen weitere Verhandlungen im Sande, zu einer BMW Produktion sollte es in England nicht kommen.

Auch die immer wieder neuen Bemühungen von H. J. Aldington, die BMW Führung zur Senkung der Einkaufspreise zu bewegen, scheiterten im Frühjahr 1938 endgültig.

Brief von H. J. Aldington an BMW, in dem zum wiederholten Mal die angeblich zu hohen Preise und zu magere Ausstattung diverser BMW Modelle bemängelt werden, wie bisher, ohne Erfolg.

Als letzter wurde der Typ 327 in größeren Stückzahlen nach London geliefert. Hier ein Frazer Nash-BMW 327/80 von 1938 als Testwagen für die englische Motorpresse mit dem stärkeren Motor des BMW 328.

20-seitiges Gesamtprogramm von AFN Ltd. mit ab August 1938 lieferbarem 327 Coupé mit Autenrieth-Karosserie, von Bill Aldington wieder mit einem retuschierten Pressefoto aus München beworben (unten).

Ein offensichtlich vergnügter H.J. Aldington bei einer Reifenpanne mit seinem Frazer Nash-BMW 327/80 Coupé zu Beginn des Zweiten Weltkriegs.

In einem sechs Seiten langen Brief an BMW Direktor Kandt hatte AFN dargelegt, warum nur so wenige Wagen verkäuflich waren. Nicht nur die Preise waren zu hoch, sondern die Modelle waren auch im Vergleich mit britischen Konkurrenzangeboten zu mager und geringwertig ausgestattet. Die in England so beliebten Holz- und Lederapplikationen fehlten den Eisenacher Produkten fast völlig, vor allem für den auch in den Fahrleistungen wenig überzeugenden und stilistisch schlichten Typ 320 fanden sich kaum überzeugende Verkaufsargumente. Doch BMW ließ in dieser Sache nicht mit sich reden.

Nur durchschnittlich etwa hundert Frazer Nash-BMW konnte AFN pro Jahr absetzen, doch die Attraktivität des deutsch/britischen

Zwei Innenansichten der Falcon Works in Isleworth/London - links die Dreherei, rechts ein Blick in das Ersatzteillager.

Angebots nahm deutlich zu, als Ende 1937 die ersten rechtsgelenkten Sportkabrioletts und später auch Coupés des Typs 327 und 327/28 eintrafen. Diese ausnehmend sportlich-eleganten und komfortablen Modelle der Luxusklasse wurden zum Maß aller Dinge in dieser Kategorie, wobei die stärkere Version mit dem Motor des Typs 328 in England als Frazer Nash-BMW 327/80 angeboten wurde. Zusätzlich sollte eine 3,5-Liter-Luxuslimousine, der Typ BMW 335, vorgestellt 1938 in London, das Verkaufsprogramm demnächst nach oben hin abrunden.

In einer der letzten Korrespondenzen zwischen BMW und AFN, am 20. Juli 1939, wird den Engländern für 8.370.- Reichsmark ein »Cross-Country«-Fahrzeug für Expeditionen zum Verkauf im Commonwealth angeboten. Es handelt sich um ein allradgetriebenes Modell mit Vierradlenkung und Segeltuchverdeck, ausgestattet mit allem, was für Fahrten in unwegsamem Gelände abseits der Zivilisation wichtig ist. Wahrscheinlich handelt es sich dabei um eine geplante, zivile Variante des BMW 325, eines vom Heereswaffenamt entwickelten Militärfahrzeugs, das unter anderem auch von einem 50-PS-Zweilitermotor von BMW angetrieben wurde.

Doch alle Euphorie endete abrupt am 3. September 1939. Nachdem deutsche Truppen zwei Tage zuvor Polen überfallen hatten, erklärte Großbritannien dem Deutschen Reich den Krieg. Plötzlich war nicht mehr daran zu denken, im Feindesland produzierte Güter zu importieren, der Nachschub von BMW Automobilen an AFN endete umgehend. Etwa 41 Frazer Nash-BMW 327 und 327/80, sowie 46 Frazer Nash BMW 328 und wahrscheinlich ein einziger Frazer Nash BMW 335 hatten noch ambitionierte Käufer gefunden. Im Londoner Zollhafen waren unterdessen vier BMW 328-Fahrgestelle und zwei nur grundierte, komplette Sportwagen angekommen, die umgehend als Feindesgut beschlagnahmt wurden. Damit war der Firma AFN quasi über Nacht die Geschäftsgrundlage entzogen. Erst 1946 konnte Aldington nach schwierigen Verhandlungen auf diese Fahrzeuge zugreifen. AFN beschäftigte sich deshalb während des Krieges mit dem Service und dem Gebrauchtwagenhandel seiner Marken und widmete sich später, wie die meisten anderen Autofirmen, der Produktion von Kriegsmaterial.

Spuren hinterließ die enge Verknüpfung der beiden Marken jedoch noch bis weit in die Nachkriegszeit. Auf Vermittlung H.J. Aldingtons und aufgrund seines nach wie vor freundschaftlichen Verhältnisses zu den verbliebenen Lenkern der Bayerischen Motoren Werke entstanden in England ab 1946 bis in die frühen Sechziger Jahre sportliche Automobile und Rennwagen der Marken Bristol und Frazer Nash, deren äußeres Erscheinungsbild an BMW Modelle erinnerte und die von leistungsstarken Motoren angetrieben wurden, die auf dem legendären Sechszylinder des BMW 328 basierten. 1976 verstarb »Aldy« Aldington im Alter von 73 Jahren.

Archibald Frazer Nash, der Urvater und Namensgeber des Unternehmens, verstarb 1965. Nach seinem Rückzug von AFN Ltd. behielt er ein Aktienpaket des Unternehmens, nahm jedoch an dessen Entwicklung kaum mehr teil. Er war danach sehr erfolgreich in den Bereichen Luftfahrt, Militär- und Energietechnik tätig und sein Name lebt bis heute in den britischen Firmen Frazer Nash Consultancy und Frazer Nash Research fort. Letztere übernahm 2011 den kleinsten Automobilhersteller auf den britischen Inseln – Bristol Cars Ltd., die aber im März 2020 endgültig in Liquidation gehen mussten.

▶ Lionel Martin, ehemaliger Mitbegründer der mit Frazer Nash konkurrierenden Firma Aston Martin, hier mit seinem privaten Frazer Nash-BMW 328 im März 1938 auf der Brooklands-Rennstrecke. Die Chassisnummer 85113 war das einzige jemals in England karossierte »Drophead-Coupé« mit einem Aufbau von A.C. Bertelli.

GMV 618

SONDERKAROSSERIEN

Unter den insgesamt 707 BMW Automobilen, die AFN zwischen Januar 1935 und August 1939 nach Großbritannien importierte, waren auch 74 Fahrgestelle, die später mit Sonderkarosserien britischer »Coachbuilder« ausgestattet wurden. Einzelstücke entstanden bei:

William Arnold of Manchester Ltd.
(1 BMW 319 Saloon)

A.C. Bertelli Ltd., Feltham
(1 BMW 328 DHC, 2 BMW 315 Cabriolets & 1 Coupé)

Freestone & Webb Ltd., London
(1 BMW 326 Saloon)

Leacroft of Egham Ltd.
(1 BMW 328, 1946)

Midland Motor Bodies Ltd., Coventry
(1 BMW 320 Saloon)

Tanner Bros., Fulham
(3 BMW 315/40 Sport-Zweisitzer)

Windovers Ltd., London
(1 BMW 329 »Razor Edged Coupé«)

AFN Ltd.
(4 BMW 328, erst 1946 mit eigenen Karosserien versehen)

Etwas größere Stückzahlen erreichten lediglich zwei Hersteller:

E. D. Abbott Ltd. in Farnham, Surrey (39 Drop Head Coupés & Saloons (pillarless)) und **Whittingham & Mitchel Ltd.** in Fulham, London (19 Drop Head Coupés & Tourenwagen).

Edward Dixson Abbott übernahm 1929 einen in Konkurs gegangenen Karosseriebaubetrieb in Farnham, nachdem er unter anderem in der Designabteilung des Herstellers Wolseley Erfahrungen gesammelt hatte. Neben Aufbauten für Busse, entwickelte und baute man zunächst Sonderkarosserien für den Austin Seven, später folgten lukrative Aufträge für Daimler, Lanchester, Talbot, Lagonda und schließlich Frazer Nash-BMW, für die Abbott in der zweiten Hälfte der 1930-Jahre Limousinen und Coupés auf BMW 315- und 319-Fahrgestellen kreierte. Von den insgesamt 39 karossierten Fahrgestellen wurden allerdings 3 bei einem Brand in Farnham komplett zerstört.

Whittingham & Mitchell begannen als Betrieb für Metallbearbeitung und Lackierung und stellten erstmals 1932 vier kleine Wolseley-Hornet-Sportwagen mit eigenen Sonderkarosserien aus. Wenig später wurde die Firma von einem großen Londoner Autohandelsbetrieb übernommen und baute zumeist offene Karosserien für Rover und vor allem Vauxhall. 1935 folgten Verträge mit British Salmson, MG, Lancia, Talbot und Ford. Ende der Dekade baute die Firma dann auch Karosserien für exklusivere Marken wie Alvis, Railton, Allard, Rolls-Royce und nicht zuletzt für AFN Ltd. auf BMW 315- und 319-Fahrgestellen.

F.N.-BMW 315/40 Pillarless Saloon von Abbott Ltd., 1936

F.N.-BMW 315/34 Drophead Coupé von Abbott Ltd., 1936

F.N.-BMW 315/40 mit Coupé-Aufbau von Bertelli, 1936. Vor dem Wagen: Mr. A. C. Bertelli

F.N.-BMW 315/34 Drophead Coupé von A. C. Bertelli, 1936

F.N.-BMW 328 Drophead Coupé von A. C. Bertelli, 1937. Vor dem Auto: H.J. Aldington

F.N.-BMW 326 Saloon von Freestone & Webb Ltd., 1938

F.N.-BMW 328 (85427) mit Cabriolet-Karosserie von Leacroft of Egham, 1946

Entwurf für einen F.N.-BMW 320 Saloon, der Midland Motor Bodies Ltd. (Riley Cars Coventry), 1937

F.N.-BMW 315/40 Roadster von Tanner Brothers, 1935

F.N.-BMW 329/45 Razor Edged Coupé von Windovers Ltd., 1937

F.N.-BMW 319/55 Tourer von Wittingham & Mitchel Ltd., 1936

F.N.-BMW 319/45 Drophead Coupé von Wittingham & Mitchel Ltd., 1936

▲ F.N.-BMW 328 (85410) mit Aufbau von AFN Ltd., 1946

▼ F.N.-BMW 328 (85424) mit Aufbau von AFN Ltd., 1946

BMW

Geländewagen

mit

Allradantrieb
Allradlenkung

BMW Automobile für Reichswehr, Wehrmacht und Polizei

Die Bayerischen Motoren Werke sind heute weltweit vor allem als Premium-Hersteller für Autos und Motorräder bekannt. Dabei hatte man bei der Gründung der Firma ganz anderes im Sinn. Denn es ging im Jahr 1917 zunächst ausschließlich um die Erfüllung einer Bestellung der Inspektion der Fliegertruppen in Berlin zur Produktion von 600 Flugmotoren vom Typ IIIa. Als nach dem Ersten Weltkrieg die Flugmotorenproduktion zunächst verboten war, musste das Unternehmen zur wirtschaftlichen Absicherung nach weiteren Standbeinen suchen, baute ab 1923 Motorräder und stieg 1928 auch in die Automobilproduktion ein.

Mit dem Kauf der Fahrzeugfabrik Eisenach durch BMW im Jahre 1928 übernahm man einen Betrieb, der selbst auch auf eine lange geschäftliche Kooperation mit dem Militär zurückblicken konnte. Schon der Firmengründer Heinrich Ehrhardt, der einer Büchsenmacherfamilie entstammte, machte sich einen Namen mit der Entwicklung und Produktion von Artillerie-Geschützen. Als er von der preußischen Militärverwaltung einen Großauftrag über 1.000 bespannte Militärfahrzeuge erhalten hatte, gründete er die Fahrzeugfabrik Eisenach, da seine anderen Werke nicht über ausreichende Fertigungskapazitäten verfügten. Neben den Militäraufträgen produzierte man die Wartburg-Fahrräder und ab 1898 den Wartburg-Motorwagen. Ab 1904 begann dann in größerem Rahmen die Automobilproduktion unter dem Markennamen »Dixi«. Der Erste Weltkrieg brachte die komplette Umstellung der Produktion auf Kraftwagen und An-

◀ Prospekt für den Geländewagen BMW 325 vom September 1938.

▶ Traditionell war die Produktion von Heeresgerät ein wichtiger Erwerbszweig der Fahrzeugfabrik Eisenach.

hänger für das Militär. Gleich nach dem Krieg kehrte man wieder zur Produktion ziviler Fahrzeuge zurück, die Produktion für das Militär musste aufgrund des Versailler Vertrages zunächst auf ein Minimum beschränkt werden. Erst mit der Machtergreifung der Nationalsozialisten und der zunehmenden Aufrüstung gelangte die Militärproduktion im Eisenacher Werk wieder zu größeren Umfängen. Eine Aufstellung aus dem Jahr 1940 zeigt die Diversifizierung der Produktion der Abteilung »Heeresgeräte« in den kryptischen Abkürzungen der Wehrmacht.

Pak 3,7	(= Panzerabwehrkanone Kaliber 37 mm)
Pak 38	(= Panzerabwehrkanone Kaliber 50 mm)
l.IG 18	(= leichtes Infanteriegeschütz Kaliber 7,5 cm)
l.G.IG 18	(= leichtes Gebirgsinfanteriegeschütz Kaliber 7,5 cm)
s.IG 33	(= schweres Infanteriegeschütz Kaliber 15 cm)
Geb.G. 36	(= Gebirgsgeschütz Kaliber 7,5 cm)
Nebelwerfer d	(= Raketenwerfer)
Af 4	(= Munitionswagen für Leichte Feldhaubitze 10,5 cm)
IF 5	(= Maschinengewehrwagen mit zwei MG 34 zur Flugabwehr)
IF 8	(= leichter Handwagen für Infanteriegerät)
IF 9	(= Gefechtskarren für schwere Granatwerfer)
IF 14	(= Munitionswagen für Infanteriegeschütz 33)
ltf 14/1	(= Protzwagen für Infanteriegeschütz 33)

BMW 3/15 PS

Neben den Geschützen und Transportwagen war die Reichswehr, bzw. nach der Umfirmierung 1935 die Wehrmacht, ein guter und gern gesehener Kunde für die Motorräder und Automobile der noch kleinen, aber aufstrebenden Firma BMW. Die Militärs hatten nach den verheerenden Erfahrungen des Ersten Weltkrieges mit seinem menschen- und materialmordenden Stellungskrieg erst spät eine völlige Kehrtwende vollzogen und fortschrittliche Offiziere setzten ab der Mitte der 1920er-Jahre auf eine umfassende Mobilisierung der Truppe. Der Bedarf an Kraftfahrzeugen war enorm hoch und aufgrund der restriktiven Einschränkungen durch den Versailler Vertrag auch finanziell kaum zu stemmen. Deshalb musste man sich zunächst darauf beschränken, Fahrzeuge handelsüblicher Bauart zu verwenden. Die prekäre Finanzlage kam den Herstellern preisgünstiger Fahrzeuge sehr entgegen und so wurde der Dixi bzw. BMW 3/15 PS zu einem bevorzugten Wagen für die Truppe. Besonders beliebt waren die Zweisitzer und Tourenwagen, die vornehmlich als Patrouillenfahrzeuge zum Einsatz kamen. Schon bald zeichnete sich jedoch ab, dass der Einsatz beim Militär Anforderungen besonderer Art an die Fahrzeuge stellte. Und so ging man dazu über, vermehrt Fahrgestelle einzukaufen, die mit unterschiedlichen Sonderaufbauten versehen wurden. Der Vorderteil des Aufbaus bestand aus den serienmäßigen Teilen bis zur A-Säule, wie Kühlermaske, Motorhaube, vordere Kotflügel, Spritzwand und Frontscheibe. Ein großer Teil dieser Fahrzeuge, als Kfz. 1 le. gl. Pkw (leichter geländegängiger Personenkraftwagen) bezeichnet, erhielt einen sehr rudimentären Heckaufbau, der eigentlich nur aus der

Eine Charge von 14 BMW 3/15 PS-Zweisitzern mit Überführungskennzeichen der Reichswehr, bereit zur Auslieferung.

Der BMW 3/15 PS-Zweisitzer wurde gerne als Patrouillenfahrzeug eingesetzt.

BMW 3/15 PS als Kübelwagen mit rudimentärer Ausstattung, ohne Frontscheibe und Verdeck. Das Wehrmachtskennzeichen deutet auf mehrjährigen Einsatz hin.

BMW 3/15 PS als Kübelwagen mit hinterem Kastenaufbau.

Kein Spielzeug, sondern Übung für den Ernstfall - der 3/15 PS-Kleinwagen als Panzerattrappe im Manöver auf dem Truppenübungsplatz Ohrdruf.

Bodenplatte, einem Notverdeck und zwei oder drei Sitzen bestand. Die Form der Sitze war so gestaltet, dass sie den Insassen bestmöglichen Seitenhalt gab und ein Herausfallen aus dem völlig offenen Fahrzeug verhindern sollte. Die seitlich weit herum gezogenen, festen Rücklehnen erinnerten an einen Kübel, was dieser Fahrzeuggattung auch seinen Namen gab: Kübelsitzwagen, später gekürzt auf Kübelwagen oder einfach nur Kübel. Bei einer anderen Variante, dem Kfz. 2 le. Fernsprech- beziehungsweise Funk-Kraftwagen, war das Heck als Kasten unterschiedlicher Größe ausgebildet, um Material verschiedenster Art transportieren zu können. Die Anzahl der Sitze beschränkte sich beim Funkwagen auf zwei.

Eine besonders skurrile Sonderkonstruktion waren die sogenannten Panzerattrappen. Aufgrund des Versailler Vertrages durfte Deutschland auch keine Panzer unterhalten. Trotzdem sollten bestimmte Verbände aber in der Verwendung von Panzern eine taktische Ausbildung erhalten. Deshalb ging der damalige Major Heinz Guderian dazu über, die Einsätze solcher Fahrzeuge mit fahrbaren Attrappen zu simulieren. Dazu wurden die Fahrgestelle mit einem dreiteiligen, leicht demontierbaren Aufsatz aus Rohren

Wir bauen einen Panzer auf Basis Dixi 3/15 PS! Soldaten der Reichswehr bei der Montage der Teile aus Stahlrohr und Blech.

Wenig furchteinflößend: ein Panzer zum Wegtragen.

und dünnen Blechen mit Tarnanstrich versehen. Von weitem sahen die Dinger einem kleinen Panzer tatsächlich ähnlich. Für einen wirklichen Kampfeinsatz waren sie natürlich nie vorgesehen, aber sie erfüllten vollständig die ihnen zugedachte Aufgabe. Sie waren auch einige Jahre im Einsatz, verwendet wurden u. a. die Fahrgestelle von Dixi oder BMW 3/15 PS, sowie später auch vom BMW 309. Leider gibt es aber keine Angaben über die Anzahl dieser Fahrzeuge.

Auch wenn die Automobilproduktion in Eisenach in den ersten Jahren relativ hohe Stückzahlen erreichte, so war das Werk doch weit davon entfernt, profitabel zu sein, weshalb man schon mit der Möglichkeit spekulierte, den Automobilbau komplett aufzugeben. Die einzig konstante Einnahmequelle war die Heeresgeräteabteilung, die mit einem durchschnittlichen Jahresumsatz von 2.500.000 RM wesentlich dazu beitrug, die Fixkosten des Werkes zu tragen.

BMW 3/20 PS

Auch am neuen BMW Modell, dem 3/20 PS, zeigte das Reichswehr-Ministerium in Berlin reges Interesse und bestellte zunächst ein einzelnes Fahrgestell, um es auf seine Eignung für den Militäreinsatz zu testen. Es folgten verschiedentliche Bestellungen für graue Limousinen und viersitzige Cabriolets, auch grüne Zweisitzer und graue Tourenwagen standen auf der Einkaufsliste. Im Frühsommer 1933 war man wohl überzeugt, dass der 3/20 PS genügend militärische Qualitäten besaß, denn zwischen Mai und Oktober 1933 wurden insgesamt 91 Fahrgestelle, meist in »Sonderausführung«, geordert. Der Serienpreis für das »Fahrgestell mit Boden« betrug 2.050 RM, aber alle Behör-

BMW 3/20 PS-Kübelwagen der Reichswehr, ausgestattet nur mit dem Nötigsten. Auch Militärfahrzeuge können Fahrspaß vermitteln.

▲ BMW 3/20 PS als Funkwagen in einer Artillerieschule.

▶ Deutlich wird in diesem Bild erkennbar, warum die Soldaten der Nachrichtentruppe als »Strippenzieher« bezeichnet wurden.

BMW 3/20 PS mit buntfarbigem Anstrich in den Karosserievarianten Cabriolet und Limousine. Es handelte sich um Fahrzeuge weitgehend in Serienausführung.

den bekamen einen Rabatt auf Fahrzeugbestellungen, in der Regel 10%. Wie schon beim Vorgängermodell, so wurden auch die meisten 3/20-PS-Fahrgestelle als dreisitzige Kübelwagen zum Einsatz gebracht. Vergleicht man das vom Werk gelieferte »Fahrgestell mit Bodengruppe« (siehe Abbildung Seite 62) mit dem Kübelwagen, so fällt auf, dass es kaum Unterschiede gibt. Der Kübelwagen verfügte nur zusätzlich über die drei Kübelsitze und ein primitives Notverdeck. Auch gab es auf dem linken Vorderkotflügel einen zusätzlichen Reservekanister. So hatte man mit absolutem Minimalaufwand einen neuen Fahrzeugtyp geschaffen. Deutlich weiter entwickelt hingegen war die Variante mit einem sehr hohen, aber oben abgerundeten Kasten. Diese Version erhielt die Bezeichnung »Fernsprech- oder Funkwagen« (Kfz 2) und diente den Nachrichtentruppen als Einsatzwagen. Die oben aufmontierte Kabeltrommel zeigte deutlich den Einsatzzweck.

Kurz vor dem Produktionsende des 3/20 PS versuchte das Werk, noch einige Exemplare aus der Serienfertigung an die Reichswehr zu verkaufen. So wurden noch 7 Cabriolets und 33 Rolldach-Limousinen mit einer als »buntfarbig« bezeichneten Tarnlackierung an die Truppe ausgeliefert. Vom Serienmodell unterschieden sie sich durch eine vordere Stoßstange, einen Stander am Lampenbügel, einen Reservekanister auf dem linken Vorderkotflügel, einen Suchscheinwerfer an der Fenstersäule und einen zusätzlichen Koffer am Heck. Außerdem waren alle glänzenden Chromteile nun mit matter Farbe überlackiert.

Sowohl der BMW 3/15 PS als auch der 3/20 PS bewährten sich bei der Truppe überraschend gut. Die oft bespöttelte vordere Schwingachse des 3/15 PS DA4 und das Vollschwingachsen-Fahrwerk des 3/20 PS konnten hier, wo es nicht auf eine perfekte Straßenlage ankam, durchaus punkten, denn im Einsatz waren eher Nehmerqualitäten gefragt und das weiche Fahrwerk hielt im rauen Gelände so manchen groben Stoß aus. Aufgrund des niedrigen Gewichts konnte trotz mangelnder Motorleistung eine durchaus befriedigende Geländegängigkeit erzielt werden.

BMW 303–329

Mit dem Produktionsbeginn der Rohrrahmenmodelle ergab sich auch für die Zusammenarbeit mit der Reichswehr eine verbesserte Ausgangslage. Der neue Fahrzeugrahmen war außerordentlich robust bei vergleichsweise geringem Gewicht, also die beste Voraussetzung für den Aufbau anderer Karosserien. Da die Aufbauten für die Kübelwagen kaum mehr zusätzliches Gewicht brachten, konnte so ein verhältnismäßig leichtes Einsatzfahrzeug geschaffen werden. Auch die größeren Kastenaufbauten für die Funkwagen ergaben immer noch ein geringes Gesamtgewicht. Deshalb spielten Werte wie Höchstgeschwindigkeit oder Motorleistung keine so entscheidende Rolle. Die 22 PS des kleinen Vierzylinder-Motors, wie er im BMW 309 verbaut wurde, reichten für den vorgesehenen Einsatzzweck zumindest in Friedenszeiten vollkommen aus. Der günstige Grundpreis für das Chassis mit Bodengruppe von 2.550 RM (ab 1935: 2.700 RM) war da natürlich ein wesentliches Entscheidungskriterium für die zuständigen Beschaffungsstellen. Der gegenüber dem BMW 3/20 um 25 cm verlängerte Radstand und eine um 5 cm breitere Spur trugen auch dazu bei, die beengten Platzverhältnisse im Kübelwagen deutlich zu verbessern. Der Stauraum für Gepäck und Ausrüstung der Soldaten blieb aber weiterhin bescheiden. Der Platz unterhalb des Verdecks zwischen Rücksitz und Reserverad bot sich an, einen geschlossenen Koffer zu montieren und auch die beiden Trittbretter wurden mit langen Staukästen versehen. Die Frontscheibe, meist einteilig, seltener auch zweiteilig, ließ sich nach vorne umklappen. Davon wurde aber selten Gebrauch gemacht, denn

BMW 315 in einer frühen Ausführung als Kübelwagen. Für die Mitnahme von Gepäck ist nur unzureichend Platz.

Durch den zusätzlichen Anbau von Kästen, z.B. auf den Trittbrettern, ließ sich mehr Stauraum schaffen.

Seltene Aufnahme dieses Typs mit geschlossenem Notverdeck.

BMW 309/315 in der Ausführung als Funkwagen mit kompletter Ausstattung.

der Schutz gegen den Schmutz auf den staubigen oder matschigen Rollbahnen war ohnehin gering. Das simple Verdeck bot zumindest bei Regen einen gewissen Schutz. Im Einsatz sah man das eher selten.

Die zweite vermutlich meistgebaute Karosserieversion war auch hier der Fernsprech- bzw. Funkwagen. Bei ihm gab es einen unproportioniert hohen Kastenaufbau, der den gesamten Raum zwischen den Frontsitzen und dem Fahrzeugheck einnahm. Er diente zur Aufnahme der großen Funkgeräte und des Zubehörs. Obenauf konnten die Kabelrollen montiert werden. Um den Koffer von hinten aus zugänglich zu machen, musste das Reserverad an einen anderen Platz verlegt werden. Mit einer Mulde im linken vorderen Kotflügel und einer entsprechenden Halterung schuf man eine Anbringungsmöglichkeit neben der Motorhaube. Beim Funkwagen war die Frontscheibe nicht umklappbar, am linken Rahmenholm gab es eine Halterung für einen abnehmbaren Suchscheinwerfer mit im Gehäuse aufgerolltem Kabel. Der Einstieg war durch die Dimensionen des großen Koffers doch etwas mühsam. Dafür bot das kleine Verdeck einen akzeptablen Wetterschutz. Zudem ließ sich neben den Frontsitzen eine kurze Plane als Spritzwasserschutz befestigen, die sonst in zusammengerolltem Zustand auf der A-Säule Platz fand. Zur Grundausrüstung gehörte auch ein Spaten, der auf der rechten Karosserieseite angebracht war. Auf der linken Seite dominierten die zwei ineinander steckbaren Holzstangen mit angebrachten Gabeln und Haken, zum Verlegen der Kabel an Telegrafenmasten oder ähnlich hoch gelegenen Befestigungsorten.

Gebaut wurden die meisten dieser Sonderaufbauten von unterschiedlichen Firmen wie z.B. Magirus oder den Linke-Hofmann-Werken in Breslau.

Am 17.3.1934 lieferte BMW das erste Fahrgestell zur Erprobung an das Reichswehrministerium in Berlin. Vier Monate später folgte schon der erste Großauftrag. Und im Winter 1934/35 musste man sich als Händler oder Privatkunde in Geduld üben, denn der allergrößte Teil der Produktion ging an die Reichswehr, die nicht nur Hunderte von Fahrgestellen orderte, sondern auch großen Gefallen an der Cabrio-Limousine fand, von der ein paar hundert Stück bestellt wurden. Im Jahr 1935 montierte man anscheinend auch komplette Kübelwagen im Werk Eisenach, die »buntfarbig« lackiert wurden. Als absoluter Favorit blieb das 309er-Fahrgestell bis zum November 1936 in Produktion. In dieser Zeit wurden an die Armee 1.019 Fahrgestelle ausgeliefert, dazu noch 101 komplette Kübelwagen. Von der Cabrio-Limou-

▲ **Zwei Nachrichtensoldaten der Luftwaffe beim Verlegen von Telefonkabeln.**

◀ **Die damals noch umfangreiche Technik zur Nachrichtenübermittlung war im Heck des Wagens untergebracht, außerdem Gasmasken, Essgeschirr und Feldflasche.**

sine wurden 684 Stück geordert, zuzüglich 150 Cabriolets. Vom Tourenwagen, der in seiner Grundform eigentlich am militärischsten aussieht, wurden aber nur 46 Exemplare geliefert. Vom BMW 309 insgesamt also 2.000 Stück.

Durch das »Gesetz für den Aufbau der Wehrmacht« vom 16.3.1935 hatten die Nationalsozialisten nach außen hin dokumentiert, dass die Zeit der Zurückhaltung und die Einhaltung der Statuten des Versailler Vertrages der Vergangenheit angehörten. Mittlerweile war die Aufrüstung der neuen Wehrmacht wesentlich verstärkt worden und der Zwang zum Sparen eher nachrangig. Vom stärker motorisierten 6-Zylinder-Schwestermodell, dem BMW 315, bestellte die Wehrmacht zunächst hauptsächlich Cabriolets und Limousinen, erst ab der Jahreswende 1935/36 wurden auch hiervon Fahrgestelle (3.230 RM) benötigt.

Neben einem Kübelsitzwagen in »Mimikry«-Lackierung lieferte BMW vom Modell 315 noch 560 Fahrgestelle, 54 Limousinen, 10 Cabrio-Limousinen und 264 Cabriolets, davon auffallend viele in »Fliegerblau« oder »Blaugrau«. Insgesamt also 889 BMW 315.

So deutlich auch die Bevorzugung der Modelle 309 und 315 war, so auffallend ist das Desinteresse an den anderen Rohrrahmen-Modellen. Am BMW 6-Zylinder-Modell 303 zeigte die Reichswehr kein gesteigertes Interesse. Vermutlich passte es von der Motorgröße nicht in irgendein vorgegebenes Beschaffungsschema. Ein einziges Fahrgestell orderte das Reichswehrministerium im Februar 1934. Eine blaue Rolldachlimousine ging an den Chef der Marineleitung und ein graublaues Cabriolet an das Reichsministerium für Luftfahrt. Ganz zu vernachlässigen ist der BMW 319, von dem gerade mal vier Fahrgestelle für Kübelwagen entstanden, dazu kamen noch drei Limousinen und zwei Tourenwagen. Vom BMW 329 sind keinerlei Lieferungen bekannt.

Ein eingezogenes Zivilfahrzeug vom Typ BMW 319/1, als sportlicher Dienstwagen für einen Weltkriegs-Veteranen.

Nach dem Grundsatz »Keine Regel ohne Ausnahme« handelte man bei der Wehrmacht wohl bei der Bestellung von Sportwagen. Wir wissen nicht, welche strategisch wichtige Begründungen die Beschaffungsstellen für den Ankauf von Sportwagen gelten ließ. Vom BMW 315/1 schaffte es nur ein schicker grau-roter zum Militär, während vom 319/1 immerhin zwölf Exemplare geliefert wurden, diese allerdings zumeist in dezenterem Grau. Vom teuren BMW 328 orderte das Oberkommando des Heeres in Berlin noch vier Stück. Ihre Farbgebung in Blaugrau lässt vermuten, dass sich hier höhere Offiziere der Luftwaffe einen exklusiven und schnellen Dienstwagen gönnten.

Mit dem Produktionsende der Rohrrahmenmodelle änderte sich für BMW die Lage grundlegend, denn nun hatte man kein Fahrzeug mehr im Angebot, dass in die Kategorie der leichten Kfz. 1 oder Kfz. 2 passte und sich ohne großen technischen und finanziellen Aufwand in einen Kübel- oder Funkwagen umbauen ließ. Außerdem neigte die Zeit sich dem Ende zu, in der die Wehrmacht sich mit angepassten Serienmodellen begnügen musste. Die Anforderungen waren deutlich spezieller geworden, sodass für ein Fahrzeug mit guten Geländeeigenschaften eine komplette Neukonstruktion unabdingbar war. Diese Lücke sollte der vom Heereswaffenamt entwickelte leichte Einheits-Pkw schließen, der allerdings grandios scheiterte. Das einzig brauchbare Fahrzeug in dieser Richtung war der Volkswagen Typ 82, der aber erst 1940 in größeren Stückzahlen an die Truppe geliefert wurde. Mit vier normalen Sitzen und vier Türen war er ein vollwertiges, wenn auch einfaches Fahrzeug. Er war zwar im engeren Sinne kein Kübelwagen mehr, doch hatte dieser Begriff sich im Sprachgebrauch so etabliert, dass er bis heute so bezeichnet wird.

BMW 326

Mit dem Modell 326 war BMW 1936 erstmals in die höhere Mittelklasse aufgestiegen. Die attraktiv als Limousine, 2-türiges oder 4-türiges Kabriolett karossierten Wagen mit luxuriöser Innenausstattung wurden schnell zum Publikumsliebling. Mit 15.936 Exemplaren wurde der BMW 326 zum meistverkauften BMW Modell vor dem Krieg.

Durch die Aufrüstung und den sehr schnell wachsenden Personalbestand der Wehrmacht, vergrößerte sich auch die Anzahl der Offiziere und der Generalität, die den Wunsch nach standesgemäßer Fortbewegung mitbrachte. Kein Wunder, dass der BMW 326 sofort Begehrlichkeiten bei den Militärs weckte. Zunächst waren es jede Menge individueller Bestellungen, die trotz ihres militärischen Charakters die gesamte Farbpalette von Blau, Grau, Grün, Rot und Dunkelbraun ausnutzten. Zwischendurch auch standesgemäße Kabrioletts in Fliegerblau für den General der Flieger Friedrich Christiansen oder ein schwarzes viertüriges Kabriolett für den geschassten Generalfeldmarschall Werner von Blomberg. Die überwiegende Mehrheit wurde aber in Grau bzw. Feldgrau lackiert. Ende 1938 erging dann eine Bestellung über 200 feldgraue 2-türige Kabrioletts, zwischen August und Dezember 1939 noch einmal 200 graue 4-türige.

Insgesamt wurden 194 Limousinen, 286 2-türige und 395 4-türige Kabrioletts direkt an die Wehrmacht geliefert. Dazu kam noch eine nicht näher zu quantifizierende Anzahl von Privatfahrzeugen, die von der Wehrmacht für den Kriegseinsatz requiriert wurden. So mancher stolze Besitzer, der nicht nachweisen konnte, dass er den Wagen für kriegswichtige Zwecke selber benötigte, musste sich schweren Herzens davon trennen. Es hieß zwar, dass es entsprechende Kompensation für den Fremdgebrauch geben würde, doch daran glaubten wohl wenige. Kaum in den Fängen der Wehrmacht, wurden die meisten Fahrzeuge ihrem militärischen Einsatzzweck entsprechend bearbeitet. So wurden alle spiegelnden oder glänzenden Aluminium- oder Chromteile mit Farbe überstrichen, auf dem linken

BMW 326 als zweitüriges Kabriolett bei einer Luftwaffeneinheit.

Ein von der Wehrmacht requiriertes BMW 326 Kabriolett, jetzt dient es einem General des Heeres als Dienstwagen.

Arktische Temperaturen verlangten nach modifizierten Starteinrichtungen.

Nicht selten scheiterten die Fahreinsätze an den Wetterbedingungen in Russland.

vorderen Kotflügel wurde der Notek-Tarnscheinwerfer montiert, die Scheinwerfergläser mit Überzügen versehen, damit sie nicht von Feindfliegern gesehen werden konnten.

Die BMW 326 bewährten sich hervorragend bei der Truppe. Davon zeugen etliche Schreiben an das BMW Werk, in denen die Fahrer ihrer vollsten Zufriedenheit über die absolute Zuverlässigkeit ihrer Fahrzeuge Ausdruck verleihen. Zum Teil erzielten sie Laufleistungen von weit über 100.000 Kilometer. Solange sich der Krieg im westlichen Europa abspielte, waren solche Laufleistungen durchaus normal. Das änderte sich aber schlagartig, als die Wehrmacht am 22.6.1941 den Überfall auf die Sowjetunion begann. Hier gab es kein ausgebautes

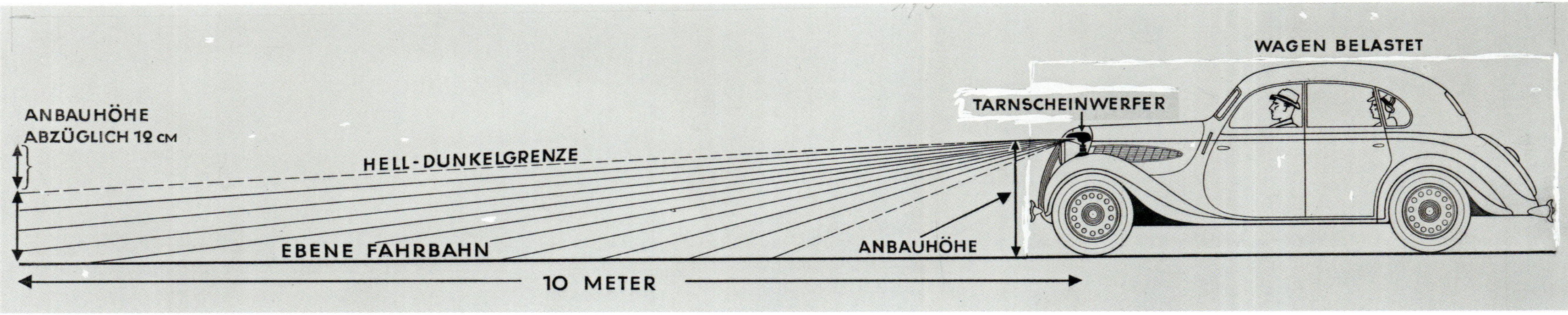

Einstellung des Notek-Tarnscheinwerfers, der das Erkennen durch Feindflugzeuge verhindern sollte.

Straßennetz wie im Westen. Im besten Fall gab es befestigte Wege und Rollbahnen, doch spätestens mit dem Beginn des Herbstregens verwandelte sich alles in abgrundtiefen Morast. Hier stießen selbst geländegängige Fahrzeuge oft an ihre Grenzen, die normalen Personenkraftwagen waren dafür aber gänzlich ungeeignet. Auch hatte bei der Konstruktion niemand vorhergesehen, dass die Fahrzeuge selbst bei Temperaturen weit unter – 20 Grad fahren mussten. Man konnte nur hoffen, dass die Beschaffungsstellen nicht zu geizig waren und bei der Bestellung zumindest die Frischluftheizung von VDO für 22 RM oder gar die Heißluftanlage OEM für 96,50 RM mitbestellten, denn serienmäßig hatten die BMW 326 weder Heizung noch Belüftung (abgesehen von der aufstellbaren Frontscheibe, was sich aber im Winter als kontraproduktiv erwies!). Für etwas klaren Durchblick nach vorne sorgten die innen aufsetzbaren Frostschutzscheiben von Melas oder Nordland. Bei den arktischen Temperaturen war aber das Ingangsetzen des Motors das größte Problem. So musste unter der Ölwanne oft ein Feuer entzündet werden, damit das Öl soweit flüssig wurde, dass man den Motor wieder drehen konnte. Eine zweite Batterie (über Nacht ausgebaut und warm gehalten!) half zwar dem Anlasser, doch wurden die Motoren so modifiziert, dass man gleichzeitig auch mit der Kurbel unterstützend mitwirken konnte. Der Einlasskrümmer und die Vergaser mussten mit einer Lötlampe vorgewärmt werden, damit das eiskalte und zündunwillige Benzin wenigstens in die Nähe einer Betriebstemperatur gebracht wurde. Zünden konnte der Motor aber meist nur mit dem aus einem externen Behälter zugeführten Leichtbenzin (Gasolin). Früher oder später kamen alle Fahrzeuge an ihre materielle Belastungsgrenze und die gehäuft auftretenden schweren Schäden führten dazu, dass wohl die meisten BMW 326 diese Tortur nicht überlebt haben.

Ein einziges Exemplar eines BMW 326 ließ BMW im November 1938 von der Fa. Henschel & Sohn in Kassel zum Kübelsitzwagen umbauen. Doch konnte das Konzept nicht überzeugen und das Projekt wurde nicht weiter verfolgt.

BMW 326 Tourenwagen

Es mag wie ein Anachronismus wirken, wenn ein Automobilhersteller ein so formvollendetes Fahrzeug wie den BMW 326 auch in einer Variante als offenen Tourenwagen anbietet.

War diese preiswerte Art der Fortbewegung in den 1920er-Jahren allgemein beliebt, so führte die wirtschaftliche Genesung nach der Wirtschaftskrise schnell zu einem

Drei von Voll & Ruhrbeck karossierte BMW 326 in der seltenen Ausführung als Polizei-Tourenwagen.

Das umfangreiche Zubehör des BMW 326 Polizei-Tourenwagens wurde im großen Kofferraum und im Innenraum hinten links verstaut.

höheren Komfortbedürfnis. Beim Dixi 3/15 PS war sie noch mit Abstand die beliebteste Variante, doch mit der Übernahme durch BMW ging die Anzahl drastisch zurück. Bei den Rohrrahmenmodellen wurde sie zwar aus Traditionsgründen noch weiter gebaut, aber es interessierten sich wohl nur spezielle Berufsgruppen, wie z. B. Jäger, dafür. Mit dem Aufstieg von BMW in die gehobene Mittelklasse wäre ein BMW 326 mit dieser offenen Bauform sicher kein Publikumsliebling geworden. Doch gab es einen Kunden, für den solch ein spartanischer Aufbau perfekt passte: die motorisierte Polizei.

In den letzten Jahren hatte die Entwicklung der Automobile einen immensen Schritt nach vorne gemacht. Immer bessere Fahrwerke und immer leistungsstärkere Motoren hatten dazu geführt, dass die Höchstgeschwindigkeit der Fahrzeuge immer mehr zugenommen hatte. Der Ausbau der Straßen, insbesondere der Autobahnen, ermöglichte schnellere Durchschnitte und natürlich waren die Hersteller bemüht, entsprechende Fahrzeuge zu entwickeln, die die sich bietenden Veränderungen nutzen konnten. Ins Hintertreffen geriet dann die

BMW 326 Polizei-Tourenwagen im Einsatz während des Krieges.

Deutsche Polizei, die zumeist mit langsameren Fahrzeugen unterwegs war. Aus diesem Grund wandte man sich an verschiedene Hersteller mit der Bitte, einen Wagen zu entwickeln, der die speziellen, nun gewandelten Bedürfnisse eines modernen Polizeidienstes auf den Autobahnen erfüllen könnte.

Das Grundprinzip des Polizei-Tourenwagens ist denkbar einfach: auf das von AMBI-Budd gelieferte Fahrgestell mit Bodengruppe und komplettem vorderen Aufbau bis zur A-Säule baute man eine schlichte offene Karosserie mit vier großen eckigen Türen. Diese waren im Gegensatz zur Serie vorne angeschlagen und boten den oft bemäntel-

BMW 326 Polizei-Tourenwagen im Einsatz bei der Überführung englischer Kriegsgefangener.

ten Polizisten einen leichten Ein- und Ausstieg, selbst dann, wenn das Fahrzeug noch nicht zum Stillstand gekommen war. Auch waren die Türen viel dünner als bei der Serie, da sie keine versenkbaren Seitenscheiben hatten. Das Verdeck war wie bei allen Tourenwagen eher spartanisch und bot nur begrenzten Schutz. Bei widrigsten Verhältnissen konnte man die Türen mit Steckrahmen versehen, die mit Stoff bespannt waren und eingenähte Cellonscheiben hatten. Generell war das Fahrzeug aber dazu gedacht, offen zu fahren. Schließlich sollte die Polizei einen guten Überblick behalten. Eine markante Verbesserung zur Serie war ein sehr großer, von außen zugänglicher Kofferraum im Heck. Dieser bot genügend Platz für die vielen Utensilien, die ein Polizei-Einsatzfahrzeug dabei haben musste. Ein Blick in den Kofferraum zeigt Standfüße für Markierungsstangen oder Straßenschilder, ein Bandmaß, eine Bügelsäge, ein langes Seil, einen großen Werkzeugkasten, einen überdimensionierten Wagenheber, einen Spaten und etliches mehr. Ein Feuerlöscher und eine »Flüstertüte« fanden, schnell griffbereit, Platz hinter dem Fahrersitz. An diesem gab es zudem zwei Halterungen für Karabiner. Die zwei Ersatzräder standen in Mulden in den beiden vorderen Kotflügeln. Front und Heck zierten noch je zwei stabile Abschlepphaken, damit der Tourer auch für leichtere Bergungsarbeiten herangezogen werden konnte.

Die meisten dieser Polizeiwagen hatten eine einteilige gerade Frontscheibe in einem festen Rahmen, an dem rechts und links je ein Suchscheinwerfer montiert war. Wenige Exemplare hatten auch zweiteilige, umklappbare Frontscheiben.

Das Kommissionsbuch listet den ersten ausgelieferten Polizei-Tourenwagen am 5.11.1937 an den Reichsführer der Deutschen Polizei in Berlin. Es folgten vier weitere Musterwagen im Dezember. Der ausführende Karosseriebauer war die renommierte Karosserieschmiede Voll & Ruhrbeck in Berlin-Charlottenburg. Offensichtlich verliefen die Tests zur Zufriedenheit des Auftraggebers, denn schon Ende Januar 1938 kam der Folgeauftrag für weitere 110 Polizei-Tourenwagen. Voll & Ruhrbeck fertigte davon 89 Stück, als weiterer Lieferant wird mit 21 Stück die Fa. Harras-Werke genannt, die bisher als Karosseriebauer nicht in Erscheinung getreten war. Nach 115 gebauten Exemplaren wurde die Produktion eingestellt.

BMW 320, 321, 327

Auch die anderen BMW Modelle mit Kastenrahmen standen bei den Soldaten hoch im Kurs, selbst wenn ihre Beliebtheit nicht an den BMW 326 heranreichte. Vom BMW 320 bestellte das Oberkommando des Heeres

Der berühmte Jagdflieger Werner Mölders (rechts) mit seinem BMW 327, im Hintergrund eine Messerschmitt Me 108.

eine Limousine und 99 Kabrioletts, vom Nachfolgemodell 321 immerhin 310 Kabrioletts. Die ersten 100 wurden noch in Feldgrau geordert, bei den restlichen, die kurz nach Kriegsbeginn zwischen November 1939 und Januar 1940 an der Reihe waren, spielte die Farbe keine Rolle mehr. Die Hauptsache war, dass der Heeresauftrag vorrangig vor den Privatbestellungen bedient wurde. Die meisten dieser Fahrzeuge waren elfenbein/schwarz oder ganz schwarz lackiert, einige wenige in grün oder grau. Vermutlich waren die Heereswerkstätten eine Zeit lang damit beschäftigt, alle in feldgrau umzulackieren. Kein klassisches Chauffeursfahrzeug war das 2-sitzige BMW 327 bzw. 327/28 Sportkabriolett. Es werden daher eher autobegeisterte Selbstfahrer in hohen Rängen gewesen sein, denen das Oberkommando des Heeres die vier ans Militär ausgelieferten Sportkabrioletts zu Gute kommen ließ.

BMW 335

Der BMW 335 mit seinem 3,5-Liter-Motor war mit 90 PS das Spitzenprodukt der BMW Fertigung vor dem Krieg. Mit einem Preis von 7.850 RM für die Limousine und 9.050 RM für das 2-türige Kabriolett hob er sich auch preislich deutlich von den in großer Stückzahl gebauten BMW 326 ab. Die Produktion war erst mit Verzögerung in Gang gekommen, im Jahr der Vorstellung 1938 wurden ganze vier Stück für eigene Versuchsfahrten gebaut. So halbwegs in Gang kam die Produktion erst im Sommer 1939 und damit mitten hinein in die Ausrichtung der gesamten Wirtschaft auf den kommenden Krieg. So ziemlich alles wurde rationiert und nur in beschränkten Kontingenten an die Hersteller freigegeben.

◄◄ BMW 320 Limousine der Luftwaffe mit Geländebereifung.

◄ BMW 321 Kabriolett als beliebtes Fortbewegungsmittel der Luftwaffe.

Pünktlich zur Kriegserklärung von England und Frankreich am 3. September 1939 kam der Erlass der Wirtschaftsgruppe Fahrzeugindustrie, dass die Auslieferung und der Verkauf von Kraftfahrzeugen mit Ausnahme von Behörden und für den Export mit sofortiger Wirkung verboten wurde. Gleichzeitig wurden alle bereits erteilten Wagenfreigaben rückgängig gemacht und selbst die bereits bezahlten, aber noch nicht abgeholten Wagen zurückbehalten. Drei Tage später dann die Mitteilung, dass die Wehrmacht alle Fahrzeuge übernehmen wollte. Es folgte ein ständiges Hin und Her von neuen Verfügungen, Ausnahmeregelungen und neuen Verboten, die eine Planung seitens der BMW Händler, wie auch des Werkes in Eisenach, nahezu unmöglich machten.

Eines der größten Probleme war die Reifenbeschaffung. Die Wehrmacht konnte bei ihren Bestellungen Reifen aus eigenen Kontingenten zur Verfügung stellen, die Händler aber mussten die Reifen selbst mitbringen, da für Privatkunden keine mehr zur Verfügung standen. Das veranlasste das Werk zu der kuriosen Option, einen neuen BMW 335 mit vier Holzrädern, der Satz zu 12 RM zu ordern, damit er zumindest rollfähig blieb. Ein Transport per Bahn war aber unmöglich, da es keinerlei privat nutzbare Ladekapazitäten mehr gab. Zunehmend machten sich Lieferengpässe bemerkbar, oft fehlten einzelne Spezialteile oder es war wochenlang kein Leder für die Kabrioletts mehr vorrätig. Selbst die Lackfarben gingen zur Neige, so dass von den BMW 335 Limousinen 75 % in Schwarz, 25 % in Rotbraun, von den Kabrioletts 75 % in Schwarz und 25 % in Grau ausgeliefert werden mussten.

So geriet die Produktion immer mehr ins Stocken, auch waren jetzt nicht mehr genügend Arbeitskräfte in der Pkw-Fertigung vorhanden. Am 15.3.1940 kam dann ein generelles Auslieferungsverbot im Inland, die Abgabe war nur noch für Wehrmacht und Export gestattet. Zu diesem Zeitpunkt war die Produktion des BMW 335 allerdings schon fast zum Stillstand gekommen. Im Juni 1940 lief das vorerst letzte Fahrzeug vom Band. Erst im November konnte daran gegangen werden, weitere Fahrzeuge aus dem Ersatzteilbestand zu komplettieren. Noch 35 Wagen wurden vorzugsweise an die Wehrmacht geliefert. Im Mai 1941 lief ein zweitüriges 335er-Kabriolett als allerletztes Fahrzeug in Eisenach aus dem Werkstor. Damit war der Bedarf an diesen Modellen aber längst nicht gedeckt, und so mussten die Händler an die Wehrersatzinspektionen im gesamten Reich die Adressen

BMW 335 Limousine, der Wimpel kennzeichnet den Besitzer als General des Heeres, die Kommandoflagge als Oberbefehlshaber einer Heeresgruppe.

jener Kunden preisgeben, die einen BMW 335 zu Hause stillgelegt hatten. Diese Fahrzeuge wurden alle von der Wehrmacht beschlagnahmt und an Generäle und Minister abgegeben. So bekam der Generalfeldmarschall Wilhelm Keitel seinen Dienstwagen, mehrere Exemplare gingen an die oberste SS-Führung. Auch waren der Reichsminister für Wirtschaft und Präsident der Reichsbank Walther Funk und der Reichsminister für Rüstung und Kriegsproduktion Albert Speer in diesen repräsentativen BMW Wagen unterwegs.

BMW 325

Ein besonderes Kuriosum in der BMW Geschichte ist der BMW 325, der zwar eine BMW Typennummer trägt, aber nicht von BMW entwickelt wurde. Bei der Wehrmacht war man schon bald zu der Erkenntnis gelangt, dass längerfristig die auf serienmäßigen Fahrgestellen basierenden Sonderaufbauten den Anforderungen einer modernen Armee nicht mehr genügen würden. Ziel war neben einer deutlich größeren Geländegängigkeit auch eine weitgehende Standardisierung, um die Produktion, Instandhaltung, Reparaturen und Teileversorgung zu erleichtern. Dazu entwickelte man ein System von Einheits-Fahrgestellen für die leichten, mittleren und schweren Personenkraftwagen. Für den leichten Einheits-Pkw entwickelte das Heereswaffenamt ein hochkompliziertes Fahrgestell aus Kastenprofilträgern mit Diagonaltraversen und einer geschlossenen Bodenwanne aus Stahlblech. Das Fahrzeug verfügte über Einzelradaufhängung mit je zwei Schraubenfedern an allen Rädern und permanenten Allradantrieb. Zu allem Überfluss bekam es noch eine während der Fahrt zuschaltbare Allradlenkung, die dem Fahrzeug bei einer Geschwindigkeit über 25 km/h ein geradezu abenteuerliches Fahrverhalten bescherte.

Produziert werden sollten diese Fahrzeuge von den Firmen Stoewer in Stettin, Hanomag in Hannover sowie BMW in Eisenach. Die Fahrgestelle wurden weitgehend einheitlich gebaut, jedoch verwendete jeder Hersteller seine eigenen Motoren, Stoewer sogar zwei verschiedene. Die Fahrgestelle hatten zwar genormte Motoraufhängungspunkte, dennoch war ein Austauschen der Motoren durch unterschiedliche Bauart

Vier BMW 325-Funkwagen in einem Kasernenhof.

Diese Seite aus dem Prospekt für den BMW 325 zeigt die aufwendige Mechanik des Geländewagens mit Vierradantrieb und Vierradlenkung.

und Zusatzaggregate nicht möglich, was die Grundidee der Vereinheitlichung wieder zunichtemachte. Der 2-Liter BMW Motor mit 50 PS basierte weitgehend auf dem des 326, hatte aber eine Trockensumpfschmierung. Eine doppelte Zahnradpumpe förderte das Öl aus einem Behälter an der Spritzwand zum Motor und zurück.

Geliefert wurden die betriebsfertigen Fahrgestelle mit Frontmaske, Motorhaube und vorderen Kotflügeln. Die Karosserieaufbauten stammten wieder von zahlreichen Spezialbetrieben wie z.B. August Nowak in Bautzen oder den Vereinigten Werkstätten in München. Entsprechend den früheren Modellen gab es den BMW 325 als leichten geländegängigen Personenkraftwagen l.gl. Pkw in einer viersitzigen, viertürigen Variante als Kfz. 1, sowie als Kfz. 2 als Nachrichten bzw. Funkkraftwagen. Letzteren erkannte man an dem erhöhten Heckaufbau und der fehlenden rechten hinteren Tür, da hier der Platz für die Funkgeräte benötigt wurde. Das Gewicht des Fahrgestells allein betrug schon 1.280 kg, mit Viersitzer-Aufbau dann ca. 1.800 kg, beim Funkwagen waren die zwei Tonnen fast erreicht, womit der Begriff des »leichten« Einheits-Pkw schon wieder ad absurdum geführt wurde.

Wie bei vielen Konstruktionen des Heereswaffenamtes hatte man auch hier versucht, zu viele Anforderungen in einem Modell zu verwirklichen. Dadurch geriet der leichte Einheits-Pkw viel zu kompliziert, zu schwer, zu teuer, zu wartungsintensiv und damit zu anfällig und unzuverlässig. Beim Einsatz an der Front hat er sich nicht bewährt, spätestens im Russland-Feldzug war er aufgrund der Schadenshäufigkeit kaum mehr brauchbar. Das hatte sich wohl schon frühzeitig angekündigt, denn kurz nach Kriegsbeginn versuchte die Wehrmacht, die vereinbarten Lieferumfänge mit BMW zu kürzen, und wollte nur noch diejenigen Fahrzeuge abnehmen, die bis zum 31.12.1939 produziert waren. Da in Eisenach aber schon jede Menge Teile vorproduziert waren und BMW nicht auf den Kosten sitzenbleiben wollte, wurde die Lieferung auf 1940 ausgedehnt. Lediglich die letzten 130 Stück wurden storniert. Zum Glück kam im September 1940 noch eine Bestellung des bulgarischen

Fünf BMW 325 mit Karosserieaufbau der Vereinigten Werkstätten beim Verladen am Münchner Ostbahnhof. Man beachte die ungewöhnlichen, seitlichen Stützräder und das ansonsten bei diesem Typ nicht verwendete BMW Emblem am Kühler.

Kriegsministeriums über 50 graue Geländewagen, die BMW aus der laufenden Wehrmachtsproduktion abzweigen durfte. Nach der Produktionseinstellung im Oktober 1940 wurden die meisten Teile an die Fa. Stoewer abgegeben, der Rest verschrottet.

Damit endete die Herstellung des einzigen »echten« Militär-Personenkraftwagens durch BMW, kurz darauf kam auch die Produktion der normalen Wagen zum Erliegen. Parallel dazu führten umfangreiche Maßnahmen zu großen Umorganisationen im BMW Konzern. Die Motorradproduktion wurde von München nach Eisenach verlegt, um Kapazitäten für die Flugmotorenproduktion freizumachen. Gleichzeitig konzentrierte sich BMW auf seine Kernkompetenzen und beendete jegliche Produktion in der Abteilung Heeresgerät zum 31.12.1942. Alle Maschinen und Teile gingen an die Gustloff-Werke in Weimar.

Über 12 Jahre hinweg war das Militär ein guter Kunde für die noch kleine Firma BMW gewesen. In ihrem besten Jahr 1938 lag sie auf Platz 8 der Neuzulassungen in Deutschland, schaffte aber noch nicht einmal ein Zehntel der Produktion des Marktführers Opel. Insgesamt konnte sie ca. 8.000 Automobile an die Militärstellen liefern. Gemessen an dem riesigen Fahrzeugbestand der Wehrmacht spielte BMW aber nur eine Außenseiterrolle.

Mit einem aufwendig bebilderten Prospekt wollte BMW auch Privatkunden ansprechen.

Schnell wurde im harten Kriegseinsatz deutlich, dass weitgehend serienmäßige Automobile hier schnell an ihre Grenzen stießen …

BMW
BMW EISENACH

Epilog

Anders als im Münchener BMW Stammwerk, das bisher nur Flugmotoren und Motorräder produziert hatte, bis Kriegsende weitgehend zerstört wurde und danach unter US-Verwaltung stand, begann der Automobilbau nach Vorkriegsmuster im Zweigwerk Eisenach bereits wieder im Herbst 1945.

Zwar waren auch in Eisenach rund 60 % der Werksanlagen durch Luftangriffe der englischen und US-amerikanischen Streitkräfte zwischen Juli 1944 und Februar 1945 zerstört worden und 18.000 m³ Schutt blockierte die Zufahrtswege, doch die Situation im thüringischen BMW Automobilwerk war eine völlig andere. Erste Aufräumarbeiten im Werksgelände durch die Eisenacher Bevölkerung hatten schon kurz nach dem Einmarsch der US-Truppen am 6. April 1945 begonnen und bereits ab Mai wurden einige bescheidene Notprodukte hergestellt.

Zwar hatte BMW Werkdirektor August Fattler sofort nach Kriegsende angeregt, die Fahrzeugproduktion wieder aufzunehmen, doch der amerikanische Stadtkommandant Major Danielson hatte dies abgelehnt. Es galt nun zunächst Schutt wegzuräumen, Schäden zu begutachten und festzustellen, was von den Produktionsanlagen des Werkes noch zu gebrauchen war. Erst, als die Verwaltungshoheit über Eisenach am 3. Juli 1945 an die Sowjetarmee übertragen wurde, die das Eisenacher BMW Werk sofort beschlagnahmte, verstärkten sich

◄ **Werbebild für den BMW 321 aus Nachkriegsproduktion und Verkaufskatalog für BMW 321 und Motorrad R 35 von 1949/50.**
Foto: Museum Automobile Welt Eisenach - AWE

► **Ein Teil des zerstörten BMW Werks Eisenach im Jahr 1945.**
Foto: AWE

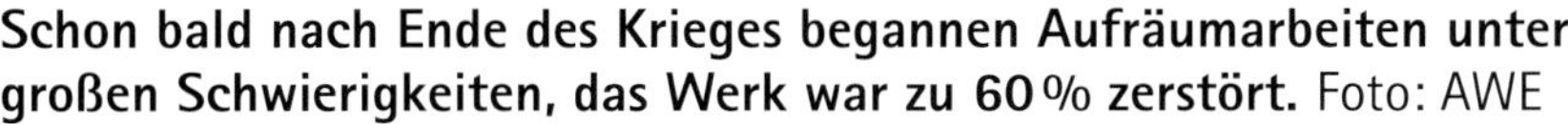

Schon bald nach Ende des Krieges begannen Aufräumarbeiten unter großen Schwierigkeiten, das Werk war zu 60 % zerstört. Foto: AWE

Luftmarschall Tedder und Marschall Schukow nehmen die bedingungslose Kapitulation der deutschen Wehrmacht entgegen, Berlin-Karlshorst, 8./9. Mai 1945. © Foto (verkleinert) Timofej Melnik, Museum Berlin-Karlshorst.

die Aktivitäten zur Rettung und Wiederinbetriebnahme des Werks. Bereits auf der Drei-Mächte-Konferenz in Jalta vom 4.–11. Februar 1945 war beschlossen worden, den »Kriegswirtschaftsbetrieb« BMW Werk Eisenach, wie alle ehemaligen Rüstungsbetriebe, zu demontieren. Alle Produktionsanlagen von BMW sollten anschließend nach Nowosibirsk verbracht werden. Die Befehlsgewalt hatte fortan die herrschende SMAD (Sowjetische Militär-Administration für Deutschland) unter der Führung von Marschall Georgi Konstantinowitsch Schukow.

Auf Veranlassung der SMAD wurde mit einem Erlass des eingesetzten Regierungspräsidenten des Landes Thüringen, Dr. Rudolf Paul, vom 7. September 1945 die Beschlagnahme aller Vermögensgegenstände der Bayerischen Motoren Werke in Eisenach verfügt. Eingeschlossen in diese Beschlagnahme waren auch das BMW Konto bei der Thüringischen Staatsbank, alle BMW Materiallager im Lande, sowie die ausgelagerte Rüstungsproduktion in den Kali-Schächten. BMW Eisenach war damit zu einem staatlich gelenkten Betrieb geworden. Als ehemaliger Rüstungsbetrieb mit einer Werksleitung, die der NSDAP angehört hatte, war dieses Schicksal vorbestimmt.

Haupttor und Torhaus im Bau. Die neue Werkshalle wurde weitgehend aus Baumaterial von den Resten des demontierten BMW Flugmotorenwerks »Dürrerhof« nördlich von Eisenach errichtet. Foto: AWE

Die Belegschaft des Werkes, nunmehr die verstaatlichte »Eisenacher Fahrzeug- und Maschinen GmbH«, wurde nun kontinuierlich erweitert, um die Aufräumarbeiten zügig fortschreiten zu lassen, eine neue Produktionshalle aufzubauen und eine Notproduktion in Gang zu bringen, welche die Arbeiter mitzufinanzieren hatte. Allein zwischen Mai und September 1945 war die Belegschaft von 432 auf 1073 Arbeitskräfte angewachsen. Tausende Lkw-Ladungen an Schutt und Schrott mussten beseitigt werden, wobei erschwerend hinzukam, daß hierfür nur ein Lkw zur Verfügung stand. Da neues Baumaterial zunächst noch nicht verfügbar war, wurde die neue Halle später aus den Resten des demontierten BMW Flugmotorenwerks »Dürrerhof«, gelegen in einem Wald nördlich bei Eisenach, errichtet.

Gleichzeitig wurde aus Restbeständen an Aluminium der Flugmotorenproduktion, Blech, Holz und sonstigem verfügbarem Material schon kurz nach Kriegsende eine Notproduktion von Haushaltsartikeln und Transportkarren in Gang gesetzt, um durch deren Verkauf eine Bezahlung der Arbeiter zu ermöglichen. Bis 1946 verließen unter anderem Tausende von Löffeln, Töpfen, Eimern, Kehrschaufeln, Backformen, Bügelbrettern, Sackkarren, Schubkarren und Handwagen das Werk an der Rennbahn, wo noch vor sechs Jahren elegante Limousinen und rassige Sportwagen entstanden waren.

Doch die eigentliche Berufung des BMW Werks war unter der Belegschaft durchaus noch präsent und als die russischen Besatzer bereits mit der Demontage von Werkseinrichtungen begonnen hatten, unternahmen einige langjährige Belegschaftsmitglieder einen mutigen, entscheidenden Schritt.

Mittlerweile war erfahrenen Mitarbeitern klar geworden, dass eine Wiederaufnahme der Fahrzeugproduktion durchaus realistisch wäre. Die Fertigungsanlagen hierfür waren zum größten Teil unversehrt und noch bestehende Teilelager konnten wieder genutzt werden. Zudem war schon vor dem Krieg die komplette Fertigung des Mittelklassewagens Typ 321, einschließlich der Blechpresse für die Karosserieteile, in Eisenach eingerichtet worden.

Bei mehreren Treffen am Sitz der SMAD in Berlin-Karlshorst versuchte man die neuen Herren davon zu überzeugen, dass es für die Siegermacht Sowjetunion wesentlich günstiger wäre, die Pkw-Produktion zu Reparationszwecken am alten Standort Eisenach mit den vorhandenen Produktionsmitteln und Fachkräften wiederzubeleben, anstatt alles abzumontieren, in die Sowjetunion zu verfrachten und dort neu aufzubauen. Als deutlich wurde, dass, nach anfänglicher Skepsis, auf sowjetischer Seite durchaus Interesse an dieser Variante geweckt worden war, machten die Eisenacher im September 1945 dem Oberbefehlshaber der SMAD, Marschall Schukow, ein mutiges Angebot: Zum Beweis ihrer Leistungsfähigkeit würden die Eisenacher Automobilbauer nach nur sechs Tagen fünf neue BMW Limousinen des Vorkriegstyps 321 in Berlin anliefern.

Sicher war es nötig, schnellstens noch fehlende Teile in Teilelagern und ehemaligen BMW Vertragswerkstätten ausfindig zu machen, um termingerecht in Berlin vorstellig werden zu können. Doch die Blitzaktion gelang. Im Oktober traf eine

Eisenacher Notproduktion 1945/46 in Form von Schubkarren, Handwagen, Töpfen und vielem mehr aus Materialrestbeständen.
Foto: AWE

Kolonne aus fünf nagelneuen schwarzen BMW 321 Limousinen am Hauptquartier der SMAD ein und Marschall Schukow konnte überzeugt werden. In der Folge verlangte Schukow nun eine Jahresproduktion von 3.000 BMW Limousinen des Typs 326 und zusätzlich von 3.000 Motorrädern des Typs R 35, wobei letztere allerdings nie zuvor im BMW Werk Eisenach entstanden waren. Den Eisenachern war natürlich klar, dass man diese Zahlen niemals erreichen konnte, doch gab es hierzu aus taktischen Gründen natürlich keinen Widerspruch.

Der Regierungspräsident des Landes Thüringen, Dr. Rudolf Paul, erhielt wenig später ein auf den 13. Oktober 1945 datiertes Schreiben der obersten Befehlshaber der Gruppe der sowjetischen Okkupationsstreitkräfte in Deutschland. Es enthielt den Befehl Nr. 93: »Inbetriebnahme der Automobil- und Motorradproduktion im ehemaligen BMW Werk, Zweigniederlassung Eisenach«. Das Werk war gerettet! Detailliert beschrieben die Sowjets, welche BMW Typen in welchen Stückzahlen zu fertigen seien und welche Voraussetzungen hierfür zu schaffen waren. In Folge veranlasste Schukow die Bereitstellung aller notwendigen Ressourcen für die Fahrzeugfertigung, darunter sogar die Rückholung der mehr als 1.900 Werkzeugmaschinen, die man während des Krieges in den Thüringer Kalischächten eingelagert hatte.

Langsam, mühselig und mit großer Improvisationskunst lief daher noch im Oktober 1945 eine bescheidene Serienproduktion des BMW 321 und sogar des Motorrades BMW R 35 an. Zwar regelte der SMAD-Befehl Nr. 93 die Versorgung des Werks mit Rohstoffen und Betriebsmitteln weitgehend zufriedenstellend, doch viele Teile der jetzt neu zu bauenden Fahrzeuge hatte man vor dem Krieg von Zulieferern bezogen, die nun außerhalb der »Ostzone« lagen. Als Ersatz musste man umgehend Lieferanten in der Sowjetzone finden, oder Teile in Eisenach produzieren.

Nicht zu realisieren war allerdings die Serienproduktion des ebenfalls gewünschten, größeren Modells BMW 326. Dessen viertürige Ganzstahlkarosserie hatte BMW bis zum Produktionsende 1942 vom Karosseriewerk AMBI-Budd bezogen, das nicht mehr lieferfähig war. Deshalb einigte man sich nun auf die Serienfertigung des zweitürigen Modells BMW 321, für dessen Karosserieproduktion ja alle Werkzeuge in Eisenach vorhanden waren.

Immerhin 68 BMW 321-Automobile und 23 Motorräder R 35 verließen noch bis Jahresende 1945 das halb zerstörte Werk und gingen als Reparationsleistung direkt an die Rote Armee. Ab 1946 wurden die Fahrzeuge dann, in Holzkisten verpackt, per Bahn in die Sowjetunion geliefert. Aus zeitgenössischen Unterlagen geht zudem hervor, dass 1946 und bis Anfang 1947 sogar noch zusätzlich sechzehn Wagen des viertürigen Vorkriegstyps 326 aus Restbeständen gebaut werden konnten. Mit großer Sicherheit wurden diese wenigen Nachkriegs-326 umgehend zur SMAD verbracht, nicht einmal die zugehörigen Fahrgestellnummern tauchen in der ansonsten vollständigen Statistik der Eisenacher Nachkriegsproduktion von BMW Fahrzeugen auf. Ein bescheidener Werbeprospekt von Anfang 1946, mit großer Wahrscheinlichkeit gedruckt für die Leipziger Frühjahrsmesse und der erste seit Kriegsende, zeigt die schattenhaften Umrisse des Motorrads R 35 und der Limousinen 321 und 326. Auf der Messe wurden nur das Motorrad R 35 und der BMW 321 präsentiert.

Im Oktober 1945 lief die Produktion des Vorkriegstyps BMW 321 langsam an. Hier die Endmontage auf manuellem Schiebefließband 1946. Foto: AWE

Nur an den Scheinwerfergehäusen ohne Chromring erkennt man auf den ersten Blick die Nachkriegsversion des BMW 321. Foto: AWE

1946/47 nur 16 mal gebaut: BMW 326 nach Vorkriegsmuster aus Restbeständen.
Foto: AWE

Zur Leipziger Frühjahrsmesse 1946 erschien dieses bescheidene Werbeblatt von BMW Eisenach mit den Typen R 35, 321 und 326.

Stolz präsentierten die Eisenacher in Leipzig den Zweitürer 321 und das Motorrad R 35 neben großen BMW Emblemen.
Foto: AWE

Doch auch ab 1946 lief die Produktion der BMW Limousinen und -Motorräder als Reparationsleistung an die Sowjetunion nur sehr schleppend. Immer wieder verursachten Engpässe bei der Beschaffung nötiger Bauteile Unterbrechungen. Als auch eine Aufstockung des Personals auf 2.340 Mitarbeiter bis Sommer 1946 keine großen Fortschritte erzielte, griff die sowjetische Militäradministration ein und entband den seit September 1945 ersten Werkdirektor Alfred Schmarje und die zivile Thüringer Verwaltung umgehend der Verantwortung.

Daraufhin wurde am 15. September 1946 das Eisenacher Werk in einen sowjetischen Staatsbetrieb als Teil der Staatlichen Aktiengesellschaft AWTOWELO überführt. Fortan führte das Eisenacher Werk den Namen: »Automobil-Fabrik der Staatlichen Aktiengesellschaft AWTOWELO – Werk BMW Eisenach«. Eine Aktiengesellschaft war allerdings im sozialistischen, sowjetischen Wirtschaftssystem ein Widerspruch in sich und hatte auch mit der Unternehmensform einer AG im bürgerlichen Handelsverständnis nichts gemein. Diese Rechtsform war jedoch von der SMAD gewählt worden, um auf dieser Grundlage alle Formalitäten innerhalb des deutschen Rechtssystems und des zwischenbetrieblichen Handels abzuwickeln. Der Handel mit Aktien war ausdrücklich verboten und die sowjetische SAG AWTOWELO war vollständig in die strikte Kommandowirtschaft des sowjetischen Zentralplanverwaltungssystems integriert.

Diese Rechtsform war andererseits für das Eisenacher Werk ein Segen, der fortan den Wiederaufbau und die Stabilisierung der Automobilproduktion beschleunigte. Erstmals wurden erhebliche Geldmittel von der Hauptverwaltung der SAG AWTOWELO zur Verfügung gestellt und Rohmaterialien, wie Stahl, direkt aus der Sowjetunion bezogen. Dazu kam, dass in der SAG AWTOWELO insgesamt 52 Maschinenbaubetriebe zusammengefasst waren, und mit den integrierten Kugellagerfabriken in Leipzig und Schweina, dem Kupplungshersteller Fichtel & Sachs in Reichenbach oder der Uhren- und Maschinenfabrik Thiel in Ruhla, konnten

Beschriftung am Haupttor des Werkes Eisenach bis 1952 mit zeittypischer Parole.
Foto: AWE

auf dem direkten Kommandoweg wesentliche Zulieferprobleme kurzfristig beseitigt werden.

Nicht unerwähnt sollte in diesem Zusammenhang die entscheidende Rolle von Marschall Georgi Schukow bleiben. Als Sieger unter anderem in den Schlachten um Stalingrad und Berlin galt er damals als unantastbarer Kriegsheld mit uneingeschränkter Macht über die sowjetische Besatzungszone. Er allein konnte den Stopp der Demontage des kompletten Eisenacher BMW Werks und dessen erfolgreichen Neuanfang verantworten. Später auch in seiner Heimat nicht unumstritten, war er zwischen 1955 und 1957 sowjetischer Verteidigungsminister und gilt bis heute als Retter der Eisenacher Automobilbautradition. Schukow verstarb 1974 in Moskau, seine Urne wurde ehrenvoll an der Kremlmauer beigesetzt.

Die Maßnahmen zeigten Wirkung, und 1946 verließen 1.373 BMW 321 das Werk, im folgenden Jahr bereits mehr als 2.000. Der BMW 321 blieb mit geringfügigen Veränderungen und Verbesserungen bis 1950 in Produktion. Musste man bestimmte, in der Sowjetischen Besatzungszone (SBZ) nicht verfügbare Teile zu Anfang noch in riskanten Nacht- und Nebel-Aktionen aus Westberlin oder den Westzonen beschaffen, so konnte nach und nach auf »einheimische« Lieferanten der SBZ (Sowjetischen Besatzungszone) und der am 7. Oktober 1949 gegründeten DDR zurückgegriffen werden.

Im Laufe der 1940er-Jahre wurden die Eisenacher Autos nicht nur als Reparationsleistungen in die Sowjetunion geliefert und an offizielle Stellen der SBZ und DDR verteilt, sondern auch in ausgewählte Länder exportiert. In der Statistik des Werks wurde dabei unterschieden zwischen: V.D. (Volksdemokratien = sozialistische Bruderstaaten), k.A. (kapitalistisches Ausland) und DDR. Erstaunlich ist hierbei, dass außer in die Sowjetunion, Hauptabnehmer in Form von Reparationsleistungen mit rund 60% der Gesamtproduktion, nur wenige Autos in sozialistische Länder exportiert wurden. So gelangten zum Beispiel nur 71 neue BMW 321 nach Ungarn und lediglich 53 nach Polen. Andererseits wurden 608 Wagen nach Finnland, 333 nach Belgien, 235 nach Österreich, 136 in die Schweiz und immerhin noch 118 in die BRD (!) verkauft. Selbst in Länder wie Israel (14), Ägypten (18) und Island (1) wurde exportiert. Hier zählte das wirtschaftliche Interesse an wertvollen Devisen deutlich mehr als ideologische Bruderliebe, denn die zur Produktion erforderlichen Bleche mussten damals in Österreich und Schweden teuer eingekauft werden.

▲ **Transportsichere Verpackung eines neuen BMW 321 als Reparationsleistung für die Sowjetunion.** Foto: AWE

◄ **Abtransport der Wagen in Holzkisten zum Verladebahnhof in Eisenach.** Foto: AWE

Im Frühjahr 1950 endete die Produktion nach 8.996 Wagen. Davon verblieben lediglich 1.852 in der »Ostzone«. Neben dieser regulären Produktion entstanden 1946/47, ohne Kenntnis der Öffentlichkeit, 16 Exemplare des BMW Luxuscabriolets vom Typ 327 mit 55-PS-Motor für »besondere« Kunden. Diese Wagen tauchen zwar in der Werksstatistik auf, waren jedoch nicht Bestandteil des offiziellen Eisenacher Verkaufsprogramms. Ihre Herstellung in weitgehender Handarbeit erfolgte vermutlich ausschließlich auf Wunsch einflussreicher Persönlichkeiten des Staatsapparates oder der SMAD.

Doch der Einfluss der BMW Vorkriegstechnik im Automobilbau der Nachkriegszeit endete noch nicht. Auf Befehl des SMAD hatte man in Eisenach ab September 1947 damit begonnen, auf der Grundlage des Vorkriegstyps 326 eine viertürige Limou-

Der neue BMW 340, gebaut ab 1949 auf der technischen Basis des BMW Vorkriegsmodells 326.

Sportwagen-Prototyp BMW 340-1 und die neue viertürige Serien-Limousine BMW 340 auf der Leipziger Messe im März 1949. Foto: AWE

sine zu entwickeln. Bei der Fahrgastzelle orientierte man sich weitgehend an diesem Modell, doch bei der Gestaltung von Heck und Vorderwagen ging man neue Wege. Das Heck verfügte nun über einen von außen zugänglichen Kofferraum und nach zahlreichen Entwürfen verzichtete man im Frontbereich auf die klassische BMW »Niere« und wählte stattdessen eine Variante mit zahlreichen, quer liegenden Chromstäben.

Unter der Bezeichnung »AWTOWELO Typ BMW 340« wurde der neue Typ auf der Leipziger Frühjahrsmesse 1949 erstmals der Öffentlichkeit gezeigt. Motorisiert wurde der Wagen von einer überarbeiteten Variante des Zweiliter-Sechszylindermotors aus dem Vorkriegsmodell 326, die nun mit zwei Fallstromvergasern 55 PS leistete. Dieser Motor fand im Herbst dieses Jahres zudem Verwendung in einem attraktiven Roadster, Typ 341, der zusammen mit einigen 340-Vorserien-Limousinen auf eine lange Werbetour durch die DDR geschickt wurde, aber ein Einzelstück blieb, sieht man einmal von einem annähernd identisch karossierten zweiten Roadster-Prototyp mit der Bezeichnung 340-1 ab, der mit dem 80-PS-Sportmotor des legendären Vorkriegsmodells 328 im DDR-Motorsport eingesetzt wurde.

BMW 341 von 1949 – dieser Traum von einem BMW 328 Nachfolger blieb jedoch ein Einzelstück.

Am 7. Oktober 1949, dem Tag der Gründung der DDR, startete die Serienproduktion des BMW 340, doch kein normaler Bürger des Arbeiter- und Bauernstaats konnte den Wagen erwerben, denn bis 1951 mussten über 1.700 Wagen als Reparationsleistung in die Sowjetunion geliefert werden und der Rest der Produktion landete bei »gesellschaftlichen Bedarfsträgern«, wie Volkspolizei und staatlichen Behörden.

BMW 340-1 Rennsportwagen im Einsatz bei Rennen in der DDR (hier auf dem Sachsenring). Fotos: AWE

Der Typ 340 zeichnete sich, wenn auch nicht durch Modernität, so durch hohe Qualität und Gebrauchstüchtigkeit aus, wurde behutsam weiterentwickelt und entstand bis zum Produktionsende 1955 in beachtlichen 18.823 Exemplaren, darunter vier mit Rechtslenkung. Darüber hinaus gab es 1.825 Einheiten mit serienmäßigen Sonderaufbauten als Kombi, Lieferwagen und Sanitätskraftwagen und weitere 600 Fahrgestelle für individuelle Aufbauten – alle mit dem weiterentwickelten Vorkriegsmotor.

Auf Basis BMW/EMW 340 nur 364-mal gebaut: Kombiwagen Typ 340-7. Foto: AWE

943 Exemplare entstanden vom 340-3 Lieferwagen mit Holzbeplankung zwischen 1951 und 1955. Foto: AWE

Mittlerweile hatte es der Vorstand des BMW Stammwerks in München als zunehmend unerträglich angesehen, dass seit Jahren in mehreren westeuropäischen Ländern wie Belgien, Dänemark, Finnland, Norwegen, Schweden und der Schweiz Automobile verkauft wurden, die das weltbekannte, weiß-blaue BMW Markenzeichen trugen, auf ehemalige Konstruktionen des Münchener Stammwerks zurückzuführen waren, aber ohne jede Absprache oder gar Zustimmung mit der westdeutschen BMW Führung gebaut wurden. Das BMW Zweigwerk Eisenach hatte sich nach der Teilung Deutschlands sozusagen verselbstständigt und zum Verdruss der Münchener ja sogar wesentlich früher wieder begonnen, Autos zu produzieren. 1951 stand nun ein neuer BMW Großwagen, entwickelt und gebaut in München, in den Startlöchern und der Gedanke, künftig gegen die eigene Marke in Konkurrenz treten zu müssen, erschien verständlicherweise als völlig inakzeptabel.

Per Gerichtsbeschluss vom 17. November 1950 wurde schließlich verfügt, dass es künftig untersagt sei, Eisenacher Pkw mit dem originalen BMW Markenzeichen in Exportländern zu verkaufen, der heimische (DDR) Markt war hiervon nicht betroffen. Sollten weiterhin in Eisenach produzierte Wagen mit BMW Logo bei ausländischen Händlern auftauchen, könnte eine Beschlagnahme erfolgen.

Nach geraumer Zeit reagierte man schließlich in Eisenach auf dieses Urteil mit dem Entwurf eines neuen Markenzeichens und der Einführung eines neuen Markennamens. Etwa zeitgleich wurde das BMW Werk Eisenach in Volkseigentum übergeben und firmierte fortan unter der Bezeichnung: »VEB IFA – Automobilfabrik EMW Eisenach«. Im Juni wurde diese Namensänderung offiziell, doch noch bis Mitte August 1952 liefen in Eisenach Autos mit dem BMW Markenzeichen vom Band.

Ausschließlich mit dem neuen rot/weißen EMW-Emblem wurde ab Sommer 1952 der wohl exklusivste Wagen der DDR-Automobilgeschichte in aufwendiger Handarbeit gefertigt. Fast ausschließlich als Devisenbringer für den Export entstand im ehemaligen Gläser-Karosseriewerk in Dresden, nun VEB Karosseriewerk Dresden, das BMW Sportkabriolett 327 in geringer Stückzahl. Auf der aus Eisenach angelieferten Fahrwerks- und Antriebstechnik des EMW 321 bauten die Dresdner Spezialisten

Das EMW-Werkstor mit neuer Beschriftung und neuem Markenemblem ab 1952.

die bildschönen Wagen, die sich äußerlich im Wesentlichen nur durch das Armaturenbrett des Typs 340 vom Vorkriegsmodell unterschieden. Mit der Bezeichnung 327/2 entstanden bis 1955 337 Sportkabrioletts und fanden zahlungskräftige Liebhaber fast ausschließlich außerhalb der DDR. Ab Ende 1953 kamen auf dieser Basis noch 152 handgefertigte Coupés mit der Bezeichnung 327/3 hinzu.

Auf staatliche Verordnung wurde der Automobilbau in Eisenach im Laufe des Jahres 1955 komplett auf die Produktion des für größere Teile der Bevölkerung erschwinglichen Zweitakt-Wagens IFA F9 umgestellt. Damit endete der Einfluss der BMW Vorkriegstechnik zumindest in Ostdeutschland, nicht aber in Europa.

1947 erschien in England ein sportliches Coupé, gebaut von der Flugzeugfirma Bristol, dessen Karosserie auffallende Ähnlichkeiten zum BMW 327 Coupé aufwies. Die Front dieses Bristol 400 zierte der typische, nierenförmige BMW Grill und unter der langen Motorhaube arbeitete der 2-Liter-Sechszylindermotor des legendären BMW Vorkriegsmodells 328. Wie es zu diesem Wagen kam, ist eine lange Geschichte, die den Rahmen dieses Buches sprengen würde, doch erstaunlich bleibt die Tatsache, dass die Bristol Car Company Ltd. diesen Motor in mehreren Entwicklungs- und Leistungsstufen noch bis 1964 in ihren exklusiven und in Kleinstserien gebauten Modellen verwendete.

Doch selbst auf der anderen Seite des »großen Teichs«, sollte BMW Vorkriegstechnik Spuren hinterlassen. 1954 erschien bei der S.C. Arnolt Inc. in Chicago, wo zuvor kleine Sportwagen mit MG Technik entstanden waren, der Arnolt-Bristol Roadster, ein in Zusammenarbeit mit Bristol und Bertone gebauter Sportwagen, ebenfalls mit dem leistungsgesteigerten Motor des BMW 328. Bis 1959 entstanden 142 Exemplare, darunter drei Coupés.

In einigen Details unterschieden sich die EMW-Cabriolets und -Coupés der Typen 327/2 und 327/3 mit Karosserien des VEB Karosseriewerk Dresden, vormals Gläser-Karosserie GmbH, von den BMW Originalen der späten 1930er-Jahre. So verfügte das EMW-Coupé z. B. über vorn angeschlagene Türen und ein deutlich vergrößertes Heckfenster.

Bristol 400 mit BMW 328-Motor-und dem BMW 327 nachempfundener Karosserie.

Arnolt-Bristol aus den USA mit weiterentwickeltem BMW 328-Antrieb.

1951: Präsentation des ersten neuen BMW Automobils nach dem Krieg auf der IAA Frankfurt - unter der Motorhaube eine Weiterentwicklung des Zweiliter-Sechszylindermotors der 1930er-Jahre.

Im BMW Stammwerk in München Milbertshofen startete erst 1952 und unter großen Schwierigkeiten die Serienproduktion eines neuen Wagens. Unter der Bezeichnung BMW 501 sollte die große Luxuslimousine mit ihren schwungvollen Formen an die Erfolge der Vorkriegszeit anknüpfen. Den Antrieb überließ man einem in mehreren Punkten überarbeiteten 2-Liter-Sechszylinder aus dem BMW 326 und dies in mehreren Entwicklungsstufen bis 1958, als die Serienproduktion dieses Typs offiziell endete.

Noch über ein Jahrzehnt hatten somit BMW Vorkriegstechnik und -design den Automobilbau im In- und Ausland beeinflusst. BMW in München konnte erst ab 1962 wieder erfolgreich mit einem neuen, modernen Wagen auch international bestehen. Erstaunlich bleibt die Tatsache, dass es dem Unternehmen vor dem Krieg in nur zehn Jahren gelungen war, vom Lizenznehmer eines bescheidenen Kleinwagens zum Hersteller exklusiver Luxuswagen und äußerst erfolgreicher Rennwagen zu werden. Einzigartig ist dies vor allem angesichts der Tatsache, dass der Automobilbau im damaligen BMW »Portfolio« neben dem Bau von Flugmotoren und Motorrädern eigentlich nur eine Nebenrolle spielte.

ALLGEMEINE AUTOMOBIL-ZEITUNG
MOTOR UND SPORT
BMW BLÄTTER
Nürburgring Eifelrennen
STANLEY CUP COMPETITION
SEPTEMBER

Anhang

Liebe Leserinnen und Leser, dieses Buch würde ohne die folgenden Seiten, gefüllt mit Zahlen, Listen und Dokumenten, seinen Ansprüchen an Vollständigkeit und Detailtreue nicht genügen. Gestatten sie uns hierzu einige Anmerkungen:

- Die Daten der Automobile im Anhang 1 beruhen ausschließlich auf Recherchen in BMW Originaldokumenten.

- Ebenso die Auflistungen im Anhang 2.

- Bei den Tabellen im Anhang 3 handelt es sich um Reproduktionen von originalen BMW Dokumenten, erstmals veröffentlicht und freundlicherweise vom Archiv der BMW Group Classic freigegeben.

- Mit dem Anhang 4 haben wir das erste Mal versucht, einen Überblick über die möglichst gesamte BMW Verkaufsliteratur dieser Zeitspanne zu schaffen. Basis hierfür war das Privatarchiv des Autors Rainer Simons und das Archiv der BMW Group Classic. Uns ist bewusst, dass es hierzu möglicherweise Ergänzungen geben kann und sehen diesen mit Interesse entgegen. Berücksichtigt wurde hier ausschließlich deutschsprachige Produkt-Literatur, Varianten mit lediglich abweichenden Drucknummern wurden nicht integriert.

Die Autoren

ANHANG 1: TECHNISCHE DATEN DER BMW WAGENMODELLE

BMW 3/15 PS DA 2 (1929-32) UND DA 4 (1931–32)

MOTOR	
Zylinderzahl	4
Bohrung x Hub	56 x 76 mm
Hubraum	748,5 ccm
Leistung	15 PS bei 3.000 U/min
Verdichtung	1:5,6
Vergaser	1 Steigstromvergaser, Solex 26 FV
Ventile	Seitlich stehend, seitliche Nockenwelle
Batterie	6 V 60 Ah (DA 4)
Lichtmaschine	60 W
KRAFTÜBERTRAGUNG	
Kupplung	Einscheiben-Trocken-kupplung
Getriebe	3-Gang-Mittelschaltung
FAHRWERK	
Vorderradaufhängung	DA 2: Starrachse, DA 4: Schwingachse, 1 Querfeder
Hinterradaufhängung	Starrachse, Ausleger-Viertelfedern
Lenkung	Schnecke
Fußbremse	4-Rad, mechanisch
Handbremse	Seilzug auf Vorderräder
ALLGEMEINE DATEN	
Radstand	1.900 mm
Spur vorn/hinten	1.030 /1.030 mm
Gesamtmaße L x B x H	3.000x1.275x1.600 mm
Felgen	Michelin-Hering Halbflachfelgen
Reifen	27 x 4" Ballon
Fahrgestellgewicht	300 kg
Wagengewicht	470–535 kg je nach Karosserie
Zulässiges Gesamt-gewicht	750 kg
Höchstgeschwindigkeit	ca. 75 km/h
Verbrauch/100 km	ca. 6 Liter
Kraftstofftank	im Motorraum, 20 Liter

STÜCKZAHLEN

DA 2:		DA 4:	
Fahrgestell	268	Fahrgestell	45
Tourenwagen	1.834	Tourenwagen	175
Zweisitzer	1.387	Zweisitzer	475
Kabriolett 2-sitzig/ 3-sitzig	300 /1 374	Coupé	210
Limousine	6.600	Limousine	2.575
Rolldachlimousine	120		
Lieferwagen	435		
DA 2 GESAMT	**12.318**	**DA 4 GESAMT**	**3.480**

DA 2 UND DA 4 GESAMT **15.798**

BMW 3/15 PS DA 3, TYP WARTBURG (1930–31)

MOTOR	
Zylinderzahl	4
Bohrung x Hub	56 x 76
Hubraum	748,5 ccm
Leistung	18 PS bei 3.500 U/min
Verdichtung	1:7
Vergaser	1 Steigstromvergaser, Solex 26 FV
Ventile	Seitlich stehend, seitliche Nockenwelle
Batterie	6 V 45 Ah
Lichtmaschine	60 W
KRAFTÜBERTRAGUNG	
Kupplung	Einscheiben-Trocken-kupplung
Getriebe	3-Gang
FAHRWERK	
Vorderradaufhängung	Starrachse gekröpft, 1 Querfeder
Hinterradaufhängung	Starrachse, Ausleger-Viertelfedern
Lenkung	Schnecke
Fußbremse	4-Rad, mechanisch
Handbremse	Seilzug auf Vorderräder
ALLGEMEINE DATEN	
Radstand	1905 mm
Spur vorn/hinten	1.030/1.030 mm
Gesamtmaße L x B x H	3.150 x 1.150 x 1.400 mm
Felgen	Michelin-Hering Halb-flachfelgen
Reifen	26 x 3,50" Ballon
Fahrgestellgewicht	300 kg
Wagengewicht	410 kg
Zulässiges Gesamt-gewicht	Nicht angegeben
Höchstgeschwindigkeit	ca. 90 km/h
Verbrauch/100 km	ca. 6,5 Liter
Kraftstofftank	20 Liter

STÜCKZAHL DA3 SPORTWAGEN

GESAMT **150**

BMW 3/20 PS AM 1, AM 3 (1932–33), AM 4 (1933–34)

MOTOR	
Zylinderzahl	4
Bohrung x Hub	56 x 80 mm
Hubraum	782 ccm
Leistung	20 PS bei 3.500 U/min
Verdichtung	1:5,4
Vergaser	1 Steigstromvergaser, Solex 26 FV
Ventile	Hängend, Stoßstangen und Kipphebel, seitliche Nockenwelle
Batterie	6 V 45 Ah
Lichtmaschine	60 W
KRAFTÜBERTRAGUNG	
Kupplung	Einscheiben-Trocken-kupplung
Getriebe	AM 1/3: 3-Gang, AM 4: 4-Gang
FAHRWERK	
Vorderradaufhängung	Schwingachse, 1 Querfeder
Hinterradaufhängung	Pendelachse, 2 Querfedern
Lenkung	Schnecke
Fußbremse	4-Rad, mechanisch
Handbremse	Seilzug auf Hinterräder
ALLGEMEINE DATEN	
Radstand	2150 mm
Spur vorn/hinten	1100 / 1100 mm
Gesamtmaße L x B x H	3.200 x 1.420 x 1.550 mm
Felgen	Tiefbett 2,75 D x 17
Reifen	4,50 – 7
Fahrgestellgewicht	475 kg
Wagengewicht (Limousine)	650 kg
Zulässiges Gesamt-gewicht	940 kg
Höchstgeschwindigkeit	ca. 80 km/h
Verbrauch/100 km	ca. 7 Liter
Kraftstofftank	25 Liter

STÜCKZAHLEN (AM 1,3 UND 4)	
Fahrgestell	168
Tourenwagen	252
Zweisitzer offen	405
Sportcabriolet	11
Cabriolet 2-türig	471
Limousine	5.055
Rolldachlimousine	800
Lieferwagen	53
GESAMT	**7.215**

BMW 303 (1933–34)

MOTOR	
Zylinderzahl	6
Bohrung x Hub	56 x 80 mm
Hubraum	1.182 ccm
Leistung	30 PS bei 3500 U/min
Verdichtung	1:5,6
Vergaser	1 Steigstromvergaser, Solex 26 FV
Ventile	Seitlich stehend, seitliche Nockenwelle
Batterie	6 V 45 Ah
Lichtmaschine	60 W
KRAFTÜBERTRAGUNG	
Kupplung	Einscheiben-Trocken-kupplung
Getriebe	4-Gang, 3. und 4. Gang synchronisiert
FAHRWERK	
Vorderradaufhängung	Querlenker unten, 1 Querfeder oben
Hinterradaufhängung	Starrachse, Halbfedern
Lenkung	Zahnstange
Fußbremse	4-Rad, mechanisch
Handbremse	Seilzug auf Hinterräder
ALLGEMEINE DATEN	
Radstand	2400 mm
Spur vorn/hinten	1.153/1.220 mm
Gesamtmaße L x B x H	3.800 x 1.440 x 1.550 mm
Felgen	Tiefbett 3,25 x 16
Reifen	5,25–16
Fahrgestellgewicht	500 kg
Wagengewicht (Limousine)	800 kg
Zulässiges Gesamt-gewicht	1.200 kg
Höchstgeschwindigkeit	90 km/h
Verbrauch/100 km	ca. 10 Liter
Kraftstofftank	35 Liter
STÜCKZAHLEN	
Fahrgestell	74
Tourenwagen	2
Cabriolet 2-sitzig	27
Cabriolet 4-sitzig	542
Limousine	1.503
Rolldachlimousine	150
Cabrio-Limousine	2
GESAMT	**2.300**

BMW 309 (1934–36)

MOTOR	
Zylinderzahl	4
Bohrung x Hub	58 x 80
Hubraum	845 ccm
Leistung	22 PS bei 3.500 U/min
Verdichtung	1:5,6
Vergaser	1 Steigstromvergaser Solex 26 BFLV
Ventile	Hängend, Stoßstangen und Kipphebel, seitliche Nockenwelle
Batterie	6 V 45 Ah
Lichtmaschine	60 W
KRAFTÜBERTRAGUNG	
Kupplung	Einscheiben-Trocken-kupplung
Getriebe	4-Gang, 3. und 4. Gang synchronisiert
FAHRWERK	
Vorderradaufhängung	Querlenker unten, 1 Querfeder oben
Hinterradaufhängung	Starrachse, Halbfedern
Lenkung	Zahnstange
Fußbremse	4-Rad, mechanisch
Handbremse	Seilzug auf Hinterräder
ALLGEMEINE DATEN	
Radstand	2400 mm
Spur vorn/hinten	1.153/1.220 mmm
Gesamtmaße L x B x H	3.750 x 1.440 x 1.550 mm
Felgen	Tiefbett 3,25 x 16
Reifen	5,25–16
Fahrgestellgewicht	460 kg
Wagengewicht (Limousine)	800 kg
Zulässiges Gesamt-gewicht	1.200 kg
Höchstgeschwindigkeit	ca. 80 km/h
Verbrauch/100 km	ca. 8,5 Liter
Kraftstofftank	35 Liter
STÜCKZAHLEN	
Fahrgestell	1120
Kübelwagen	101
Tourenwagen	179
Cabrio-Limousine	1.456
Cabriolet 2-türig	284
Limousine	2.859
Rolldachlimousine	1
GESAMT	**6.000**

BMW 315 (1934–37)

MOTOR	
Zylinderzahl	6
Bohrung x Hub	58 x 94 mm
Hubraum	1.490 ccm
Leistung	34 PS bei 3800 U/min
Verdichtung	1:5,6
Vergaser	2 Steigstromvergaser Solex 26 BFLV
Ventile	Hängend, Stoßstangen und Kipphebel, seitliche Nockenwelle
Batterie	6 V 75 Ah
Lichtmaschine	90 W
KRAFTÜBERTRAGUNG	
Kupplung	Einscheiben-Trocken-kupplung
Getriebe	4-Gang, 3. und 4. Gang synchronisiert
FAHRWERK	
Vorderradaufhängung	Querlenker unten, 1 Querfeder oben
Hinterradaufhängung	Starrachse, Halbfedern
Lenkung	Zahnstange
Fußbremse	4-Rad, mechanisch
Handbremse	Seilzug auf Hinterräder
ALLGEMEINE DATEN	
Radstand	2400 mm
Spur vorn/hinten	1.153/1.220 mm
Gesamtmaße L x B x H	3.800 x 1.440 x 1.550 mm
Felgen	Tiefbett 3,25 x 16
Reifen	5,25 – 16
Fahrgestellgewicht	500 kg
Wagengewicht (Limousine)	845 kg
Zulässiges Gesamt-gewicht	1.200 kg
Höchstgeschwindigkeit	100 km/h
Verbrauch/100 km	ca. 10,5 Liter
Kraftstofftank	35 Liter
STÜCKZAHLEN	
Fahrgestell	837
Tourenwagen	137
Sportkabriolett	20
Cabriolet 4-sitzig	2.281
Limousine	4.881
Rolldachlimousine	1
Cabrio-Limousine	1.378
GESAMT	**9.535**

BMW 315/1 (1934–35)

MOTOR	
Zylinderzahl	6
Bohrung x Hub	58 x 94 mm
Hubraum	1.490 ccm
Leistung	40 PS bei 4200 U/min
Verdichtung	1:6,8
Vergaser	3 Flachstromvergaser Solex 26 BFRH
Ventile	Hängend, Stoßstangen und Kipphebel, seitliche Nockenwelle
Batterie	6 V 75 Ah
Lichtmaschine	90 W
KRAFTÜBERTRAGUNG	
Kupplung	Einscheiben-Trocken-kupplung
Getriebe	4-Gang, 3. und 4. Gang synchronisiert
FAHRWERK	
Vorderradaufhängung	Querlenker unten, 1 Querfeder oben
Hinterradaufhängung	Starrachse, Halbfedern
Lenkung	Zahnstange
Fußbremse	4-Rad, mechanisch
Handbremse	Seilzug auf Hinterräder
ALLGEMEINE DATEN	
Radstand	2.400 mm
Spur vorn/hinten	1.153/1.220 mm
Gesamtmaße L x B x H	3.900 x 1.450 x 1.350 mm
Felgen	Tiefbett 3,25 D x 16
Reifen	5,25 –16
Fahrgestellgewicht	500 kg
Wagengewicht	760 kg
Zulässiges Gesamt-gewicht	1.100 kg
Höchstgeschwindigkeit	ca. 125 km/h
Verbrauch/100 km	ca. 11,5 Liter
Kraftstofftank	50 Liter
STÜCKZAHL 315/1 SPORTWAGEN	
GESAMT	**230**

BMW 319 (1934–37)

MOTOR	
Zylinderzahl	6
Bohrung x Hub	65 x 96 mm
Hubraum	1.911 ccm
Leistung	45 PS bei 3750 U/min
Verdichtung	1:5,6
Vergaser	2 Steigstromvergaser Solex 26 BFLVS
Ventile	Hängend, Stoßstangen und Kipphebel, seitliche Nockenwelle
Batterie	6 V 75 Ah
Lichtmaschine	90 W
KRAFTÜBERTRAGUNG	
Kupplung	Einscheiben-Trocken-kupplung
Getriebe	4-Gang, 3. und 4. Gang synchronisiert
FAHRWERK	
Vorderradaufhängung	Querlenker unten, 1 Querfeder oben
Hinterradaufhängung	Starrachse, Halbfedern
Lenkung	Zahnstange
Fußbremse	4-Rad, mechanisch
Handbremse	Seilzug auf Hinterräder
ALLGEMEINE DATEN	
Radstand	2.400 mm
Spur vorn/hinten	1.153/1.270 mm
Gesamtmaße L x B x H	3.900 x 1.500 x 1.550 mm
Felgen	Tiefbett 3,25 D x 16
Reifen	5,25 – 16
Fahrgestellgewicht	550 kg
Wagengewicht (Limousine)	850 kg
Zulässiges Gesamt-gewicht	1.200 kg
Höchstgeschwindigkeit	ca. 115 km/h
Verbrauch/100 km	ca. 11 Liter
Kraftstofftank	40 Liter
STÜCKZAHLEN	
Fahrgestell	436
Tourenwagen	75
Sportcabriolet	238
Cabriolet 2-türig	2.066
Limousine	3.029
Cabrio-Limousine	569
GESAMT	**6.413**

BMW 319/1 (1935–36)

MOTOR	
Zylinderzahl	6
Bohrung x Hub	65 x 96 mm
Hubraum	1.911 ccm
Leistung	55 bei 3750 U/min
Verdichtung	1:6,8
Vergaser	3 Flachstromvergaser Solex 30 BFRH
Ventile	Hängend, Stoßstangen und Kipphebel, seitliche Nockenwelle
Batterie	6 V 75 Ah
Lichtmaschine	90 W
KRAFTÜBERTRAGUNG	
Kupplung	Einscheiben-Trocken-kupplung
Getriebe	4-Gang, 3. und 4. Gang synchronisiert
FAHRWERK	
Vorderradaufhängung	Querlenker unten, 1 Querfeder oben
Hinterradaufhängung	Starrachse, Halbfedern
Lenkung	Zahnstange
Fußbremse	4-Rad, mechanisch
Handbremse	Seilzug auf Hinterräder
ALLGEMEINE DATEN	
Radstand	2.400 mm
Spur vorn/hinten	1.153/1.220 mm
Gesamtmaße L x B x H	3.900 x 1.550 x 1.350 mm
Felgen	Tiefbett 3,25 x 16
Reifen	5,25 – 16
Fahrgestellgewicht	500 kg
Wagengewicht	790 kg
Zulässiges Gesamt-gewicht	1.100 kg
Höchstgeschwindigkeit	ca. 130 km/h
Verbrauch/100 km	ca. 12 Liter
Kraftstofftank	50 Liter
STÜCKZAHL 319/1 SPORTWAGEN	
GESAMT	**178**

BMW 320 (1937–38) UND 321 (1938–41)

MOTOR	
Zylinderzahl	6
Bohrung x Hub	66 x 96 mm
Hubraum	1.971 ccm
Leistung	45 PS bei 3.750 U/min
Verdichtung	1:6
Vergaser	1 Steigstromvergaser Solex 30 BFLVS
Ventile	Hängend, Stoßstangen und Kipphebel, seitliche Nockenwelle
Batterie	6 V 75 Ah
Lichtmaschine	90 W
KRAFTÜBERTRAGUNG	
Kupplung	Einscheiben-Trocken-kupplung
Getriebe	4-Gang, 3. und 4. Gang synchronisiert
FAHRWERK	
Vorderradaufhängung	320: Querlenker unten, 1 Querfeder oben 321: Querlenker oben, 1 Querfeder unten
Hinterradaufhängung	Starrachse, Halbfedern
Lenkung	Zahnstange
Fußbremse	4-Rad, hydraulisch
Handbremse	Seilzug auf Hinterräder
ALLGEMEINE DATEN	
Radstand	2.750 mm
Spur vorn/hinten	320: 1.160/1.300, 321: 1.306/1.300 mm
Gesamtmaße L x B x H	320: 4.500 x 1.540 x 1.600 mm 321: 4.500 x 1.670 x 1.600 mm
Felgen	320: Tiefbett 3,25 x 16, 321: 3,50 x 16
Reifen	320: 5,25 - 16, 321: 5,50 – 16
Fahrgestellgewicht	730 kg
Wagengewicht (Limousine)	1.000 kg
Zulässiges Gesamt-gewicht	1.600 kg
Höchstgeschwindigkeit	ca. 115 km/h
Verbrauch/100 km	ca. 11 Liter
Kraftstofftank	50 Liter
STÜCKZAHLEN	
Fahrgestell	320: 189, 321: 8
Kabriolett 2-türig	320: 1635, 321: 1.551
Limousine	320: 2416, 321: 2.078
GESAMT	**320: 4240, 321: 3.637**

BMW 326 (1936–41)

MOTOR	
Zylinderzahl	6
Bohrung x Hub	66 x 96 mm
Hubraum	1.971 ccm
Leistung	50 PS bei 3.750 U/min
Verdichtung	1:6
Vergaser	2 Steigstromvergaser Solex 26 BFLV
Ventile	Hängend, Stoßstangen und Kipphebel, seitliche Nockenwelle
Batterie	6 V 75 Ah
Lichtmaschine	90W
KRAFTÜBERTRAGUNG	
Kupplung	Einscheiben-Trocken-kupplung
Getriebe	4-Gang, 3. und 4. Gang synchronisiert
FAHRWERK	
Vorderradaufhängung	Querlenker oben, 1 Querfeder unten
Hinterradaufhängung	Starrachse, 2 Längs-Federstäbe
Lenkung	Zahnstange
Fußbremse	4-Rad, hydraulisch
Handbremse	Seilzug auf Hinterräder
ALLGEMEINE DATEN	
Radstand	2.870 mm
Spur vorn/hinten	1.300/1.400 mm
Gesamtmaße L x B x H	4.600 x 1.600 x 1.650 mm
Felgen	3,25 E x 17, ab 1937: 3,50 D x 16
Reifen	5,25–17, ab 1937: 5,50–16
Fahrgestellgewicht	650 kg
Wagengewicht (Limousine)	1.100 kg
Zulässiges Gesamt-gewicht	1.450 kg
Höchstgeschwindigkeit	ca. 115 km/h
Verbrauch/100 km	ca. 12,5 Liter
Kraftstofftank	60 Liter
STÜCKZAHLEN	
Fahrgestell	641
Kabriolett 2-türig	4.060
Kabriolett 4-türig	1.093
Limousine	10.142
GESAMT	**15.936**

BMW 327 (1937–41)

MOTOR	
Zylinderzahl	6
Bohrung x Hub	66 x 96 mm
Hubraum	1.971 ccm
Leistung	55 PS bei 4.500 U/min
Verdichtung	1:6,3
Vergaser	2 Steigstromvergaser Solex 26 BFLV
Ventile	Hängend, Stoßstangen und Kipphebel, seitliche Nockenwelle
Batterie	6 V 75 Ah
Lichtmaschine	90 W
KRAFTÜBERTRAGUNG	
Kupplung	Einscheiben-Trocken-kupplung
Getriebe	4-Gang, 3. und 4. Gang synchronisiert
FAHRWERK	
Vorderradaufhängung	Querlenker oben, 1 Querfeder unten
Hinterradaufhängung	Starrachse, Halbfedern
Lenkung	Zahnstange
Fußbremse	4-Rad, hydraulisch
Handbremse	Seilzug auf Hinterräder
ALLGEMEINE DATEN	
Radstand	2.750 mm
Spur vorn/hinten	1.300/1.300 mm
Gesamtmaße L x B x H	4.500 x 1.600 x 1.430 mm
Felgen	Tiefbett 3,50 D x 16
Reifen	5,50 – 16
Fahrgestellgewicht	750 kg
Wagengewicht	1.100 kg
Zulässiges Gesamt-gewicht	1.450 kg
Höchstgeschwindigkeit	ca. 125 km/h
Verbrauch / 100 km	ca. 12 Liter
Kraftstofftank	50 Liter
STÜCKZAHLEN	
Fahrgestell	1
Sport-Coupé	179
Sport-Kabriolett	1.124
GESAMT	**1.304**

BMW 327/28 (1938–40)

MOTOR	
Zylinderzahl	6
Bohrung x Hub	66 x 96 mm
Hubraum	1.971 ccm
Leistung	80 PS bei 4.500 U/min
Verdichtung	1:7,5
Vergaser	3 Fallstromvergaser, Solex 30 IF
Ventile	V-förmig hängend, Stoßstangen und Kipphebel, seitliche Nockenwelle
Batterie	6 V 77 Ah
Lichtmaschine	90 W
KRAFTÜBERTRAGUNG	
Kupplung	Einscheiben-Trockenkupplung
Getriebe	4-Gang, 3. und 4. Gang synchronisiert
FAHRWERK	
Vorderradaufhängung	Querlenker oben, 1 Querfeder unten
Hinterradaufhängung	Starrachse, Halbfedern
Lenkung	Zahnstange
Fußbremse	4-Rad, hydraulisch
Handbremse	Seilzug auf Hinterräder
ALLGEMEINE DATEN	
Radstand	2.750 mm
Spur vorn/hinten	1.300/1.300 mm
Gesamtmaße L x B x H	4.500 x 1.600 x 1.430 mm
Felgen	Tiefbett 4,00 E x 16
Reifen	5,50 – 16
Fahrgestellgewicht	750 kg
Wagengewicht	1.100 kg
Zulässiges Gesamtgewicht	1.450 kg
Höchstgeschwindigkeit	ca. 145 km/h
Verbrauch/100 km	ca. 14,5 Liter
Kraftstofftank	50 Liter
STÜCKZAHLEN	
Fahrgestell	1
Sport-Coupé	86
Sport-Kabriolett	482
GESAMT	**569**

BMW 328 (1936–40)

MOTOR	
Zylinderzahl	6
Bohrung x Hub	66 x 96 mm
Hubraum	1.971 ccm
Leistung	80 PS bei 4.500 U/min
Verdichtung	1:7,5
Vergaser	3 Fallstromvergaser Solex 30 IF
Ventile	V-förmig hängend, Stoßstangen und Kipphebel, seitliche Nockenwelle
Batterie	6 V 77 Ah
Lichtmaschine	90 W
KRAFTÜBERTRAGUNG	
Kupplung	Einscheiben-Trockenkupplung
Getriebe	4-Gang, 3. und 4. Gang synchronisiert
FAHRWERK	
Vorderradaufhängung	1 Querfeder oben, Querlenker unten
Hinterradaufhängung	Starrachse, Halbfedern
Lenkung	Zahnstange
Fußbremse	4-Rad, hydraulisch
Handbremse	Seilzug auf Hinterräder
ALLGEMEINE DATEN	
Radstand	2.400 mm
Spur vorn/hinten	1.153/1.220 mm
Gesamtmaße L x B x H	3.900 x 1.550 x 1.400 mm
Felgen	Tiefbett 3,25 x 16 oder 3,50 D x 16
Reifen	5,25 – 16 oder 5,50 - 16
Fahrgestellgewicht	520 kg
Wagengewicht	780 kg
Zulässiges Gesamtgewicht	1.220 kg
Höchstgeschwindigkeit	ca. 155 km/h
Verbrauch / 100 km	ca. 12 Liter
Kraftstofftank	50 Liter
STÜCKZAHLEN	
Fahrgestell	59
Sportwagen	405
GESAMT	**464**

BMW 329 (1936–37)

MOTOR	
Zylinderzahl	6
Bohrung x Hub	65 x 96 mm
Hubraum	1.911 ccm
Leistung	45 PS bei 3.750 U/min
Verdichtung	1 : 5,6
Vergaser	2 Steigstromvergaser Solex 26 BFLV
Ventile	Hängend, Stoßstangen und Kipphebel, seitliche Nockenwelle
Batterie	6 V 75 Ah
Lichtmaschine	90 W
KRAFTÜBERTRAGUNG	
Kupplung	Einscheiben-Trockenkupplung
Getriebe	4-Gang, 3. und 4. Gang synchronisiert
FAHRWERK	
Vorderradaufhängung	Querlenker unten, 1 Querfeder oben
Hinterradaufhängung	Starrachse, Halbfedern
Lenkung	Zahnstange
Fußbremse	4-Rad, mechanisch
Handbremse	Seilzug auf Hinterräder
ALLGEMEINE DATEN	
Radstand	2.400 mm
Spur vorn/hinten	1.153/1.270 mm
Gesamtmaße L x B x H	4.000 x 1.440 x 1.550 mm
Felgen	Tiefbett 3,25 D x 16
Reifen	5,25 – 16
Fahrgestellgewicht	550 kg
Wagengewicht	980 kg
Zulässiges Gesamtgewicht	1.300 kg
Höchstgeschwindigkeit	ca. 110 km/h
Verbrauch/100 km	ca. 11,5 Liter
Kraftstofftank	40 Liter
STÜCKZAHLEN	
Fahrgestell	126
Drauz-Kabriolett 2-sitzig	42
Kabriolett 4-sitzig	1.011
GESAMT	**1.179**

BMW 335 (1939–41)

MOTOR	
Zylinderzahl	6
Bohrung x Hub	82 x 110 mm
Hubraum	3.485 ccm
Leistung	90 PS bei 3.500 U/min
Verdichtung	1:5,8
Vergaser	1 Steigstrom-Doppel-registervergaser, Solex 35 MMOVS
Ventile	Hängend, Stoßstangen und Kipphebel, seitliche Nockenwelle
Batterie	12 V 75 Ah
Lichtmaschine	150 W
KRAFTÜBERTRAGUNG	
Kupplung	Einscheiben-Trocken-kupplung
Getriebe	4-Gang, vollsynchronisiert
FAHRWERK	
Vorderradaufhängung	Querlenker oben, 1 Querfeder unten
Hinterradaufhängung	Starrachse, 2 Längs-Federstäbe
Lenkung	Zahnstange
Fußbremse	4-Rad, hydraulisch
Handbremse	Seilzug auf Hinterräder
ALLGEMEINE DATEN	
Radstand	2.984 mm
Spur vorn/hinten	1.306/1.400 mm
Gesamtmaße L x B x H	4.815 x 1.700 x 1.665 mm
Felgen	Tiefbett 4,00 E x 16
Reifen	6,00 – 16 extra
Fahrgestellgewicht	1.020 kg
Wagengewicht (Limousine)	1.280 kg
Zulässiges Gesamt-gewicht	1.750 kg
Höchstgeschwindigkeit	ca. 145 km/h
Verbrauch/100 km	ca. 16 Liter
Kraftstofftank	65 Liter
STÜCKZAHLEN	
Fahrgestell	17
Sport-Coupé	1
Sport-Kabriolett	1
Kabriolett 2-türig	118
Kabriolett 4-türig	40
Limousine	233
GESAMT	**410 (NACH ABSCHLUSS DER PRODUKTIONS-STATISTIK NOCH CA. 40 WEITERE EXEMPLARE GEBAUT)**

ANHANG 2: BAUMUSTERVERZEICHNIS DER BMW WAGEN UND IHRER AUFBAUTEN

BAUMUSTER WAGEN, MOTOREN, FAHRGESTELLE, 1928–1941

BAUMUSTER-NR.	TYPE	ANMERKUNG
300	Wagen AM 1 (Motor AM 1)	
301	Wagen AM 2 (Motor AM 4)	
302	Wagen AM 3 (Motor AM 1)	
303	Wagen AM, 6 Zylinder 1,2 Liter	2 Vergaser
304	Wagen AM 4 (Motor AM 4)	
309	Wagen 4 Zylinder 0,9 Liter	
310	Wagen 4 Zylinder 1,0 Liter	
315	Wagen 6 Zylinder 1,5 Liter	2 Vergaser
315/1	Wagen 6 Zylinder 1,5 Liter Sport	3 Vergaser
315/2	Wagen 6 Zylinder 1,5 Liter	3 Vergaser, Rechtslenkung
315/3	Wagen 6 Zylinder 1,5 Liter Sport	3 Vergaser, Rechtslenkung
315/4	Wagen 6 Zylinder 1,5 Liter	2 Vergaser, Rechtslenkung
315/5	Aggregatmotor 6 Zylinder 1,5 Liter	Kjellberg-Motor
315/6	Aggregatmotor 6 Zylinder 1,5 Liter	für Feldbäckereien
316	Maschinensatz 8 kW	
317	Motor 6 Zylinder 2,5 Liter ohv	Projekt
318	Motor 6 Zylinder 2,0 Liter Sport	DOHC-Motor, Projekt
319	Wagen 6 Zylinder 1,9 Liter	
319/1	Wagen 6 Zylinder 1,9 Liter Sport	3 Vergaser
319/2	Wagen 6 Zylinder 1,9 Liter	2 Vergaser, Rechtslenkung.
319/3	Wagen 6 Zylinder 1,9 Liter Sport	3 Vergaser, Rechtslenkung
319/4	Wagen 6 Zylinder 1,9 Liter	3 Vergaser, Rechtslenkung.
320	Wagen 6 Zylinder 2,0 Liter	Radstand 2750 mm
320/1	Wagen 6 Zylinder 2,0 Liter	Rechtslenkung
320/3	Fahrgestell für Motor 327	Aufbau 373/374
320/4	Fahrgestell für Motor 327/1	Rechtslenkung
320/5	Fahrgestell für Motor 320	Verkaufs. Bez. 321, Vorderachse 326
320/6	Fahrgestell für Motor 320	Vorderachse 326, Rechtslenkung
320/7	Spezialmotor 6 Zyl. 2,0 Liter	Fa. Fimag, Finsterwalde
320/8	Aggregatmotor 6 Zyl. 2,0 Liter	
321	Wagen DA1	
322	Wagen DA2	
323	Wagen DA3	
324	Wagen DA4	
325	Wagen (LPkw)	Motor 326, 4 x 4, Trockensumpf
326	Wagen 6 Zyl. 2,0 Liter	Radstand 2.850 mm
326/1	Wagen 6 Zyl. 2,0 Liter	Rechtslenkung
326/3	Aggregatmotor 6 Zyl. 2,0 Liter	Fa. Demag
326/4	Aggregatmotor 6 Zyl. 2,0 Liter	mit Aluminium Quetschkopf
326/5	Motor 6 Zyl. 2,0 Liter	für Fahrgestell 332
326/6	Aggregatmotor 6 Zyl. 2,0 Liter	mit Radialgebläse-Kühlung
327	Wagen 6 Zylinder 2,0 Liter	Fahrgestell 320/3, Motor 55 PS, Autobahngetr. 327, Aufbau 373/74/75
327/1	Wagen 6 Zylinder 2,0 Liter, Sonderausf.	Fahrgestell 320/4, Aufbau 373/1, Autobahngetr. 327 u. Rechtslenkung
327/8	Wagen 6 Zylinder 2,0 Liter Sport	Motor 328 in Fahrgestell 320/3, Getriebegeh. 327 u. Aufbau 373
327/9	Wagen 6 Zylinder 2,0 Liter Sport	Motor 328 in Fahrgestell 320/4, Getriebegeh. 327, Aufbau 373/1, Rechtslenkung
328	Wagen 6 Zylinder 2,0 Liter Sport	
328/1	Wagen 6 Zylinder 2,0 Liter Sport	Rechtslenkung
328/2	Wagen 6 Zylinder 2,0 Liter Sport	Getriebe G 320
328/3	Wagen 6 Zylinder 2,0 Liter Sport	Rechtslenkung, Getriebe G 320
328/4	Wagen 6 Zylinder 2,0 Liter Sport	Wettbewerbswagen
328/5	Aggregatmotor 6 Zyl. 2,0 Liter	Luft-ölgekühlt, für Stromaggregat
329	Wagen 6 Zylinder 1,9 Liter	Cabriolet, 326-Kühler u. -Kotflügel
329/1	Wagen 6 Zylinder 1,9 Liter	Cabriolet, Rechtslenkung
330	Motor 6 Zylinder 2,5 Liter	Projekt
332	Fahrgestell 6 Zylinder 2,0 Liter	Prototyp, Radstand 2750 mm
335	Wagen 6 Zylinder 3,5 Liter	Radstand 2984 mm
335/1	Wagen 6 Zylinder 3,5 Liter	Linkslenkung
335/2	Wagen 6 Zylinder 3,5 Liter	Rechtslenkung
335/3	Aggregatmotor 6 Zyl. 3,5 Liter	Feuerlöschaggr. für Amag-Hilpert
335/4	Motor 6 Zylinder 3,5 Liter	Einbaumotor
335/6	Fahrgestell 6 Zylinder. 2,5 Liter	Fahrgestell 335/1 mit Motor 330
337	Fahrgestell 6 Zylinder 3.5 L	Radst. 3.120 mm, Nachfolger 335

BAUMUSTER BMW AUFBAUTEN, 1933–1941

BAUMUSTER-NR.	AUFBAU
352	Viersitziges Cabriolet BMW 303
353	Zweisitziges Cabriolet BMW 319
354	Offener viersitziger Tourenwagen BMW 303
355	Sportzweisitzer BMW 315/1
357	Viersitziges Cabriolet BMW 309, 315, 319
358	Zweis. Cabriolet BMW 309, 315/1, 319; 3 Vergaser u. Rechtslkg.
359	Offener Viersitzer BMW 309, 315, 319
360	Offener Kübelwagen BMW 309, 315
361	Viers. Cabriolet BMW 315, 319, mit verbreitertem Rahmen
362	Limousine BMW 315, 319
363	Limousine BMW 326
364	Fünfsitziges Cabriolet BMW 326
365	Sportzweisitzer BMW 328
366	Limousine BMW 320
366/1	Limousine BMW 320/1
366/2	Limousine BMW 320 mit hinten angeschlagener Tür
367	Cabriolet BMW 320
367/1	Cabriolet BMW 320/1
367/2	Cabriolet BMW 320 mit hinten angeschlagener Tür
368	Viersitziges Cabriolet BMW 329
369	Cabriolet Autenrieth BMW 326
370	Bodenanlage für Fahrgestell BMW 320
370/1	Bodenanlage für Fahrgestell BMW 320/1
371	Bodenanlage für Fahrgestell BMW 328
372	Bodenanlage für Fahrgestell BMW 326
373	Cabriolet 2/2-sitzig für Fahrgestell BMW 320/4
374	Cabriolet viersitzig für Fahrgestell BMW 327
375	Coupé 2/2-sitzig für Fahrgestell BMW 327
375/1	Bodenanlage für Fahrgestell BMW 320/3
376	Cabriolet fünfsitzig für Fahrgestell BMW 337
377	Limousine viertürig für Fahrgestell BMW 320
378	Limousine viertürig für Fahrgestell BMW 335/1
379	Offener Sportwagen zweisitzig für Fahrgestell BMW 318
381	Viertüriges Cabriolet Autenrieth BMW 335/1 und 330
382	Zweitüriges Cabriolet, fünfsitzig, BMW 335/1 und 330
383	Zweitüriges Cabriolet Autenrieth BMW 335/1 und 330
385	Viertürige Limousine für Fahrgestell BMW 332

ANHANG 3: FERTIGUNG DER AUFBAUTEN NACH BAUMUSTERN UND JAHREN

Fertigung der Aufbauten nach Baumustern und Jahren

Gruppe 4, Blatt 1 Wag.Verk.München, Sept.1941

Baumuster	Jahr	Fahrg.	Lieferwag.	Kübelwag.	Viersitz. offen	Zweisitz. offen	Sportwagen	Sportcoupé	Sportkabr.	Kabr.2tür.	Kabr.4tür.	Lim.	Rolld.Lim.	Kabr.Lim.			Summe
Austin 1)	1927		10		80	5						5					100
	vH-Anteil		10,0		80,0	5,0						5,0					100
D A 1 2)	1927				42												42
	1928	101	16		4590	1497		132				407					6743
	1929	35	3		241	230		542				1472					2523
	Summe	136	19		4873	1727		674				1879					9308
	vH-Anteil	1,4	0,2		52,4	18,6		7,2				20,2					100
D A 2 und D A 3	1929	59	22		1028	304			1	82		3848	6				5350
	1930	186	263		786	968	139		292	1292		2752	114				6792
	1931/32	23	150		20	115	11		7								326
	Summe	268	435		1834	1387	150		300	1374		6600	120				12468
	vH-Anteil	2,1	3,5		14,9	11,1	1,2		2,4	11,0		52,9	0,9				100
D A 4	1931/32	45			175	475		210				2575					3480
	vH-Anteil	1,3			5,0	13,7		6,0				74,0					100
A M	1932	19	1		26	39			8	155		1966	192				2406
	1933	147	52		226	266			3	306		2936	517				4453
	1934	2				100				10		153	91				356
	Summe	168	53		252	405			11	471		5055	800				7215
	vH-Anteil	2,3	0,7		3,5	5,6			0,2	6,5		70,1	11,1				100
3 0 3	1933	26			1				27	343		840	149				1386
	1934	48			1					199		663	1	2			914
	Summe	74			2				27	542		1503	150	2			2300
	vH-Anteil	3,2			0,1				1,2	23,6		65,3	6,5	0,1			100
3 0 9	1934	558			60					136		1862	1	1041			3658
	1935	243		101	119					15		987		415			1880
	1936	319								133		10					462
	Summe	1120		101	179					284		2859	1	1456			6000
	vH-Anteil	18,7		1,7	3,0					4,7		47,6	-	24,3			100
Übertrag	Zwischensumme	1811	517	101	7395	3999	150	884	338	2671		20476	1071	1458			40871
	vH-Anteil	4,6	1,2	0,2	18,1	9,8	0,4	2,1	0,8	6,5		50,1	2,6	3,6			100

1) Diese 100 Wagen wurden fertig aus England bezogen. Der Anteil der Aufbauarten ist auf Grund der Auslieferungen geschätzt.

2) Der Anteil der Aufbauten ist nach den Auslieferungen von 1928 geschätzt worden, da keine Fertigungsberichte vorliegen.

Fortsetzung Fertigung

Gruppe 4, Blatt 2 Wag.Verk., München, Sept. 1941

Baumuster	Jahr	Fahrg.	Lieferwag.	Kübelwag.	Viersitz. offen	Zweisitz. offen	Sportwag.	Sportcoupé	Sportkabr.	Kabr.2tür.	Kabr.4tür.	Lim.	Rolld.Lim.	Kabr.Lim.			Summe
Übertrag	Zwischensumme vH-Anteil	1811 4,6	517 1,2	101 0,2	7395 18,1	3999 9,8	150 0,4	884 2,1	338 0,8	2671 6,5		20476 50,1	1071 2,6	1458 3,6			40871 100
3 1 5	1934	108			63		147		2	918		1570	1	581			3390
	1935	105			61		83		8	768		2138		542			3705
	1936	481			13				10	458		1173		255			2390
	1937	143								137							280
	Summe vH-Anteil	837 8,5			137 1,4		230 2,4		20 0,2	2281 23,4		4881 50	1 -	1378 14,1			9765 100
3 1 9	1934									3		1					4
	1935	241			43		92		93	1061		1332		412			3274
	1936	250			32		86		145	1002		1458		157			3130
	1937											238					238
	Summe vH-Anteil	491 7,4			75 1,1		178 2,7		238 3,6	2066 31,1		3029 45,6		569 8,5			6646 100
3 2 0 und 3 2 1 Fortsetzung Blatt 4	1936									3		4					7
	1937	90								675		753					1518
	1938	99								957		1659					2715
	1939	3								1367		1703					3073
	1940	4								155		331					490
	Summe vH-Anteil	196 2,5								3157 40,5		4450 57,0					7803 100
3 2 5	1937	453															453
	1938	945															945
	1939	1093															1093
	1940	734															734
	Summe vH-Anteil	3225 100															3225 100
3 2 6 Fortsetzung Blatt 4	1936	100								27		1971					2098
	1937	293								1533	197	2916					4939
	1938	201								1488	307	2709					4705
	1939	47								852	499	1915					3313
	1940									146	89	541					776
	Summe vH-Anteil	641 4,0								4046 25,5	1092 6,9	10052 63,6					15831 100
Übertrag	Zwisch.Se. vH-Anteil	7201 8,6	517 0,6	101 0,1	7607 9,0	3999 4,8	558 0,7	884 1,1	596 0,7	14221 16,9	1092 1,3	42888 50,9	1072 1,3	3405 4,0			84141 100

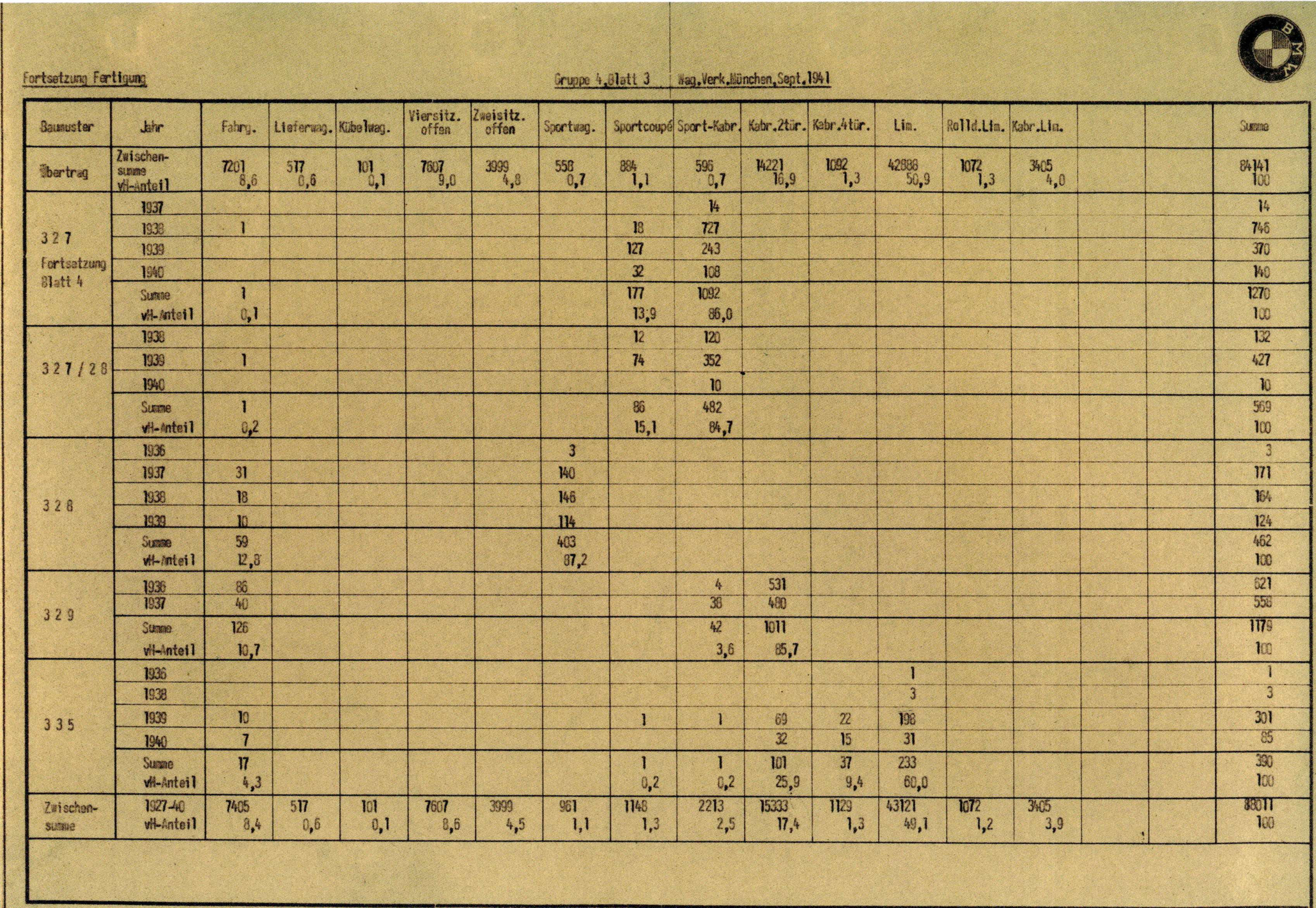

Fortsetzung Fertigung

Gruppe 4, Blatt 3 | Wag.Verk.München, Sept. 1941

Baumuster	Jahr	Fahrg.	Lieferwag.	Kübelwag.	Viersitz. offen	Zweisitz. offen	Sportwag.	Sportcoupé	Sport-Kabr.	Kabr.2tür.	Kabr.4tür.	Lim.	Rolld.Lim.	Kabr.Lim.			Summe
Übertrag	Zwischen-summe vH-Anteil	7201 8,6	517 0,6	101 0,1	7607 9,0	3999 4,8	558 0,7	884 1,1	596 0,7	14221 16,9	1092 1,3	42888 50,9	1072 1,3	3405 4,0			84141 100
327 Fortsetzung Blatt 4	1937								14								14
	1938	1						18	727								746
	1939							127	243								370
	1940							32	108								140
	Summe vH-Anteil	1 0,1						177 13;9	1092 86,0								1270 100
327/28	1938							12	120								132
	1939	1						74	352								427
	1940								10								10
	Summe vH-Anteil	1 0,2						86 15,1	482 84,7								569 100
328	1936						3										3
	1937	31					140										171
	1938	18					146										164
	1939	10					114										124
	Summe vH-Anteil	59 12,8					403 87,2										462 100
329	1936	86							4	531							621
	1937	40							38	480							558
	Summe vH-Anteil	126 10,7							42 3,6	1011 85,7							1179 100
335	1936											1					1
	1938											3					3
	1939	10						1	1	69	22	198					301
	1940	7								32	15	31					85
	Summe vH-Anteil	17 4,3						1 0,2	1 0,2	101 25,9	37 9,4	233 60,0					390 100
Zwischen-summe	1927-40 vH-Anteil	7405 8,4	517 0,6	101 0,1	7607 8,6	3999 4,5	961 1,1	1148 1,3	2213 2,5	15333 17,4	1129 1,3	43121 49,1	1072 1,2	3405 3,9			88011 100

Fortsetzung Fertigung

Gruppe 4, Blatt 4 Wag.Verk.München, Sept.1941

Baumuster	Jahr	Fahrg.	Lieferwag.	Kübelwag.	Viersitz. offen	Zweisitz. offen	Sportwag.	Sportcoupé	Sportkabr.	Kabr.2tür.	Kabr.4tür.	Lim.	Rolld.Lim.	Kabr.Lim.			Summe
Übertrag	Zwischen-summe	7405	517	101	7607	3999	961	1148	2213	15333	1129	43121	1072	3405			88011
	vH-Anteil	8,4	0,6	0,1	8,6	4,5	1,1	1,3	2,5	17,4	1,3	49,1	1,2	3,9			100
3 2 1 Fortsetzung	1936-40	196								3157		4450					7803
	1941	1								29		44					74
	Summe	197								3186		4494					7877
	vH-Anteil	2,5								40,5		57,0					100
3 2 6 Fortsetzung	1936-40	641								4046	1092	10052					15831
	1941									14	1	90					105
	Summe	641								4060	1093	10142					15936
	vH-Anteil	4,0								25,5	6,9	63,6					100
3 2 7 Fortsetzung	1937-40	1						177	1092								1270
	1941							2	32								34
	Summe	1						179	1124								1304
	vH-Anteil	0,08						13,72	86,2								100
3 3 5 Fortsetzung	1936-40	17						1	1	101	37	233					390
	1941									17	3						20
	Summe	17						1	1	118	40	233					410
	vH-Anteil	4,1						0,24	0,24	28,8	9,72	56,9					100
Gesamtsumme		7406	517	101	7607	3999	961	1150	2245	15393	1133	43255	1072	3405			88244
v.H. Anteil		8,3	0,6	0,1	8,6	4,5	1,1	1,3	2,5	17,4	1,4	49,1	1,2	3,9			100

ANHANG 4: VERKAUFSLITERATUR DER MARKEN DIXI, BMW UND FRAZER NASH-BMW 1927–1940

PROSPEKTE ZU KAPITEL 1.1

DIXI DA 1 Faltprospekt, 6 S., 21,5x12,5 cm, Drucknr. 8.27. 10 000 HKE

DIXI DA 1, Katalog, ca. Ende 1927, 16 S., 26,5x18 cm, ohne Drucknr.

DIXI DA 1, Katalog, Anfang 1928, 16 S., 26,5x18 cm, ohne Drucknr.

DIXI DA 1, Prospektblatt, ca. 1928, 2 S., 26,5x18,5 cm, ohne Drucknr.

DIXI DA 1-Prospekt, 1928, 16 S., 10x14 cm, ohne Drucknr.

DIXI DA 1, Faltprospekt, 6 S., 12,5x19 cm, Ende 1928, ohne Drucknr.

DIXI DA 1 Programm, Faltprosp., Ende 1928, 21x22,5 cm, ohne Drucknr.

DIXI DA 1 Coupé, Faltprosp., Ende 1928, 4 S., 15x21 cm, ohne Drucknr.

BMW 3-15 PS DA 1, Faltprosp., Anfang 1929, 6 S., 21x21,5 cm, ohne Drucknr.

BMW 3-15 PS DA 2, Faltprosp., Juni 1929, 8 S., 13x17,5 cm, ohne Drucknr.

BMW 3-15 PS DA 2 Katalog, 20 S., 1929, 23x23,5 cm, ohne Drucknr.

BMW 3-15 PS DA 2 Kabriolett, Prospektblatt, Ende 1929, 1 S., 21x30 cm, ohne Drucknr.

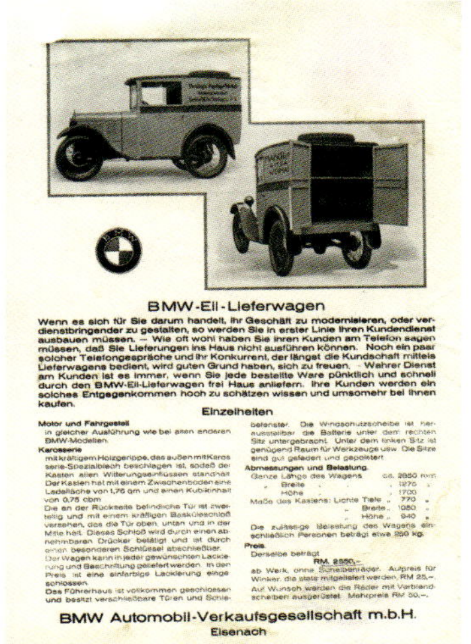

BMW 3-15 PS DA 2 Eil-Lieferwagen, Prospektblatt, Ende 1929, 1 S., 21x30 cm, ohne Drucknr.

BMW 3-15 PS DA 2, Programm, Katalog, März 1930, 16 S., Drucknr. A 2 III.30 32 KID

BMW 3-15 DA 2 Eillieferwagen, Faltprosp., April 1930, 4 S., 16,5x24 cm, Drucknr. A 3 IV.30. 32-Kid.

BMW 3-15 DA 2 Eil-lieferwagen, Faltprosp., 1930 , 4 S., 16,5x24 cm, ohne Drucknr.

BMW 3-15 PS DA 2 , Kabriolett 2-sitzig, Prospektblatt, 1 S., 21x13 cm, Drucknr. 32-Kid. 29.7.30.

BMW 3-15 PS DA 2 Kabriolett, 2-sitzig, Prospektblatt, Aug. 1939, 1 S., 20,5x30 cm, Drucknr. 32-Kid. 20.8.30

BMW DA 3 Wartburg, Faltprosp., Mitte 1930, 4 S., 14,5x 21 cm, Variante 1 mit Drucknr. Kid-32 A10, Variante 2 ohne Drucknr.

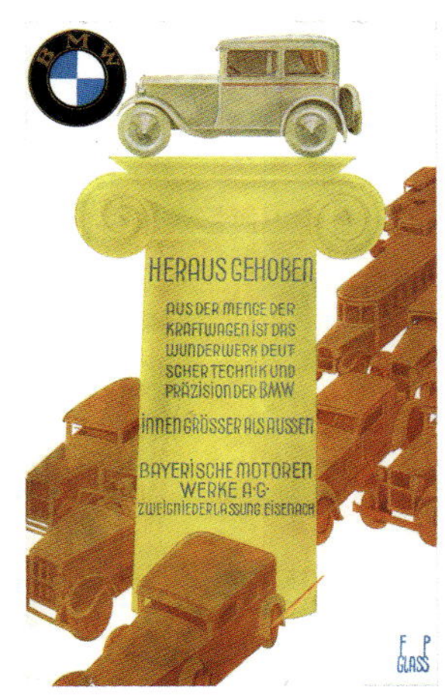

BMW 3-15 PS DA 2, Katalog, Sept. 1930, 16 S. , 17x27 cm, Druck-Nr. 124a 32-Kid Dr.H. 9. 30

BMW 3-15 PS Programm, Prospekt-blatt, 21x29,5 cm, 2 S., Drucknr. 8.9.30. 32-Kid.

BMW DA 3 Wartburg, Prospektblatt, 1930, 2 S., Drucknr. 32-Kid

BMW 3-15 PS, Programm, Nov. 1930, 16 S., 10,5x14 cm, Drucknr. 24.11.30 Nr. A 12 32-Kid.

BMW 3-15 PS DA 2, Katalog,1930, 16 S., 17x27 cm, ohne Drucknr.

BMW 3-15 PS DA 2, Programm, Prospektblatt, Ende 1930, 2 S., 21x29,5 cm, Drucknr. 32-KID.

26 BMW 3-15 DA 4, Katalog, Feb. 1931, 16 S., 24x16 cm, Drucknr. 32-Kid 5.II.31

BMW 3-15 PS DA 4, Katalog, Mai 1931, 16 S., 24x16 cm, Drucknr. 32-Kid 22.V31

BMW 3-15 PS DA 4, Zur Pirsch im BMW, Faltprosp., Mai 1931, 4 S., 16,5x21 cm, Drucknr. 28.5.31. 32-Kid

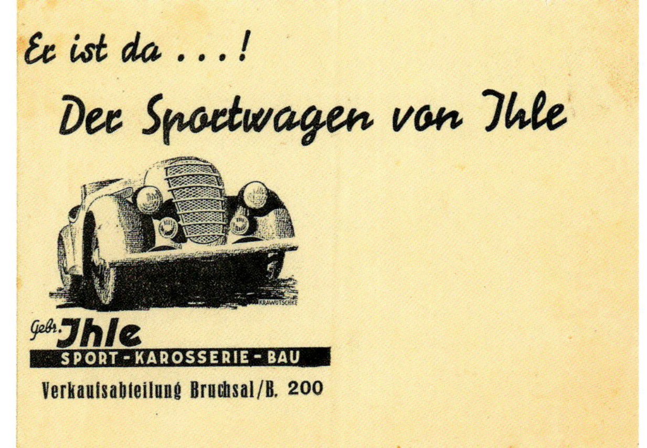

Ihle Faltprospekt, ca. 1935, 8 S., 15x11 cm, ohne Druckn (1)

PROSPEKTE ZU KAPITEL 1.2

Ihle Faltprospekt, ca. 1935, 4 S., 21x10 cm, ohne Drucknr.

BMW 3-20 PS, Faltprosp., 4 S., 30x21 cm, ohne Drucknr.

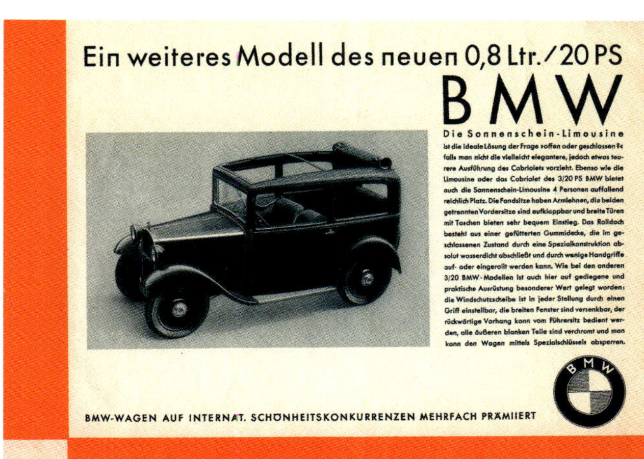

BMW 3-20 PS, Prospektblatt, 2 S., 29,5x20,5 cm, ohne Drucknr.

BMW 3-20 PS, Prospektblatt, 1 S., 14,5x22, ohne Drucknr.

BMW 3-20 PS, Reutter, Faltprosp., 4 S., 30x21 cm, ohne Drucknr.

BMW 3-20 PS, Prospekt, 12 S., 21x15 cm, Drucknr. 50.3.32

BMW 3-20 PS, Prospekt, 12 S., 21x15 cm, Drucknr. 50.6.32

BMW F 76 Faltprosp., 4 S., 27x21 cm, Drucknr. L t-20 XII 32

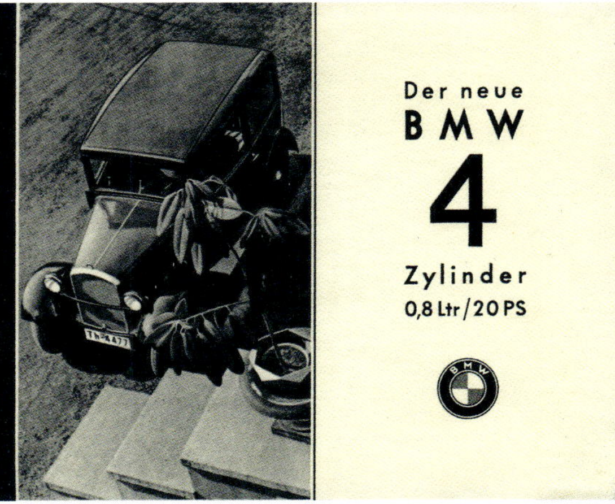

BMW 3-20 PS, Portfolio mit 6 Blättern, 21,5x17 cm, Drucknr. A 101. 1.33

BMW F 79, Faltprosp., 4 S., 27x21 cm, Drucknr. L3 6 V 33

PROSPEKTE ZU KAPITEL 1.3

BMW 3-20 PS, Eilliefer-wagen, Faltprosp., 4 S., 15x21 cm, Drucknr. A 104. 6.33.

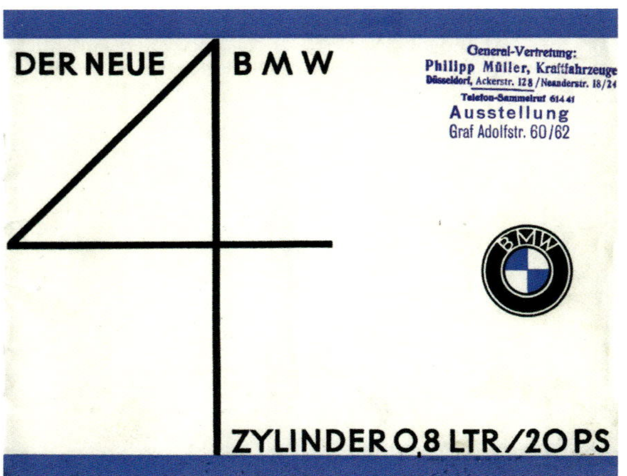

BMW 3-20 PS, Prospekt, 16 S., 21,5x17 cm, Drucknr. A 105 25.9.33 Kid

BMW 303, Portfolio mit 6 Blättern, 21,5x17 cm, Drucknr. A 102. 1.33

BMW 3-20 PS & 303, Prospektblatt, 2 S., 21x29,5 cm, Drucknr. A 103. 2. 33.

BMW 3-20 PS & 303, Prospektblatt, 2 S., 21x29,5 cm, Drucknr. A 103. 2. 33.

BMW 303, Prospekt, 16 S., 21,5x16,5 cm, Drucknr. A 106 25. 9.33 Kid

BMW 303, Faltprosp., 4 S., 20,5x14,5 cm, Drucknr. A 110. I. 34. Kid 10000

BMW 315, Prospekt-blatt, 2 S., 21x30 cm, Drucknr. A 108. 10000. 1.34-Kid 32

BMW 303 & 309, Katalog, 20 S., 30x20,5 cm, Drucknr. A 112 30-2.34

BMW 303 & 309, Faltprosp., 6 S., 24x21 cm, Drucknr. A 109 120-2.34

BMW 315 & 309, Katalog, 20 S., 30x20,5 cm, Drucknr. A 114 25-4. 34

BMW 315 & 309, Faltprosp., 6 S., 24x21 cm, Drucknr. A 115 50-5. 34

BMW 315, 315-1 & 309, Katalog, 20 S., 30x20,5 cm, Drucknr. A 119 12-11.34

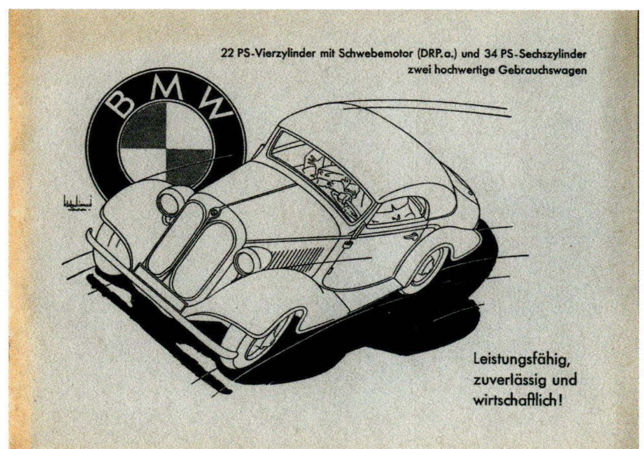

BMW 315 & 309, Katalog, 20 S., 30x20,5 cm, Drucknr. A 120 30-II. 35

BMW Programm, Faltprosp., 8 S., 21x16,5 cm, Drucknr. A 123. 120 2. 35

BMW 319 & 319-1, Faltprosp., 8 S., 29,5x21 cm, Drucknr. A 121. 30-II.35

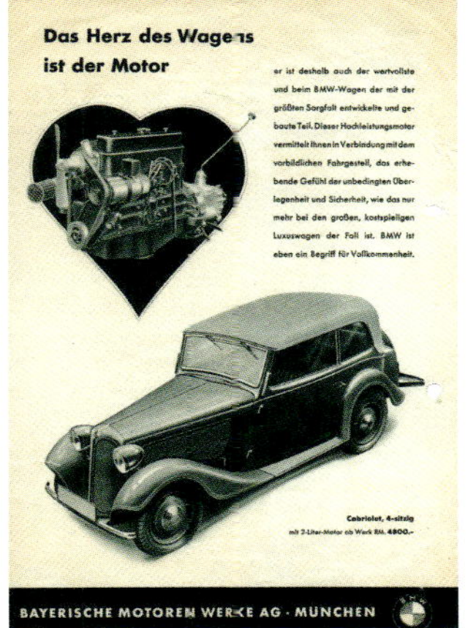

BMW Programm, Prospektblatt, 2 S., 20,5x29,5 cm, Drucknr. 33 100-V.35

BMW Reutter-Sport-Cabriolets, Faltprosp., 4 S., 18,5x12 cm, ca. 1936, keine Drucknr.

BMW Programm 1936, Katalog, 20 S., 30x20,5 cm, Drucknr. A 142. 1.II.36

BMW 315, 319 Sportkabriolett, Prospekt, 4 S., 21x15, Drucknr. A158 50-IV.36

BMW 315 & 319, Katalog, 28 S., 30x20,5 cm, Drucknr. A 181 10-IX. 36.d

BMW 329, Prospektblatt, 2 S., 29x20,5 cm, Drucknr. A 195. 10. X.36

BMW 319-Programm, Katalog, 20 S., 29,5x21 cm, Drucknr. A 205 40-I. 37

BMW 329-Prospekt, 8 S., 29,5x21 cm,
Drucknr. A 203. 60-1.37. Li.

BMW 315-1 Prototyp, Faltprosp., 4 S., 21x15 cm,
Drucknr. A 113 30-3. 34

BMW 315-1, Prototyp, Prospekt, 12 S.,
22,5x17,5 cm, Drucknr. A 113 a 10-3. 34

BMW 315-1 & 319-1, Faltprosp., 6 S.,
29,5x20 cm, Drucknr. A 122 10-2. 35. Kid

B M W

2 Ltr. Sportwagen Typ 328

Die viel beachteten großen Erfolge, die 1,5 und 2 Ltr. BMW-Sportwagen in den letzten Jahren im In- und Ausland erringen konnten, haben es mit sich gebracht, daß diese siegessicheren Wagen mit größter Zuversicht bei immer mehr Sportveranstaltungen eingesetzt wurden. Die Fahreigenschaften waren geradezu verblüffend, das Gesamtgewicht - den Anforderungen nach einem günstigen Leistungsgewicht entsprechend - sehr niedrig und die äußere Gestaltung sehr gefällig und windflüssig. Was lag da näher, als durch eine Erhöhung der Leistung dem Wagen noch größere Erfolgsaussichten zu verschaffen? Die in der bisher eingehaltenen Richtung durchgeführte Weiterentwicklung des 2-Ltr.-Sportwagens brachte eine weitere Erhöhung der Lebendigkeit des Motors und des Anzugsvermögens.

Das bewährte Fahrgestell wurde im wesentlichen beibehalten, während der Sechszylinder-Motor unter Auswertung der gewonnenen Erfahrungen weiter verbessert werden konnte. Drei Vergaser mit Startvorrichtung, Luftfilter und Ölreinigung durch zwangsläufig betätigtes Lamellenfilter, sind wertvolle Ausrüstungsteile, die für größtmögliche Betriebssicherheit sorgen.

Wenn die 1,5 und 2 Ltr. BMW-Sportwagen sich mit solch großer Überlegenheit, wie Alpenfahrt, 2000 km-Fahrt und Eifelrennen es u. a. bewiesen, z. T. gegen Wagen der schwereren Klassen behaupten konnten, wird der neue 2-Ltr.-Sportwagen durch noch bessere Leistung sich die Anerkennung des anspruchsvollen Sportmannes sichern.

BMW 328-Ankündigung, Prospektblatt, 29,4x21 cm,
Drucknr. A 153 XII. 35.

BMW 315-1 & 319-1, Faltprosp., 6 S., 29,5x20 cm,
Drucknr. A 147 15-2.36

PROSPEKTE ZU KAPITEL 1.5

BMW 328 Prospekt, 8 S., 29,5x21 cm, Drucknr. A 209. 25-XI. 36. Kid.

BMW 326, Prospekt, 8 S., 30x21 cm, Drucknr. A 148. 40-II. 36

BMW Programm 1936, Faltprospekt, 8 S., 17x21 cm, Drucknr. A 151-250.II.36

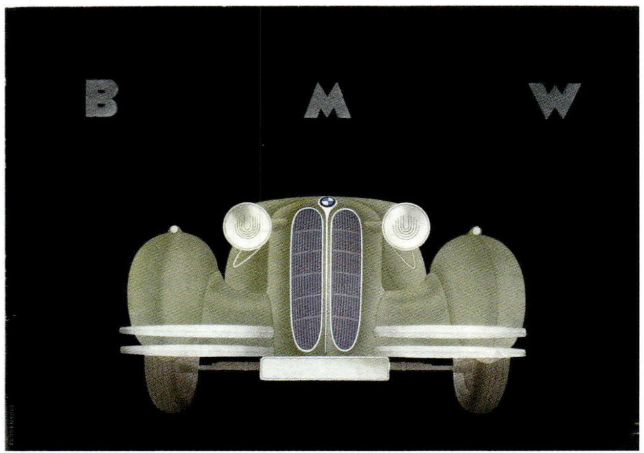

BMW 326, Prospekt, 8 S., 30x21 cm, Drucknr. A 182 15-IX. 36

BMW 326 Kabriolett, Prospektblatt, 2 S., 30x21 cm, A 201. 20-XI. 36

BMW 326, Faltprospekt, 4 S., 21x30 cm, Drucknr. A 200 60-XII. 36

BMW Programm 1936, Prospekt, 20 S., 21x15 cm, Drucknr. A 207 150 XII. 36

BMW 326, Katalog, 20 S., 30x21 cm, Drucknr. A 206. 40-I. 37. Kid

BMW 326, Faltprospekt, 4 S., 21x30 cm, Drucknr. A 200 50-II. 37.

BMW 320 Kabriolett, Prospektblatt, 2 S., 30x21,5, Drucknr. A 215 3-4. 37

BMW 320 Limousine, Prospektblatt, 2 S., 29,5x21 cm, Drucknr. A 216 5-5. 37.

BMW 320 & 326, Katalog, 24 S., 29,5x21 cm, Drucknr. A 230. 30-7. 37 Kid.

BMW 327 Sportkabriolett, Prospektblatt, 2 S., 30x21 cm, Drucknr. A 238 5-12. 37

BMW Programm 1938, Prospekt, 20 S., 21x15 cm, Drucknr. A 256 15-IV.38

BMW 321, Prospektblatt, 1 S., 21x29,5 cm, ohne Drucknr.

BMW 327 & 327-28 Sport-Coupé, Prospektblatt, 2 S., 30x21 cm, Drucknr. A 282 5-9. 38

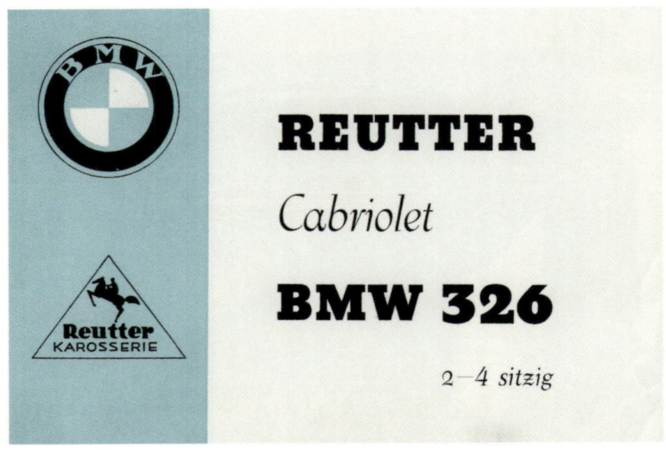

BMW 326 Cabriolet Reutter, Faltprospekt, 4 S., 18,5x12,5, ohne Drucknr.

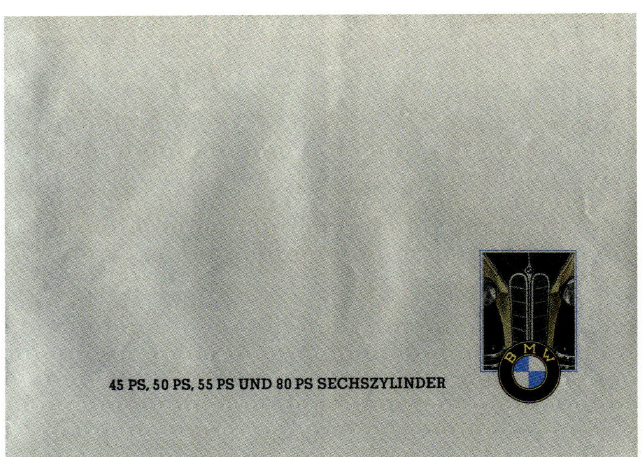

BMW Programm, Katalog, 20 S., 30x21 cm, Drucknr. A 244 a 25-9. 38

BMW 321 Limousine & Kabriolett, Prospektblatt, 2 S., 29,5x21 cm, Drucknr. A 289 10-12. 38.

BMW 321, Prospektblatt, 2 S., 29,5x21 cm, Drucknr. A 289 10-1.39

BMW Programm 1939, Faltprospekt, 12 S., 21x14,5 cm, Drucknr. A 291 75-2 39

BMW Programm, Katalog, 46 S., 29,5x21 cm, Drucknr. A 290, 15-III. 39

BMW Programm 1939, Prospekt, 24 S., 21x14,5 cm, Drucknr. A 298. 30.IV. 39. Kid.

BMW Programm, Prospektblatt, 2 S., 21x29,5 cm, Drucknr. A 310 60-V.39

BMW Tatsachen 1940, Prospekt, 24 S., 21x14,5 cm, Drucknr. A 327 10-IV.40

PROSPEKTE ZU FRAZER NASH-BMW

BMW 326 Wendler Stromlinie, Prospekt, 8 S., 21x15, ohne Drucknr.

Frazer Nash-BMW 1935, Faltprospekt, 4 S., 17,5x24 cm, ohne Drucknr.

Frazer Nash-BMW 1,5 und 2 Liter sports Models, Faltprospekt, 6 S., 25x18,5 cm, ohne Drucknr.

Frazer Nash-BMW Programm, Katalog, 22 S. + Preise, 27,5x19,5 cm, ohne Drucknr.

Cabriolet Coachwork on the FRAZER-NASH-B.M.W. Chassis

The cabriolet models illustrated, and other convertible bodies in the range, are masterpieces of cabriolet coachwork. Completely and absolutely weather-proof, they are as cosy as the most luxurious saloon bodies, and yet possess the great advantage of immediate conversion into an open car. While the actual body styles differ, their main features are common to all—the operation of the hood is simplicity itself, the powerful over-centre cam fasteners clamp the hood down in the most positive fashion, giving entire freedom from rattles, squeaks or drumming even after long use. Other features are the wide doors of great strength, the fine quality washable hooding material, the heavy padding, and the well designed and sturdy hood frame. It is not generally realised that a cabriolet body on any other than a rigid chassis is foredoomed to failure, except as a body which will always be giving trouble. The Frazer-Nash-B.M.W. chassis possesses complete rigidity.

The lowest-priced convertible body is the cabriolet-saloon (not illustrated) available on the 2-litre chassis at £375 (also obtainable on the 1½-litre chassis at £325). The hood rolls right back, folding into a very small compass, leaving the cant rails standing—a sturdy well-built body, essentially practical in design.

The model illustrated is the two-seater cabriolet of attractive appearance (price £425) and exceptionally comfortable. There is a large luggage compartment behind the individual bucket seats. The spare wheel is concealed in the tail, and the number plate (indirectly illuminated) rear and stop lights are built in

Frazer Nash-BMW 319-55 Sport-Cabriolet, Faltprospekt, 4 S., 29,5x20,5 cm, ohne Drucknr.

The Type 326/50 Models

We would emphasise the fact that this model (which will be available later in the year) is not a modified version of the present 2-litre, but has been designed specifically for the owner-driver wanting a medium-powered machine which will seat five people in absolute comfort, is economical to run and maintain, and yet with all-round performance capabilities only heretofore obtainable with cars of much greater horse power.

The ideal of a high power-to-weight ratio has not been sacrificed—the engine is of larger capacity than the existing 2-litre unit and develops a higher maintained b.h.p. The present models (which remain in production) meet the requirements as does no other car, of the many people who want a relatively small car which is the equal, and the superior in many ways (apart from actual room) of the large car.

This new model, however, whilst retaining the outstanding features of Frazer-Nash-B.M.W. design, will satisfy those owners who must have a larger body than that available on the smaller model—the wheelbase has been increased to 9′ 6″.

There is ample accommodation for luggage, while particular attention has been paid to comfortable seating.

It is not possible in this catalogue to give full technical details and illustrations of this latest model, and there is only space for a brief description, but full details are available on request.

The chassis is quite different in design, one of the main features being the torsion bar-sprung rear axle which, in conjunction with the independently sprung and steered front wheels, affords almost unbelievable safety when cornering at speed, excellent road-holding and smooth shockless running over the very worst road surfaces. The gear change is delightfully easy, silent and rapid. Foot-operated hydraulic brakes on all four wheels with automatic adjustment are another feature. The instruments (including an 8-day clock) and the various controls are attractively grouped on the dashboard facia. The specification includes a rear petrol tank of approximately 13½ gallons capacity—a novel feature being that the filler is situated immediately in the centre of the spare wheel, the latter being fitted in the rear panel with a circular flush-fitting cover. Larger tyres—5.25″ × 17″ low pressure—are fitted.

The six-cylinder O.H.V. engine has a bore and stroke of 66 mm. and 96 mm. respectively, with a capacity of 1,971 c.c.—compression ratio 6 to 1. This model possesses a maintained hill-climbing capacity on top of 11%, on third of 16.5%, on second of 24% and on first of 40%—equivalent to gradients of 1 in 9.1, 1 in 6, 1 in 4.1 and 1 in 2½ respectively. Petrol consumption is 24 m.p.g. and, as with all models in the range, the oil consumption is negligible.
General dimensions are: track (front) 4′ 4″, (rear) 4′ 7″; wheelbase 9′ 6″; ground clearance 9″; overall length 15′ 1″; overall width 5′ 3″.

Frazer Nash-BMW 326-50 Models, Prospektblatt, 2 S., 27x18 cm, ohne Drucknr.

Frazer Nash-BMW 328, Ende 1936, Faltprospekt, 6 S., 25x18 cm, ohne Drucknr.

Frazer Nash-BMW 326 Type 34, 40, 45 and 55 Models, 1937, Faltprospekt, 8 S., 21x17 cm, ohne Drucknr.

Frazer Nash-BMW 326 Type 34, 40, 45 and 55 Models, 1937, Faltprospekt, 8 S., 21x17 cm, ohne Drucknr.

Frazer Nash-BMW 326, Katalog, 20 S., 29,5x21 cm, ohne Drucknr.

Frazer Nash-BMW Programm, Faltprospekt, 8 S., 20,5x17,5 cm, ohne Drucknr.

Frazer Nash-BMW Programm, Faltprospekt, 8 S., 20,5x17,5 cm, ohne Drucknr.

Frazer Nash-BMW Programm, Faltprospekt, 8 S., 20,5x17,5 cm, ohne Drucknr.

Frazer Nash-BMW 320 Modelle, Reutter-Cabriolet, Prospekt, 8 S., 25x18 cm, ohne Drucknr.

Frazer Nash-BMW 327, 1938, Faltprospekt, 6 S., 25x18 cm, ohne Drucknr.

Frazer Nash-BMW Programm, 1938, Prospekt, 20 S., 19x12,5 cm, ohne Drucknr.

Frazer Nash-BMW 328, Ende 1938, Faltprospekt, 6 S., 25x18 cm, ohne Drucknr.

REGISTER

DANKE

Ohne die Unterstützung vieler Freunde, Kollegen und BMW Enthusiasten über viele Jahre hinweg wäre es uns nicht möglich gewesen, dieses Buch zu realisieren. Im Hause BMW leisteten Fred Jakobs und Ruth Standfuss wertvolle Hilfe. Viele Informationen, historische Unterlagen und seltene Fotos erhielten wir darüber hinaus von ehemaligen Rennfahrern, deren Familien und Mitarbeitern der Bayerischen Motoren Werke.

Stellvertretend für viele andere möchten wir Familie Walter Bäumer, Familie Willy Briem, Manfred Dürrwächter, Alexander Frhr. und Katharina Frfr. von Falkenhausen, Rudolf Flemming, Familie Fritz Huschke Frhr. von Hanstein, Familie Ernst Henne, Familie Hermann Holbein, Ferdinand Huber, Willi »Blasi« Huber, Hermann Kathrein, Anton Kellermann, Familie Robert Kohlrausch, Willi Krakau, Heinrich Graf von der Mühle-Eckart, Familie Anton Neumaier, Helmut Polensky, Familie Uli Richter, Rudolf Schleicher, Walter Schlüter, Rudolf Scholz, Familie Dr. Fritz Werneck und Familie Willi Zinn nennen.

Ganz besonderen Dank schulden wir Mark Garfitt vom BMW Historic Motor Club für seine Hilfsbereitschaft, uns mit Informationen und Bildmaterial aus Großbritannien zu versorgen, und Matthias Doht, Stiftung »Automobile Welt Eisenach«, für seine großzügige Unterstützung mit Informationen und Bildern zum Kapitel Epilog.

LITERATUR- UND QUELLENVERZEICHNIS

Informationsquellen

BMW Group Archiv, München
Archiv AWE-Stiftung, Eisenach
Bundesarchiv, Berlin
The Frazer Nash Archives, Henley-on-Thames, GB
Bristol Aeroplane Co. Ltd. Bristol, GB
National Motor Museum, Beaulieu, GB
ADAC Archiv, München
Continental AG, Hannover
Archiv Hagen Nyncke, München
Archiv Rainer Simons, München

Abbildungen

Michael Bowler, Rickmansworth (GB)
Halwart Schrader, Suderburg
Alexander Stollberg, Kipphausen-Polenz
Matthias Doht, Eisenach
Mark Garfitt, Wormelow (GB)
Denis Jenkinson
Guy Griffith
Ferret Fotographics, Ted Walker
Mark Morris, Rothley (GB)
Erik Eckermann, Dießen a. A.
Henning Zaiss, Roßdorf

Carosserie Ludwig Weinberger, München
Familienarchiv Reutter, Stuttgart
Karosserie Autenrieth, Darmstadt
Karosserie- und Fahrzeugbau Baur, Stuttgart
Karosseriewerke Drauz, Heilbronn
Karosserie Hebmüller, Wülfrath
Sport-Karosserie-Bau Gebrüder Ihle, Bruchsal
Daimler-Benz AG, Werk Sindelfingen
Vereinigte Werkstätten Engelhard, München
Karosserie Wendler, Reutlingen

Bibliographie

Das Unternehmen BMW seit 1916, M. Grunert & F. Triebel, 2006
Die Entwicklungsgeschichte der BMW Automobile, 1918 – 1932, Simons & Zeichner, 2004
BMW 328, Vom Roadster zum Mythos, Simons & Schrader, 2016
Gustav Ehrhardt, der Autopionier aus Eisenach, M. Doht, 2016
BMW/EMW 340, Die erste Nachkriegskonstruktion aus Eisenach, M. Doht, 2020
Alle BMW-Automobile seit 1928, W. Oswald, 1994
Autos aus Eisenach, Vom Wartburg zum Opel, H. Ihling, 1998
100 Jahre Automobilbau in Eisenach, M. Stück & W. Reiche, 1998
From Chain Drive to Turbocharger, D. Jenkinson, 1985
Archie Frazer Nash, Engineer, T. Tarring & M. Joseland, 2011
The Frazer Nash, 1923 – 1957, D. Thirlby & T. Bancroft, 2000
Vor der Schallmauer, Horst Mönnich, 1983
Handbücher und Ersatzteillisten der BMW-Modelle 1929 bis 1941
Forschungsberichte des FKFS, Nr. 176 & 278, über Strömungsuntersuchungen
Unveröffentlichte Entwicklungs- & Versuchs-Protokolle der BMW AG bis 1945
Produktionsstatistik der BMW AG, Sept. 1941
Auslieferungsbücher der BMW Modelle 1929 bis 1941

Periodika

Allgemeine Automobil-Zeitung, Berlin; Automobile Quarterly, Kutztown PA; The Automobile Engineer, London; BMW Blätter, Berlin; Deutsche Kraftfahrt, Hannover; Motor & Sport, Pößneck; Der MOTOR, Berlin; Motor Kritik, Frankfurt a. M.; DDAC Motorwelt, Berlin; Neue Kraftfahrer-Zeitung (NKZ), Stuttgart; ONS-Nachrichten, Berlin; The Autocar Magazine; The Motor Magazine; Motor Sport; The Light Car & Cycle Car Magazine

DIE AUTOREN

Für den in München lebenden Historiker Hagen Nyncke, geboren 1958, ist die Beschäftigung mit historischen Fahrzeugen seit jeher eine Herzensangelegenheit. Seit 2003 kümmert er sich im Archiv der BMW Group Classic um Vorkriegsfahrzeuge und die Renngeschichte der blau-weißen Marke.

Rainer Simons, geboren 1943, begann nach dem Abitur zunächst ein Kunststudium, wandte sich aber schon bald dem Fahrzeugtechnik-Studium an der FH Augsburg zu. Nicht zuletzt durch berufliche Kontakte konzentrierte sich sein Interesse zunehmend auf die Entwicklung der Bayerischen Motoren Werke.

Für den Münchener Walter Zeichner, Jahrgang 1954, ist das Thema Automobilgeschichte von Jugend an Passion und Profession. Seit 1986 erschienen unter seinem Namen rund 50 Bücher über zahlreiche Automarken des In- und Auslands.

IMPRESSUM

Verantwortlich: Lothar Reiserer
Layout/Satz: Helen Garner
Coverentwurf: GM unter Verwendung folgender Bilder: The Frazer Nash Achives, Henley-on-Thames, GB (Vorderseite); Archiv Simons und BMW Group Archiv, München (Rückseite)
Korrektorat: Ralf J. Klumb | The Wordworms
Repro: LUDWIG:media
Herstellung: Anna Katavic
Printed in Slovenia by Florjancic

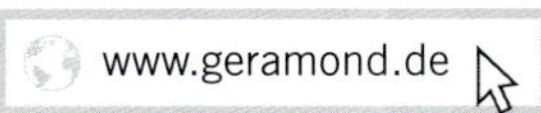

In diesem Buch wird aus Gründen der besseren Lesbarkeit das generische Maskulinum verwendet. Weibliche und anderweitige Geschlechteridentitäten werden dabei ausdrücklich mitgemeint, soweit es für die Aussage erforderlich ist.

Hinweis zu §§ 86 und 86a StGB: Historische Originalfotos aus der Zeit des „Dritten Reiches“ können Hakenkreuze oder andere verfassungsfeindliche Symbole abbilden. Soweit solche Fotos in diesem Buch veröffentlicht werden, dienen sie zur Berichterstattung über Vorgänge des Zeitgeschehens und dokumentieren die militärhistorische und wissenschaftliche Forschung. Wer solche Abbildungen aus diesem Buch kopiert und sie propagandistisch im Sinne von § 86 und § 86a StGB verwendet, macht sich strafbar!

Die Autoren und der Verlag distanzieren sich ausdrücklich von jeglicher nationalsozialistischer Gesinnung.

Die Deutsche Nationalbibliothek verzeichnet diese Publikation in der Deutschen Nationalbibliografie; detaillierte bibliografische Daten sind im Internet über http://dnb.d-nb.de abrufbar.

1. Auflage

Infanteriestr. 11a, 80797 München

ISBN 978-3-95613-117-2

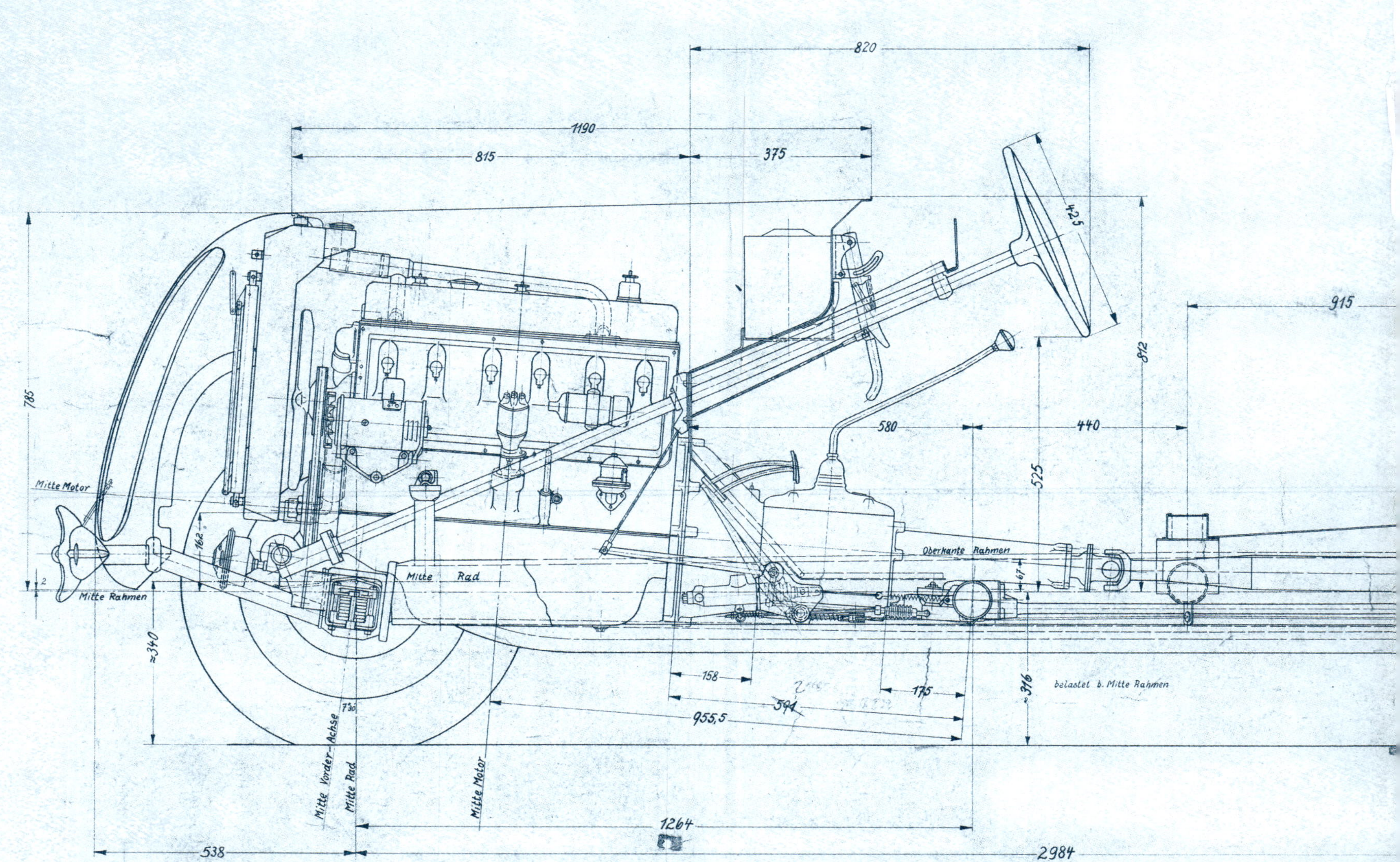
820
1190
815
375
915
812
580
440
525
785
Mitte Motor
Mitte Rahmen
Mitte Rad
Oberkante Rahmen
≈340
158
591
175
955,5
≈316
belastet b. Mitte Rahmen
Mitte Vorder-Achse
Mitte Rad
Mitte Motor
1264
538
2984